普通高等教育"十二五"规划教材

建 筑 结 构

高向玲 编著

北 京

冶金工业出版社

2020

内 容 提 要

本书从建筑结构的整体概念出发,简述了建筑结构的发展历史,建筑结构总体设计原则及设计方法,建筑结构常用材料的力学性能,建筑结构上荷载的基本类型及计算取值依据,建筑结构的基本体系等结构总体上的概念,进而根据建筑结构所用的材料不同,分别论述了钢筋混凝土结构基本构件(受弯、受剪、受压、受拉、受扭等基本构件)的承载力计算,以及单向板、双向板、楼梯和雨篷的结构设计,钢筋混凝土基本构件的变形以及裂缝宽度的验算,预应力混凝土构件的基本概念;砌体结构的静力计算方案以及受压构件的承载力计算,配筋砌体的基本类型,砌体结构中的特殊构件(圈梁、过梁、墙梁和挑梁)的概念及基本设计原则;钢结构的连接方式及其承载力计算,轴心受力构件的强度以及稳定性计算,受弯、拉弯、压弯构件的强度以及稳定性计算,钢结构的防腐蚀、隔热和防火措施;建筑钢结构的布置、构件选型和主要构造。

本书为高等院校建筑学以及相关专业"建筑结构"课程的教材,也可作为非结构工程专业学生了解结构工程的教学用书,也可供建筑、结构设计人员和土木工程人员参考。

图书在版编目(CIP)数据

建筑结构/高向玲编著. —北京:冶金工业出版社,
2014.4 (2020.8 重印)

普通高等教育"十二五"规划教材
ISBN 978-7-5024-6486-8

Ⅰ.①建… Ⅱ.①高… Ⅲ.①建筑结构—高等学校—教材 Ⅳ.①TU3

中国版本图书馆 CIP 数据核字(2014)第 031614 号

出 版 人 陈玉千
地   址 北京市东城区嵩祝院北巷 39 号 邮编 100009 电话 (010)64027926
网   址 www.cnmip.com.cn 电子信箱 yjcbs@cnmip.com.cn
责任编辑 杨 敏 美术编辑 吕欣童 版式设计 孙跃红
责任校对 王永欣 责任印制 李玉山
ISBN 978-7-5024-6486-8
冶金工业出版社出版发行;各地新华书店经销;北京虎彩文化传播有限公司印刷
2014 年 4 月第 1 版,2020 年 8 月第 2 次印刷
787mm×1092mm 1/16;18 印张;479 千字;276 页
45.00 元
冶金工业出版社 投稿电话 (010)64027932 投稿信箱 tougao@cnmip.com.cn
冶金工业出版社营销中心 电话 (010)64044283 传真 (010)64027893
冶金工业出版社天猫旗舰店 yjgycbs.tmall.com
(本书如有印装质量问题,本社营销中心负责退换)

前　言

本书是根据教育部和同济大学城市规划与建筑学院的"建筑结构"课程教学大纲进行编写的，主要作为建筑学以及相关专业学生"建筑结构"课程的教材和非结构工程专业学生了解结构工程的教学用书，也可作为建筑、结构设计人员和土木工程人员的参考资料。

从 2010 年起，住房和城乡建设部陆续颁布了新的建筑结构工程设计、施工的相关规范。本书完全参照新的规范编写。同时，结合自己多年教授建筑学、历史建筑保护、城市规划等专业"建筑结构"课程所积累的一些经验，编写过程中，更加注重结构体系的概念及构成，以及结构体系的整体受力特点，力求通过学习本书，可以让读者从整体上掌握结构体系的概念。

"建筑结构"课程教学大纲中要求建筑学及相关专业的学生应了解结构在建筑设计中的重要地位，建筑结构的基本概念、基本设计原则、建筑材料的基本性能，不同结构承重体系的主要构成。为此，本书从总体到局部，从结构选型、建筑结构的简单理论到结构基本构件设计计算，均予以详细论述，以使学生对建筑结构有一个比较完整的了解。为了使建筑专业学生能在建筑设计中进行正确合理的结构选型，本书阐明了建筑结构的基本体系，并结合工程实例介绍了建筑结构的新概念和新体系。书中第 6 章~第 8 章就三大结构体系即钢筋混凝土结构、砌体结构和钢结构的基本构件受力原理及设计方法分别进行了叙述。

有云：简洁是智慧的灵魂。又云：具体的是深刻的。本书力求按大纲规定的深度对各章内容进行简洁而清楚的叙述，并且介绍国内外一些较新的建筑结构概念与形式，以期使学生能从中通过思考获得智慧，开拓思路。本书有相应的例题来展示相关内容，以期使读者能从中通过感悟获得深刻的理解。书中配有一定的复习思考题，使学生能够理解并牢固地掌握所学内容。

　　在编写的过程中，参阅了一些文献（个别文献是网络上的课件，因信息不全，无法在参考文献中列出），在此向文献作者表示最诚挚的谢意。特向同济大学王心田教授表示感谢。

　　由于编写时间紧迫及限于编者的学识，书中不足之处，敬请读者批评指正。

高向玲

2013 年秋于同济大学

目　　录

1 绪 论

建筑结构作为建筑物的骨架而形成人类活动的建筑空间，以满足人类的生产生活需求及对建筑物的美观要求（结构的建筑功能）。

英国第一位建筑作家——亨利·沃顿在《建筑的要素》中提到："良好的建筑有三个条件：坚固、实用和令人愉悦。"一座好的建筑物，其首要条件是坚固，而这源于建筑的结构体系。

著名建筑大师贝聿铭先生在回答"建筑教育的重点"这一问题时，提到了这样三个原则：（1）结构或构造等工程科学是与建筑有密切关系的，理应彻底了解，不过建筑师本身并不一定要算，但一定要懂得怎样算，因为先会算才知道从中间求变化；（2）其他与工程并重的，以及对建筑材料特质的理解与运用（如木材、石材、混凝土、钢铁、玻璃等，甚至如何做法、如何改良）都是很重要的；（3）最重要的是对我国民族历史、固有文化、社会情形等必须透彻了解，中国有许多宝贵的好东西值得保存，也就是说要将我们固有的好文化整理保存并渗揉在建筑里。以上三个原则是建筑设计的基础。贝聿铭先生自己的建筑作品——中国香港中国银行大厦（图1-1）正是对以上三个原则最完美的体现。

结构形式、施工技术以及建筑材料直接影响建筑设计。在古代，建筑材料仅有木材与砖石，因此限制了建筑的跨度。随着拱这种结构形式被人们掌握，建筑跨度得到极大提高，如石拱桥、拱顶教堂。其后，随着电梯技术的发展，以及钢材性能的提高，20世纪30年代出现了大量高层建筑，如1931年建成的美国帝国大厦（图1-2）。科学技术的发展、新的结构材料的出现催生了新的结构形式，从而促进建筑形式的巨大变革，如索、膜结构。图1-3为北京奥运会游泳馆水立方新颖的膜结构。

图1-1 中国香港中国银行大厦　　图1-2 美国帝国大厦　　图1-3 水立方

著名的意大利建筑师及结构师奈尔维（Nervi）在他的《结构在建筑中的地位》一书中这样说："现在建筑设计所要求的新的、宏伟的结构方案，使得建筑师必须要理解结构构思，而且应达到这样一个深度和广度：使其能把这种基于物理学、数学和经验资料之上而产生的观念，转化为一种非同一般的综合能力，转化为一种直觉和与之同时产生的敏感能力。"奈尔维作品——罗马奥林匹克小体育馆，建于1956年，如图1-4所示。结构概念是建筑物赖以生存的基础，建筑师只有掌握它，并在建筑设计的初期就自觉地运用它，才能设计出真正优秀的建

图 1-4　罗马奥林匹克小体育馆

筑。对建筑师而言，从整体上把握结构的概念，掌握结构体系的选择以及布置，远比了解结构计算重要。正是出于上述原因，我国的注册建筑师考试中对"建筑结构"有以下要求：（1）对结构力学有基本了解，对常见荷载、常用建筑结构形式的受力特点有清晰的概念，能定性识别杆系结构在不同的荷载下的内力图及变形形式。（2）了解混凝土结构、钢结构、砌体结构、木结构等结构类型的力学性能特点、使用范围及主要构造。（3）了解多层、高层及大跨度建筑结构选型的基本知识；了解建筑抗震设计的基本知识；了解各类结构形式在不同的抗震烈度下的使用范围；了解天然地基和人工地基的类型及选择的基本原则。同时，对"建筑材料"的要求如下：了解建筑材料的基本分类；了解常用材料的性能、检验及检测方法，以及其在使用中的基本化学原理、尺寸稳定性及施工中的允许误差和合理使用范围。掌握一般建筑构造的原理与方法；能正确选用材料，合理解决一般构造与连接；能判断各种材料的优劣，处理施工中出现的各种问题。本书的编写基于以上原则和目标，主要介绍建筑结构的基本概念，包括建筑物所承受的作用力，建筑结构的基本构件，各种建筑材料的基本特性以及各种结构体系的特性和应用。

在正确设计、施工及正常使用条件下，建筑结构应该具有抵御可能出现的各种作用的能力（建筑结构的安全功能）。此外，建筑结构的工程造价及用工量分别占建筑物造价及施工用工量的 30%～40%，建筑结构工程的施工工期占建筑物施工总工期的 40%～50%（建筑结构的经济指标）。为了使建筑物设计符合技术先进、经济合理、安全适用、确保质量的要求，建筑结构方案设计（包括结构选型设计）占有重要地位。结构方案设计和选型的构思是一项很细致的工作，只有充分考虑各种影响因素并进行全面综合分析后才能选出优化的方案。

建筑物的形式和风格总是与构成它的材料和结构方式相适应的。一种形式和风格在长期实践中定型、成熟之后，就称为"定式"。当然，建筑的形式和风格总是要反映人们的审美习惯的，人们的审美习惯是时代文化的一部分，至于到建筑上，它又是在利用一定的材料和结构方法的条件下，经长期建筑实践而形成的。建筑实践，离不开物质生产的基本原则，既要经济、合理、适用，又要便于施工。人类正在实践中不断探索能够经济、合理地充分发挥新材料、新结构潜力的新形式和新风格，并逐步形成新的建筑体系和结构体系。

1.1　结构形式与建筑设计的关系

结构是房屋的骨架，是建筑物赖以存在的基础。建筑材料和建筑技术的发展决定着结构形式的发展，而结构形式对建筑的影响是最直接和明显的。

从建筑史可以看到，建筑物一经出现，建筑与结构就结下了不解之缘。

例如，古埃及的神庙，当时的建筑技术决定它只能采用简单加工的石梁和石柱建造，这就自然形成了粗壮坚实的形象。石梁不能建造大跨度结构，也就创作不出大空间的建筑，所以石庙内部只能巨石林立。卡纳克的阿蒙神庙（图 1-5）是在很长时期内陆续建造起来的，总长 366m，宽 110m，前后六道大门，而以第一道最为高大，它高 43.5m，宽 113m。大殿内部净宽 103m，进深 52m，密排着 134 根柱

图 1-5　古埃及的阿蒙神庙

子。中央两排 12 根柱子高 21m，直径 3.57m，上面架设着 9.21m 长、重达 65t 的大梁；其余的柱子高 12.8m，直径 2.74m。由于技术水平所限，这座大殿里的柱子，长细比只有 1:4.66，柱间净空小于柱径，但柱子如此粗壮、密集的结构形式却制造出了神秘的感觉空间。

后来，罗马人发明了拱券结构，于是便建造了具有大跨度室内空间的建筑，形成了与以前大不相同的建筑风格，图 1-6 为罗马的大角斗场。公元 120 ~ 124 年兴建的万神庙（图 1-7），作为奉祀诸神的神殿，其穹顶直径 43m 的纪录直到 20 世纪才被打破，穹顶的圆眼（直径为 8.2m 的采光圆孔）使阳光泻入万神庙。

图 1-6　大角斗场

图 1-7　万神庙（罗马）

图 1-8　圣索菲娅大教堂

中世纪由于建筑技术发展，拱券结构得到进一步发展，由拜占庭建筑（屋顶造型采用穹窿顶，于公元 532 ~ 537 年修建的圣索菲娅大教堂（图 1-8）就是其典型的代表）到哥特式拱顶，结构形式和建筑风格愈来愈多样化。哥特式建筑（Gothic architecture）是一种兴盛于 13 ~ 15 世纪的建筑风格，尖塔高耸，采用尖形拱门、肋状拱顶与飞拱结构，建造于 1163 ~ 1250 年间的巴黎圣母院（图 1-9）是典型的哥特式建筑。

图 1-9　巴黎圣母院

19 世纪后半期以来，在建筑上广泛地采用钢结构和钢筋混凝土结构，于是引起了建筑的革命性变化。由于社会的需要，技术条件的发展，促进了大跨度建筑和高层建筑的空前发展。20 世纪，由于新型的建筑材料、施工技术及结构理论飞速发展，促进了一大批新型结构形式的涌现和新型结构体系的产生，如网架结构、悬索结构、薄壁结构、充气结构、混合结构、高层结构体系等。可以看出，建筑发展历史与结构发展历史密切相关，而它们更是建筑材料和建筑技术的发展史。

目前，世界上跨度最大的建筑是世纪之交的千年穹顶（The Millenium Dome），该馆位于英国伦敦泰晤士河南岸格林尼治，是当今世界跨度最大的屋盖，穹顶酷像飞碟，直径 320m。目前，世界上最高的建筑是迪拜的哈利法塔（160 层，高 828m），哈利法塔的建筑设计采用了一种具有挑战性的单式结构，由连为一体的管状多塔组成，具有太空时代风格的外形，基座周围采用了富有伊斯兰建筑风格的几何图形——六瓣的沙漠之花。哈利法塔的平面为 "Y" 形，中部是一个六边形的钢筋混凝土核心筒，周边有三个翼。每个翼又有自己的高性能混凝土核心筒和周边柱群，翼与翼之间通过中部六边形的钢筋混凝土核心筒相互支撑（图 1-10）。

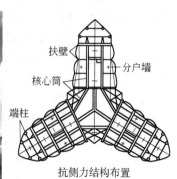
图 1-10　哈利法塔

我国大跨度和高层建筑的发展也很快，如已建成北京国家体育场（主体建筑呈空间马鞍椭圆形，外部为钢结构，外形犹如鸟巢，南北长 333m，东西宽 294m，高 69m）、高 492m 的上海环球金融中心，以及正在建设中的总高度 632m 的上海中心、高 660m 的深圳平安国际金融中心大厦等。

当一座建筑还没有任何设施的时候，却有了支撑房屋的"骨骼"——即采用一定材料，按照一定力学原理而营造的建筑结构。建筑结构既处于自然空间之中，又处于建筑空间之中。发展至今，建筑空间又可分解为受功能要求制约的合用空间和受审美要求制约的视觉空间。建筑物在自然空间中要抵抗外力的作用得以"生存"，首先要依赖于结构，而合用空间与视觉空间的创造，也要通过结构的运用才能实现。

1.2　结构形式与使用空间的创造

1.2.1　建筑物对使用空间的要求

不同功能建筑物对合用（使用）空间有不同的要求，根据这些要求可大体确定建筑物的尺度、规模与相互关系。

建筑结构所覆盖的空间除了能容纳建筑物的使用空间外，还包括非使用空间，其中包括结构体系所占用的空间。当结构所覆盖的空间与建筑物的使用空间接近时，可以提高空间的使用效率、节省围护结构的初始投资费用、减少照明采暖空调负荷、节省维修费用。因此，这是降低建筑物全寿命期费用的一个重要途径。为此，在结构设计时要注意以下两点：

（1）尽可能降低结构构件的高度：

1）大跨度平板网架结构是三维空间结构，整体性及稳定性较好，结构刚度及安全储备均较大。因此，与一般平面结构相比，平板网架结构的构造高度可小些，从而使室内空间得到较充分利用。例如，钢桁架构造高度约为跨度的 1/8 ~ 1/2，而平板网架结构的构造高度仅为跨度的 1/25 ~ 1/20。

2）多层或高层建筑的楼盖采用肋梁结构体系时，梁的高度约为跨度的 1/14 ~ 1/12。当采用密肋楼盖时，由于纵横十字交叉的肋间距较密而构成刚度较大的楼盖，楼盖高度可取跨度的 1/22 ~ 1/19。当柱距为 9m 时，采用肋梁体系的梁高约为 70cm，而密肋楼盖的高度仅约为 47cm，即每层可减少结构高度 23cm。对于 30 层的高层建筑则可在得到同样的使用空间的效果下，降低建筑物高度 30 × 0.23m = 6.9m，即约可降低 2 个楼层的高度，或在同样建筑物高度条件下增加两层使用面积。很明显，这样做的经济效益是很高的。

（2）所选结构形式的剖面应与建筑物使用空间相适应：

1）对于要求在建筑物中间部分有较高空间的房屋（如散粒材料仓库），采用落地拱最适宜（图 1 – 11）。

2）交叉式双斜拱支承的悬索屋盖（图 1 – 12），其悬索结构完全由双斜拱支持，拱下的立柱既不受压也不受拉，仅作为外围玻璃窗的装饰杆件，但当屋面偶受不对称荷载或水平荷载时可起一定的辅助作用。当体育馆选用上述结构形式时，两侧看台座位沿拱向上升高与屋顶的悬索下垂协调一致，不但满足了功能要求而且能使室内空间利用较经济，立面造型亦较新颖轻巧。典型的工程实例为 1953 年建成的美国北卡罗来纳州的 Raleigh 体育馆，跨度达 91.5m，建筑面积 $6500m^2$。

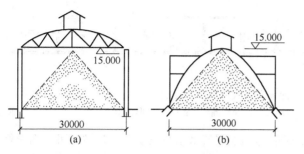
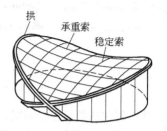

图 1 – 11　结构形式与建筑物使用空间关系示意图
（a）屋架结构形式；（b）落地拱结构形式

图 1 – 12　双斜拱支承的悬索屋盖

1.2.2　建筑物的使用要求与结构的合理几何体形相结合

1.2.2.1　建筑物的声学条件与结构的合理几何体形

大型厅堂建筑在声学条件上要求有较好的清晰度和丰满度，要求声场分布均匀并具有一定的混响时间，还要求在距声源一定距离内有足够的声强。在结构选型设计中应注意到结构的几何体形对于声学效果的影响。

（1）声焦聚。当曲面屋盖曲率半径 R 值小于屋顶高度的一半时，即 $R < H/2$，声焦聚点将不在人体高度范围内产生，而当 $R > 2H$ 时，反射声线将接近于平行，可避免声焦聚现象。因此，为了得到良好的声学效果，应尽量选择曲率半径较大的曲面屋盖。此外，下垂的凹曲面屋顶可避免声焦聚，例如倒置的壳体单元及悬索结构。图 1 – 13 为声音在不同曲面上的反射示意图。

（2）平面形式对声学效果的影响。一些薄壳、悬索、网架等所具有的圆形或椭圆形平面形式，容易产生声场分布不均匀，出现声焦聚和沿边反射等缺点（图 1 – 14b）。若屋顶采用平面（图 1 – 14a）或对屋顶进行一定的处理（图 1 – 14c），则可改善这种不足。

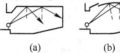

图 1 – 13　声音在不同曲面上的反射示意

图 1 – 14　观众厅的几种剖面形状
（a）声音反射较均匀；（b）声音反射有焦聚；
（c）声音反射均匀

1.2.2.2　采光照明与结构的合理几何图形

当结构覆盖空间很大时，天然采光是一个影响建筑使用功能的重要问题，在结构选型设计中应充分注意由此带来的影响。传统的方法是在屋盖的水平构件上设置"Ⅱ"形天窗。通过多年的实践及理论分析，人们认识到此种方法具有种种缺陷，如突出屋面的天窗架重心高、刚度差、连接弱，不利于抗震；此种天窗还使结构所覆盖的非使用空间加大，室内天然采光照度也不均匀。利用桁架上下弦杆之间设置下沉式天窗，在结构受力、空间利用与采光效果方面都比"Ⅱ"形天窗优越，另外比"Ⅱ"形天窗优越的还有目前常用的网架结构、桁架结构、拱结构、穹顶结构等天窗形式。图 1 – 15 为几种常用天窗的形式对建筑物剖面的影响。

1.2.2.3　排水与结构的合理几何图形

在结构选型设计中，屋面排水是另一个需着重考虑的问题。例如，大跨度平板网架结构一般通过起拱来解决屋面排水问题，然而由于网架结构单元构件组合方案不同以及结点构造方案

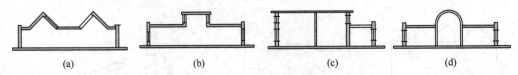

图 1-15　各种采光形式对剖面的影响

（a）三角形天窗；（b）矩形天窗；（c）高侧窗；（d）拱形天窗

不同，结构起拱的灵活性也不同。例如，钢管球结点网架采用两坡或四坡起拱均可，而角钢板结点网架宜用两坡起拱，正方形平面周边支承两向正交斜放交叉桁架型网架适于四坡起拱，而两向正交正放交叉桁架型网架只适于两坡起拱，正交正放抽空四角锥网架起拱较方便，而斜放四角锥网架起拱较困难。

此外，网架起拱后因改变各杆件长度或增大焊缝缝隙均使制作及拼装工作复杂化，因此，不少工程采用在上弦结点上加小立柱的方法来找坡。但采用小立柱方案也具有若干缺点。美国哈特福市体育馆（图 1-16）的屋盖结构为 $91.4m \times 109.7m$ 的网架，于 1978 年 11 月 18 日凌晨由于大雪整体坍落。事后专家组对事故进行分析，认为造成事故的原因是多方面的，包括荷载计算、网架结点构造、施工质量等，但其中一个原因是：水平面上刚度很大的屋面系统，如设计在网架上弦平面内可对网架起一定支撑作用，而哈特福市体育馆工程中在网架顶上设置的小立柱，将屋面系统和网架分开而削弱了此作用，造成网架整体坍落。

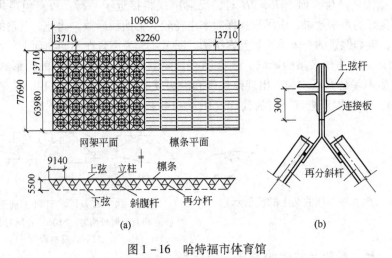

图 1-16　哈特福市体育馆

（a）网架平面与剖面；（b）上弦与再分杆节点

1.3　结构形式与视觉空间的创造

人们对建筑环境的感受是通过感觉器官得到的，而对于建筑艺术的欣赏莫过于视觉。从这个意义上来讲，建筑形象的创造，就是视觉空间的创造。视觉空间与合用空间具有不同的内涵，但它们都是从建筑之"本"——结构中孕育出来的。

在现代建筑结构形式的设计中，不仅要很好地考虑和解决建筑功能方面的问题，还必须运用逻辑思维与形象思维，合理组织和确定结构各个部分的传力体系，对建筑艺术创作有一番艺匠经营。因此，视觉空间的形成也像合用空间那样，是与一定的结构形式构思紧密联系的。

根据结构和材料运用中所应遵循的客观规律，因势利导地对视觉空间进行艺术加工与艺术处理，这是现代建筑达到审美目的的最本质且最经济的一种创作手段。

具体地说，在结构构思的全过程中，视觉空间的创造可以按照以下基本思路展开。

1.3.1 结构构成的空间界面

（1）利用结构构成的空间界面丰富空间轮廓。空间界面不仅是建筑物内部与外部环境的"临界面"，而且也自然而然地构成了人们身临其境的"视野屏障"。一旦我们把两种或两种以上的空间界面各自相应的变化加以组合时，就会产生奇妙的空间轮廓。以空间界面来限定空间，创造丰富多姿的空间轮廓，不仅要适应结构中线、面、体的构成，而且往往还要综合考虑其他方面的因素，结合建筑功能——如采光、通风、照明、声学、视线等以及建筑所处的自然环境来考虑结构构成及其空间界面所形成的空间轮廓，这是现代高层建筑视觉空间艺术创造的一条重要思路。图1-17为结合天然采光设计来处理结构所构成的空间顶界面的东京代代木体育馆，图1-18为结合声学设计采用折板作为顶面和墙面的巴黎联合国教科文组织会议厅。总之，要尽可能地结合自然环境，以结构所构成的空间界面丰富空间轮廓。

图1-17　东京代代木体育馆　　　　　图1-18　巴黎联合国教科文组织会议厅

（2）结构构成的空间界面可强调空间动势。现代建筑的空间构图，常常可以借助于结构形体所形成的空间界面的变化，来造成和增强视觉空间向前、向上、旋转、起伏等动势感，这种动势感在空间序列中具有吸引与组织人流的功能作用。

图1-19所示的华盛顿杜勒斯航站楼，就是由倾斜的屋顶与墙面造成的空间向前动势自然地反映了结构构成的特点，并与该建筑物的使用性质和艺术风格十分相称。图1-20为日本代代木大、小体育馆，利用结构形式造成了建筑向上和旋转的动势。中国的布达拉宫（图1-21）依山建造，由白宫、红宫两大部分和与之相配合的各种建筑所组成。众多的建筑虽属历代不同时期建造，但都十分巧妙地利用了山形地势修建，使整座宫寺建筑显得非常雄伟壮观，而又十分协调完整，在建筑艺术的美学成就上达到了无比的高度，构成了一项建筑创造的天才杰作。耶鲁大学冰球馆（图1-22）形似乌龟，采用了仿生学的原理设计。设计者巧妙地利用了巨型拱在两端头的自然起翘和弧形侧墙在相应位置自然转为向外伸展的结构体型，造成了冰球

图1-19　华盛顿杜勒斯航站楼　　　　　图1-20　日本代代木大、小体育馆

馆两端进出口处"收缩"、"吸引"（从馆外看）和"扩展"、"开放"（从馆内看）的空间导向性与动势感，使该体育建筑的出入口设计颇具特点而不落俗套。

图 1－21 中国的布达拉宫   图 1－22 耶鲁大学冰球馆

（3）利用结构构成的空间界面以组织特有的空间韵律。空间轮廓变化的有意强化形成了空间动势，而空间轮廓特征的有规律的重复形成了特有的空间韵律。建筑设计中通过重复采用同一结构单元来进行空间组合，这些结构单元的平面多取正方形、六边形、三角形或圆形等，尽管它们的形体与尺寸都是一样的，然而，通过平面上的交错组合或剖面上的高低布置，仍然可以造成富于变化并具有一定结构空间韵律的视觉空间艺术效果。耶路撒冷国立艺术博物馆（图1－23）从适应地形和分批修建考虑，将结构单元疏密有致地组织成十分活泼的自由空间韵律。

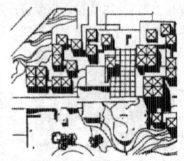

图 1－23 耶路撒冷国立
艺术博物馆

1.3.2 空间的划分与组织

在现代结构技术的条件下，建筑空间的组织在水平向和竖向上都具有相当大的自由度。现代建筑中有关空间组织的艺术手法，如空间的分割、穿插、延伸、开放等都可以配合一定的结构形式和结构体系形成不同的空间造型。

承重结构的布置可以通过建筑平面中承重结构轴线所交织构成的格网——结构线网反映出来。规整简洁的结构线网可以使结构承受的荷载分布比较均匀，构件断面趋近一致，整体刚度相应提高，同时，也便于结构计算、设计和施工；在合理的结构线网这个最基本的坐标系上，通过灵活而精彩的构思获得丰富多姿的视觉空间艺术效果。

1.3.2.1 在结构线网中分割空间

空间界面（顶界面、侧界面、底界面）来限定空间，在很大程度上则还是要取决于承重结构中线、面、体的构成。在现代高层建筑中，设有大厅空间的底层，其柱网在保持与上面各标准层一致的情况下，底层厅室通过灵活的空间分割仍可取得丰富的变化。图1－24是日本的一座高层公寓，尽管其柱网上下左右都严整对应，但底层和二层空间的布置却变化有方。如底层不承重的外墙面脱开四根柱子呈45°角斜向收进，既打破了建筑方整的外轮廓，增添了空间的活泼感，又使得上层楼盖外挑，成为托幼和茶室的室外遮阴避雨之处。

1.3.2.2 向结构线网外延伸空间

根据连续梁端部悬挑的力学原理，使底层以上的空间逐层向周边悬挑，这是现代建筑结构构思中延伸空间的一种典型设计手法。

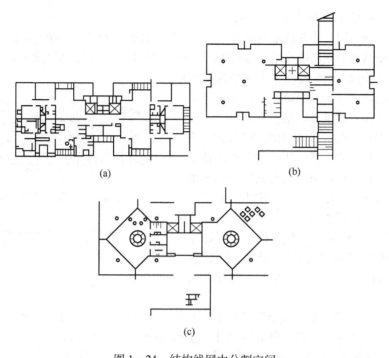

图 1 – 24   结构线网中分割空间

（a）标准平面，住户；（b）二层平面，办公、服务；（c）底层平面，托幼、茶室

　　同济大学图书馆也是在上层延伸空间的一个成功范例。原图书馆位于学校教学区中心地带，是 20 世纪 60 年代建造的 2 层砖混内框架结构（层高 4.2m）。在内天井中拆除原目录厅后，形成轴线尺寸 27.60m×59.80m 的空地作为塔楼建筑用地。塔楼基础占地 1128m²，扩建工程主体结构地下 2 层（层高 4.5m）、地上 11 层（层高 3.9m），结构总高度 50m（图 1 – 25a）。5～11 层沿筒四周外挑形成 25m×25m 切角方形，楼面作为开架书库和阅览室用房，塔筒 11 层以上设电梯机房、排风机房和屋顶水箱。两塔筒转 45°相对。塔筒之间 1～2 层设带中厅的目录厅，所有围护结构采用加气轻混凝土块与铝合金窗（图 1 – 25b）。

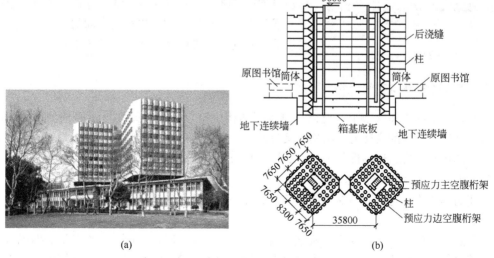

图 1 – 25   同济大学图书馆

1.3.2.3　在结构线网上开放空间

新结构形式的运用，为开放空间的艺术处理提供了各种新的可能，结合建筑物的使用性质和要求，根据新结构形式反映在结构线网中的特点，对所能形成的空间界面作各种灵活的开放处理，这也是现代建筑视觉空间艺术创新的好办法。

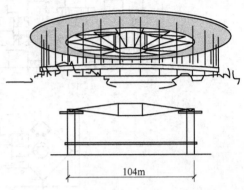

布鲁塞尔国际博览会美国馆就是在圆形悬索结构线网中局部地开放顶界面的实例。这里，承受拉力的圆形内环是由放射状拉索均匀分布、均匀受力的要求所形成的，结合建筑物的使用性质和功能要求，圆形内环的顶部没有封闭，而是敞开！与此露空圆环相对应，在馆内中央设置了一个圆形水池，阳光可以射进，雨水可以落入；水池周围种植了高大的树木，人在馆内，似在室外，真是"异想"而得"天开"！给该馆室内视觉空间的创造带来了自然生机和生活情趣（图1－26）。

图1－26　布鲁塞尔国际博览会美国馆

如果说"流动空间"是开放空间处理中较为常见的一种情况，那么，"悬浮空间"则是开放空间处理中的一种特殊形式。当室内空间采用悬吊结构时，下面无柱，四周无墙（代之以吊杆），只有作为上层空间的顶界面，这样就会给人以"悬浮"的感觉和印象。在空间组织和利用方面，"悬浮空间"也有它独到之处。

在现代大跨度建筑结构设计中，特别是在大跨度公共建筑设计中，悬挂薄膜结构得到广泛应用，最为典型的例子就是位于英国伦敦泰晤士河南岸格林尼治的千年穹顶（The Millenium Dome）。该馆1997年6月开始拟建，仅用一年时间施工，就举行了升顶仪式。它拥有当今世界跨度最大的屋盖，直径320m，外形酷似飞碟。穹顶高50m，由12根包括10m支座在内的高

图1－27　千年穹顶

100m桅杆塔柱（柱本身90m）通过总长度70km的钢缆绳悬挂起来，布置在直径200m的圆周上。穹顶网格由72根成对径向索和7根环向索构成，中间设有中心索桁架和70m直径环，上覆盖144块双层巨幅涂以特福隆（Teflon）的白色玻璃纤维布。采用悬吊的结构方式，使得穹顶变成了"悬浮"的，可以更加突出视觉空间的新颖与完整，且底层的空间利用也要自由、灵活得多（图1－27）。

1.3.3　结构形式美与空间造型

在现代建筑的空间造型中，可以充分利用结构中符合力学规律和力学原理的形式美的因素，来增强建筑艺术的表现力。结构所具有的这些形式美可以大体归纳为以下几个方面：均衡与稳定、韵律与节奏、连续性与渐变性、形式感与量感等。

1.3.3.1　结构的均衡与稳定

由于力学要求，对称或不对称的结构形式都必须保持均衡与稳定，这同建筑构图中形式美的规律是一致的。

现代建筑中的许多构筑物，如桥梁、大坝、高架渡槽、圆柱形筒仓、冷却塔、电视塔和许多高层建筑等，虽然体形简单，装饰物很少，但在均衡、稳定的基础上，根据结构中应力分布

的规律或结合结构合理受力的要求，仅仅对体形轮廓进行适当的艺术加工，便能给人一种力学上的美感。

稳定性是最基本的结构性质。洛杉矶航站塔式餐厅，由于塔身较矮，设计者别出心裁地采用了十字交叉的抛物线拱来增强塔台的稳定性，构思既新颖大胆，空间体量构图又颇富时代感（图1-28）。

图1-28 洛杉矶航站塔式餐厅

结构稳定是建立在静力平衡的基础上的，而"非对称"的平衡则要复杂得多。随着现代建筑中新材料、新技术、新结构的广泛运用，"平衡"与"稳定"这些概念的内涵更加丰富；随着高强材料的出现，"拉力"在结构的平衡与稳定中起着越来越广的作用。带有"索"的各种结构系统，如悬索结构、悬挂结构、帐篷结构、索杆结构等，从根本上改变了传统建筑基于受压力学原理之上的空间造型特征，使建筑物不仅会变得轻巧、雅致，甚至给人以飘然失重的感觉，而且在一些情况下还富有奇妙、惊险的戏剧性艺术效果。图1-29是由林同炎设计的美国加利福尼亚勒克阿朱盖弧形斜拉桥，人们从桥的非对称平衡中可体验到结构飘然失重的奇妙感觉。

图1-29 美国加利福尼亚勒克
阿朱盖弧形斜拉桥

1.3.3.2 结构的韵律与节奏

结构部件的排列组合都以一定的规律进行，这样不仅结构简化、受力合理，有利于快速施工，而且还可以使空间造型获得极富变化的韵律感与节奏感；根据这一原理，我们在设计时，应当从建筑整体出发，慎重处理结构掩蔽与暴露的关系，在美学上能够加以发挥和利用的因素，就不要轻易地让它从视觉空间中"消失"。

应当说，合乎情理的外露结构本身乃是最自然、最经济的一种建筑装饰手法，这是"骨子里的美"，在中外许多传统建筑中都有充分的表现。例如图1-30所示的西班牙巴伦西亚科学城，它外露鱼骨形式的骨架，既是结构的需要，更是特殊建筑造型的表现。

各种承重结构构件，如立柱、楼板、挑梁、刚架、拉索、桅杆等，是使建筑物立面构图获得某种韵律与节奏的最活跃的基本要素，而这些构件有规律的排列，又使得建筑物的空间造型具有该结构形式的一些基本特征。特别应当指出，从建筑学的立体构成原理来分析，一些新型结构（如网架结构）是由许多密集单元集聚而成的。在现代室内设计中，新材料、新技术、新结构的应用，可以使得富有韵律的露明结构的艺术表现充满生气而令人惊叹和遐想。例如北京的"鸟巢"体育馆，游泳馆"水立方"。

贝聿铭设计的华盛顿国家艺术陈列馆东厅（图1-31），把三角锥形大厅顶部的采光天棚设计与结构构思结合起来，使三角锥结构单元组合不仅具有图案趣味，而且还为优美的厅内空间增添了瞬息万变的光影效果，被誉为"第三种建筑材料"的阳光倾泻而下，似乎把图案般的天棚结构化成了动人的音符，显映在三角形大厅的墙壁木板和地面上，使人身临其境并感到兴奋和欢快。应当说，贝聿铭的这种浓炼的艺术表现手法，正是巧妙地再现了结构韵律的魅力所在。

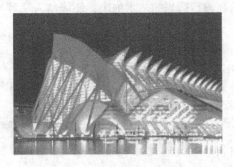
图 1-30　西班牙巴伦西亚科学城

图 1-31　华盛顿国家艺术陈列馆东厅

可见，工程师发挥和利用结构本身所具有的韵律与节奏等形式美的因素，就可以取得简洁凝炼的建筑艺术效果。

1.3.3.3　结构的连续性与渐变性

结构的连续性是指结构构件各部分之间连接的整体性，而构件断面形状元突变的连续过渡，则是其渐变性。结构的连续性与渐变性是受自然界中力学作用的结果。

由于结构的连续性和渐变性往往与结构给人的稳定、轻巧、流畅等感受联系在一起，因而这也是现代建筑空间造型中可以充分利用和发挥的形式美的因素。

在许多情况下，结构的连续性和渐变性往往可以造成或加强结构体形中的曲线美。如前文提到的华盛顿杜勒斯航站楼、东京代代木体育中心、耶鲁大学冰球馆等。从中可以看出，结构的连续性和渐变性既可以体现于整个结构系统，也可以体现在结构整体中的某个局部；既可以反映在直线与直线、直线与曲线（或平面与平面、平面与曲面）的交接区间，又可以反映在曲线与曲线（或曲面与曲面）的交接区间。总之，如何发挥结构的连续性和渐变性在建筑造型艺术中的作用，还是应从合理组织结构传力体系统一考虑。

1.3.3.4　结构的形式感与量感

形式感属美学研究的范畴，它在建筑艺术中也是客观存在的。形式感是指艺术领域中形式因素本身对于人的精神所产生的某种感染力。建筑中的各种形式因素，如线条、空间界面、空间体量、材料质地及其色彩等等，在一定条件下都可以产生一定的形式感。金字塔的正三角形体给人以稳定、庄严的感觉，但如果倒过来则会使人感到危险和不安。垂直线条给人的感受是肃穆、高昂，而水平线条却恰恰相反——亲切而委婉。波形构件可以产生流动感、跳跃感；悬挑构件则可以产生灵巧感、腾越感，如此等等。

对建筑空间造型的结构而言，立体构成中讲的"量感"，是"充满生命活力的形体所具有的生长和运动状态在人们头脑中的反映"，在建筑结构中也是客观存在的，就是特指的"形式感"。

如何使现代建筑的空间造型与自然环境协调，使建筑美与自然美相得益彰？借助于结构的形式感可以较好地解决这个问题。

结构是构成建筑艺术形象的重要因素，结构本身富有美学表现力，为了达到安全与坚固的目的，各种结构体系都是由构件按一定的规律组成的。这种规律性的东西本身就具有装饰效果。工程师必须注意发挥这种表现力，把结构形式与建筑的空间艺术形象融合，通过对结构体系裸露和艺术加工而表现建筑美。

建筑界公认的典型例子是意大利建筑师京尔维设计的佛罗伦萨运动场的大看台，这是一个钢筋混凝土梁板结构（图1-32），雨篷的挑梁伸出17m，它的弯矩图是二次抛物线。

建筑师把挑梁的外形与其弯矩图统一起来，并且利用混凝土的可塑性对挑梁的外轮廓进行艺术处理，在挑梁支座附近挖了一个带有椭圆弧线的三角形孔，既减轻了结构自重，又获得了良好艺术效果。直接显示结构的自然形体进行恰如其分的艺术加工而又不做任何多余的装饰，使结构形式与建筑空间艺术形象高度地融合起来。可见，结构的作用是建筑艺术表现力的重要源泉。

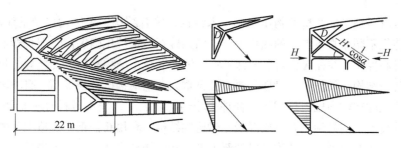

图1-32 佛罗伦萨运动场的大看台

巴塞罗那奥运会的电视发射塔也是现代建筑的空间造型与自然环境协调的实例。它别致的造型和奥运会广场的空间造型与自然协调形成一种动静结合的效果（图1-33）。

悉尼歌剧院（图1-34）则是另一个例子。它由丹麦建筑师 J. 伍重（Jorn Utzon）设计，于1973年建成。歌剧院位于风光秀丽的悉尼港口处三面环水的奔尼浪岛上，邻近著名的悉尼大桥，占地1.8hm^2，高出海面约19m。远眺碧海蓝天中的歌剧院，桃红色的花岗石高大基座被周围的绿树衬映；远处是现代高层建筑，南临植物园。建筑师伍重用三组10个以不同角度倾斜的巨大的白色双曲薄壳覆盖着复杂的建筑群。建筑壳体的最高拱尖高出基座48m，整个建筑群巍然矗立，白色的壳顶在蓝天映照下格外引人注目。像洁白的雕塑和贝壳，似迎风扬帆驶过的船队，如被惊待飞的白鹤。

图1-33 巴塞罗那奥运会的电视发射塔

图1-34 悉尼歌剧院

伍重背弃了现代主义建筑师信奉的"形式因循功能"的准则，用象征的手法创造了在特定环境下极富吸引力的现代建筑作品。悉尼歌剧院已成为悉尼市甚至澳大利亚的标志和象征，每年吸引着大量外国游客。人们称赞它是"充满浪漫色彩，富有诗意、杰出的艺术品，在奔尼浪岛这个特定环境下，大概找不出比现在更成功的设计了。"该建筑结构复杂，施工工期长达17年，耗资5000万英镑。

从前面阐述可以看出，建筑与结构密不可分，建筑中有结构，结构可表现建筑。特别是在现代新颖建筑中，例如网架结构、悬索结构、薄膜结构、大跨度空间结构等建筑结构形式，甚至可以说："建筑就是结构，结构就是建筑。"

1.4　结构与建筑材料的关系

1.4.1　合理选用结构材料

建筑结构材料是形成结构的物质基础。木结构、砖石结构、钢结构以及钢筋混凝土结构，均因其材料特征不同而具备各自的独特规律。例如砖石结构抗压强度高，但抗弯、抗剪、抗拉强度低，而且脆性大，往往无警告阶段即破坏；钢筋混凝土结构有较大的抗弯、抗剪强度，而且延性优于砖石结构，但仍属于脆性材料而且自重大；钢结构抗拉强度高，自重轻，但需特别注意当长细比大时在轴向压力作用下的杆件失稳情况。因此，选用材料时应充分利用其长处，避免和克服其短处。例如利用砖石或混凝土建造拱结构，利用高强钢索建造大跨度悬索结构。

随着科学技术的发展，新结构材料的诞生带来新的结构形式，进而促进建筑形式的巨大变革。19世纪末期，钢材和钢筋混凝土材料的推广引起了建筑结构革命，出现高层结构及大跨度结构的新结构形式。近年来混凝土向高强方向发展，混凝土强度提高后可减小结构断面尺寸，减轻结构自重，提供较大的使用空间。国际预应力混凝土下属委员会也曾指出，如果用强度为100MPa的混凝土制成预应力构件，其自重将减轻到相当于钢结构的自重。钢筋混凝土结构的选型问题也必将带来一场变革。但随着混凝土向高强方向发展，其脆性也大大增加，这是一个亟待进一步解决的问题。

此外，轻骨料混凝土在建筑结构中有很好的应用前景。美国休斯敦贝壳广场大厦（图1-35）是利用轻骨料混凝土建造高层建筑的典型例子。原设计采用普通钢筋混凝土，设计高35层，后改为全部采用页岩陶粒混凝土后建至52层，高达218m，混凝土用量达68800m³，减轻20%的结构自重（约38500~41200t）。

图1-35　休斯敦贝壳广场大厦

复合材料是另一个值得重视的发展方向。钢管混凝土具有很大优越性。近十几年来，钢管混凝土结构在单层及多层工业厂房中已得到较广泛应用。工程经验表明：利用钢管混凝土承重柱自重可减轻65%左右，由于柱截面减小而相应增加使用面积，钢材消耗指标与钢筋混凝土结构接近，而工程造价和钢筋混凝土结构相比可降低15%左右，工程施工工期缩短1/2。此外钢管混凝土结构显示出良好的延性和韧性。

钢纤维混凝土是一种有前途的复合材料。钢纤维体积率达1.5%~2%的钢纤维混凝土的抗压强度提高很小，但抗拉、抗弯强度大大提高。此外结构的韧性及抗疲劳性能有大幅度提高。国内利用钢纤维混凝土上述优良性能而建造的大型结构实例之一是南京五台山体育场的主席台。此外，国内外地震震害实例表明柱梁核心区的剪切破坏是钢筋混凝土框架受震破坏的重要原因之一，因此，各国都致力于提高柱梁核心区抗剪能力。而采用钢纤维混凝土则可提高节点区的抗剪承载力。

型钢混凝土组合结构（简称SRC）是混凝土中主要配置型钢而形成的一种新型建筑结构，

其变形能力具有钢结构的一些特征,抗震能力明显高于钢筋混凝土结构;与普通混凝土结构相比,SRC 结构内埋型钢与外围箍筋一起对混凝土形成良好约束作用,改善了混凝土的受力状态,充分发挥其强度特性;与钢结构相比,SRC 结构型钢混凝土保护层对内部型钢可以起保护作用,解决了钢结构防火难、易腐蚀的问题,而且 SRC 构件刚度较大,在高层建筑中更容易控制其层间位移与顶点位移,满足人体舒适度的要求。因此,型钢混凝土结构也是最具有发展潜力的一种新型建筑结构。

1.4.2 选择能充分发挥材料性能的结构

建筑结构杆件轴心受压时比偏心受压或受弯状态更能充分利用材料强度。受弯构件以简支梁为例,在均布荷载作用下,弯矩图是抛物线,跨中弯矩最大而支座弯矩为零。再进一步研究梁的每个截面,其弯曲应力以上下边缘处最大,中和轴处应力为零。但为了使构件形状简单便于施工,常按等截面梁设计并采用矩形截面,选择截面尺寸时只能以跨中处最大边缘应力作为最危险部位来验算,可见梁的大部分材料的应力远远低于许用应力。

为节约材料可按弯矩图来设计梁的形状,即成为鱼腹式梁,此时梁的各个截面中的边缘弯曲应力可以较接近。此外,为了把梁截面的中和轴附近的材料减少到最低程度,形成了工字形截面构件。再进一步把梁腹部的材料挖去而形成三角形孔洞,最后由梁转化为平面桁架。桁架的各个杆件均为轴向受力,杆件截面上应力均匀分布,整个截面的材料强度都能得到充分利用,可见桁架比工字形截面梁更能发挥材料的性能。但平行弦桁架及三角形桁架内力分布不均匀,为了制作方便只能使上弦或下弦杆件的截面尺寸相同,因此尚不能使每个杆件的材料强度充分发挥。当桁架形状接近于抛物线时,即和简支梁的弯矩图图形接近时,桁架上弦或下弦的内力分布较均匀而腹杆应力接近于零,材料可得到更大节省。

形成跨度的拱结构与梁相比更能使材料强度得到充分发挥。由于拱脚的水平推力存在,使得拱结构内大部分截面受压,而弯矩非常小。

梁向另一个方向扩展可以形成平板结构,与之对应,桁架向另一个方向扩展可以形成平板网架结构。同理,拱结构可以对应于薄壁空间结构,网壳结构可以认为是薄壁空间结构与桁架的结合。不同的结构形式有其必然的内在联系。

悬索结构及拱结构是杆件内力为轴向力的结构形式。悬索结构是轴心受拉结构,可利用高强钢索来建造大跨度结构。拱结构以轴心受压为主,可利用砖石或混凝土建造大跨度的结构。

张拉整体体系又是一种新颖的结构形式,它是由一组连续的受拉索与一组不连续的受压构件组成的自支承、自应力的空间铰接网格结构。它通过拉索与压杆的不同布置形成各种形态,索的拉力经过一系列受压杆而改变方向,使拉索与压杆相互交织实现平衡。这种结构的刚度依靠对拉索与压杆施加预应力来实现,且预应力值的大小对于结构的外形和结构的刚度起着决定作用。没有预应力,就没有结构形体和结构刚度;预应力值越大,结构的刚度也越大。同时,预应力应设计成自平衡体系,以构成合适的应力回路。

张拉整体体系是 1947 年由富勒(Fuller)首先提出来的,富勒认为在自然界存在着能以最少结构提供最大强度的系统,这是使用同样的材料和构件所能达到的最大空间。

基于"空间的跨越是基于连续的张力索和不连续的压力杆"的理论,提出了支承于周边受压环梁的索杆预应力张拉整体穹顶体系,即索穹顶(cable dome)。1986 年汉城奥运会的击剑馆和体操馆以及 1996 年亚特兰大奥运会的佐治亚穹顶即是双曲抛物面的索穹顶,这些工程由于使用了膜材而显示了这种新型材料的潜力。

任何建筑结构都是三维空间的，出于简化设计和建造的目的，在许多场合把它们分解成一片片平面结构来进行构造和计算。但是，三维空间的结构不仅仅表现在三维的受力卓越工作性能，而且还可以通过合理的曲面形体设计和构成来有效抵抗外荷载的作用。当跨度增大时，空间结构就愈能显示出它们优异的技术经济性能。事实上，当跨度达到一定程度后，一般平面结构往往已难于成为合理的选择。大跨空间结构是目前发展最快的结构类型。大跨度建筑及作为其核心的空间结构技术的发展状况是代表一个国家建筑科技水平的重要标志之一。

从上面叙述可知，建筑结构的发展历史，既是结构理论和建筑技术的发展历史，又是建筑材料的发展历史。一个优秀的建筑结构必然首先是在满足建筑功能要求和造型要求的前提下，该结构形式应当受力最为合理；其次，在这样的结构形式中充分应用先进的建筑材料，不同的结构材料能够最大限度地发挥它们的结构特性。

2 荷载与结构计算简化原则

2.1 建筑结构上作用的类型

建筑结构应能够满足一定的功能要求，其前提条件是安全性必须得到保证。建筑结构应能够承担其在使用期间所应承受的各种作用。凡是使结构产生效应（内力、变形、应力、应变和裂缝）的各种原因都是结构上的作用，作用可分为直接作用和间接作用。直接作用是以力的形式作用在结构上，通常称为荷载。荷载可分为永久荷载、可变荷载和偶然荷载。永久荷载（或称恒荷载）是指在结构使用期间，其值不随时间变化，或其变化与平均值相比可以忽略不计，或其变化是单调的并能趋于限值的荷载，如结构的自重、预应力、土压力等。可变荷载（或称活荷载）是指在结构使用期间，其值随时间变化，且其变化与平均值相比不可以忽略不计的荷载，如屋面和楼面活荷载、吊车荷载、风荷载、雪荷载、积灰荷载和温度作用等。偶然荷载是指在结构设计使用年限内不一定出现，而一旦出现其量值很大且持续时间很短的荷载，包括爆炸力、撞击力等。建筑结构上作用的类型如图2-1所示。

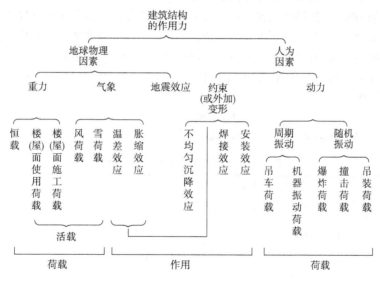

图2-1 作用力类别

（效应指由于某种原因使建筑结构产生的内力、变形等）

间接作用是指那些不是直接以力的形式出现的作用，如地震作用、地基变形（图2-2）、温度变化（温差作用，图2-3）、混凝土的收缩和徐变以及焊接变形等。

荷载标准值是荷载的基本代表值，而其他代表值都可在标准值的基础上乘以相应的系数后得出。荷载标准值是指其在结构的使用期间可能出现的最大荷载值。由于荷载本身的随机性，因而使用期间的最大荷载也是随机变量，原则上也可用它的统计分布来描述。

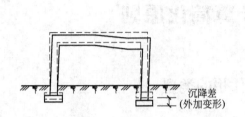

图 2 - 2　沉降作用
（基础发生不均匀沉降，引起构件弯曲，产生内力效应）

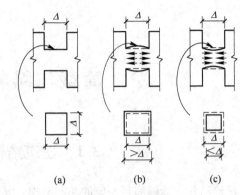

图 2 - 3　温差作用
（a）无内力；（b）热胀，受到内压力；（c）冷缩，受到内拉力

在确定各类可变荷载的标准值时，会涉及出现荷载最大值的时域问题，《建筑结构荷载规范》（GB 50009—2012）统一采用一般结构的设计使用年限 50 年作为规定荷载最大值的时域，在此也称之为设计基准期。

2.2　永久荷载

永久荷载应包括结构构件、围护构件、面层及装饰、固定设备、长期储物的自重、土压力、水压力以及其他需要按永久荷载考虑的荷载。

结构自重的标准值可按结构构件的设计尺寸与材料单位体积的自重计算确定。

一般材料和构件的单位自重可取其平均值，对于自重变异较大的材料和构件，自重的标准值应根据对结构的不利或有利状态，分别取上限值或下限值。常用材料和构件单位体积的自重可按表 2 - 1 采用。也可用下列数值进行不同材料的结构体系的恒荷载（标准值）的估算。

木结构建筑物　　　　　　　　　　$6 \sim 8 kN/m^2$

钢结构建筑物　　　　　　　　　　$7 \sim 9 kN/m^2$

钢筋混凝土结构和砌体结构　　　　$10 \sim 13 kN/m^2$

表 2 -1　常用材料和构件自重荷载

名　称	自　重	单　位	备　注
石灰砂浆、混合砂浆	17		
石灰炉渣	10 ~ 12		
石灰锯末	3.4	kN/m^3	石灰:锯末 =1:3
水泥砂浆	20		
素混凝土	22 ~ 24		振捣或不振捣
加气混凝土	5.5 ~ 7.5		单块
钢筋混凝土	24 ~ 25		
膨胀珍珠岩砂浆	7.0 ~ 15.0		
水泥珍珠岩制品	3.5 ~ 4		强度 $1N/m^2$
			导热系数 $0.058 \sim 0.08 W/(m \cdot K)$

名　　称	自　重	单　位	备　　注
膨胀蛭石	0.8~2		导热系数 0.052~0.07W/(m·K)
沥青蛭石制品	3.5~4.5		导热系数 0.081~0.105W/(m·K)
水泥蛭石制品	4~6		导热系数 0.093~0.14W/(m·K)
浆砌普通砖	18		
浆砌机砖	19		
灰砂砖	18		砂:白灰=92:8
混凝土空心小砌块	11.8		390mm×190mm×190mm
钢	78.5		
铝合金	28.0		

2.3　屋面和楼面活荷载

屋面和楼面活荷载根据建筑物的使用用途，通过对不同类型的建筑物使用荷载的统计分析得到。

（1）楼面活荷载。具体应用时，对于楼面活荷载可根据建筑物的用途，查表 2-2 得到。表 2-2 给出的是均布活荷载，而实际建筑物上的活荷载大多以集中力的形式作用在结构上，所以《建筑结构荷载规范》给出的是等效的均布荷载，如图 2-4 所示。

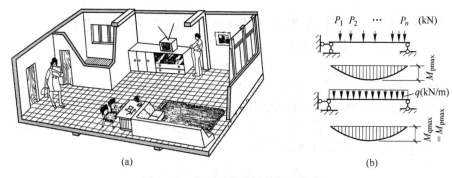

（a）　　　　　　　　　　　　　　　　（b）

图 2-4　楼面活荷载及其等效荷载
（a）楼面活荷载；（b）等效荷载的概念

表 2-2　民用建筑楼面均布活荷载标准值及其组合值、频遇值和准永久值系数

项次	类　别	标准值 /kN·m^{-2}	组合值系数 ψ_c	频遇值系数 ψ_r	准永久值系数 ψ_q
1	（1）住宅、宿舍、旅馆、办公楼、医院病房、托儿所、幼儿园	2.0	0.7	0.5	0.4
	（2）试验室、阅览室、会议室、医院门诊室	2.0	0.7	0.6	0.5
2	教室、食堂、餐厅、一般资料档案室	2.5	0.7	0.6	0.5
3	（1）礼堂、剧场、影院、有固定座位的看台	3.0	0.7	0.5	0.3
	（2）公共洗衣房	3.0	0.7	0.6	0.5

项次	类　别	标准值 /kN·m^{-2}	组合值系数 ψ_c	频遇值系数 ψ_r	准永久值系数 ψ_q
4	（1）商店、展览厅、车站、港口、机场大厅及其旅客等候室	3.5	0.7	0.6	0.5
	（2）无固定座位的看台	3.5	0.7	0.5	0.3
5	（1）健身房、演出舞台	4.0	0.7	0.6	0.5
	（2）运动场、舞厅	4.0	0.7	0.6	0.3
6	（1）书库、档案库、贮藏室	5.0	0.9	0.9	0.8
	（2）密集柜书库	12.0	0.9	0.9	0.8

（2）屋面活荷载。屋面活荷载包括均布活荷载、雪荷载和积灰荷载，均按屋面的水平投影面积计算。屋面均布活荷载的标准值、组合值系数、频遇值系数、准永久值系数按表 2-3采用。当施工荷载较大时，按实际情况采用。

表 2-3　屋面均布活荷载的标准值、组合值系数、频遇值系数、准永久值系数

项次	类　别	标准值/kN·m^{-2}	组合值系数 ψ_c	频遇值系数 ψ_r	准永久值系数 ψ_q
1	不上人的屋面	0.5	0.7	0.5	0.0
2	上人的屋面	2.0	0.7	0.5	0.4
3	屋顶花园	3.0	0.7	0.6	0.5
4	屋顶运动场地	3.0	0.7	0.6	0.4

（3）雪荷载。雪荷载是积雪重量，为积雪深度和平均积雪密度的乘积。

屋面雪荷载标准值 S_k 计算表达式为：

$$S_k = \mu_r S_0 \tag{2-1}$$

式中，S_0 为某地区的基本雪压值，以 kN/m^2 计，是以当地一般空旷平坦地面统计所得 50 年一遇最大积雪的自重确定；对雪荷载敏感的结构，应采用 100 年重现期的雪压；μ_r 为屋面积雪分布系数，应根据不同类别的屋面形式确定，表 2-4列出了部分屋面形式的积雪分布系数。

应注意屋面活荷载不与雪荷载同时考虑。

表 2-4　屋面积雪分布系数

项次	类　别	屋面形式及积雪分布系数 μ_r	备　注
1	单跨单坡屋面		—
2	单跨双坡屋面		μ_r 按第 1 项规定采用

表 2-4 第1项图中数据表：

α	≤25°	30°	35°	40°	45°	50°	55°	≥60°
μ_r	1.0	0.85	0.7	0.55	0.4	0.25	0.1	0

续表 2 - 4

项次	类 别	屋面形式及积雪分布系数 μ_r	备 注
3	拱形屋面	均匀分布的情况　μ_r 不均匀分布的情况　$0.5\mu_{r,m}$　$\mu_{r,m}$　$l_e/4$ $l_e/4$ $l_e/4$ $l_e/4$　l_e $\mu_r = l/(8f)$　$(0.4 \leqslant \mu_r \leqslant 1.0)$　$60°$　f　l $\mu_{r,m} = 0.2 + 10f/l\ (\mu_{r,m} \leqslant 2.0)$	—
4	带天窗的坡屋面	均匀分布的情况　1.0 不均匀分布的情况　1.1　0.8　1.1　α	—

（4）屋面积灰荷载。屋面积灰荷载是冶金、铸造、水泥等行业的建筑所特有的问题，对有雪地区，积灰荷载应与雪荷载同时考虑。

2.4 风 荷 载

风可在建筑物表面产生压力与吸力，称为风荷载。风作用是不规则的，风压随风速、风向而不断地改变，实际上是一种动力荷载。在进行房屋设计时一般作为静荷载考虑。

风荷载与建筑物的外形（高度、平面和体型）直接有关，也与周围环境（街区、周围建筑群）有很大关系。高层建筑外表面各部分的风压很不均匀，要考虑风的动力作用影响。

采用圆形或椭圆形等流线形平面的楼房或建筑物的平面切角处理（图 2 - 5）有利于减小作用于结构上的风荷载。

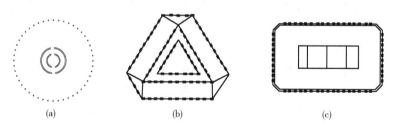

（a）　　　　　　（b）　　　　　　（c）

图 2 - 5　建筑物减小风压的处理

作用在建筑物表面单位面积上的风荷载标准值按下式决定：

$$w_k = \beta_z \mu_s \mu_z w_0 \qquad (2-2)$$

通过 w_k 得到垂直于建筑物表面单位面积上的风压值，正为压力，负为吸力。公式（2-2）中符号的含义阐述如下：

（1）基本风压值 $w_0(kN/m^2)$。某城市（地区）一般空旷平坦地面离地 10m 处，重现期为 50 年的 10min 平均最大风速 v 作为计算基本风压值的依据。且其值不得小于 $0.3kN/m^2$，可以查《建筑结构荷载规范》得到建筑物所在地的基本风压，如北京为 $0.45\text{kN}/\text{m}^2$，广州为 $0.50\text{kN}/\text{m}^2$。对于高耸结构不得小于 $0.35\text{kN}/\text{m}^2$。对于高层建筑、高耸结构以及对风荷载比较敏感的其他结构，其基本风压按 100 年重现期的风压值采用，可取 50 年重现期的 1.1 倍。

基本风压 w_0 应根据基本风速按下式计算：

$$w_0 = \frac{1}{2}\rho v_0^2 \qquad (2-3)$$

式中，v_0 为基本风速；ρ 为空气密度，t/m^3。

（2）风压高度变化系数。一般而言，离地 10m 以上的建筑高度越大，风速越大，风压也越大。μ_z 用以修正基本风压值随高度的变化，μ_z 的值可见表 2-5。

对于平坦或稍有起伏的地形，风压高度变化系数应根据地面粗糙度类别按表 2-5 确定。我国《建筑结构荷载规范》（GB 50009—2012）按粗糙程度将地面粗糙度分为四类：

A 类指近海海面和海岛、海岸、湖岸及沙漠地区；

B 类指田野、乡村、丛林、丘陵以及房屋比较稀疏的乡镇；

C 类指有密集建筑群的城市市区；

D 类指有密集建筑群且房屋较高的城市市区。

表 2-5　风压高度变化系数

离地面或海平面高度/m	地面粗糙度类别			
	A	B	C	D
5	1.09	1.00	0.65	0.51
10	1.28	1.00	0.65	0.51
15	1.42	1.13	0.65	0.51
20	1.52	1.23	0.74	0.51
30	1.67	1.39	0.88	0.51
40	1.79	1.52	1.00	0.60
50	1.89	1.62	1.10	0.69
60	1.97	1.71	1.20	0.77
70	2.05	1.79	1.28	0.84
80	2.12	1.87	1.36	0.91
90	2.18	1.93	1.43	0.98
100	2.23	2.00	1.50	1.04
150	2.46	2.25	1.79	1.33
200	2.64	2.46	2.03	1.58
250	2.78	2.63	2.24	1.81
300	2.91	2.77	2.43	2.02
350	2.91	2.91	2.60	2.22
400	2.91	2.91	2.76	2.40
450	2.91	2.91	2.91	2.58
500	2.91	2.91	2.91	2.74
≥550	2.91	2.91	2.91	2.91

（3）风荷载体型系数。风流动经过建筑物时，对建筑物不同部位会产生不同的效果，有压力，也有吸力。空气流动还会产生涡流，使建筑物局部有较大的压力和吸力。因此，风荷载随建筑物的体型、尺度、表面位置、表面状况而改变，风荷载作用力大小和方向可通过实测或风洞试验得到。

图2-6表明沿房屋表面的风压值并不均匀，风压作用方向与表面垂直。图（a）为同一高度处的风压值分布；图（b）和图（c）分别为沿建筑物迎风面和背风面不同高度风压的变化。

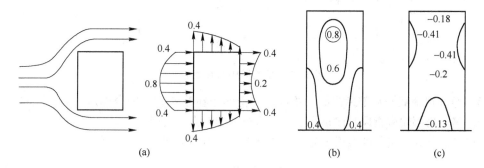

图2-6 风压分布

（a）空气流经建筑物时风压对建筑物的作用（平面）；（b）迎风面风压分布系数；（c）背风面风压分布系数

一般房屋和构筑物的风荷载体型系数见表2-6，当无资料时，宜由风洞试验确定。对于重要且体型复杂的房屋和构筑物，应由风洞试验确定。当多个建筑物，特别是群集的高层建筑，相互间距较近时，宜考虑风力相互干扰的群体效应，一般可将单独建筑物的体型系数 μ_s 乘以相互干扰系数。

表2-6 风荷载体型系数

项次	类 别	体型及体型系数 μ_s			备 注
1	封闭式落地双坡屋面	μ_s α −0.5	α $0°$ $30°$ $\geq 60°$	μ_s 0.0 $+0.2$ $+0.8$	中间值按线性插值法计算
2	封闭式双坡屋面	$+0.8$ μ_s α −0.5 −0.5 $+0.8$ −0.7 −0.5 −0.7	α $\leq 15°$ $30°$ $\geq 60°$	μ_s -0.6 0.0 $+0.8$	（1）中间值按线性插值法计算； （2）μ_s 的绝对值不小于 0.1
3	封闭式落地拱形屋面	μ_s −0.8 −0.5 f l	f/l 0.1 0.2 0.5	μ_s $+0.1$ $+0.2$ $+0.6$	中间值按线性插值法计算

（4）风振系数。风是不规则的，风速、风向不断变化，从而导致风压不断变化。平均风压使建筑物产生一定侧移，波动风压则使建筑物在平均侧移附近左右摇摆（如图2-7所示）。

波动风压是指对高度大、刚度较小的高层建筑会产生一些不可忽略的动力效应，使建筑物振幅加大，故在风压值上应乘以风振系数 β_z。

对于高度大于 30m 且高宽比大于 1.5 的房屋以及基本自振周期 T_1 大于 0.25s 的各种高耸结构，均应考虑风压脉动使结构产生顺风向风振的影响。

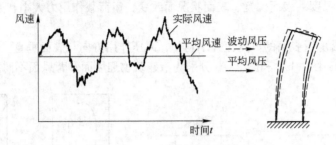

图 2 – 7　平均风压与脉动风压

（5）总体风荷载与局部风荷载。总体效应指作用在建筑物上的全部风荷载使结构产生的内力和位移。局部效应指风对建筑物某个局部产生的内力与变形。

总体风荷载为建筑物各表面承受风力的合力，且沿高度变化，可按下式计算：

$$w_z = n\beta_z \mu_z \sum_{i=1}^{n} B_i \mu_{si} \cos\alpha_i w_0 \tag{2-4}$$

式中，n 为建筑物外围表面数；B_i 为第 i 个表面宽度；μ_{si} 为第 i 个表面风荷载体型系数；α_i 为第 i 个表面法线与风作用方向夹角。

总体风荷载作用点为各表面风荷载合力作用点。

局部风荷载是因风压在建筑物表面不均匀，在某些风压大的部分，要考虑局部风荷载不利作用，采用局部体型系数。檐口、雨篷、遮阳板、边棱处的装饰条等突出构件，局部风荷载体型系数 μ_{sl} 取为 – 2.0，局部风荷载标准值的计算公式为：

$$w_k = \mu_{sl} \beta_{gz} \mu_z w_0 \tag{2-5}$$

式中，β_{gz} 为阵风系数，取值可查《建筑结构荷载规范》中的表 8.6.1。

阳台、雨篷、遮阳板等悬挑构件应验算向上漂浮的风荷载，当局部风荷载超过自重时会出现反向弯矩。

【例 2 – 1】地处 B 类地面粗糙程度的某建筑物，长 100m，横剖面如图 2 – 8 所示，两端为山墙，$w_0 = 0.35\text{kN/m}^2$。求各墙（屋）面所受水平方向风力。

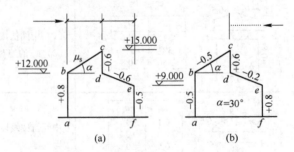

图 2 – 8　不对称体型建筑物 μ_s 的取法

（a）风向右吹；（b）风向左吹

解：

1. 已知：$w_0 = 0.35\text{kN/m}^2$，$\alpha = \arctan 3/12 = 14.04° < 15°$，相应屋面的 $\mu_s = -0.6$，$L = 100\text{m}$。

2. 各墙（屋）面所受水平方向风力列表计算如下表所示。

墙(屋)面	高度/m	μ_s	风向右吹		风向左吹	
			μ_s	W/kN	μ_s	W/kN
ab 墙面	12	1.06	+0.8	$0.8 \times 1.06 \times 0.35 \times 12 \times 100$ $=356.16$ （→）	−0.5	$0.5 \times 1.06 \times 0.35 \times 12 \times 100$ $=222.60$ （←）
bc 屋面	13.5	1.10	−0.6	$0.6 \times 1.10 \times 0.35 \times 3 \times 100$ $=69.30$ （←）	−0.5	$0.5 \times 1.10 \times 0.35 \times 3 \times 100$ $=57.75$ （←）
cd 屋面	13.5	1.10	−0.6	$0.6 \times 1.10 \times 0.35 \times 3 \times 100$ $=69.30$ （→）	+0.6	$0.6 \times 1.10 \times 0.35 \times 3 \times 100$ $=69.30$ （←）
de 屋面	10.5	1.01	−0.6	$0.6 \times 1.01 \times 0.35 \times 3 \times 100$ $=63.63$ （→）	−0.2	$0.2 \times 1.01 \times 0.35 \times 3 \times 100$ $=21.21$ （→）
ef 墙面	9	1.0	−0.5	$0.5 \times 1.0 \times 0.35 \times 9 \times 100$ $=157.50$ （→）	+0.8	$0.8 \times 1.0 \times 0.35 \times 9 \times 100$ $=252.0$ （←）
风力使建筑物产生的倾覆力矩/kN·m			$356.16 \times 12/2 - 69.30 \times 13.5 + 69.30 \times 13.50$ $+ 63.63 \times 10.5 + 157.50 \times 9/2$ $=3513.83$ （↓）		$222.60 \times 12/2 + 57.75 \times 13.5 + 69.30 \times$ $13.5 - 21.21 \times 10.5 + 252.0 \times 9/2$ $=3962.07$ （↓）	

2.5　地　震　作　用

2.5.1　地震产生的原因

地球是一个近似于球体的椭球体，平均半径约6370km，赤道半径约6378km，两极半径约6357km。地球内部可分为三大部分：地壳、地幔和地核，如图2-9所示。

地震是长期积累的能量突然释放后传播到地面时发生的振动现象。根据地震成因可以分为：构造地震、火山地震、陷落地震与诱发地震。构造地震是地球构造运动岩层突然破裂（约占全球地震发生总数的90%）。塌陷地震是因局部岩层塌陷。火山地震是火山爆发而引发的。诱发地震是由于建造水库、向地下注液或从地下抽液、大型的采矿活动、工程爆破等足以破坏地应力平衡的人为干扰所诱发的地震。地震引发的振动以波的形式传到地表引起地面的颠簸和摇晃。

震源是发生地震的地方，震中是震源在地表的投影。震源深度是指震源至地面的垂直距离。根据震源深度不同地震可分为：震源深度在60km以内的浅源地震（世界上绝大部分地震是浅源地震），震源深度在60～300km以内的中源地震，300km以上为深源地震。浅震波及范围小，破坏程度大，深源地震波及范围大而破坏程度小。对土木工程而言，危害最大的是浅源构造地震。

世界上有两条主要的地震带：环太平洋地震带与欧亚地震带，如图2-10所示。

中国的地震带可分为东北地震区、华北地震区、华南地震区、西北地震区、西南地震区。

2.5.2　震级和烈度

通常用震级与烈度两个指标来衡量地震的强度。震级用来描述地震震源释放出的能量大小。烈度用来描述地震中指定场地的地面振动的强烈程度以及建筑物的破坏程度，是地震对地面影响的强烈程度，主要依据宏观的地震影响和破坏现象来判断。

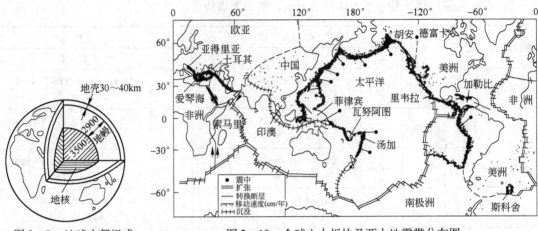

图 2-9　地球内部组成　　　　图 2-10　全球六大板块及两大地震带分布图

地震烈度把地震的强烈程度从无感到建筑物毁灭及山河改观等划分为若干等级，列成表格，以统一的尺度衡量地震的强烈程度。评定烈度时，1~5 度以地面上人的感觉为主，6~10 度以房屋震害为主，人的感觉仅供参考，11~12 度以地表现象为主。中国地震烈度划分见表 2-7。

表 2-7　中国地震烈度划分

烈度	人的感觉	一般房屋	其他现象	加速度 /mm·s^{-2}	速度 /mm·s^{-1}
1	无感				
2	室内个别静止中的人有感觉				
3	室内少数静止中的人有感觉	门、窗轻微作响	悬挂物微动		
4	室内多数人有感觉，室外少数人有感觉，少数人梦中惊醒	门、窗作响	悬挂物明显摆动，器皿作响		
5	室内普遍有感觉，室外多数人有感觉，多数人梦中惊醒	门窗、屋顶、屋架颤动作响，灰土掉落，抹灰出现微细裂缝	不稳定器物翻倒	31 (22~44)	3 (2~4)
6	惊慌失措，仓皇逃出	损坏——个别砖瓦掉落，墙体微细裂缝	河岩和松软土出现裂缝，饱和砂层出现喷砂冒水，地面上有的砖烟囱轻度裂缝掉头	63 (45~89)	6 (5~9)
7	大多数人仓皇逃出	轻度破坏——局部破坏开裂，但不妨碍使用	河岸出现坍方，饱和砂层常见喷砂冒水，松软土上地裂缝较多，大多数砖烟囱中等破坏	125 (90~177)	13 (10~18)
8	摇晃颠簸，行走困难	中等破坏——结构受损，需要修理	干硬土上亦有裂缝，大多数砖烟囱严重破坏	250 (178~353)	25 (19~35)
9	坐立不稳，行动的人可能摔跤	严重破坏——墙体龟裂，局部倒塌，修复困难	干硬土上有许多地方出现裂缝，基岩上可能出现裂缝，滑坡、坍方常见，砖烟囱出现倒塌	500 (354~707)	50 (36~71)
10	骑自行车的人会摔倒，处不稳状态的人会摔出几尺远，有掀起感	倒塌——大部倒塌，不堪修复	山崩和地震断裂出现，基岩上的拱桥破坏，大多数砖烟囱从根部破坏或倒毁	1000 (708~1414)	100 (72~141)

续表 2 – 7

烈度	人的感觉	一般房屋	其 他 现 象	加速度 /mm·s^{-2}	速度 /mm·s^{-1}
11		毁灭	地震断裂延续很长，山崩常见，基岩上的拱桥毁坏		
12			地面剧烈变化，山河改观		

　　注：数量词"个别"为10%以下，"少数"为10%～50%，"多数"为50%～70%，"大多数"为70%～90%，"普遍"为90%以上。

　　地震时地震波产生地面运动，使结构产生振动称为结构的地震反应。地震波对结构影响的强弱程度通常与以下三个因素有关：

　　（1）强度：反应地震波的幅值，烈度大则强度大。

　　（2）频谱：反应地震波的波形，1962 年墨西哥地震时，墨西哥市 $a = 0.05g$，但由于地震卓越周期与结构自振周期接近，从而破坏严重。

　　（3）持时：反应地震波的持续时间，短则对建筑物影响不大。

　　地震波可使结构产生竖向与水平振动，一般对房屋的破坏主要由水平振动引起。设计中应该主要考虑水平作用。只有在震中附近高烈度区，才考虑竖向地震作用。

　　结构的地震反应包括加速度、速度与位移反应，其反应程度的大小受多因素综合影响，除与震源深度、震中距有关外，还与建筑物本身的特性有关。建筑物的刚度、质量大，则其自振周期短，作用力大；刚度、质量小，则其周期长，位移大。当地震波卓越周期与建筑物自振周期相近时，引起类共振，反应剧烈。同时还与土壤性质有关，地震波在传播过程中高频部分易被吸收，软土中更是如此。故震中附近或在岩石等坚硬土中，卓越周期在 0.1～0.3s。离震中较远或冲积土等软土中，卓越周期在 1.5～2s，对高层建筑不利。图 2 – 11 所示为同一地震、震中距近似相同而地基类型不同的地震记录求得的功率谱情况，显示出硬土、软土的功率谱成分有很大不同。

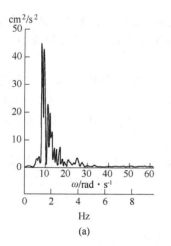
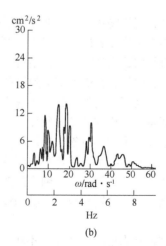

图 2 – 11　土的功率谱示意

(a) 软土；(b) 硬土

　　地震的灾害可分为直接灾害与次生灾害。直接灾害亦即地面运动引起的地面破坏（地震中经常产生地形地貌的局部变化，如产生地裂缝、山体滑坡、软弱土层塌陷、砂土液化）以及房屋、道路、桥梁等工程结构的破坏而产生的灾害。地震除了直接毁坏房屋建筑及工程结构，引起人员伤亡以外，还会引发诸如火灾、水灾、海啸与环境污染，加剧人员伤亡与经济的损失，习惯上称为次生灾害。

2.5.3　地震基本烈度

《建筑抗震设计规范》（GB 50011—2010）要求工程结构必须同时满足三个不同水准的抗震设计目标，地震基本烈度是指未来50年内在一般场地条件下可能遭遇的超越概率为10%的地震烈度值。基本烈度（设防烈度）的重现周期为475年。众值烈度（小震、多遇地震）是指50年超越概率为63.2%的烈度值，重现周期为50年，众值烈度比基本烈度低1.55度。罕遇烈度（大震、罕遇地震）是指50年内超越概率为3%～2%，重现周期为1641～2475年。罕遇烈度比基本烈度高一度。三个水准的烈度之间的关系如图2-12所示。抗震设防烈度与基本地震加速度值的对应关系见表2-8。

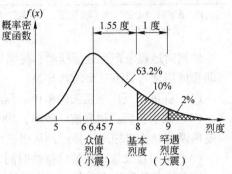

图 2-12　三个水准的烈度之间关系

表 2-8　抗震设防烈度与基本地震加速度值的对应关系

抗震设防烈度	6	7	8	9
设计基本地震加速度值	0.05g	0.10 (0.15) g	0.20 (0.30) g	0.40g

注：g 为重力加速度。

2.5.4　三水准二阶段抗震设计方法

根据建筑物不同的设防水准采用不同的抗震设计方法和要求来实现，称为三水准二阶段的抗震设计方法。

第一水准：建筑物在遭受频度较高、强度较低的多遇地震时，主体结构不受损坏或不需修理可继续使用，结构在弹性阶段工作。可按线弹性理论进行分析，用弹性反应谱求地震作用，按强度要求进行截面设计，并复核结构变形。

第二水准：建筑物在遭受基本烈度的地震影响时，可能发生损坏，但经一般性修理仍可继续使用，允许结构部分达到或超过屈服极限，或者结构的部分构件发生裂缝，结构通过塑性变形消耗地震能量，结构的变形和破坏程度发生在可以修复使用的范围之中。本水准的设防要求主要通过概念设计和构造措施来实现。

第三水准：建筑物在遭受预估的罕遇的强烈地震时，不至于发生结构倒塌或危及生命安全的严重破坏，这时，应该按防止倒塌的要求进行抗震设计。对脆性结构，主要从抗震措施考虑加强；对延性结构，特别是地震时易倒塌的结构，要进行弹塑性变形验算，使之不超过容许的变形限值。

三个水准概括来说就是"小震不坏、中震可修、大震不倒"。

三水准设计标准是一个总的设计原则，在具体的抗震设计中是通过二阶段设计方法来实现的。

设计阶段采用相应于众值烈度的小震作用计算结构或构件的弹性位移及内力，用极限状态方法设计配筋，并按延性采取相应抗震措施。设防烈度为6度的Ⅰ、Ⅱ、Ⅲ类场地上高层建筑可不进行抗震计算，但应采取抗震措施。通过构造措施保证结构必要的变形能力（中震可修得到保证）以满足第一、二水准的抗震设防要求，保证"小震不坏、中震可修"。

验算阶段用罕遇地震作用计算所设计结构的弹塑性侧移变形，如层间位移超过允许值，应重新设计，直至满足大震不倒的要求为止，以保证"大震不倒"。

2.5.5　工程结构的分类与设防标准

《建筑抗震设防分类标准》（GB 50223—2008）规定根据建筑使用功能的重要性分为甲、乙、丙、丁四个类别。

甲类建筑：地震破坏后对社会有严重影响，对国民经济有巨大损失或有特殊要求的建筑。

乙类建筑：主要指使用功能不能中断或需尽快恢复，且地震破坏会造成社会重大影响和国民经济重大损失的建筑。

丙类建筑：地震破坏后有一般影响及其他不属于甲、乙、丁类的建筑。

丁类建筑：地震破坏或倒塌不会影响甲、乙、丙类建筑，且社会影响、经济损失轻微的建筑。一般为储存物品价值低、人员活动少的单层仓库等建筑。

四类建筑在进行抗震设计时其地震作用计算和抗震构造措施分别应满足表2-9的要求。

表2-9　四类建筑在进行抗震设计时其地震作用计算和抗震构造措施

设防分类	地　震　作　用	抗　震　措　施
甲类建筑	按专门研究的地震动参数	比本地区抗震设防烈度提高一度
乙类建筑	按本地区抗震设防烈度	一般比本地区抗震设防烈度提高一度
丙类建筑	按本地区抗震设防烈度	按本地区抗震设防烈度
丁类建筑	按本地区抗震设防烈度	一般比本地区抗震设防烈度降低一度

2.5.6　地震作用的计算方法

地震作用的计算方法主要有：

（1）比较精确的方法：建立结构体系的动力学模型，根据在地震作用下的位移反应时程分析结果，利用刚度方程，直接求解结构上的地震作用，该方法称为时程反应分析法（精细方法）。

（2）近似方法：根据地震作用下结构的加速度反应，求出该结构体系的惯性力，将此惯性力视为一种反映地震影响的等效力，即地震作用，再进行结构的静力计算，求出各构件的内力。

为了计算结构体系的惯性力，有必要了解地震反应谱的概念。

2.5.6.1　反应谱

反应谱曲线为单质点结构地震反应（加速度、速度、位移）与结构自振周期的关系曲线。

我国地震影响系数曲线的确定选用了国内外近300条地震记录，按场地类别归类，统计拟合出标准地震影响系数曲线。反应谱曲线的形状如图2-13所示。

反映谱曲线的形状与建筑物的阻尼比有很大的关系，一般钢筋混凝土结构

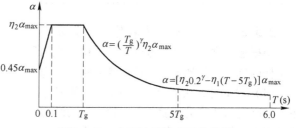

图2-13　水平地震影响系数曲线

的阻尼比取 0.05，钢结构房屋的阻尼比取 0.02 ~ 0.03，但建筑结构的阻尼比也会有较多变化，如减震阻尼器的采用。考虑到不同类型建筑的抗震需要，《建筑抗震设计规范》提供了不同阻尼比地震影响系数曲线相对于标准的地震影响系数曲线（阻尼比 $\xi = 0.05$）的修正方法：

上升段 $(0 \leqslant T < 0.1\mathrm{s})$：　$\alpha = \left[\dfrac{0.45}{\eta_2} + 10\left(1.0 - \dfrac{0.45}{\eta_2}\right)T\right]\eta_2\alpha_{\max}$

水平段 $(0.1\mathrm{s} \leqslant T \leqslant T_g)$：　$\alpha = \eta_2\alpha_{\max}$

下降段 $(T_g < T \leqslant 5T_g)$：　$\alpha = (T_g/T)^\gamma \cdot \eta_2\alpha_{\max}$

倾斜段 $(5T_g < T \leqslant 6.0\mathrm{s})$：$\alpha = \left[0.2^\gamma - \dfrac{\eta_1}{\eta_2}(T - 5T_g)\right] \cdot \eta_2\alpha_{\max}$

其中，$\alpha_{\max}$ 为阻尼比取 0.05 时建筑结构的水平地震影响系数最大值，见表 2 – 10；γ，η_1，η_2 分别为与阻尼比 ξ 有关的调整系数，按下列公式计算：

$$\gamma = 0.9 + \frac{0.05 - \xi}{0.3 + 6\xi} \tag{2-6}$$

$$\eta_1 = 0.02 + \frac{0.05 - \xi}{4 + 32\xi} \tag{2-7}$$

$$\eta_2 = 1 + \frac{0.05 - \xi}{0.08 + 1.6\xi} \tag{2-8}$$

影响反映谱曲线峰值的主要因素有设防烈度和阻尼比。水平地震影响系数最大值的取值见表 2 – 10，其值与地面加速度、场地土结构自振特性有关。谱曲线的形状还与场地条件有关，表 2 – 11 列出了由场地类别和设计地震分组（分为第一组、第二组、第三组）确定的场地的特征周期 T_g。T_g 与场地土及近、远震有关。远震区可能遭遇近、远两种地震影响。为了更好地体现震级和震中距的影响，建筑工程的设计地震分为三组。

表 2 – 10　水平地震影响系数的最大值 $\alpha_{\max}$

设防烈度	6	7	8	9
多遇 $\alpha_{\max}$	0.04	0.08 (0.12)	0.16 (0.24)	0.32
罕遇 $\alpha_{\max}$	0.28	0.5 (0.72)	0.9 (1.20)	1.40

注：括号中数值分别用于设计基本地震加速度为 $0.15g$ 和 $0.30g$ 的地区。

表 2 – 11　特征周期值 T_g　　　　　　　　　　（s）

设计地震分组	场 地 类 别				
	I_0	I_1	II	III	IV
第一组	0.20	0.25	0.35	0.45	0.65
第二组	0.25	0.30	0.40	0.55	0.75
第三组	0.30	0.35	0.45	0.65	0.90

2.5.6.2　等效水平地震作用计算方法

根据建筑类别、设防烈度以及结构的规则程度和复杂性，《建筑抗震设计规范》为各类建筑结构的抗震计算规定了三种计算方法：底部剪力法、反应谱法以及时程分析法。

（1）底部剪力法（反应谱法）。底部剪力法的适用范围为高度不超过 40m，以剪切变形为主，且刚度与质量沿高度分布比较均匀的结构，以及近似于单质点体系的结构。按照底部剪力法计算的建筑物总的水平地震作用标准值为：

$$F_{Ek} = \alpha_1 G_{eq} \tag{2-9}$$

式中，F_{Ek} 为结构总水平地震作用标准值；α_1 为相应于结构基本自振周期的水平地震影响系数值；G_{eq} 为结构等效总重力荷载，单质点应取总重力荷载代表值，多质点可取总重力荷载代表值的 85%。

计算出结构的总水平地震作用后，还需将其分配到各质点体系，分配原则按式（2-10）计算：

$$F_i = \frac{G_i H_i}{\sum\limits_{j=1}^{n} G_j H_j} F_{Ek}(1 - \delta_n) \tag{2-10}$$

式中，F_i 为质点 i 的水平地震作用标准值。

在公式（2-10）中，δ_n 为建筑物顶点附加作用系数（见表 2-12），主要考虑底部剪力法计算地震作用时对于长周期的建筑存在一定误差，采用顶点附加水平地震作用 ΔF_n 对其进行修正。计算时顶点附加水平力 ΔF_n 不再向下传递，仅作用于主体顶部（图 2-14）。

$$\Delta F_n = \delta_n F_{Ek} \tag{2-11}$$

式中，G_i 为集中于质点 i 的重力荷载代表值，其值一般为恒荷载与 50% 活荷载的组合；H_i 为质点 i 的计算高度。

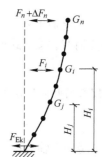

图 2-14 结构水平地震作用计算简图

表 2-12 顶部附加地震作用系数

T_g / s	$T_1 > 1.4 T_g$	$T_1 \leq 1.4 T_g$
$T_g \leq 0.35$	$0.08 T_1 + 0.07$	
$0.35 < T_g \leq 0.55$	$0.08 T_1 + 0.01$	0.0
$T_g > 0.55$	$0.08 T_1 - 0.02$	

注：T_1 为结构基本自振周期。

建筑物顶部突出的小塔楼（楼电梯间、烟囱等）刚度比主体结构小很多，会产生较大的地震作用，此现象称为鞭稍效应。采用底部剪力法计算地震作用时，将分配到小塔楼质点上等效地震力放大 3 倍。采用振型分析法时，计算模型多取 n 个质点，而且多取一些振型数，则鞭稍效应可通过高振型参与反映出来。

（2）除第一条外的建筑结构，宜采用振型分解反应谱法。

2.5.6.3 结构自振周期的简化计算方法

结构的基本周期可采用结构力学方法计算，对于比较规则的结构，也可以采用近似方法计算。

框架结构： $T = (0.08 \sim 0.10)N$
框剪结构、框筒结构： $T = (0.06 \sim 0.08)N$
剪力墙结构、筒中筒结构： $T = (0.05 \sim 0.06)N$

其中，N 为结构层数。

也可采用结构分析得到的结构第 1 平动周期。

2.5.6.4 罕遇地震作用下水平地震作用计算

罕遇地震作用下，也可以用反应谱法计算等效地震作用，计算方法同前。但水平地震影响系数取值不同于多遇地震，而且只算位移不算内力。

2.5.6.5　竖向地震作用计算

设防烈度为 8 度和 9 度的大跨度结构、长悬臂结构、烟囱和类似的高耸结构，设防烈度为 9 度的高层建筑，应考虑竖向地震作用。竖向地震作用会改变墙、柱等构件的轴向力。我国抗震规范按结构类型的不同规定了不同的计算方法。

（1）静力法。该法取结构或构件重量的一定百分数作为竖向地震作用，并考虑上、下两个方向。

（2）规定结构或构件所受到的竖向地震作用为水平地震作用的某一百分数。

（3）按反应谱法计算竖向地震作用。按反应谱法计算基底总轴向力标准值：

$$F_{Evk} = \alpha_{v,max} G_{eq} \tag{2-12}$$

式中，$\alpha_{v,max}$ 为竖向地震作用影响系数，取多遇地震下水平地震影响系数的 0.65 倍；G_{eq} 为结构等效总重力荷载，按下式计算：

$$G_{eq} = 0.75 G_E \tag{2-13}$$

第 i 层等效竖向地震作用：

$$F_{vi} = \frac{G_i H_i}{\sum\limits_{j=1}^{n} G_j H_j} F_{Evk} \tag{2-14}$$

第 i 层竖向总轴力：

$$N_{vi} = \sum\limits_{j=i}^{n} F_{vj} \tag{2-15}$$

求得 N_{vi} 后，将其按柱、墙承受的重力荷载值大小分配到柱、墙上，然后进行荷载组合，N_{vi} 可为正，也可为负，按不利的值取用。

【例 2-2】 某三层砌体结构建筑物，层高 4.0m、3.60m、3.60m，总高度为 $H = 11.20m$，总宽度 $B = 14.0m$，总重力荷载 $G_{eq} = G_1 + G_2 + G_3 = 10500 + 10500 + 9150 = 30150kN$，地处 Ⅱ 类场地，设计场地分组为第一组，按 7 度抗震设防。用底部剪力法求水平地震作用下各层地震剪力标准值。

解：1. 已知 $H = 11.20m$，$B = 14.0m$，$G_{eq} = 30150kN$，Ⅱ 类场地，7 度设防，设计场地分组为第一组；查表 2-11 得 $T_g = 0.35s$，查表 2-10 得 $\alpha_{max} = 0.08$。

2. 求 F_{Ek}、F_1、F_2、F_3

$T_1 = 0.0906 H/\sqrt{B} = 0.0906 \times 11.20/\sqrt{14.0} = 0.27(s) < 1.4 T_g = 0.49(s)$

$F_{Ek} = 0.85 G_{eq} \alpha_{max} = 0.85 G_{eq} \times 0.08 = 0.068 G_{eq} = 0.068 \times 30150 = 2050.20kN$

由于是多层砌体结构，且 $T_1 < 1.4 T_g$ 不用考虑顶部附加水平地震作用，用 F_i 计算公式：

$$\begin{cases} F_i = \dfrac{G_i H_i}{\sum\limits_{j=1}^{n} G_j H_j} F_{Ek} & (j = 1, 2, \cdots, n) \\ F_{Ek} = G_{eq} \alpha_1 \end{cases}$$

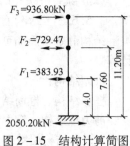

图 2-15　结构计算简图

$F_1 = 10500 \times 4.0 \times 2050.20/(10500 \times 4.0 + 10500 \times 7.6 + 9150 \times 11.2)$
　　$= 42000 \times 2050.20/224280 = 383.93kN$

$F_2 = 10500 \times 7.6 \times 2050.20/224280 = 729.47kN$

$F_3 = 9150 \times 11.20 \times 2050.20/224280 = 936.80kN$

则结构计算如图 2-15 所示。

3. 讨论

（1）如本建筑物地处 Ⅰ 类场地，其余不变，则 $T_g = 0.25s < T_1 = 0.27s$。

$F_{Ek} = 0.85 \times G_{eq} \times (0.25/0.27)^{0.9} \times 0.08 = 0.063 G_{eq} < 0.068 G_{eq}$

说明若Ⅱ类场地改为Ⅰ类场地，水平地震作用会有所减少。

（2）F_1、F_2、F_3的合力作用点离基底距离为：

$h = (383.93 \times 4.0 + 729.47 \times 7.6 + 936.80 \times 11.20)/2050.20$

$= 8.57\text{m} \neq 2 \times 11.20/3 = 7.47\text{m}$

故不能以F_{Ek}作用于建筑物总高度2/3处来估算倾覆力矩。

2.5.7 抗震概念设计

结构抗震设计时，地震作用计算常对建筑物进行一定程度的简化，同时地震作用影响因素繁杂且具有一定的未知性。因此，工程结构抗震应注重概念设计，从整体上把握结构的抗震设计。

（1）选择合理的工程结构体型。

（2）选择有效的工程抗震结构体系。

（3）选择合适的构件形式。

（4）选择合适的非结构构件。

（5）选择可靠的材料与施工方式。

（6）工程结构的隔震、消能与振动控制，隔震是采取某种水平刚度很小的装置，阻断或减少地震能量向主体结构的传输，达到减小地震影响的目的。

2.6 温度作用

温度作用应考虑气温变化、太阳辐射及使用热源等因素，作用在结构或构件上的温度作用应采用其温度的变化来表示。所有建筑物因昼夜温差变化以及季节性温差变化，每时每刻都在改变着它的形状和尺寸，这种效果常和对该建筑物施加一个荷载相当。由于它的隐蔽性，所以更值得注意。

以某100m长的钢桥为例，该桥在冬季制造（平均气温如为2℃），到夏季（平均气温如为36℃）时，长度可以增加40.8mm。这个长度和原长比很小（为0.004），如果桥墩不让桥体自由膨胀，就会令桥体钢材承受近90N/mm²的压应力，这种应力称为温度应力。减少这种温度应力的措施是在桥体下设置滑动支座。

四周支座埋在地面以下的圆顶结构，当气温升高时，圆顶结构要膨胀，但四周支座间的距离因埋在地面以下受气温变化影响较小而认为没有变化，因此圆顶要向上鼓出。同理，当气温下降时，圆顶要向下缩进。

结构刚性愈大，产生的温度应力愈大。因此，当建筑物处于温差较大的环境中时，宜做成柔性大一些的结构，以适应温度的变化，不致在结构内部产生大的温度应力。

计算结构或构件的温度作用效应时，应采用材料的线膨胀系数α_T。常用材料的线膨胀系数可按表2-13采用。

表2-13 常用材料的线膨胀系数

材料	线膨胀系数 α_T/℃$^{-1}$	材料	线膨胀系数 α_T/℃$^{-1}$
轻骨料混凝土	7×10^{-6}	钢、锻铁、铸铁	12×10^{-6}
普通混凝土	10×10^{-6}	不锈钢	16×10^{-6}
砌体	$(5 \sim 10) \times 10^{-6}$	铝、铝合金	24×10^{-6}

复习思考题

2-1 试述恒荷载和活荷载的区别。为什么它们的荷载分项系数有所不同?

2-2 均布荷载和集中荷载有什么不同? 在建筑结构设计中实际上有没有集中荷载? 如果你认为有, 请举例说明; 如果你认为没有, 为什么在计算中往往又出现集中力?

2-3 试从产生的原因区分构件自身重力荷载、雪荷载、风荷载之间的不同。

2-4 试说明影响下列几种荷载取值的因素:
(1) 构件自重; (2) 构造层做法; (3) 风荷载; (4) 雪荷载; (5) 地震作用; (6) 楼面活荷载。

2-5 不上人屋面还要计算屋面均布荷载是什么原因?

2-6 简述楼面使用活荷载值、构造层重力荷载值是怎样确定的。

2-7 试述等效均布荷载的概念, 并求图 2-16 中承受三个集中力的简支梁的弯矩等效均布荷载 q_M 和剪力等效均布荷载 q_V。

2-8 图 2-17 所示为一单跨框架, 当一侧受强烈日照时, 此框架会产生什么样的变形? 当一侧下沉量 Δ 很大时, 此框架又会产生什么样的变形?

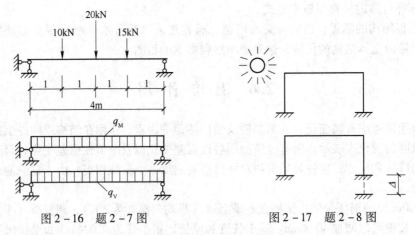

图 2-16 题 2-7 图   图 2-17 题 2-8 图

2-9 为什么在建筑结构中荷载是一个统计值, 说明荷载标准值的概念, 为什么在结构计算中要用荷载设计值?

2-10 由地震产生地面运动使建筑结构产生的作用力与由风吹在建筑物表面施加于建筑结构的作用力, 两者产生的原因有何不同?

2-11 由地基发生不均匀沉降使建筑结构产生的作用力与由构件自重施加于建筑结构的作用力, 两者产生的原因有何不同?

2-12 区分下列不同的概念:
(1) 荷载、作用、(内力) 效应、(内力、加速度) 反应;
(2) 周期、频率、基本自振周期;
(3) 地震震级、地震烈度 (震中烈度、多遇烈度、基本烈度、罕遇烈度、设防烈度);
(4) 单质点体系、多质点体系。

2-13 下列两种情况会不会同时发生:
(1) 一幢建筑物既承受着由《荷载规范》规定的基本风压算得的风荷载, 又承受着由规定公式算得的水平地震作用。
(2) 一幢建筑物在地震时同时受到由最大加速度反应算得的横向水平地震作用、纵向水平地震作用和竖向地震作用。

2-14 某四层轻工业厂房，钢筋混凝土框架结构，平、剖面和计算简图如图 2-18 所示。抗震设防烈度为 7 度。Ⅱ类场地，$T_g = 0.3s$。算得集中于屋盖和各层楼盖标高处的重力荷载为：

G_4 = 屋盖层重 + 1/2（第四层内、外墙和隔断墙重）= 9060kN

G_3 = 第四层楼盖层重 + 1/2（第四层内、外墙，隔断墙重 + 第三层内、外墙，隔断墙重）
= 11100kN

G_2 = 第三层楼盖层重 + 1/2（第三层内、外墙，隔断墙重 + 第二层内、外墙，隔断墙重）
= 11100kN

G_1 = 第二层楼盖层重 + 1/2（第二层内、外墙，隔断墙重 + 第一层内、外墙，隔断墙重）
= 11440kN

问题：

（1）估算本厂房的基本自振周期 T_1（横向）；（答案：0.45s）

（2）用 $F_{Ek} = \alpha_1 \times 0.85 G_{eq}$ 估算总的横向水平地震作用标准值；（答案：2015.83kN）

（3）估算作用于各层标高处的横向水平地震作用标准值，以及由这些水平地震作用产生的基底倾覆力矩标准值。（答案：$F_1 = 233.65kN$；$F_2 = 436.61kN$；$F_3 = 646.53kN$；$F_4 = 699.04kN$；$M_{OV} = 30019.43kN \cdot m$）

2-15 一单层仓库位于上海地区，基本风压 $w_0 = 0.50kN/m^2$，外形尺寸如图 2-19 所示。若 μ_s 取 1.0，试求下列数据的设计值（以 kN 计）：

（1）每侧纵墙所承受的可能最大风压力和风吸力；（答案：56kN(+)，49.0kN(-)）

（2）每端山墙所承受的可能最大风压力和风吸力；（答案：21.0kN(+)，18.38kN(-)）

（3）每侧屋面所承受的可能最大风力，它们是压力还是吸力？总屋面所承受的可能最大风力的水平分力；（答案：45.5kN，吸力，7.18kN）

（4）总屋面所承受的可能最大雪荷载。（答案：144.0kN）

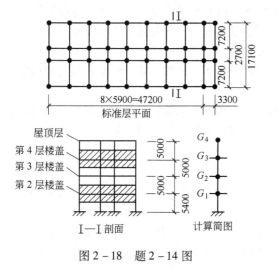

图 2-18 题 2-14 图

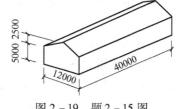

图 2-19 题 2-15 图

3　结构设计的方法

结构设计方法的发展历史是和人们对于材料的力学性能认识密切相关的，同时也是伴随着力学的发展和可靠度计算方法的改进而发展的。

为了更好地了解结构的设计方法，首先简单介绍一些概率统计的基本知识。

3.1　概率极限状态设计法的基本概念

3.1.1　确定分项系数的理论基础

3.1.1.1　设计基准期和设计使用年限

设计基准期是为确定可变作用及与时间有关的材料性质等取值而选用的时间参数。现行《建筑结构荷载规范》（GB 50009—2012）采用的设计基准期是 50 年。

设计使用年限是设计规定的结构或构件不需进行大修即可按其预定目的使用的时期。

3.1.1.2　结构的功能要求、可靠性与可靠度

结构在规定的设计使用年限内应满足一定的功能要求，这些功能要求概括起来有三个方面：

安全性：在正常施工和正常使用的条件下，结构需能承受可能出现的各种作用，在偶然事件（如地震、火灾等）发生时及发生后，结构仍能保持整体稳定，不发生倒塌。

适用性：结构在正常使用期间应具有良好的工作性能。

耐久性：在预定作用和预期的维护与使用条件下，结构及其部件能在预定的期限内维持其所需的最低性能要求的能力。

结构的可靠性是结构的安全性、适用性和耐久性的总称，即结构在规定的时间内、规定的条件下完成预定功能的能力。结构的可靠度是结构可靠性的概率度量，即：结构在规定的时间内、规定的条件下，完成预定功能的概率。

3.1.1.3　极限状态

整个结构或结构的一部分超过某一特定状态就不能满足设计规定的某一功能要求，此特定的状态称为功能的极限状态。

《建筑结构可靠度设计统一标准》（GB 50068—2001）将结构的极限状态分为两类：承载能力极限状态和正常使用极限状态。前者是指结构或结构构件达到最大承载力或不适合继续承载的变形。后者是指结构或结构构件达到正常使用或耐久性能的限值。

3.1.1.4　极限状态方程

结构的极限状态方程可描述为：

$$Z = g(x_1, x_2, x_3, \cdots, x_n) = 0 \qquad\qquad (3-1)$$

式中，$g(\cdot)$ 代表结构的功能函数；$x_i(i = 1, 2, 3, \cdots, n)$ 为基本变量，包括结构上的各种作用和材料性能、几何参数等，基本变量按随机变量考虑。

结构按极限状态设计时应符合下列要求：

$$Z = g(x_1, x_2, x_3, \cdots, x_n) \geqslant 0 \qquad (3-2)$$

当 $Z > 0$ 时，表示结构处于可靠状态；当 $Z = 0$ 时，表示结构处于极限状态；当 $Z < 0$ 时，表示结构处于失效状态。

当仅有荷载效应和结构抗力两个基本变量时，结构的极限状态方程表达式（3-2）可表示为：

$$Z = g(R, S) = R - S \geqslant 0 \qquad (3-3)$$

由于结构抗力 R 和作用效应 S 都是随机变量，所以结构的功能函数 Z 也是一个随机变量，把 $Z > 0$ 这一事件出现的概率称为可靠概率（保证率）。

假定 R 和 S 是相对独立的，且均服从正态分布，它们的均值分别为 μ_R、μ_S，标准差分别为 σ_R、σ_S，则结构的功能函数 Z 也服从正态分布。Z 的平均值和标准差分别为：

$$\mu_Z = \mu_R - \mu_S \qquad (3-4)$$

$$\sigma_Z = \sqrt{\sigma_R^2 + \sigma_S^2} \qquad (3-5)$$

结构功能函数的概率分布曲线如图 3-1 所示，横坐标表示结构功能函数 Z，纵坐标表示结构功能函数的频率密度 $f(Z)$。纵坐标以左 $Z < 0$，图 3-1a 中阴影面积表示结构的失效概率 P_f，而纵坐标以右 $Z > 0$，纵坐标以右曲线与坐标轴围成的面积表示结构的可靠概率 P_0。因此，既可以用结构的可靠概率 P_0 来度量结构的可靠性，也可以用结构的失效概率 P_f 来度量结构的可靠性，结构的失效概率 P_f 的计算表达式为：

$$P_f = \int_{-\infty}^{0} f(Z)\mathrm{d}Z = P(Z < 0) \qquad (3-6)$$

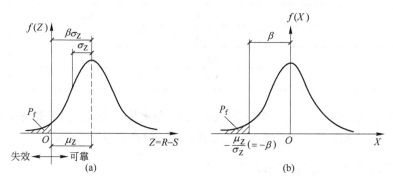

图 3-1　结构功能函数的概率分布曲线

3.1.1.5　可靠指标

由于影响结构可靠性的因素十分复杂，目前从理论上计算概率是困难的，因此《建筑结构可靠度设计统一标准》（GB 50068—2001）中规定采用近似概率法，并规定采用平均值 μ_Z、标准差 σ_Z 及可靠指标 β 代替失效概率来近似地度量结构的可靠度，这三者之间的关系可用式（3-7）表示为：

$$\beta = \frac{\mu_Z}{\sigma_Z} = \frac{\mu_R - \mu_S}{\sqrt{\sigma_R^2 + \sigma_S^2}} \qquad (3-7)$$

式（3-6）采用标准化正态分布可表示为：

$$P_f = P(Z < 0) = P\left(\frac{z - \mu_Z}{\sigma_Z} < \frac{\mu_Z}{\sigma_Z}\right) = \frac{1}{\sqrt{2\pi}} \int_{-\infty}^{-\frac{\sigma_Z}{\mu_Z}} \exp\left(-\frac{x^2}{2}\right)\mathrm{d}x = \Phi\left(-\frac{\mu_Z}{\sigma_Z}\right)$$

$$= \Phi(-\beta) = 1 - \Phi(\beta) \qquad (3-8)$$

同理，采用标准化正态分布时，图 3 - 1a 可表示为图 3 - 1b。从图 3 - 1b 可见，β 值愈大，失效概率 P_f 的值愈小；反之，β 值愈小，失效概率 P_f 的值就愈大。

为使设计人员正确选择合适的可靠指标进行设计，《建筑结构可靠度设计统一标准》（GB 50068—2001）根据结构破坏可能产生的后果的严重性（危及生命安全、造成经济损失、产生社会影响等），将建筑结构划分为三个安全等级，如表 3 - 1 所示。一般建筑物的安全等级为二级。

表 3 - 1　建筑结构安全等级的划分

安全等级	破坏后果	建筑物类型
一级	很严重	重要的房屋
二级	严重	一般的房屋
三级	不严重	次要的房屋

注：对于特殊的建筑物，其安全等级可根据具体情况另行确定。对地震区的结构设计，应按国家现行《建筑工程抗震设防分类标准》（GB 50223—2008），根据建筑物重要性区分建筑物类别。

从式（3 - 8）可知，失效概率 P_f 是和可靠指标 β 一一对应的，其对应关系与建筑物的安全等级的关系如表 3 - 2 所示。

表 3 - 2　可靠指标 β 与失效概率 P_f 之间的对应关系

安全等级	延性破坏		脆性破坏	
	$[\beta]$	P_f	$[\beta]$	P_f
一级	3.7	1.1×10^{-4}	4.2	1.3×10^{-5}
二级	3.2	6.9×10^{-4}	3.7	1.1×10^{-4}
三级	2.7	3.5×10^{-3}	3.2	6.9×10^{-4}

砌体结构属脆性结构，且安全等级为二级，故一般砌体结构构件的承载力极限状态的目标可靠指标为 3.7。钢筋混凝土梁弯曲破坏为延性破坏而剪切破坏为脆性破坏。

3.1.2　分项系数和组合值系数的确定

3.1.2.1　分项系数的确定依据

结构设计在理论上应根据失效概率或可靠指标来度量结构的可靠性。但在实际应用时计算过程较复杂，而且需要掌握足够的实测数据，包括各种影响因素的统计特征值。就目前来讲，有许多影响因素的不定性还不能用统计方法确定，所以此方法还不能普遍用于实际设计工作中。《建筑结构荷载规范》（GB 50009—2012）只是以可靠度理论作为设计的理论基础，实际设计时引入荷载分项系数、材料分项系数和结构重要性系数等，并且找出可靠指标与分项系数的对应关系，从而以分项系数代替可靠指标，使结构设计方法在形式上与传统的力法相似，而且也是按极限状态方法进行设计的。

《建筑结构荷载规范》在确定荷载和材料强度的标准值时，已经考虑了荷载的不确定性和材料强度的离散性，分别如图 3 - 2 和图 3 - 3 所示。所确定的荷载标准值相当于设计基准期内最大作用概率分布的某一分位值。所确定的材料强度标准值是指符合规定质量的材料性能概率分布的某一分位值。

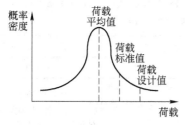
图 3-2 荷载标准值的取值

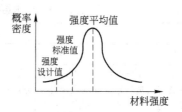
图 3-3 材料强度标准值的取值

虽然采用荷载和材料强度的标准值进行结构承载力极限状态的设计，已具有一定的保证率，但还需要考虑分项系数以确保结构的安全。

为确定分项系数，对于已知统计特性的荷载和材料强度，以及任何一组分项系数，可以计算出以该分项系数的设计公式所反映的可靠度和表 3-2 所示的结构构件承载力极限状态的目标可靠指标的接近度。其中，最接近的一组分项系数就是所要求的规范设计公式中的分项系数。

3.1.2.2 荷载的分项系数

对多种荷载的统计调查表明，永久荷载的变异性较小，可变荷载的变异性往往较大。根据荷载的统计特性，由目标可靠指标优选的永久荷载的分项系数为 1.2。当永久荷载的效应与可变荷载的效应相比很大时，若仍采用 1.2，则结构的可靠度远不能达到目标值的要求，因此，此时永久荷载的分项系数取为 1.35。当永久荷载产生的效应对结构有利时，比如在验算结构整体稳定性或结构的抗滑移验算时，若此时永久荷载的分项系数取值大于 1，则荷载效应会相应地减小，故此时 γ_G 宜取小于 1 的系数。

可变荷载的分项系数 γ_Q 一般取为 1.4，但对标准值大于 $4kN/m^2$ 的工业建筑楼面活荷载，其变异系数一般较小，此时，从经济上考虑，取 γ_Q 为 1.3。

荷载设计值可通过荷载标准值乘以分项系数得到。

结构在其使用期内，可能承受一种或多种活荷载的同时作用，但各种活荷载同时达到最大值的概率很小。因此，在极限状态设计表达式中，当有两个或两个以上活荷载参与工作时，应考虑荷载组合值系数。一般情况下，组合值系数取 0.7；对书库、档案馆、储藏室或通风机房、电梯房等，考虑到楼面活荷载经常作用在楼面上且数值较大，取组合值系数为 0.9。

3.1.2.3 材料性能分项系数的确定

材料强度是影响结构抗力的重要因素，材料强度的标准值 f_k 和平均值 f_m 之间的关系按下式确定：

$$f_k = f_m - 1.645\sigma_f = f_m(1 - 1.645\delta_f) \tag{3-9}$$

式中，δ_f 为材料强度的变异系数。

在进行承载力极限状态设计时，材料强度应采用设计值，材料强度设计值 f 和标准值 f_k 之间的关系可表示为：

$$f = \frac{f_k}{\gamma_f} \tag{3-10}$$

式中，γ_f 为材料的分项系数。钢筋由于其材料性能较稳定、变异性较小，其分项系数 $\gamma_s = 1.1$。混凝土材料的分项系数 $\gamma_c = 1.4$。由于砌体材料的强度受施工水平的影响较大，《砌体结构设计规范》（GB 50003—2011）考虑了施工技术和施工管理水平等对结构安全度的影响。按照不同的施工控制水平下结构的安全度不应该降低的原则确定，施工质量等级的划分见表 3-3。当施工质量控制等级为 B 级时，$\gamma_f = 1.6$，施工质量控制等级为 C 级时，$\gamma_f = 1.8$。

表 3-3　砌体结构施工质量等级的划分

项　目	施工质量控制等级		
	A	B	C
现场质量管理	制度健全并严格执行；非施工方质量监督人员经常到现场或现场设有常驻代表；施工方有在岗专业技术管理人员，人员齐全并持证上岗	制度基本健全并能执行；非施工方质量监督人员间断地到现场进行质量控制；施工方有在岗专业技术人员并持证上岗	有制度；非施工方质量监督人员很少进行现场质量控制；施工方有在岗专业技术人员
砂浆、混凝土强度	试块按规定制作，强度满足验收规定，离散性小	试块按规定制作，强度满足验收规定，离散性较小	试块强度满足验收规定，离散性大
砂浆拌和方式	机械拌和；配合比剂量控制严格	机械拌和；配合比剂量控制一般	机械或人工拌和；配合比剂量控制较差
砌筑工人	中级工以上，其中高级工不少于20%	高、中级工不少于70%	初级工以上

3.2　结构设计方法

　　随着力学和可靠度概念的发展，结构设计的方法逐步完善，由最初的经验方法发展到容许应力设计法、破坏阶段设计法，再发展到目前的极限状态设计法。

　　以概率理论为基础的极限状态设计法，以可靠度指标度量结构构件的可靠度，采用分项系数表达式进行计算。

　　对于承载能力极限状态，应按荷载的基本组合或偶然组合计算荷载组合的效应设计值，并应采用下列设计表达式进行设计：

$$\gamma_0 S_d \leqslant R_d \qquad (3-11)$$

式中，γ_0 为结构重要性系数，在确定该系数时，除了考虑安全等级外，还引入了设计使用年限这一概念，对安全等级为一级或设计使用年限为50年以上的结构构件，不应小于1.1；对安全等级为二级或使用年限为50年的结构构件，不应小于1.0；对安全等级为三级或设计使用年限为1~5年的结构构件，不应小于0.9；S_d 为荷载组合的效应设计值；R_d 为结构构件抗力的设计值，应按各有关建筑结构设计规范的规定确定。

　　式（3-11）的具体表达式应按下列公式中最不利组合进行计算：

$$\gamma_0 \left(1.2 S_{Gk} + 1.4 \gamma_L S_{Q1k} + \gamma_L \sum_{i=2}^{n} \gamma_{Qi} \psi_{Ci} S_{Qik}\right) \leqslant R(f, a_k, \cdots) \qquad (3-12)$$

$$\gamma_0 \left(1.35 S_{Gk} + 1.4 \gamma_L \sum_{i=1}^{n} \psi_{Ci} S_{Qik}\right) \leqslant R(f, a_k, \cdots) \qquad (3-13)$$

式中，γ_L 为结构构件的抗力模型不确定性系数。对静力设计，考虑结构设计使用年限的荷载调整系数，设计使用年限为50年，取1.0；设计使用年限为100年，取1.1；S_{Gk} 为永久荷载标准值的效应；S_{Q1k} 为在基本组合中起控制作用的一个可变荷载标准值的效应；γ_{Qi} 为第 i 个可变荷载分项系数，一般情况下取1.4；当工业建筑楼面活荷载标准值大于 $4kN/m^2$，式（3-12）、式（3-13）中系数1.4应改为1.3；ψ_{Ci} 为第 i 个可变荷载的组合值系数，一般情况下应取0.7；对书库、档案库、储藏室或通风机房、电梯机房应取0.9；S_{Qik} 为第 i 个可变荷载标准值的效应；$R(\cdot)$ 为结构构件的抗力函数；f 为材料的强度设计值；a_k 为几何参数标准值。

　　对于正常使用极限状态，应根据不同的设计要求，采用荷载的标准组合、频遇组合或准永久组合，并应按下列设计表达式进行设计：

$$S_d \leqslant C \tag{3-14}$$

式中，C 为结构或结构构件达到正常使用要求的规定限值，例如变形、裂缝、振幅、加速度、应力等的限值，应按各有关建筑结构设计规范的规定采用。

对结构的倾覆、滑移或漂浮验算，荷载的分项系数应满足有关的建筑结构设计规范的规定。

复习思考题

3-1 什么是结构上的作用和作用效应，它们之间有何关系？

3-2 作用效应与结构抗力有何区别？

3-3 试述结构可靠度的定义，并说明结构可靠性与结构可靠度的关系。

3-4 试说明可靠概率与失效概率之间的关系，失效概率与可靠指标之间的关系。

3-5 什么是结构的极限状态，分为哪两种类型？

3-6 写出结构承载能力极限状态的设计表达式，并简要解释其物理意义。

3-7 为什么说我国现行的设计方法是以概率理论和可靠度理论为基础的，是通过哪些因素体现的？

3-8 填出下列等式：

（1）钢筋抗拉强度设计值：钢筋抗拉强度标准值 = ____：____；

（2）恒载设计值：恒载标准值 = ____：____；

（3）混凝土抗压强度设计值：混凝土抗压强度标准值 = ____：____；

（4）楼面使用活载设计值：楼面使用活载标准值 = ____：____；

（5）砖砌体抗压强度设计值：砖砌体抗压强度标准值 = ____：____；

（6）地震作用设计值：地震作用标准值 = ____：____。

4 建筑结构材料

建筑结构材料按照一般的分类方法可分为：砌体材料、钢筋混凝土、钢以及木。

4.1 砌体材料的种类及其强度指标

砌体是由块材和砂浆砌筑而成的一种建筑材料。砌体在建筑工程中常用作承重构件或非承重的维护构件和填充材料。

4.1.1 块材的种类及其强度指标

4.1.1.1 砖

砖是我国应用最为广泛的一种块材，它包括烧结普通砖、烧结多孔砖和非烧结砖。烧结普通砖是以黏土、煤矸石、页岩或粉煤灰为主要原料，经过焙烧而成的实心或者孔洞率不大于规定值且外形尺寸符合规定的砖。

我国生产的烧结普通砖，其标准砖的尺寸为 240mm × 115mm × 53mm。用标准砖可砌成厚度为 120mm、240mm、370mm 等不同厚度的墙，习惯上依次称为半砖墙、一砖墙和一砖半墙。

烧结多孔砖以黏土、煤矸石、页岩或粉煤灰为主要原料，经焙烧而成的孔洞率不小于 25%，KM1 型的规格为 190mm × 190mm × 90mm，见图 4 - 1a，图 4 - 1b 是其配砖规格。KP1 型的规格为 240mm × 115mm × 90mm 见图 4 - 1c，KP2 型的规格为 240mm × 180mm × 115mm 见图 4 - 1d。根据抗压强度不同分为 MU30、MU25、MU20、MU15、MU10 共五个强度等级。

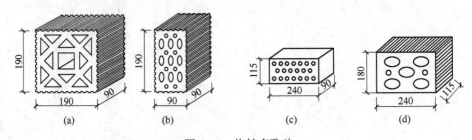

图 4 - 1　烧结多孔砖

非烧结砖是以石灰、粉煤灰、矿渣、石英砂及煤矸石等为主要原材料，经坯料制备、压制成型、高压蒸汽养护而成的实心砖，主要有蒸压粉煤灰砖、矿渣硅酸盐砖、蒸压灰砂砖及煤矸石砖等。

4.1.1.2 砌块

砌块包括普通混凝土砌块和轻集料混凝土砌块。用于承重的轻集料混凝土砌块包括煤矸石砌块和孔洞率不大于 35% 的火山渣、浮石和陶粒混凝土砌块。

混凝土小型空心砌块其主规格尺寸为 390mm × 190mm × 190mm，空心率一般为 20%～50%（见图 4 - 2a），辅助规格尺寸见图 4 - 2b。

单排孔混凝土和轻集料混凝土砌块强度划分为 MU20、MU15、MU10、MU7.5、MU5 共五个等级。

多排孔轻骨料混凝土砌块在我国寒冷地区应用较多，这类砌块材料采用火山渣混凝土、浮石、陶粒混凝土。多排孔混凝土砌块主要考虑节能要求，排数有二、三、四。孔洞率较小，砌块规格各地不一致，块体强度等级较低，一般不超过 MU10。

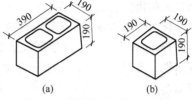

图 4-2 混凝土小型空心砌块

（a）主规格；（b）辅助规格

4.1.1.3 石材

石材按其加工后的外形规则程度，可分为料石和毛石。用于承重的石材主要来源有重质岩石和轻质岩石。砌体中的石材应选用无明显风化的天然石材。

石材的强度等级通常用三个边长为 70mm 的立方体试块进行抗压试验，按其破坏强度的平均值确定。石材的强度划分为 MU100、MU80、MU60、MU50、MU40、MU30、MU20 共七个等级。

4.1.2 砂浆的种类及其强度指标

砂浆是由胶结料（水泥、石灰）、细集料、掺合料加水搅拌而成的混合材料，在砌体中起粘结、衬垫和传递应力的作用。砂浆按其配合成分可分为：

（1）水泥砂浆：不掺塑性掺合料的纯水泥砂浆。

（2）混合砂浆：有塑性掺合料（石灰膏、黏土）的水泥砂浆。

（3）非水泥砂浆：不含水泥的砂浆，如石灰砂浆、石灰黏土砂浆等。

（4）砌块专用砂浆：高粘结、工作性能好和强度较高的专用砂浆。

砂浆的强度是由 28 天龄期的边长为 70.7mm 的立方体试件的抗压强度确定，并且应采用同类块体为砂浆强度试块底模。采用混凝土砖或砌块以及蒸压硅酸盐砖砌体时，应采用与块体材料相适应且能提高砌筑工作性能的专用砌筑砂浆，以保证砂浆砌筑时的工作性能和砌体抗剪强度不低于用普通砂浆砌筑的烧结普通砖砌体。砌筑砌体时的块材种类及相应的砂浆见表 4-1。

表 4-1 砌筑砌体时的块材种类及相应的砂浆

块材种类	砂浆类别和等级
烧结普通砖、烧结多孔砖、蒸压灰砂普通砖和蒸压粉煤灰普通砖	普通砂浆：M15、M10、M7.5、M5、M2.5
蒸压灰砂普通砖和蒸压粉煤灰普通砖	专用砂浆：Ms15、Ms10、Ms7.5、Ms5.0
凝土普通砖、混凝土多孔砖、单排孔混凝土砌块和煤矸石混凝土砌块	砂浆：Mb20、Mb15、Mb10、Mb7.5、Mb5
双排孔或多排孔轻集料混凝土砌块	Mb10、Mb7.5、Mb5
毛料石、毛石	M7.5、M5、M2.5

验算施工阶段新砌筑的砌体强度时，因砂浆尚未硬化，可按砂浆强度为零确定其砌体强度。

砂浆除强度要求外，还应具有流动性（可塑性）和保水性。砂浆的流动性可保证砌筑的效率和质量。流动性用标准锥体沉入砂浆的深度测定，根据砂浆的用途规定深度要求分别为：砖砌体 70～100mm、砌块砌体 50～70mm、石砌体 30～50mm。在具体施工时，砂浆的稠度往往由工人的操作经验来掌握。

保水性是指砂浆在运输、存放和砌筑过程中保持水分的能力。保水性以分层度表示，即将砂浆静止30min，上、下层沉入量之差宜为10～20mm。砌体砌筑的质量在很大程度上取决于保水性，若保水性差，新铺在砖面上的砂浆水分很快被吸去，则砂浆难以抹平，砂浆也可能因失去水分过多而不能正常地硬化，从而影响砌体的强度。

水泥砂浆可以达到比非水泥砂浆高的强度，但其流动性和保水性较差。试验研究结果表明，用水泥砂浆砌筑的砌体比用混合砂浆砌筑的砌体强度要低。

4.1.3　新型墙体材料

墙体材料除了传统的砖、砌块，还包括墙用板材。墙用板材分为薄板类、条板类和轻型复合板类。

（1）薄板类墙用板材。薄板类墙用板材包括GRC（玻璃纤维增强水泥）平板、纸面石膏板、蒸压硅酸钙板、水泥刨花板、水泥木屑板。其中纸面石膏板普遍用于内隔墙、墙体复合板、天花板和预制石膏板复合隔墙板。

（2）条板类墙用板材。条板类墙用板材包括轻质陶粒混凝土条板、石膏空心条板、蒸压加气混凝土空心条板等。其中轻质陶粒混凝土条板主要用作住宅、公共建筑的非承重内隔墙。

（3）轻型复合板类墙用板材。钢丝网架水泥夹芯板是典型的轻型复合板类墙用板材，主要用于建筑的内隔墙、自承重外墙、保温复合外墙、楼面、屋面等。

4.1.4　砌体的种类

按照受力情况，砌体可分为承重砌体和非承重砌体；按砌筑方法分为实心砌体与空心砌体；按材料种类分为砖砌体、砌块砌体及石砌体；按是否配有钢筋分为无筋砌体与配筋砌体。为了保证砌体的受力性能和整体性，块体应相互搭接砌筑，砌体中的竖向灰缝应上、下错开。

4.1.4.1　无筋砌体

（1）砖砌体。砖砌体在房屋建筑中一般用作内外承重墙或围护墙、隔墙。承重墙的厚度根据强度及稳定性的要求确定，并且外墙的厚度还需要考虑保暖和隔热的要求。

对砖砌体，通常采用一顺一丁、梅花丁和三顺一丁的砌筑方法（图4-3）。试验表明，按以上方式砌筑的砌体其抗压强度相差不大。

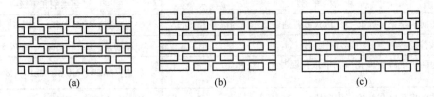

图4-3　砖砌体的砌筑方法
（a）一顺一丁；（b）梅花丁；（c）三顺一丁

实心标准砖墙的厚度为240mm（一砖）、370mm（一砖半）、490（二砖）、620mm、740mm等。空心砖可砌成90mm、180mm、190mm、240mm、290mm、390mm等厚度的墙体。

空心砌体一般是将砖立砌成两片薄壁，以丁砖相连，中间留空腔。可在空腔内填充松散材料或轻质材料。这种砌体自重小，热工性能好，造价低，但其整体性和抗震性能较差。

在砖砌体施工中为确保质量，应防止强度等级不同的砖混用，严格遵守施工规范，使配置的砂浆强度符合设计强度的要求。

（2）砌块砌体。目前，我国已采用的砌块砌体有混凝土小型空心砌块砌体、混凝土中型空心砌块砌体、粉煤灰中型实心砌块砌体。和砖砌体一样，砌块砌体也应该分皮错缝搭砌。混凝土小型空心砌块由于尺寸小，便于砌筑，使用灵活，多层砌块房屋可利用砌块的竖向孔洞做成配筋芯柱，相当于构造柱。用中型或小型砌块均可砌成 240mm、200mm、190mm 等厚度的墙体。

（3）石砌体。石砌体由石材和砂浆（或混凝土）砌筑而成。石砌体根据石材的种类分为料石砌体、毛石砌体、毛石混凝土砌体，如图 4-4 所示。在产石山区，石砌体的应用广泛，可用作一般民用建筑的承重墙、柱和基础，还可以用于建造拱桥、坝和涵洞等构筑物。

石料砌筑的墙体自重大，且因热导率高，作外墙时一般要求墙厚较厚。

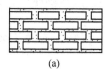 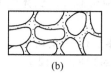 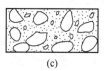

图 4-4 石砌体

（a）料石砌体；（b）毛石砌体；（c）毛石混凝土砌体

4.1.4.2 配筋砌体

当砌体承受的荷载较大时，为了克服强度不足或构件截面较大的缺陷，采用在砌体的不同部位以不同的方式配置钢筋或浇筑钢筋混凝土，以提高砌体的抗压强度和抗拉强度，这种砌体称为配筋砌体。

在立柱或窗间墙水平灰缝内配置横向钢筋网，构成网状配筋砌体或横向配筋砌体；在砖砌体竖向灰缝内或预留的竖槽内配置纵向钢筋以承受拉力或部分压力，构成纵向配筋砌体；在砌体外配置纵向钢筋及砂浆或混凝土面层，或者在预留的竖槽内配置纵向钢筋，构成组合砌体；钢筋混凝土构造柱和砌体墙体形成的组合墙等。

为了确保配筋砌块砌体的质量和整体受力性能，砂浆应采用砌块专用砂浆，混凝土应采用高流态、低收缩和高强度的专用灌孔混凝土。

4.1.4.3 预应力砌体

在砌体的孔洞内或槽口内放置预应力钢筋，称为预应力砌体，以提高砌体的抗裂性能和满足变形的要求。

4.1.5 砌体的力学性能

4.1.5.1 砌体的受压性能

通过砖砌体受压试验，可了解砌体的受压性能，标准试件尺寸为 370mm × 490mm × 970mm，常用尺寸为 240mm × 370mm × 720mm。为了试验机的压力能均匀地传给砌体试件，在试件两端各砌一块混凝土垫块。对于常用试件，垫块尺寸为 240mm × 370mm × 200mm，并配有钢筋网片。

影响砌体抗压强度的因素包括砌体的物理力学性能和砌体工程施工质量。

A 砌体的物理力学性能

（1）块体和砂浆的强度。砌块和砂浆的强度是影响砌体抗压强度的主要因素。砌块和砂浆强度高，砌筑成的砌体抗压强度高。研究表明，对于提高砌体抗压强度而言，提高砌块强度等级比提高砂浆强度等级的影响更明显。

（2）块体的规整程度和尺寸。块体的表面愈平整，灰缝的厚度愈均匀，砌体抗压强度愈高。块体的尺寸对砌体抗压强度的影响较大，砌体抗压强度随着块体高度增大而增大，随着块体长度的增大而降低。因块体长度增加，弯曲与剪切等不利因素增加，砌体强度亦随之降低。

（3）砂浆的和易性。和易性好的砂浆，施工时较易形成饱满、均匀、密实的灰缝，可改善砌体内的复杂应力状态，使砌体抗压强度提高。

B　砌体工程施工质量

砌体工程施工质量综合了砌筑质量、施工管理水平和施工技术水平等因素的影响，全面反映了砌体内部复杂应力作用的不利影响程度。主要包括：水平灰缝砂浆饱满度、块体砌筑时的含水率、砂浆灰缝厚度、砌体组砌方法。

水平灰缝砂浆越饱满，砌体抗压强度越高。砌体施工时，要求砌体水平灰缝的砂浆饱满度不得小于80%。

块体砌筑时的含水率越高，砌体抗压强度越高。一般控制普通砖、多孔砖的含水率为10%~15%，灰砂砖、粉煤灰砖含水率为8%~12%。

灰缝厚度大，砂浆容易铺平均匀，但是砖的拉应力增大。通常要求砖砌体的水平灰缝厚度为10mm，不小于8mm，也不大于12mm。

砌体的组砌方法直接影响砌体强度。应保证上、下错缝，内外搭砌。尤其是砖柱禁止采用包芯砌法。

一般地，符合《砌体工程施工质量验收规范》（GB 50203—2002）要求砌筑的砌体抗压强度都能达到《砌体结构设计规范》（GB 50003—2011）要求。

4.1.5.2　砌体的抗压强度值

根据《砌体结构设计规范》的规定，施工质量B级，龄期为28天时，以毛截面计算的各类砌体抗压强度设计值，可根据块体和砂浆的强度等级按附表1~附表7采用。

单排孔混凝土砌块对孔砌筑时，灌孔砌体的抗压强度设计值f_g值，应按式（4-1）计算取值：

$$f_g = f + 0.6\alpha f_c \tag{4-1}$$

式中，f_g为灌孔砌块砌体抗压强度设计值，该值不应大于未灌孔砌块砌体抗压强度设计值的2倍；f_c为混凝土的轴心抗压强度设计值；f为未灌孔混凝土砌块砌体抗压强度设计值；α为混凝土砌块砌体中灌孔混凝土面积和砌体毛面积的比值，$\alpha = \delta\rho$；δ为混凝土砌块的孔洞率；ρ为混凝土砌块砌体的灌孔率，系截面灌孔混凝土面积和截面孔洞面积的比值，且不应小于33%。

混凝土砌块砌体的灌孔混凝土强度等级不应低于Cb20，且不应低于1.5倍的块体强度等级。灌孔混凝土的强度等级Cb20等同于对应的混凝土强度等级C20的强度指标。

4.1.5.3　砌体的受拉、受弯和受剪性能

A　砌体轴心受拉破坏特征

与砌体的抗压强度相比，砌体的抗拉强度很低。根据力作用方向的不同，砌体可能发生如图4-5所示的三种破坏形式。当轴向拉力与砌体水平灰缝平行并且块体强度较低而砂浆强度等级较高时，可能发生沿块体和竖向灰缝截面破坏（图4-5a）；当块体强度较高而砂浆强度等级较低时，形成沿竖向及水平向灰缝的齿缝破坏（图4-5b）；当轴向拉力与砌体

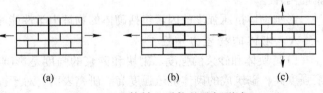

图4-5　砌体轴心受拉的破坏形式

的水平灰缝垂直时，砌体可能沿水平通缝截面破坏（图4-5c），由于灰缝的法向粘结强度是不可靠的，设计中不允许出现利用法向粘结强度的轴心受拉构件。

灰缝的竖向和水平向粘结强度是不同的。在竖向灰缝内，由于砂浆未能很好地填满以及砂浆硬化时的收缩，导致粘结强度在很大程度上削弱甚至完全破坏，因此，在计算中对于竖向灰缝的粘结强度不予考虑。在水平灰缝中，当砂浆在硬化过程中收缩时，砌体不断发生沉降，水平灰缝的粘结作用不断地提高，因此，在计算中仅考虑水平灰缝的粘结强度。

B　砌体弯曲受拉破坏特征

砌体受弯时，一般在受拉区域发生破坏，因而砌体的抗弯能力由砌体的弯曲抗拉强度确定。砌体的弯曲破坏形态与轴心受拉相似，也有三种破坏形式。砌体在竖向弯曲时沿通缝截面破坏（图4-6a），砌体在水平向受弯时，可能沿齿缝截面破坏（图4-6b），或者沿块体和竖向灰缝破坏（图4-6c）。

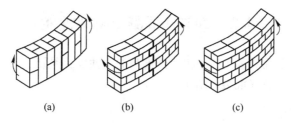

(a)　　　　　(b)　　　　　(c)

图4-6　砌体弯曲受拉的破坏形式

C　砌体受剪破坏特征

砌体的受剪破坏有两种形态：通缝截面破坏（图4-7a）和沿阶梯型截面破坏（图4-7b），其抗剪强度由水平灰缝和竖向灰缝共同决定。但是由于竖向灰缝不饱满，抗剪强度很低，因此可以忽略竖向灰缝的作用，认为这两种破坏的抗剪强度相同。

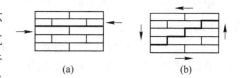

(a)　　　　　(b)

图4-7　砌体的受剪破坏形态

通常砌体同时受到竖向压力和水平剪力的共同作用，是在压弯状态下的抗剪问题，其破坏状态与纯剪有很大的不同。根据图4-8所示的棱柱体砖柱试验结果，由于水平灰缝与竖向荷载的夹角不同，砖柱受到的法向应力与剪应力之比（σ_y/τ）不同，可能出现三种破坏形态：当$\theta \leqslant 45°$时（图4-8a），σ_y/τ较小，砌体沿通缝受剪并且在摩擦力作用下产生滑移而破坏，发生剪摩破坏；当$45° \leqslant \theta < 60°$时（图4-8b），$\sigma_y/\tau$较大，砌体沿阶梯形裂缝破坏，发生剪压破坏；当$\theta > 60°$时（图4-8c），$\sigma_y/\tau$更大，砌体沿压应力作用方向产生裂缝而破坏，发生斜压破坏。

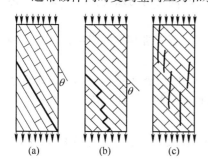

(a)　　　(b)　　　(c)

图4-8　砌体剪压破坏的形态

D　砌体的轴心抗拉、抗弯、抗剪强度设计值

根据《砌体结构设计规范》（GB 50003—2011），当施工质量控制等级为B级时，龄期为28天，对于各类砌体沿砌体灰缝截面破坏时，以毛截面计算的各类砌体的轴心抗拉强度设计值、弯曲抗拉强度设计值以及抗剪强度设计值可按附表8取值，且这些强度指标仅和砂浆的强度等级有关。

4.1.5.4　砌体强度设计值的调整

施工阶段砂浆尚未硬化的新砌砌体的强度和稳定性，可按砂浆强度为零进行验算。

对于冬期施工采用掺盐砂浆法施工的砌体，砂浆强度等级按常温施工的强度等级提高一级时，砌体强度和稳定性可不验算，并且配筋砌体不得用掺盐砂浆施工。

当遇到下列情况时，其强度设计值尚应乘以调整系数 γ_a：

（1）对无筋砌体构件，其截面面积小于 $0.3 m^2$ 时，γ_a 为其截面面积加 0.7；对配筋砌体构件，当其中砌体截面面积小于 $0.2 m^2$ 时，γ_a 为其截面面积加 0.8，构件截面面积以 m^2 计。这是考虑较小的截面砌体构件，局部碰损或缺陷对强度影响较大而采用的调整系数。

（2）当砌体用强度等级小于 M5.0 的水泥砂浆砌筑时，对附表 1～附表 7 各表中的数值，γ_a 为 0.9；对附表 8 中的数值，γ_a 为 0.8。

（3）当验算施工房屋的构件时，γ_a 为 1.1。

4.2　钢筋和混凝土材料性能

钢筋混凝土结构中利用钢筋抗拉、抗压强度高的特性以及混凝土抗压强度较高的特性，充分发挥各自的长处形成了钢筋混凝土结构。

4.2.1　钢筋的材料性能

4.2.1.1　钢筋的化学成分及其分类

钢筋的化学成分主要是铁，但铁的强度低，需要加入其他化学元素来改善其性能。加入铁中的化学元素有：

（1）碳（C）。在铁中加入适量的碳可以提高其强度。钢依其含碳量的多少，可分为低碳钢（含碳量不大于 0.25%）、中碳钢（含碳量 0.26%～0.60%）和高碳钢（含碳量大于 0.6%）。在一定范围内提高含碳量，虽能提高钢筋的强度，但同时却使其塑性降低，可焊性变差。在建筑工程中，主要使用低碳钢和中碳钢。

（2）锰（Mn）、硅（Si）。在钢中加入少量锰、硅元素可以提高钢的强度，并能保持一定的塑性。

（3）钛（Ti）、钒（V）。在钢中加入少量的钛、钒元素可以显著提高钢的强度，并可提高其塑性和韧性，改善焊接性能。

在钢的冶炼过程中，会出现清除不掉的有害元素——磷（P）和硫（S）。它们的含量多了会使钢的塑性变差，容易脆断，并影响焊接质量。因此，合格的钢筋产品应该限制这两种元素的含量。磷的含量不大于 0.035%，硫的含量不大于 0.035%。

含有锰、硅、钛和钒的合金元素的钢，称为合金钢。合金钢元素总含量小于 5% 时，称为低合金钢。

目前，我国钢筋混凝土结构中采用的钢筋有热轧钢筋、冷拉钢筋、钢丝和热处理钢筋四大类。

热轧钢筋根据其力学性能指标的高低，分为热轧光圆钢筋 HPB300 级，热轧带肋钢筋 HRB400 级、HRB500 级和余热处理钢筋 RRB400 级四种。细晶粒热轧钢筋 HRBF335、HRBF400、HRBF500。钢筋的冷加工包括冷拉和冷拔，冷拉钢筋是将热轧钢筋在常温下用机械拉伸而成，经过冷加工的钢筋其强度提高很多，但塑性降低。注意冷拉只能提高钢筋的抗拉强度，而冷拔可同时提高钢筋的抗拉强度和抗压强度。热处理钢筋是将 HRB400、RRB400 钢筋通过加热、淬火、回火而成。

钢丝与钢绞线一般用于预应力混凝土结构中，碳素钢丝是将高碳镇静钢通过多次冷拔、应力消除、矫正、回火处理而成；刻痕钢丝在钢丝表面刻痕，以增强其与混凝土间的粘结力；钢绞线是将若干根相同直径的钢丝成螺旋状铰绕在一起。冷拔低碳钢丝是低碳钢冷拔而成。

HPB300 级钢筋为光圆钢筋（图 4 - 9a），与混凝土的粘结强度较低。常用的 HRB400 级，HRB500 级钢筋为变形钢筋，由于凸出钢筋表面的肋条与混凝土的机械咬合作用而具有较高的粘结强度。变形钢筋过去常用的是纵横肋相交具有螺旋纹外形的螺纹钢筋（图 4 - 9b）。近年来，具有纵横肋不相交的月牙纹外形的月牙纹钢筋（图 4 - 9c）使用得较普遍。

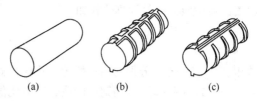

图 4 - 9　钢筋的外形
（a）光圆钢筋；（b）螺纹钢筋；（c）月牙纹钢筋

4.2.1.2　钢筋的力学性能

钢筋混凝土结构所用的钢筋，分为有屈服点的钢筋（热轧钢筋）和无屈服点的钢筋（热处理钢筋、钢丝和钢绞线）。有屈服点的钢筋拉伸试验得到的应力 - 应变关系曲线见图 4 - 10a，从图中可见曲线 BC 段呈流幅状态，B 点对应的应力为钢筋的屈服强度。硬钢的应力 - 应变关系曲线见图 4 - 10b，因没有明显的屈服平台，通常取残余应变为 0.2% 时对应的应力为钢筋的屈服强度。

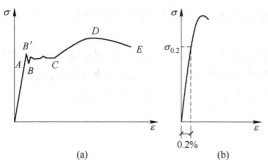

图 4 - 10　钢筋的应力 - 应变关系曲线
（a）软钢；（b）硬钢

钢筋混凝土结构设计中经常用到的钢筋强度指标有：钢筋强度的标准值 f_{yk} 和钢筋强度的设计值 f_y。钢筋强度的标准值 f_{yk} 是该钢筋检验时的屈服应力指标，相当于在正常生产条件下钢筋强度的最小可能值。在全部强度实测值的总体中，小于强度标准值 f_{yk} 的概率不大于 5%，即钢筋强度的标准值 f_{yk} 的保证率不小于 95%。

钢筋强度的设计值 f_y，是考虑钢筋材料分项系数 γ_s 后算得的强度值，钢筋强度的设计值和钢筋强度的标准值 f_{yk} 之间的关系为：$f_y = f_{yk}/\gamma_s$。它大体上相当于钢筋在非正常生产情况下强度的最小可能值，具有比 f_{yk} 更大的保证率。钢筋的材料分项系数为 $\gamma_s = 1.10$。钢筋强度的标准值见附表 9 和附表 10，钢筋强度设计值见附表 11 和附表 12。

钢筋混凝土结构中的钢筋除了强度外，还要有一定的塑性（变形性能），钢筋的塑性通常用伸长率和冷弯性能两个指标来衡量。普通钢筋及预应力钢筋在最大力下的总伸长率不应小于表 4 - 2 规定的限值。

表 4 - 2　普通钢筋及预应力钢筋在最大力下的总伸长率限值

钢筋品种	普通钢筋			预应力筋
	HPB300	HRB335、HRBF335、HRB400、HRBF400、HRB500、HRBF500	RRB400	
$\delta_{gt}/\%$	10.0	7.5	5.0	3.5

钢筋的徐变是指在应力保持不变的条件下，应变随时间的增长继续增加的现象。钢筋的应力松弛是指当钢筋的长度保持不变时，随时间的增长应力逐渐降低的现象。

4.2.1.3　钢筋疲劳强度的设计值

影响钢筋疲劳强度的主要因素为疲劳应力幅，即（$\sigma_{max} - \sigma_{min}$），因此，钢筋的疲劳强度控制是通过钢筋的疲劳应力幅限值控制的。钢筋的疲劳应力幅限值与钢筋的疲劳应力比值有关，钢筋的疲劳应力比值计算公式如下：

$$\rho_s^f = \frac{\sigma_{s,min}^f}{\sigma_{s,max}^f} \tag{4-2}$$

式中，$\sigma_{s,min}^f$、$\sigma_{s,max}^f$ 分别为构件疲劳验算时，截面同一层钢筋的最小应力、最大应力。

根据式（4-2）得到钢筋的疲劳应力比值后，查附表 13 可以得知钢筋混凝土结构中钢筋疲劳应力幅限值。

4.2.1.4　钢筋混凝土结构对钢筋性能的要求

钢筋混凝土结构对钢筋性能的要求如下：

（1）强度。钢筋应具有可靠的屈服强度和极限强度。

（2）塑性。钢筋的塑性性能指标，主要是伸长率和冷弯性能。

（3）焊接性能。钢筋的可焊性要好，在焊接后不应产生裂纹及过大的变形，以保证焊接接头性能良好。

（4）与混凝土具有良好的粘结。为保证钢筋与混凝土共同工作，两者的接触表面必须具有足够的粘结力，其中钢筋凹凸不平的表面与混凝土的机械咬合力是形成这种粘结力的最主要因素。试验表明，变形钢筋与混凝土之间的粘结力可比光面钢筋提高 1.5 ~ 2 倍以上。

4.2.2　混凝土的材料性能

4.2.2.1　单轴受力状态下混凝土的强度

A　立方体抗压强度标准值 $f_{cu,k}$ 和混凝土的强度等级

我国把立方体抗压强度值作为混凝土强度的基本指标，并把立方体抗压强度标准值作为评定混凝土强度等级的标准。我国国家标准《普通混凝土力学性能试验方法》规定：尺寸 150mm × 150mm × 150mm 的立方体试块，在 20℃ ± 3℃ 的温度和相对湿度 90% 以上的潮湿空气中养护 28 天，按标准试验方法测得的抗压强度作为混凝土的抗压强度。

根据混凝土立方体抗压强度的标准值 $f_{cu,k}$，《混凝土结构设计规范》将混凝土划分为 14 个强度等级，分别为 C15、C20、C25、C30、C35、C40、C45、C50、C55、C60、C65、C70、C75、C80。例如：C35 表示混凝土立方体抗压强度标准值为 35N/mm²。

B　轴心抗压强度标准值 f_{ck}

《普通混凝土力学性能试验方法》规定以 150mm × 150mm × 300mm 棱柱体作为混凝土轴心抗压强度试验的标准试件。

轴心抗压强度标准值 f_{ck} 与立方体抗压强度标准值 $f_{cu,k}$ 的关系如下：

$$f_{ck} = 0.88\alpha_1\alpha_2 f_{cu,k} \tag{4-3}$$

式中，α_1 为棱柱体强度与立方体强度之比，对混凝土等级 C50 及以下的取 $\alpha_1 = 0.76$，C80 时，取 $\alpha_1 = 0.82$，在此之间按线性内插法确定；α_2 为高强度混凝土的脆性折减系数，对混凝土等级 C40 及以下的取 $\alpha_2 = 1.0$，C80 取 $\alpha_2 = 0.87$，在此之间按线性内插法确定；0.88 为考虑实际构件与试件混凝土强度之间的差异而取用的折减系数。

不同强度等级的混凝土的轴心抗压强度标准值 f_{ck} 见附表 14。

C　混凝土的轴心抗拉强度标准值 f_{tk}

混凝土的轴心抗拉强度标准值 f_{tk} 与立方体抗压强度标准值 $f_{cu,k}$ 之间的关系如下:

$$f_{tk} = 0.88 \times 0.395 f_{cu,k}^{0.55} (1 - 1.645\delta)^{0.45} \times \alpha_2 \qquad (4-4)$$

式中, δ 为变异系数, 其余符号的意义同上。

不同强度等级的混凝土的轴心抗拉强度标准值 f_{tk} 见附表 15。

D　混凝土强度的设计值

混凝土强度的设计值主要用于结构或构件承载能力极限状态的计算, 有轴心抗压强度设计值 f_c 和轴心抗拉强度设计值 f_t。混凝土强度的设计值为混凝土强度的标准值除以材料的分项系数 γ_c。混凝土材料的分项系数 γ_c 根据可靠度分析和工程经验校准法确定为 1.4。

各强度等级的混凝土抗压、抗拉强度设计值见附表 16 和附表 17。

4.2.2.2　复合受力状态下混凝土的强度

A　双向应力状态

双向应力状态下混凝土强度变化如图 4-11 所示。当混凝土双向受拉时 (第一象限), 混凝土一个方向的抗拉强度, 与另一方向拉应力大小基本无关, 即抗拉强度和单向受拉时的抗拉强度基本相等。当双向受压时 (第三象限), 混凝土一个方向的抗压强度随另一方向强度的增大而提高, 双向受压时的强度要比单向受压强度最多可提高 27% 左右。当一向受拉、一向受压时 (第二、第四象限), 混凝土的强度均低于单向拉伸或压缩时的强度。

在一个单元体上, 如果除作用有剪应力外, 还在一个面上同时作用着法向应力时 (图 4-12), 则混凝土的抗剪强度会随拉应力增大而减小。压应力低时, 抗剪强度随压应力增加而加大, 但当压应力大于 $0.6f_c'$ 时, 抗剪强度又逐渐减小。

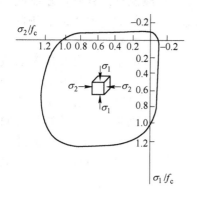

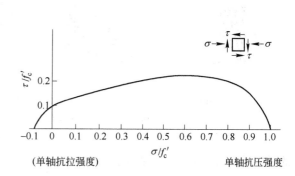

图 4-11　双向受力状态下混凝土的破坏包络图　　图 4-12　剪应力和法向应力组合的破坏曲线

B　三向受压状态下混凝土强度

三向压力作用下混凝土的最大主压应力有较大的增长。当试件三轴受压时, 由于侧向等压的约束, 延续了混凝土内部裂缝的产生和发展。侧向等压力值愈大, 对裂缝的约束作用亦愈大。因此, 当三轴受压的侧向压力增大时, 破坏时的轴向抗压强度亦相应地增大。

4.2.2.3　混凝土的变形

混凝土的变形分两类: 一类称为混凝土的受力变形, 它包括一次短期加荷的变形、荷载长期作用下的变形和重复荷载作用下的变形; 另一类称为混凝土的体积变形, 是指混凝土由于收缩和温度、湿度变化产生变形等。

A 混凝土在一次短期加荷时的应力－应变关系曲线

混凝土在一次短期加荷下的变形性能，可由混凝土受压时的应力－应变曲线表示（图4－13），应力－应变曲线可通过棱柱体试件来确定。

当混凝土强度等级不同时，应力－应变关系曲线形状会有变化，它们的上升段曲线形状很相似。但下降段差别很大，强度等级低的混凝土的下降段较为平缓，残余应力相对较高，强度等级高的混凝土的下降段坡度较陡，残余应力相对较小，说明强度等级高的混凝土的

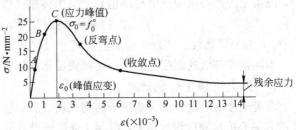

图4－13　混凝土的应力－应变关系曲线

变形能力较差。混凝土应力－应变曲线的形状还受到加载速度的影响，随加载速度减慢，混凝土应力峰值随之降低，而与应力峰值相对应的应变则随之增大，下降段曲线变得平缓。此外，横向钢筋的约束作用对混凝土应力－应变曲线有明显影响，随配箍量增加，应力峰值提高，峰值应变也增大，应力－应变曲线下降段的坡度变得平缓，可提高混凝土的变形能力。

B 混凝土的弹性模量和变形模量

弹性模量（简称弹模）反映混凝土受力时的应力－应变关系。在计算钢筋混凝土构件的变形及由于温度变化、支座沉陷引起的内力时均需采用。由于混凝土在一次加载下的初始弹性模量不易准确测定，通常借助多次重复加载后的应力－应变曲线的斜率来确定弹模。一般情况下，只要重复荷载的最大应力不超过 $0.5f_c$，则随荷载重复次数的增加，残余变形将逐渐减小，应力－应变曲线近于直线，并且该直线与第一次加载时应力－应变曲线原点的切线大致平行。该直线的斜率即定为混凝土的弹性模量（图4－14）。通常情况下，混凝土

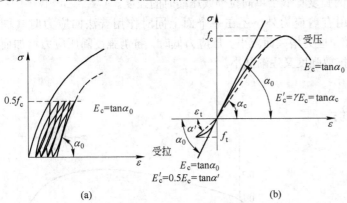

图4－14　混凝土弹性模量

（a）混凝土弹性模量的测定；（b）混凝土受压和受拉弹性模量

的弹性模量（N/mm²）可按下式计算：

$$E_c = \frac{10^5}{2.2 + \dfrac{34.7}{f_{cu,k}}} \qquad (4-5)$$

从图4－14b 中可以看出，混凝土的变形模量就是应力－应变曲线上任意一点与原点连线的割线与横坐标的倾角 α_c 的正切，亦称割线模量，即：

$$E'_c = \tan\alpha_c = \frac{\sigma_c}{\varepsilon_c} = \frac{\varepsilon_e}{\varepsilon_c} \cdot \frac{\sigma_c}{\varepsilon_e} = \gamma E_c \qquad (4-6)$$

式中，γ 为混凝土的弹性系数，$\gamma = \varepsilon_e / \varepsilon_c$。

混凝土的横向变形系数（泊松比 ν_c）反映混凝土的纵向变形与横向变形的比值，一般情况下取值为：$\nu_c = 0.2$。混凝土的剪变模量 G_c 与其弹性模量 E_c 之间存在着线性关系，即：

$$G_c = 0.4E_c \tag{4-7}$$

各强度等级混凝土的弹性模量见表4-3，对于混凝土抗压和抗拉弹性模量取值是一样的。

表4-3 混凝土的弹性模量 (10^4N/mm^2)

混凝土强度等级	C15	C20	C25	C30	C35	C40	C45	C50	C55	C60	C65	C70	C75	80
E_c	2.20	2.55	2.80	3.00	3.15	3.25	3.35	3.45	3.55	3.60	3.65	3.70	3.75	3.80

注：1. 当有可靠试验依据时，弹性模量可根据实测数据确定；

　　2. 当混凝土中掺有大量矿物掺合料时，弹性模量可按规定龄期根据实测数据确定。

在疲劳荷载作用下，混凝土的疲劳变形模量 E_c^f 与弹性模量 E_c 相比，有显著降低。

C 混凝土的徐变和收缩

混凝土在荷载长期作用下产生随时间而增长的变形称为徐变。徐变将有利于结构的内力重分布，但会使结构变形增大，会引起预应力损失。在高应力作用下，徐变会导致构件破坏。

混凝土在空气中结硬时其体积缩小，这种现象称为混凝土的收缩，收缩是混凝土在不受力情况下体积变化而产生的变形。

通常认为混凝土的收缩是由凝胶体本身的体积收缩（即凝结）和混凝土因失水产生的体积收缩（即干缩）所构成。混凝土的收缩在早期发展较快，以后逐渐减慢，整个收缩过程可延续两年以上，最后趋于一个最终收缩值，最终收缩应变约为 $(2 \sim 5) \times 10^{-4}$。

4.2.2.4 混凝土的疲劳强度验算

钢筋混凝土结构构件在多次重复荷载作用下，尽管构件内钢筋及混凝土的最大应力始终低于一次加载时的钢筋屈服强度及混凝土的强度极限值，构件也会产生脆性断裂的现象称为"疲劳"破坏。此时，材料所能承受的最大应力值称为"疲劳强度"。影响钢筋和混凝土疲劳性能的主要因素是应力大小、应力变化幅度和重复次数等。疲劳强度验算工作在吊车梁计算时经常遇到。

混凝土的轴心抗压、轴心抗拉疲劳强度设计值（f_c^f、f_t^f）的确定与混凝土的疲劳应力比值有关，疲劳应力比值的计算公式如下：

$$\rho_c^f = \frac{\sigma_{c,min}^f}{\sigma_{c,max}^f} \tag{4-8}$$

式中，$\sigma_{c,min}^f$、$\sigma_{c,max}^f$ 分别为构件疲劳验算时，截面同一纤维上的混凝土最小应力、最大应力。

根据疲劳应力比值查附表18和附表19，可以得到相应的疲劳强度修正系数 γ_ρ，疲劳强度修正系数 γ_ρ 乘以混凝土的强度设计值得混凝土的轴心抗压、轴心抗拉疲劳强度设计值。

4.3 钢 材

4.3.1 钢种与钢号

钢结构所用的钢材有不同的种类，每个种类又有不同的编号，简单地称作钢种与钢号。我国目前普遍采用的钢材主要有两个种类：碳素钢和低合金钢。

（1）碳素钢。碳素钢的牌号简称钢号，承重结构的钢材宜采用 Q235 钢、Q345 钢、Q390钢、Q420 钢、Q460 钢。Q 为屈服强度的代表符号，其后数字为屈服强度标准值（N/mm²）。钢材按质量由低到高分为 A、B、C、D 四个质量等级。A 级保证抗拉强度、屈服强度和伸长率三项指标，B、C、D 级除保证此三项指标外，尚应保证冷弯性能和冲击韧性（B 级 20℃，C 级 0℃，D 级 −20℃）。由于脱氧程度不同，A、B 级可分为镇静钢（Z）和沸腾钢（F）；C 级只生产镇静钢（Z）；D 级只生产特殊镇静钢（TZ）。在表示方法中，Z 和 TZ 可以省略。如

Q235 - A·F 表示屈服点为 235N/mm^2、质量等级为 A 级的沸腾钢。因沸腾钢脱氧不充分，含氧量高，内部组织不够致密，硫、磷的偏析大，氮是以固溶氮的形式存在，故其冲击韧性低。因此，规定钢结构用钢应选用镇静钢。

Q235 - A 级的含碳量上限为 0.2%，不满足可焊化要求，故焊接结构要求用 B 级或以上等级钢材。

（2）低合金钢。低合金钢的合金元素总量低于 5%，有 16Mn、15MnV 等 17 种钢号。钢号中前两位数字表示平均含碳量（万分之几），随后列出主要合金元素符号。如 16Mn 表示平均含碳量为 0.16%、主要合金元素为锰，含量低于 1.6%。

4.3.2　钢材规格

钢结构中的元件是型钢和钢板，型钢有热轧和冷成型两种。

（1）热轧钢板。钢板尺寸表示为"厚×宽×长（单位为 mm）"，如钢板厚度 12mm、宽度 800mm、长 2100mm 则表示为 12×800×2100。厚度为 0.35~4mm 的钢板为薄板，厚度 4.0~60mm 为厚板。

（2）热轧型钢。热轧型钢有角钢、槽钢、工字钢和钢管等。

角钢有等边和不等边的两种。前者以边宽和厚度表示，如 ∟100×10；后者以两边宽和厚度表示，如 ∟100×80×8，均以 mm 为单位。

槽钢和工字钢可分别表示为如 [30a 和 I32c，其中数字指外轮廓高度的厘米数，后面的字母可以是 a、b、c 和 Q，前三者以腹板厚度从薄至厚分类，后者为轻型。常用型钢的表示方法见表 4-4。

钢管有无缝和焊接两种，均表示为外径×厚度，如 φ400×8，以 mm 为单位。

表 4-4　常用型钢的表示方法

型钢名称	断面形状	规格表示法	型钢名称	断面形状	规格表示法
工字钢		高×腿宽×腰厚 h(mm)×b(mm)×d(mm) 如：工字钢 140×80×55	不等边角钢		长边×短边×边厚 B(mm)×b(mm)×d(mm) 如：不等边角钢 80×50×6
槽钢		高×腿宽×腰厚 h(mm)×b(mm)×d(mm) 如：槽钢 180×80×8	等边角钢		边宽×边宽×边厚 B(mm)×B(mm)×d(mm) 如：等边角钢 50×50×5

（3）薄壁型钢。采用 2~6mm 厚的薄钢板经冷弯或模压而成的是薄壁型钢，采用厚度为 0.4~1.2mm 的钢板制成的是压型钢板。

4.3.3　钢材的主要力学性能

（1）屈服强度（f_y）。低碳钢和普通低合金钢有明显的屈服台阶，当应力达到屈服点时，钢材的应变 $\varepsilon_y \approx 0.2\%$。屈服点之前钢材应变很小，屈服点之后至强度破坏，材料变形很大，建筑钢材取屈服点作为静力强度标准值。钢材的强度设计指标，应根据钢材牌号、厚度或直径按附表 20 采用。

（2）抗拉强度（f_u）。抗拉强度为钢材强度的极限值，不同钢材的强度极限值见附表 20，由于达到抗拉强度时材料变形很大（$\varepsilon_u \approx 16\%$），故不能取抗拉强度作为计算依据，而只作为强度储备。

（3）伸长率（δ_5 或 δ_{10}）。伸长率是指试件拉断后的原标距间的伸长量和原标距间长度比值的百分率。伸长率是衡量钢材塑性好坏的重要指标，另一指标是断面收缩率。

（4）冷弯性能。冷弯性能是指钢材在冷加工产生塑性变形时，对产生裂缝的抵抗能力。冷弯试验是鉴定钢材质量的一种良好方法，是一项衡量钢材力学性能的综合指标。

（5）冲击韧性。韧性是指钢材在塑性变形和断裂过程中吸收能量的能力。韧性指标为冲击韧性，它衡量钢材在受冲击及动力荷载作用下抗脆断的性能。

（6）钢材的物理性能指标。钢材的物理性能指标见表 4-5。

表 4-5 钢材的物理性能指标

种 类	弹性模量 $E/\text{N} \cdot \text{mm}^{-2}$	剪切模量 $G/\text{N} \cdot \text{mm}^{-2}$	线膨胀系数 $\alpha/\text{℃}^{-1}$	质量密度 $\rho/\text{kg} \cdot \text{m}^{-3}$
钢材和铸钢	2.06×10^5	0.79×10^5	1.20×10^{-5}	7.85×10^3

4.3.4 钢材的选用

为保证承重结构的承载能力和防止在一定条件下出现脆性破坏，应根据结构的重要性、荷载特征（静载或动载）、结构形式、应力状态、连接方法（焊接、铆接或螺栓连接）、钢材厚度和工作环境（温度及腐蚀介质）等因素综合考虑，选用合适的钢材牌号和材性。承重结构采用的钢材应具有屈服强度、伸长率、抗拉强度、冲击韧性和硫、磷含量的合格保证，对焊接结构尚应具有碳含量（或碳当量）的合格保证。焊接承重结构以及重要的非焊接承重结构采用的钢材还应具有冷弯试验的合格保证。总之，钢材的选择原则是安全可靠和经济合理。

规范规定承重结构的钢材宜采用：普通碳素结构钢 Q235，低合金高强度结构钢 Q345、Q390、Q420。

对于焊缝连接材料，规范也规定了与上述钢材相匹配的焊条见附表 21。焊缝金属应与主体金属相适应。当不同强度的钢材连接时，可采用与低强度钢材相适应的焊接材料。

螺栓连接材料分为普通螺栓和高强度螺栓。螺栓的代号用大写字母 M 和螺栓的公称直径毫米数来表示，如 M20 表示公称直径为 20mm 的螺栓。普通螺栓又分为 A 级、B 级（精制螺栓）和 C 级（粗制螺栓）；A 级和 B 级螺栓的性能等级为 5.6 级及 8.8 级，C 级螺栓的性能等级有 4.6 级和 4.8 级；钢结构中常用 Q235 钢制成的 4.6 级螺栓。高强度螺栓分为摩擦型和承压型两种。高强度螺栓应用 35 号钢、45 号钢（$f_y = 660\text{N/mm}^2$）经热处理后制成 8.8 级螺栓，20MnTiB 钢（$f_y = 940\text{N/mm}^2$）制成 10.9 级螺栓。级别划分的小数点前的数值表示公称抗拉强度，单位为 100N/mm^2，小数点后数字是屈强比（屈服强度 f_y 与抗拉强度 f_u 的比值）。螺栓连接的强度设计值见附表 22。

对处于外露环境，且对耐腐蚀有特殊要求或在腐蚀性气体和固态介质作用下的承重结构，宜采用 Q235NH、Q355NH 和 Q415NH 牌号的耐候结构钢。耐候钢是通过添加少量合金元素 Cu、P、Cr、Ni 等，使其在金属基体表面形成保护层，以提高耐大气腐蚀性能的钢。耐候结构钢分为高耐候钢和焊接耐候钢两类，高耐候结构钢具有较好的耐大气腐蚀性能，而焊接耐候钢具有较好的焊接性能。耐候结构钢的耐大气腐蚀性能为普通钢的 2~8 倍。因此，当有技术经济依据时，用于外露大气环境或有中度侵蚀性介质环境中的重要钢结构，可取得较好的效果。

钢结构选材应遵循技术可靠、经济合理的原则，综合考虑结构的重要性、荷载特征、结构形式、应力状态、连接方法、钢材厚度、价格和工作环境等因素，选用合适的钢材牌号和材性，钢材的选用原则见表 4－6。

表 4－6　钢材的选用

工作温度	不需要验算疲劳		需要验算疲劳	
	焊接结构	非焊接结构	焊接结构	非焊接结构
>20℃	不应采用 Q235A（镇静钢） 可采用 Q235B、Q345A、Q390A、Q420A、Q460	可采用 A 级钢	钢材至少应采用 B 级钢	钢材至少应采用 B 级钢
0℃<T≤20℃	应采用 B 级钢	宜采用 B 级钢		
－20℃<T≤0℃	应采用 C 级钢	应采用 C 级钢	Q235 钢和 Q345 钢应采用 C 级钢；对 Q390 钢、Q420 钢和 Q460 钢应采用 D 级钢	应采用 C 级钢
T≤－20℃	应采用 D 级钢	对 Q235 钢和 Q345 钢应采用 C 级；对 Q390 钢、Q420 钢和 Q460 钢应采用 D 级	Q235 钢和 Q345 钢应采用 D 级钢；对 Q390 钢、Q420 钢和 Q460 钢应采用 E 级钢	对 Q235 钢和 Q345 钢应采用 C 级钢；对 Q390 钢、Q420 钢和 Q460 钢应采用 D 级钢

❧❧❧❧❧❧❧❧❧❧❧❧❧❧❧❧❧❧❧❧❧❧❧❧❧❧❧❧❧

复习思考题

4－1　无筋砌体有哪些种类，块材和砂浆分别有哪些种类？

4－2　轴心受压砌体破坏的特征如何，影响砌体抗压强度的因素有哪些？

4－3　为什么砌体的抗压强度远小于其块材的抗压强度而又大于砂浆强度等级较小时的砂浆强度？

4－4　砌体受压、受拉、受弯和受剪时，破坏形态如何？

4－5　为什么砌体的抗拉、抗弯和抗剪强度仅受水平灰缝的影响？

4－6　在哪些情况下，需对砌体的强度设计值进行调整，为什么？

4－7　《砌体结构设计规范》规定的砌体受压弹性模量是如何确定的？

4－8　为什么在冻胀地区，地面以下或防潮层以下的砌体不宜采用多孔砖砌筑？

4－9　建筑材料（钢材、混凝土、砖砌体）的基本强度指标有哪些，它们的相互关系怎样？

4－10　假设某材料轴压时的应力－应变曲线如图 4－15a 所示，用此材料做成的偏心受压构件受力后的截面应变分布如图 4－15b 所示。试按图 4－15a 所示两种情况分别画出此截面的应力分布。

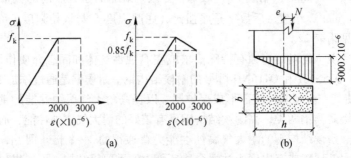

(a)　　　　　　　　　　　　(b)

图 4－15　题 4－10 图

5 结构体系与典型布置

房屋结构体系组成可分为楼盖或屋盖水平结构体系、竖向结构体系（墙、柱）以及将房屋的荷载传至地基土的房屋的基础体系。结构设计就是将这几部分合理设计形成为结构体系，并满足建筑物的使用功能。

5.1 结构总体布置原则

多、高层建筑中应根据结构高度选择合理的结构体系，恰当地设计和选择建筑物平面，剖面形状和总体型。由于高层建筑中保证结构安全、经济合理等比低层更为突出，所以结构布置与选型更应受到重视。建筑物平面、体型的选择必须在综合考虑使用、建筑美观、结构合理及便于施工等因素后才能确定。

较为复杂的多、高层建筑结构由于复杂部位无法精确计算，抗震情况影响因素多，精确计算更加困难，安全与否往往无法用力学分析解决，因此特别需要注重概念设计。所谓"概念设计"，是指对一些难以做出精确力学分析或在规范中难以具体规定的问题需要由工程师进行"概念"分析，以便采取相应措施，例如加强构件构造配筋。同时带有一定经验性，是对具体经验和教训的总结。概念设计的内容十分丰富，事实证明它是一种有效的方法。

结构的概念设计可从以下几个方面把握：

（1）控制结构高宽比。房屋的高宽比值愈大，水平荷载作用下的侧移愈大，引起的倾覆作用愈严重。因此，应控制房屋的高宽比 H/B，避免设计高宽比很大的建筑物。此处 H 是指地面到房屋檐口的高度，B 是建筑物平面短方向的总宽度。《高层建筑混凝土结构技术规程》（JGJ 3—2010）规定，高层建筑的高宽比不宜超过表 5 - 1 的限值。

表 5 - 1 高宽比的限值

结 构 体 系	非抗震设计	抗震设防烈度		
		6 度，7 度	8 度	9 度
框架	5	4	3	
板柱 - 剪力墙	6	5	4	
框架 - 剪力墙、剪力墙	7	6	5	4
框架 - 核心筒	8	7	6	4
筒中筒	8	8	7	5

（2）结构平面布置。多、高层建筑的体型可分为板式和塔式两大类。板式建筑指房屋平面长度较大、宽度相对较小的建筑。这类建筑平面短方向的侧向刚度较小，当房屋高度较大时，在水平荷载作用下不仅侧移大，还会出现沿房屋长度平面各点变形不一致的情况，故它适用于高度不是很大的框架、剪力墙和框架 - 剪力墙结构体系。塔式建筑指建筑平面外轮廓的总长度与总宽度相接近的建筑，其平面形状有圆形、方形、长宽比较小的矩形、Y 形、井形、三角形等。塔式建筑因其空间受力性能好，故广泛应用于高度较大的高层建筑，特别是筒体结构体系。

　　房屋平面宜简单、规则、对称，质心与刚心尽量重合，减少偏心，尽量减少复杂受力和扭转受力。对有抗震设防要求的多、高层建筑，其平面形状以方形、矩形和圆形为最好；不宜采用带有较长翼缘的 L 形、T 形、十字形和 Y 形等对抗震不利的平面形状。为了满足城市规划街景、建筑艺术和使用功能等多方面要求，建筑平面不是完全规则、简单时，应注意突出部分的尺寸比例，平面长度不宜过长，平面突出部分的长度 l 不宜过大、宽度 b 不宜过小（图 5-1），l/B_{max}、l/b 宜符合表 5-2 的要求。建筑平面不宜采用角部重叠或细腰形平面布置。

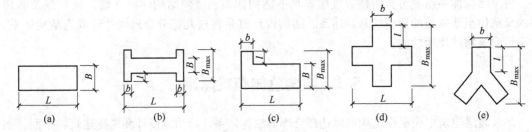

图 5-1　建筑平面示意图

表 5-2　平面尺寸及突出部位尺寸的比值限值

设防烈度	L/B	l/B_{max}	l/b
6，7 度	≤6.0	≤0.35	≤2.0
8，9 度	≤5.0	≤0.30	≤1.5

　　为避免在地震作用下房屋产生扭转，抗侧力结构的平面布置应合理，尽可能使水平荷载合力作用线通过结构刚度中心。在结构单元的两端或拐角部位，不宜设置楼梯间或电梯间，如必须设置时应采用剪力墙或筒体予以加强。

　　（3）结构竖向布置。高层建筑的竖向体型宜规则、均匀，避免有过大的外挑和收进。结构的侧向刚度宜下大上小，逐渐均匀变化。避免刚度突变，避免软弱层。高层建筑的立面宜采用矩形、梯形、避免采用突然变化的立面（图 5-2）。因为立面形状的突然变化，将使质量和侧向刚度沿高度剧烈变化，地震时突变部分会因剧烈振动或变形集中而加重破坏。

　　如因建筑艺术或使用功能需要，高层建筑的立面有局部收进时，结构的侧向刚度沿房屋高度均匀收进，如三角形、对称台阶形等均匀变化的体型（图 5-2），避免非对称的收进形式，如图 5-3 所示。

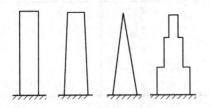

图 5-2　有利的立面体型

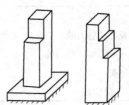

图 5-3　不利的立面体型

　　避免局部错层、夹层，例如当结构中长短柱结合，抗震中短柱易破坏。抗震设计时，结构竖向抗侧力构件宜上、下连续贯通。当结构上部楼层收进部位到室外地面的高度 H_1 与房屋高度 H 之比大于 0.2 时，上部楼层收进后的水平尺寸 B_1 不宜小于下部楼层水平尺寸 B 的 75%（图 5-4），当上部结构楼层相对于下部楼层外挑时，上部楼层水平尺寸 B_1 不宜大于下部楼层的水平尺寸 B 的 1.1 倍，且水平外挑尺寸 a 不宜大于 4m（图 5-4c、d）。

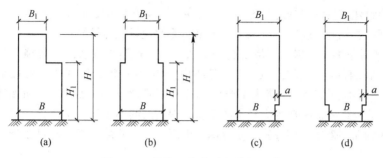

图 5-4 结构竖向收进和外挑示意图

（4）设置防震缝。当房屋平面复杂、不对称或各部分刚度、高度和重量相差悬殊时，地震下薄弱部位易产生震害。可采用两种相反的措施：

1）加强各部分连接，增强结构的整体性。

2）设置防震缝，将房屋分成简单规则的形状。

缝的宽度要足以防止缝两边的各个独立单元互相碰撞。钢筋混凝土房屋需要设置防震缝时，应符合下列规定：

1）框架结构（包括设置少量抗震墙的框架结构）房屋的防震缝宽度，当高度不超过15m时不应小于100mm；高度超过15m时，6度、7度、8度和9度分别每增加高度5m、4m、3m和2m，宜加宽20mm。

2）框架-抗震墙结构房屋的防震缝宽度不应小于1）中规定数值的70%，抗震墙结构房屋的防震缝宽度不应小于1）中规定数值的50%；且均不宜小于100mm。

3）防震缝两侧结构类型不同时，宜按需要较宽防震缝的结构类型和较低房屋高度确定缝宽。

防震缝宜沿房屋全高设置，地下室、基础可不设防震缝。缝的宽度较大时，会给高层建筑设计与构造处理带来困难，目前工程中大都倾向于不设缝，而建筑平面和竖向布置简单、规则、对称、刚度均匀是避免设缝的根本途径。如体型复杂，则要预先估计结构薄弱部位，采取措施予以加强。

（5）设置伸缩缝。房屋长度较长，温度收缩易使结构产生裂缝，特别是底层与顶层应力问题严重，易于出现裂缝，因此当超过规定长度，应设伸缩缝（基础以上结构全断开）。钢筋混凝土结构伸缩缝的最大间距应符合表5-3的要求。地震区设伸缩缝，缝宽也要符合防震缝宽度的要求。

表 5-3　钢筋混凝土结构伸缩缝最大间距　　　　　　　　　　　　　　　　（m）

结 构 类 别		室内或土中	露 天
排架结构	装配式	100	70
框架结构	装配式	75	50
	现浇式	55	35
剪力墙结构	装配式	65	40
	现浇式	45	30
挡土墙、地下室墙壁等类结构	装配式	40	30
	现浇式	30	20

注：1. 装配整体式结构的伸缩缝间距，可根据结构的具体情况取表中装配式结构与现浇式结构之间的数值；

2. 框架-剪力墙结构或框架-核心筒结构房屋的伸缩缝间距，可根据结构的具体情况取表中框架结构与剪力墙结构之间的数值；

3. 当屋面无保温或隔热措施时，框架结构、剪力墙结构的伸缩缝间距宜按表中露天栏的数值取用；

4. 现浇挑檐、雨罩等外露结构的局部伸缩缝间距不宜大于12m。

伸缩缝也会给建筑设计和构造处理带来许多问题,如用料多、施工复杂等。

当房屋长度超过规定长度时,可采用以下措施而避免设置伸缩缝:

1) 采用低收缩混凝土材料或采取跳仓浇筑法、设置控制缝或后浇带等施工方法。因混凝土早期收缩占总收缩的绝大部分,施工时把结构分为 30～40m 长区段,各段间留出 700～1000mm 宽的带,暂不浇混凝土,待大部分收缩完成后再浇这部分混凝土,把结构连成整体,这就是后浇带。后浇带要选择在受力较小的部位,保留时间不小于一个月,且在气温较低时浇混凝土。缝内的钢筋要采用搭接方式,使缝两边混凝土自由收缩,必要时可在浇混凝土前加以焊接。

2) 在屋顶采用有效保温隔热措施,减小温度变化对屋面结构的影响。

3) 局部做伸缩缝,可在结构顶部和底部几层设伸缩缝。

4) 在温度应力较大的地方或对温度应力敏感的部位多加钢筋。

(6) 设置沉降缝。当高层建筑主体周围设置多层或低层裙房时,它们与主体结构重量相差悬殊,可设置沉降缝将两部分房屋从上部到基础全部断开,使各部分自由沉降,避免由沉降差造成结构内部应力引起的裂缝或破坏。在地震区,沉降缝应符合防震缝宽度要求。一般来说,抗震缝、伸缩缝和沉降缝可做在一起。

不设沉降缝的措施:

1) 当地基土质很好时,可利用天然地基,放在一刚度很大的整体基础上,不产生沉降差。

2) 设置后浇带,房屋的沉降主要发生在初期,当独立的两部分沉降完成大部分后,再浇连接混凝土,设计时应考虑两个阶段基础受力不同,分别验算。

3) 裙房面积不大时,可从主体结构的箱基悬挑基础梁,承受裙房重量。

(7) 水平位移限值。在正常使用条件下,高层建筑结构应具有足够的刚度,避免产生过大的位移而影响结构的承载力、稳定性和使用要求。

正常使用条件下,结构的水平位移应按《高层建筑混凝土结构技术规程》(JGJ 3—2010)规定的风荷载、多遇地震标准值作用下的弹性方法计算。按弹性方法计算的风荷载或多遇地震标准值作用下的楼层层间最大水平位移与层高之比 $\Delta u/h$ 宜符合下列规定:

1) 高度不大于 150m 的高层建筑,其楼层层间最大位移与层高之比 $\Delta u/h$ 不宜大于表 5-4 的限值。

表 5-4　楼层层间最大位移与层高之比的限值

结 构 体 系	$\Delta u/h$ 限值
框　架	1/550
框架 - 剪力墙、框架 - 核心筒、板柱 - 剪力墙	1/800
筒中筒、剪力墙	1/1000
除框架结构外的转换层	1/1000

2) 高度不小于 250m 的高层建筑,其楼层层间最大位移与层高之比 $\Delta u/h$ 不宜大于 1/500。

3) 高度在 150～250m 之间的高层建筑,其楼层层间最大位移与层高之比 $\Delta u/h$ 的限值可按 1) 和 2) 中的限值线性插入取用。

高层建筑结构在罕遇地震作用下的薄弱层应进行弹塑性变形验算,其楼层层间最大位移与层高之比宜符合表 5-5 的限值。

表5-5 层间弹塑性位移角限值

结 构 体 系	$[\theta_p]$
框架结构	1/50
框架-剪力墙结构、框架-核心筒结构、板柱-剪力墙结构	1/100
剪刀墙结构和筒中筒结构	1/120
除框架结构外的转换层	1/120

（8）舒适度要求。房屋高度不小于150m的高层混凝土建筑结构应满足风振舒适度要求。在现行国家标准《建筑结构荷载规范》（GB 50009—2012）规定的10年一遇的风荷载标准值作用下，结构顶点的顺风向和横风向振动最大加速度计算值不应超过表5-6的限值。结构顶点的顺风向和横风向振动最大加速度可按现行行业标准《高层民用建筑钢结构技术规程》（JGJ 99—1998）的有关规定计算，也可通过风洞试验结果判断确定，计算时结构阻尼比宜取0.01~0.02。

表5-6 结构顶点风振加速度限值

使 用 功 能	$a_{lim}/m \cdot s^{-2}$	使 用 功 能	$a_{lim}/m \cdot s^{-2}$
住宅、公寓	0.15	办公、旅馆	0.25

楼盖结构应具有适宜的舒适度。楼盖结构的竖向振动频率不宜小于3Hz，竖向振动加速度峰值不应超过表5-7的限值。楼盖结构竖向振动加速度可按《高层建筑混凝土结构技术规程》附录A计算。

表5-7 楼盖竖向振动加速度限值

人员活动环境	峰值加速度限值/m·s^{-2}	
	竖向自振频率不大于2Hz	竖向自振频率不小于4Hz
住宅、办公	0.07	0.05
商场及室内连廊	0.22	0.15

注：楼盖结构竖向自振频率为2~4Hz时，峰值加速度限值可按线性插值选取。

5.2 结构的水平体系

结构的水平体系主要是指房屋结构的楼、屋面体系，可以分为钢筋混凝土楼（屋）盖、屋架、网架和膜结构体系。

5.2.1 钢筋混凝土楼（屋）盖

钢筋混凝土楼（屋）盖按施工方法分为现浇整体式、装配式和装配整体式三种形式。其中现浇整体式楼盖具有整体刚度好、抗震性能强、防水性能好、对房屋不规则平面适应性强等优点。缺点是费工费模板、施工周期长。装配式楼盖具有施工进度快、节省材料和劳动力等优点，因此，在工业与民用建筑中，装配式楼盖应用非常广泛，在采用装配式楼盖时，应力求各种预制构件具有最大限度的统一和标准化。缺点是整体性、抗震性、防水性较差，不便开设洞口。装配整体式楼盖的优缺点介于以上两种楼盖之间。

5.2.1.1　装配式楼盖

装配式楼盖主要是铺板式，即预制板两端支承在砖墙或楼面梁上密铺而成。预制板的宽度根据安装时的起重条件，以及制造、运输设备的具体情况而定，预制板的跨度与房屋的进深和开间尺寸相配合。

A　装配式楼盖的构件形式

装配式楼盖采用的构件形式很多，常用的有实心板、空心板、槽形板和预制梁等。

（1）实心板。实心板（图5－5）是最简单的一种楼面铺板，它的主要特点是构造简单、施工方便，但自重大，抗弯刚度小，因此，实心板的跨度一般较小，往往在1.2～2.4m之间，如采用预应力板时，其最大跨度也不宜超过2.7m，板厚一般为50～80mm，板宽一般为500～800mm。实心板常用作房屋中的走道板或跨度较小的楼盖板。

（2）空心板。空心板又称多孔板（图5－5b），它具有刚度大、自重轻、受力性能好等优点，又因其板底平整、施工简便、隔音效果较好，因此在预制楼盖中得到普遍使用。空心板孔洞的形状有圆形、方形、矩形及椭圆形等，为了便于抽芯，一般多采用圆形孔。圆孔板的规格尺寸各地不一，一般板宽为600mm、900mm和1200mm；板厚为120mm、180mm和240mm；板的跨度：普通混凝土板为2.4～4.8m，预应力混凝土板为2.4～7.5m。

（3）槽形板。当板的跨度和荷载较大时，为了减轻板的自重，提高板的抗弯刚度，可采用槽形板（图5－5c）。槽形板由面板、纵肋和横肋组成，横肋除在板的两端必须设置外，在板的中部附近也要设置2～3道，以提高板的整体刚度。槽形板面板厚度一般不小于25mm，用于民用楼面时，板高一般为120mm或180mm，用于工业楼面时，板高一般为180mm，肋宽50～80mm，常用跨度为1.5～6.0m，常用板宽600mm、900mm和1200mm。

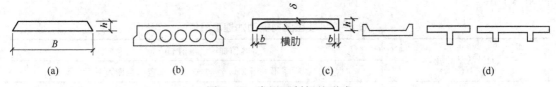

图5－5　常用预制板的形式

预制板的构件形式，除上述几种常见的以外，还有单肋板、双T形板（图5－5d）、双向板、双向密肋板及折叠式V形板等。有的适用于楼面，有的适用于屋面，使用时可根据具体情况选用。

为便于设计与施工，全国各省对常用的预制板构件均编制有各种标准图集或通用图集，可供查阅和使用。

（4）预制梁。装配式楼盖中的预制梁，常见的截面形式有矩形、L形、花篮形、十字形、T形及倒T形等（图5－6）。由于L形和十字形截面的梁在支承楼板时，可以减小楼盖的结构高度，所以这种形式的梁在楼盖中应用较广，一般房屋的门窗过梁和工业房屋的连系梁也常采用L形截面。矩形截面多用于房屋外廊的悬臂挑梁，走廊板则直接搁置在悬臂梁上。梁的截面尺寸及配筋，根据计算及构造要求确定。

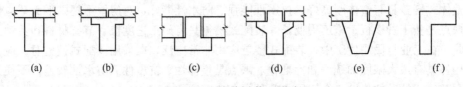

图5－6　楼盖梁截面形式

B 装配式楼盖的构造要求

装配式楼盖不仅要求各个预制构件具有足够的强度和刚度，同时应使各个构件之间具有紧密可靠的连接，以保证整个结构的整体性和稳定性。

（1）板与板的连接。板与板之间的连接，主要通过填实板缝来解决，板缝的截面形式应有利于楼板间能够相互传递荷载。图5-7为常见的两种连接形式，为了能使板缝灌注密实，缝的上口宽度不宜小于30mm，缝的下端宽度以10mm为宜。填缝材料与板缝宽度有关，当缝宽大于20mm时（指下口尺寸），一般宜用细石混凝土（不应低于C15）灌注；当板缝宽小于或等于20mm时，宜用水泥砂浆（不低于M15）灌注；当板缝过宽（≥50mm）时，如图5-7c所示，则应按板缝上作用有楼板荷载计算。

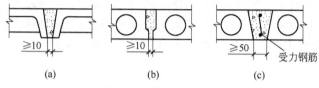

图5-7 板与板的连接

（2）板与墙、梁的连接。一般情况下，预制板搁置在墙、梁上不考虑承受水平荷载，故不需要特殊的连接措施，仅在搁置前，支承面铺设一层10~15mm厚的水泥砂浆，然后将构件直接平铺上去即可（图5-8，砂浆强度等级应不低于M5）。空心板搁置在墙上时，为防止嵌入墙内的端部被压碎及保证板端部填缝材料能灌注密实，则两端需用混凝土将孔洞堵塞密实。预制钢筋混凝土板的支承长度，在墙上不宜小于100mm；在钢筋混凝土圈梁上不宜小于80mm；当利用板端伸出钢筋拉结和混凝土灌缝时，其支承长度可为40mm，但板缝宽不小于80mm，灌缝混凝土不宜低于C20。当板与墙平行时，当板长小于5m，缝间灌细石混凝土即可；当板长大于5m时，应采用板面拉结筋或墙中对应位置设置圈梁（图5-9）。

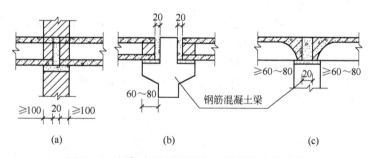

图5-8 板与支承墙和板与支承梁的连接构造

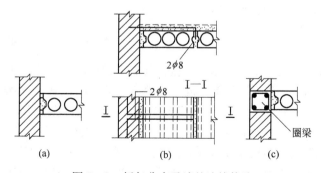

图5-9 板与非支承墙的连接构造

（3）梁与墙的连接。一般情况下，梁在砖墙的支承长度应满足梁内受力钢筋在支座处的锚固要求，并满足支座处砌体局部抗压承载力的要求，不应小于180mm，而且支承处应坐浆10～20mm，必要时（如地震区），可在梁端设置拉结钢筋。当预制梁下砌体局部抗压承载力不足时，应按计算设置梁垫。

5.2.1.2　整体式现浇楼盖

整体式现浇楼盖根据其结构形式可分为无梁楼盖和肋梁楼盖。

A　无梁楼盖

无梁楼盖由板、柱或墙等构件组成，楼面荷载直接由板传给柱（或墙）及基础，如图5－10所示。因此，这种结构缩短了传力路径，增大了楼层净空，且节约施工模板，但楼板较厚，楼盖材料用量较多。无梁楼盖多用于书库、冷藏库、商店等要求空间较大的房屋。

无梁楼盖按有无柱帽可分为无柱帽轻型无梁楼盖和有柱帽无梁楼盖两种。无梁楼盖四周可设悬臂板以减小边跨跨中弯矩和柱的不平衡弯矩，且可减少柱帽类型，在冷库建筑中应用较多。

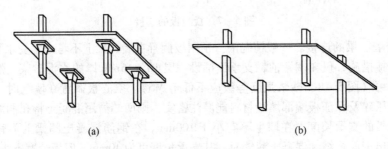

(a)　　　　　　　　　　　　　　　(b)

图5－10　无梁楼盖
(a) 有柱帽；(b) 无柱帽

B　整体式单向板肋梁楼盖

（1）单向板与双向板。在各种现浇整体式楼盖中，板区格的四周一般均有梁或墙体支承。因为梁的刚度比板大很多，所以将梁作为板的不动支承。四边支承板的竖向荷载通过板的双向弯曲传到两个方向上。传递到支承上的荷载的大小，主要取决于该板两个方向边长的比值，如图5－11所示。对于四边支承的板，当长短边比值$l_1/l_2 \geqslant 3$时，荷载主要沿短边方向传递，可按沿短边方向的单向板计算；当$l_1/l_2 \leqslant 2$时，板沿长边方向所分配荷载不可忽略，荷载沿板长、短边两个方向传递，应按双向板计算。当$3 > l_1/l_2 > 2$时，宜按双向板计算，亦可按沿短边方向的单向板计算，但应沿长边方向布置足够数量的钢筋。

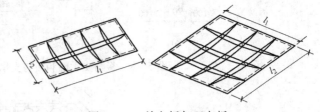

图5－11　单向板与双向板

（2）单向板肋梁楼盖结构布置。由单向板及其支承梁组成的楼盖，称为单向板肋梁楼盖。单向板肋梁楼盖中，荷载的传递路线是：板→次梁→主梁→柱（墙）。在结构设计时，必须首先确定板、次梁、主梁的跨度，即进行结构平面布置。在结构平面布置时，应首先考虑满足房屋的使用要求，梁格布置应力求简单、规整、统一，以减少构件类型，方便设计施工。肋梁楼盖的主梁一般宜布置在整个结构刚度较弱的方向（即垂直于纵墙的方向），这样可使截面较大、抗弯刚度较好的主梁能与柱构成框架，以加强承受水平作用力的侧向刚度，而由次梁将各榀框架连接起来（图5－12a）。但当柱的横向间距大于纵向间距时，主梁沿纵向布置可以减小主梁的截面高度，增大室内净高，但房屋的横向侧移刚度较差（图5－12b）。当楼面上有较大设备荷载或者需要砌筑墙体时，应在其相应位置布置承重梁。当楼面开有较大洞口时，也需在洞口四周布置边梁。

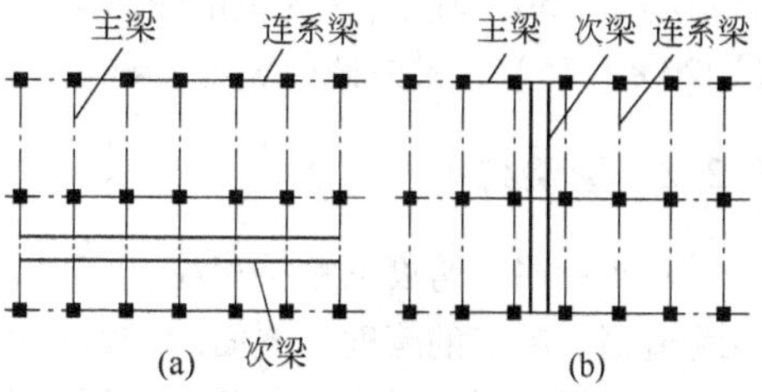

在满足使用要求的基础上，要尽量节约材料，降低造价，为构件选择经济合理的跨度。通常，单向板的跨度取1.7～2.7m，不宜超过3m；次梁的跨度取4～6m；主梁的跨度取5～8m。

图 5－12 单向板肋梁楼盖结构布置

（3）板厚及梁截面尺寸的确定。为了满足板的刚度要求，对单向板肋梁楼盖中的板，其厚度应不小于（1/40～1/35）l，其中 l 为板的计算跨度。

另外，板厚对整个楼盖的经济指标影响较大。根据实际工程的统计资料，楼盖中板的混凝土用量占整个楼盖的50%以上，因此，应尽可能将板设计得薄些。但考虑到刚度要求及施工可能，板的最小厚度应满足：一般屋面板 $h \geqslant 60$mm，一般楼面板 $h \geqslant 70$mm，工业厂房楼面板 $h \geqslant 80$mm。在肋形楼盖中，主梁、次梁通常为连续梁。对于连续次梁，截面尺寸取 $h = (1/18 \sim 1/12)l$，$b = (1/3 \sim 1/2)h$；当 $h \geqslant 1/18l$ 时，一般可不必做挠度验算。对于主梁，可取 $h = (1/14 \sim 1/8)l$，$b = (1/3.5 \sim 1/3)h$，l 分别为主梁和次梁的计算跨度。

C 双向板肋梁楼盖

（1）结构布置。双向板肋梁楼盖中，根据梁的布置情况不同，又可分为普通双向板楼盖和井式楼盖。

当建筑物柱网接近方形，且柱网尺寸及楼面荷载均不太大时，仅在柱网的纵横轴线上布置主梁，可不设次梁（图5－13a），这种楼盖净空较大，施工比较方便。当柱网尺寸较大时，若不设次梁，则板跨度大，板厚增大，这时可加设次梁，以减小板厚。当柱网不是接近方形时，梁系布置中，一个方向为主梁，另一方向为次梁。图5－13b所示为普通双向板楼盖，主要应用于一般的民用房屋中。当柱网尺寸较大且接近方形时，则在柱网的纵横轴线上两个方向布置主梁，在柱网之间两个方向布设次梁，形成井式楼盖，如图5－13c所示。这种楼盖主要用于公共建筑，如大型商场及宾馆的大厅等。

考虑使用及经济因素，普通双向板楼盖板区格尺寸一般为3～4m，主梁、次梁跨度一般取5～8m。在井式楼盖中，有时一个柱网内、一个开间内两方向次梁数量较多，形成密肋形楼盖，比较美观。

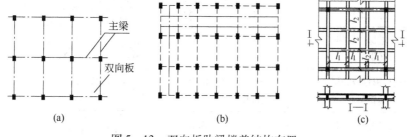

图 5－13 双向板肋梁楼盖结构布置

（2）构件截面尺寸。双向板的厚度一般在80～160mm范围内，任何情况下不得小于80mm。为了使板具有足够的刚度，板厚应符合下述规定：当简支时不小于 $l/45$，板边有约束时不小于$l/50$，其中，l为板的短跨。主梁截面高度可取$h=(1/15\sim1/12)l$，次梁截面高度$h=(1/20\sim1/15)l$，梁的截面宽度$b=(1/2\sim1/3)h$，其中l为梁的跨度。

5.2.2　屋架结构

　　对于一些大跨度的单层房屋，其屋顶可选用屋架结构体系，屋架的选择可综合考虑房屋的建筑造型、屋架的跨度、屋面的排水坡度、施工技术等。根据屋架的受力形式，屋架可分为抛物线形、折线形、梯形和三角形。屋架所用的材料根据耐久性及使用环境可选用混凝土、木和钢，同时应考虑屋架的跨度，屋架结构的跨度通常为3m的模数，在18m以下时采用混凝土 - 钢组合屋架，在18~36m时，采用预应力混凝土屋架，36m以上时采用钢屋架。屋架结构的间距一般为6m、7.5m、9m和12m等。常用屋架见表5 - 8。

表5 - 8　常用屋架示意

序号	屋架名称（材料）	屋架跨度	形状示意图	内力分析
1	三角形屋架 （木、轻型钢材、钢筋混凝土）	9m、12m、15m （坡度1:2.5）		静定桁架
2	三角形再分式屋架 （轻型钢材）	9m、12m、15m、18m （坡度1:2 ~ 1:3）		静定桁架
3	三角形拱式屋架 （轻型钢材）	9m、12m、15m、18m （坡度1:2 ~ 1:3）		静定三铰拱
4	三角形拱式组合屋架 （钢筋混凝土、钢材）	9m、12m、15m、18m （坡度1:3 ~ 1:4）		静定三铰拱
5	折线形屋架 （钢筋混凝土）	钢筋混凝土：15m、18m 预应力混凝土：18m、 21m、24m、27m、30m （坡度1:5 ~ 1:15）		静定桁架
6	折线形组合屋架 （钢筋混凝土）	12m、15m、18m （坡度1:2.5 ~ 1:15）		静定桁架
7	梭形组合屋架 （钢筋混凝土）	12m、15m （坡度1:10 ~ 1:15）		超静定结构构件
8	梭形屋架 （轻型钢材）	9m、12m、15m （坡度1:10 ~ 1:15）		静定桁架
9	缓坡梯形屋架 （钢材）	24m及24m以上 （坡度1:6 ~ 1:12）		静定桁架
10	缓坡梯形再分式屋架 （钢材）	36m及36m以上 （坡度1:6 ~ 1:12）		静定桁架
11	陡坡梯形屋架 （钢材）	24m及24m以上 （坡度1:3、1:4）		静定桁架
12	空腹式屋架 （预应力混凝土）	18m、24m		超静定空腹框架

5.2.3 网架

网架结构是由许多杆件按照一定规律组成的结构，常应用在屋盖体系。通常将平板型的空间网格结构称为网架，将曲面型的空间网格结构简称为网壳。网架结构适用于各种平面形式的建筑，如矩形、圆形、扇形及多边形。网架结构既可用于体育馆、俱乐部、展览馆、影剧院、车站候车大厅等公共建筑，近年来也越来越多地用于仓库、飞机库、厂房等工业建筑中。

5.2.3.1 网架的结构形式

网架一般是双层的（以保证必要的刚度），在某些情况下也可做成三层。平板网架无论在设计、计算、构造还是施工制作等方面均较简便，因此是近乎"全能"的适用于大、中、小跨度屋盖体系的一种良好的形式。网架结构取材方便，一般采用 Q235 钢或 Q345 钢，杆件截面形式有钢管和角钢两类，以钢管采用较多，并可用小规格的杆件截面建造大跨度的建筑，网架结构的自重轻，用钢量省。另外，网架结构杆件规格统一，适宜工厂化生产，为提高工程进度提供了有利的条件和保证。

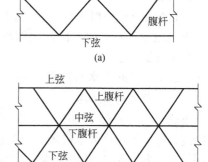

网架结构是高次超静定空间结构，空间刚度大，整体性好，抗震能力强，而且能够承受由于地基不均匀沉降带来的不利影响。

平板网架的分类，按网架弦杆层数不同可分为双层网架和三层网架。按照网架组成情况，可分为由两向或三向平面桁架组成的交叉桁架体系、由三角锥体或四角锥体组成的空间角锥体系等。按支承情况分，有周边支承、点支承、周边支承和点支承混合等形式。

双层网架是由上弦、下弦和腹杆组成的空间结构，是最常用的网架形式（图 5-14a）。三层网架是由上弦、中弦、下弦、上腹杆和下腹杆组成的空间结构（图 5-14b）。当网架跨度较大时，三层网架用钢量比双层网架用钢量省。但由于节点和杆件数量增多，尤其是中层节点所连杆件较多，使构造复杂，造价有所提高。

图 5-14 平板网架的结构形式
（a）双层网架；（b）三层网架

双层网架的常见形式如下：

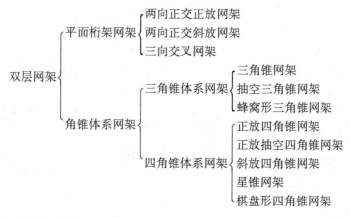

5.2.3.2 平面桁架网架

图 5-15 所示为两向正交正放网架，一般用在矩形建筑平面中，网架的弦杆垂直或平行于

边界。图 5 – 16 所示为两向正交斜放网架，在此体系中短向桁架对长桁架有嵌固作用，对体系受力有利，但角部会产生拔力，常取无角部形式。

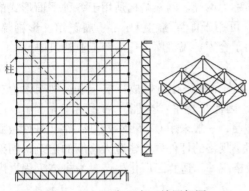

图 5 – 15　两向正交正放网架图

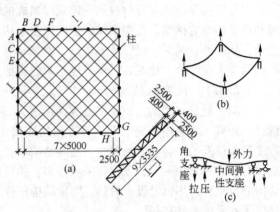

图 5 – 16　两向正交斜放网架

三向交叉网架（图 5 – 17），三个方向的平面桁架相互交角一般为 60°，常用于正三角形、正六边形平面，比两向网架刚度大，适合大跨度屋盖。

5.2.3.3　角锥体系网架

A　四角锥体系网架

正放四角锥网架如图 5 – 18 所示，其空间刚度较好，但杆件数量较多，用钢量偏大，

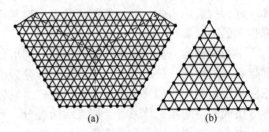

图 5 – 17　三向交叉网架

适用于接近方形的中小跨度网架，宜采用周边支承。斜放四角锥网架如图 5 – 19 所示，其构成特点是以倒四角锥体为组成单元，由锥底构成的上弦杆与边界成 45°夹角，而连接各锥顶的下弦杆则与相应边界平行。斜放四角锥网架上弦杆长度比下弦杆长度小，在周边支承的情况下，通常是上弦杆受压，下弦杆受拉，因而杆件受力合理。此外，节点处汇交的杆件（上弦节点 6 根，下弦节点 8 根）相对较少，用钢量较省。周边支承的斜放四角锥网架，在支承沿周边切向无约束时，四角锥体可能绕 z 轴旋转而造成网架的几何可变，因此必须在网架周边布置刚性边梁；点支承的斜放四角锥网架，可在周边设置封闭的边桁架。

除了传统的四角锥网架外，还可将某些锥体抽空，形成棋盘形四角锥网架（图 5 – 20），

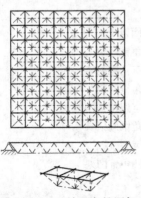

图 5 – 18　正放四角锥网架

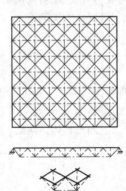

图 5 – 19　斜放四角锥网架

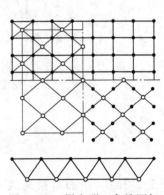

图 5 – 20　棋盘形四角锥网架

其特点是保持正放四角锥网架周边四角锥不变，中间四角锥间隔抽空，下弦杆呈正交斜放，上弦杆呈正交正放。克服了斜放四角锥网架屋面板类型多，屋面组织排水较困难的缺点。

B 三角锥网架

三角锥网架（图5-21）上下弦平面均为正三角形网格，上下弦节点各连9根杆件。当上、下弦杆和腹杆等长时，三角锥网架受力最均匀，整体性和抗扭刚度好，适用于平面为多边形的大、中跨度建筑。

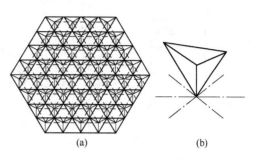

图5-21 三角锥网架

5.2.3.4 网架结构的支承方式和受力特点

A 网架的支承方式

网架的支承方式可分为周边支承、点支承以及周边支承与点支承相结合的混合支承。

周边支承是在网架四周全部或部分边界节点设置支座（图5-22a、b），支座可支承在柱顶或圈梁上，网架受力类似于四边支承板，是常用的支承方式。为了减小弯矩，也可将周边支座略为缩进，如图5-22c所示。周边支承适用于大、中跨网架。

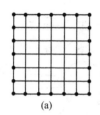
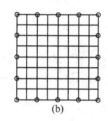
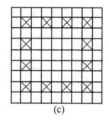

(a)   (b)   (c)

图5-22 周边支承网架

点支承网架受力与钢筋混凝土无梁楼盖相似。为减小跨中正弯矩及挠度，设计时应尽量带有悬挑，多点支承网架的悬挑长度可取跨度的1/4～1/3（图5-23）。点支承布置灵活，适用于大柱距的厂房、仓库。

平面尺寸很大的建筑物，除在网架周边设置支承外，可在内部增设中间支承，以减小网架杆件内力及挠度，也可采用周边支承与点支承相结合的形式，如图5-24所示。混合支承适用于飞机库或装配车间。

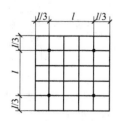
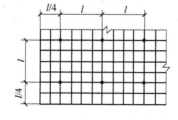
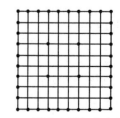

图5-23 点支承   图5-24 周边支承与点支承结合

B 网架的受力特点

两向正交正放网架的简化受力图如图5-25所示，可将空间网架简化成平面桁架进行内力分析。

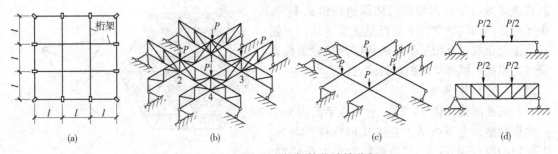

图 5 - 25　两向正交桁架简化计算分析

5.2.3.5　网架节点做法

常用的网架杆件有钢管和角钢两种。钢管一般直径为 70 ~ 160mm，管壁厚 1.5 ~ 10mm。钢管的受力性能比角钢更为合理，并能取得更加经济的效果（钢管网架一般可比角钢网架节约钢材 30% ~ 40%），因而它的应用更为广泛。对于形式比较简单、平面尺寸较小的网架，则可采用角钢作为杆件。

在平板网架的节点上汇交了很多杆件，一般有 10 根左右，呈立体几何关系。一些典型的网架节点构造如图 5 - 26 所示。一些典型的网架支座构造如图 5 - 27 ~ 图 5 - 30 所示。

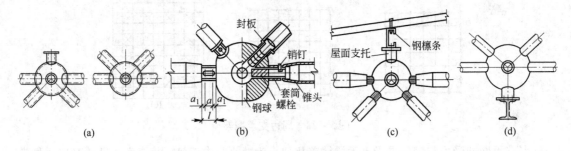

图 5 - 26　网架节点

（a）焊接空心球节点；（b）螺栓球节点；（c）屋顶节点；（d）悬挂吊车节点

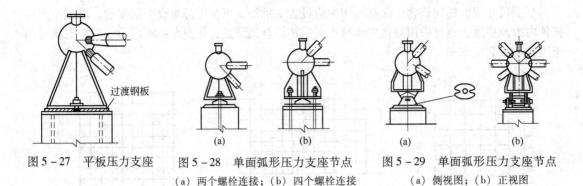

图 5 - 27　平板压力支座　　图 5 - 28　单面弧形压力支座节点　　图 5 - 29　单面弧形压力支座节点

（a）两个螺栓连接；（b）四个螺栓连接　　（a）侧视图；（b）正视图

5.2.3.6　网架的选型

网架的选型应结合工程的平面形状、建筑要求、荷载和跨度的大小、支承情况和造价等因素综合分析确定。按照《网架结构设计与施工规程》（JGJ 7—91）的划分：大跨度为 60m 以上；中跨度为 30 ~ 60m；小跨度为 30m 以下。

平面形状为矩形的周边支承网架，当其边长比（长边/短边）小于或等于 1.5 时，宜选用正放或斜放四角锥网架、棋盘形四角锥网架、正放抽空四角锥网架、两向正交斜放或正放网架。对中小跨度，也可选用星形四角锥网架和蜂窝形三角锥网架。当其边长比大于 1.5 时，宜选用两向正交正放网架，正放四角锥网架或正放抽空四角锥网架。当边长比不大于 2 时，也可用斜放四角锥网架。

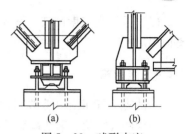

图 5-30 球形支座

（a）球铰压力支座；

（b）单面弧形拉力支座

平面形状为矩形、多点支承的网架，可选用正放四角锥网架、正放抽空四角锥网架、两向正交正放网架。对多点支承和周边支承相结合的多跨网架还可选用两向正交斜放网架或斜放四角锥网架。

平面形状为圆形、正六边形及接近正六边形且为周边支承的网架，可选用三向网架、三角锥网架或抽空三角锥网架。对中小跨度也可选用蜂窝形三角锥网架。

5.2.3.7 网架高度和网格尺寸确定原则

网架的高度与屋面荷载、跨度、平面形状、支承条件及设备管道等因素有关。屋面荷载较大、跨度较大时，网架高度应选得大一些。平面形状为圆形、正方形或接近正方形时，网架高度可取得小一些，狭长平面时，单向传力明显，网架高度应大一些。点支承网架比周边支承的网架高度要大一些。当网架中有穿行管道时，网架高度要满足要求。

网架的网格尺寸与高度关系密切，斜腹杆与弦杆夹角应控制在 40°~55° 之间为宜。如夹角过小，节点构造困难。

网格尺寸要与屋面材料相适应，网架上直接铺设钢筋混凝土板时，网格尺寸不宜过大，一般不超过 3m，否则安装困难。

对周边支承的各类网架高度及网格尺寸可按表 5-9 选用。

表 5-9 网架上弦网格数和跨高比

网架形式	钢筋混凝土屋面体系		钢檩条屋面体系	
	网格数	跨高比	网格数	跨高比
两向正交正放网架、正放四角锥网架、正放抽空四角锥网架	$(2\sim4)$ $+0.2L_2$	10~4	$(6\sim8)$ $+0.07L_2$	$(13\sim17)$ $-0.03L_2$
两向正交斜放网架、棋盘形四角锥网架、斜放四角锥网架、星形四角锥网架	$(6\sim8)$ $+0.08L_2$			

注：1. L_2 为网架短向跨度，单位为 m；2. 当跨度在 18m 以下时网格数可适当减少。

5.2.3.8 网架的挠度要求及屋面排水坡度

网架结构的容许挠度不应超过下列数值：用作屋盖 $L_2/250$，用作楼面 $\leq L_2/300$。L_2 为网架的短向跨度。

网架屋面排水坡度一般为 1%~4%，可采用下列办法找坡：

（1）在上弦节点上加设不同高度的小立柱（图 5-31a），当小立柱较高时，须注意小立柱自身的稳定性。

（2）对整个网架起拱（图 5-31b）；有起拱要求的网架（为消除网架在使用阶段的挠度），其拱度可取不大于短向跨度的 1/300。

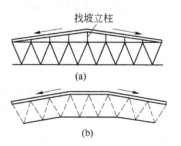

图 5-31 屋面排水坡度

（a）用小立柱；（b）起拱

（3）采用变高度网架，增大网架跨中高度，使上弦杆形成坡度，下弦杆仍平行于地面，类似梯形桁架。

5.2.4　膜结构

膜结构是 20 世纪中期发展起来的又一种新型结构形式，由高强薄膜材料如 PVC 或 Teflon 及加强构件（刚架、钢柱或钢索）通过一定方式使其内部产生一定的预张应力以形成某种空间形状作为覆盖结构，并能承受一定外荷载作用的一种空间结构形式。其依靠膜材自身的张拉力和特殊的几何形状而构成稳定的受力体系。膜材就是氟塑料表面涂层与织物布基（涤纶、玻璃纤维）按照特定的工艺粘合在一起的薄膜材料。膜只承受拉力而不能受压和受弯，其曲面稳定性是依靠互为反向的曲率保障，因此需制作成凹凸的空间曲面。

膜结构按结构受力特性大致可分为充气式、张拉式、骨架式、组合式等几类（图 5 – 32）。膜结构具有以下特点：造型的艺术性、良好的自洁性、施工的快捷性、较好的经济性，结构自重轻，非常适合建造大跨度的空间结构。

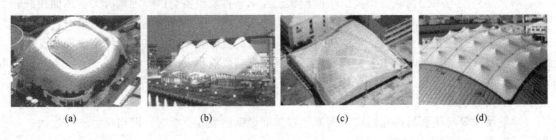

（a）　　　　　　　　（b）　　　　　　　　（c）　　　　　　　　（d）

图 5 – 32　膜结构的形式
（a）充气式膜结构；（b）张拉式膜结构；（c）骨架式膜结构；（d）组合式膜结构

5.3　结构的竖向体系

5.3.1　单层厂房

单层工业厂房是各类厂房中最普遍且最基本的一种形式。按其承重结构所用材料的不同，可分为混合结构、钢筋混凝土结构和钢结构。混合结构的承重结构由砖柱与各类屋架组成，一般用于无吊车或吊车起重量不超过 5t，跨度小于 15m，柱顶标高不超过 8m 的小型厂房；对于吊车起重量超过 150t，跨度大于 36m 的大型厂房，或有特殊要求的厂房（如高温车间或有较大设备的车间等），应采用全钢结构或钢屋架与钢筋混凝土柱承重。除上述两种情况以外的大部分厂房均可采用钢筋混凝土结构。因此，钢筋混凝土结构的单层工业厂房是较普遍采用的一种厂房。

5.3.1.1　单层工业厂房的结构形式

钢筋混凝土单层工业厂房的结构形式有排架结构和刚架结构两种。其中，排架结构是目前单层工业厂房结构的基本形式，其应用比较普遍。排架结构由屋架（或屋面梁）、柱和基础组成。其特点是柱顶与屋架（或屋面梁）铰接，柱底与基础刚接。单层工业厂房通常由屋盖结构、吊车梁、柱、支撑、基础及围护结构等结构构件组成，如图 5 – 33 所示。

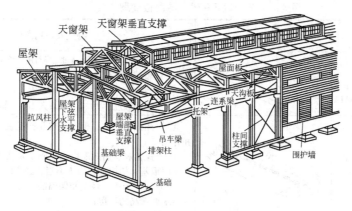

图 5 – 33　单层工业厂房结构组成

根据生产工艺和用途的不同，排架结构可以设计成等高、不等高和锯齿形等多种形式，如图 5 – 34 所示。刚架结构的特点是屋架（或屋面梁）与柱刚接，而柱与基础一般为铰接。

根据厂房跨度的不同，可分别采用两铰门式刚架或三铰门式刚架，如图 5 – 35 所示。

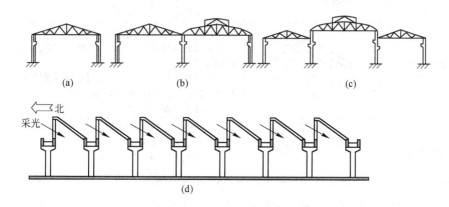

图 5 – 34　钢筋混凝土单层工业厂房

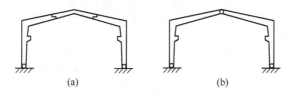

图 5 – 35　钢筋混凝土刚架结构单层工业厂房

5.3.1.2　单层工业厂房的组成及其主要结构构件选型

A　屋盖结构

屋盖可分为有檩体系和无檩体系两种，目前普遍采用无檩体系。无檩体系屋盖由屋面板、屋架（或屋面梁）、天窗架及托架等组成。

屋面板是屋盖结构中用量最多、造价最高的构件。因此，正确合理地选用屋面板是非常重要的。常用的屋面板的形式、特点及使用条件见表 5 – 10。

表 5-10　屋面板类型

序号	构件名称（标准图号）	形 式	特点及适用条件
1	预应力混凝土屋面板（G410）CG411	240(300) 5970(8 970) 1490	(1) 屋面有卷材防水及非卷材防水两种； (2) 屋面水平刚度好； (3) 适用于中、重型和振动较大、对屋面要求较高的厂房； (4) 屋面坡度：卷材防水最大 1/5，非卷材防水最大 1/4
2	预应力混凝土F型屋面板 CG412	200 5370 1490	(1) 屋面自防水，板沿纵向互相搭接，横缝及脊缝加盖瓦和脊瓦； (2) 屋面材料省，屋面水平刚度及防水效果较预应力混凝土屋面板差，如构造及施工不当，易飘雨、飘雪； (3) 适用于中、轻型非保温的厂房，不适用于对屋面刚度及防水要求高的厂房； (4) 屋面坡度 1/4
3	预应力混凝土单肋板	180(250) 3980(5580) 935(1200)	(1) 屋面自防水，板沿纵向互相搭接，横缝及脊缝加盖瓦和脊瓦，主肋只一个； (2) 屋面材料省，屋面水平刚度差； (3) 适用于中、轻型非保温的厂房，不适用于对屋面刚度及防水要求高的厂房； (4) 屋面坡度 1/4 ~ 1/3
4	钢丝网水泥波形瓦	990 1700(2000)	(1) 在纵、横向互相搭接，加脊瓦； (2) 屋面材料省，施工方便，刚度较差，运输、安装不当易损坏； (3) 适用于轻型厂房，不适用于有腐蚀性气体，有较大振动、对屋面刚度及隔热要求高的厂房； (4) 屋面坡度 1/5 ~ 1/3
5	石棉水泥瓦	994 1820~2800	(1) 质量轻，耐火及防腐蚀性好，施工方便； (2) 刚度差，易损坏； (3) 适用于轻型厂房、仓库； (4) 屋面坡度 1/5 ~ 1/2.5

屋架与屋面板是厂房屋盖结构的主要承重构件，其类型较多。各种类型的混凝土屋架和屋面梁的形式、特点及适用条件见表 5-11。

表 5-11　混凝土屋架与屋面梁类型

序号	构件名称（标准图集）	形 式	跨度/m	特点及适用条件
1	预应力混凝土单坡屋面梁（G414）		6 9	(1) 自重较大； (2) 适用于跨度不大，有较大振动或有腐蚀性介质的厂房； (3) 屋面坡度 1/8 ~ 1/2
2	预应力混凝土双坡屋面梁（G414）		12 15 18	
3	钢筋混凝土两铰拱屋架（G310）CG311		9 12 15	(1) 上弦为钢筋混凝土构件，下弦为角钢，顶节点刚接，自重较轻，构造简单，应防止下弦受压； (2) 适用于跨度不大的中、轻型厂房； (3) 屋面坡度：卷材防水 1/5，非卷材防水 1/4
4	预应力混凝土三铰拱屋架 CG424		9 12 15 18	上弦为先张法预应力混凝土构件，下弦为角钢，其他同上

续表 5 – 11

序号	构件名称（标准图集）	形式	跨度/m	特点及适用条件
5	钢筋混凝土折线型屋架（卷材防水屋面）G314		15 18 21 24	（1）外形较合理，屋面坡度合适； （2）适用于卷材防水屋面的中型厂房； （3）屋面坡度 1/3 ~ 1/2
6	预应力混凝土折线型屋架（卷材防水屋面）G415		15 18 21 24 27 30	（1）外形较合理，屋面坡度合适，自重较轻； （2）适用于卷材防水屋面的中、重型厂房； （3）屋面坡度 1/15 ~ 1/5
7	预应力混凝土折线型屋架（非卷材防水屋面）CG423		18 21 24	（1）外形较合理，屋面坡度合适，自重较轻； （2）适用于非卷材防水屋面的中型厂房； （3）屋面坡度 1/4

B 吊车梁

吊车梁支承在柱的牛腿上，直接承受吊车的动力荷载，并传给柱。吊车梁对保证吊车的正常运行、传递纵向荷载、连接各横向排架及保证厂房结构的空间工作等起着非常重要的作用。因此，应合理进行设计。吊车梁的形式、特点及使用条件见表 5 – 12。

表 5 – 12 吊车梁类型

构件名称（图集编号）	形式	构件跨度/m	适用起重量/t
钢筋混凝土吊车梁 G323（一）、（二）		6	轻级：3 ~ 50 中级：3 ~ 30 重级：5 ~ 20
先张法预应力混凝土等截面吊车梁 G425		6	轻级：5 ~ 125 中级：5 ~ 75 重级：5 ~ 50
后张法预应力混凝土等截面吊车梁 CG426（二）		6	轻级：15 ~ 100 中级：5 ~ 100 重级：5 ~ 50
后张法预应力混凝土鱼腹式吊车梁 CG427		6	中级：15 ~ 125 重级：10 ~ 100
后张法预应力混凝土鱼腹式吊车梁 CG428		12	中级：5 ~ 200 重级：5 ~ 50

C 柱

柱是厂房的主要承重结构构件，承受屋架、吊车梁、连系梁和支撑等运行、传递纵向荷载、连接各横向排架及保证厂房结构的空间工作等起着非常重要的作用。因此，应合理进行设计。常用的柱截面形式有矩形截面柱、工字形截面柱及双肢柱等（图 5 – 36）。

D 支撑

支撑包括屋盖支撑和柱间支撑两大类（图 5 – 33），其作用是加强厂房结构的整体性和空间刚度，传递山墙风荷载、吊车纵向水平荷载及地震作用。

E 基础

基础承受柱和基础梁传来的荷载，并传至地基。单层工业厂房的基础，主要采用柱下独立基础—钢筋混凝土杯形基础，如图 5-37 所示。杯形基础适用于地基土质较好、地基承载力较大、荷载不大的一般厂房。当上部荷载较大、地基土质较差时，可采用桩基础。

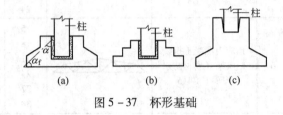

图 5-37 杯形基础

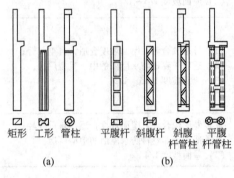

矩形　工形　管柱　　平腹杆　斜腹杆　斜腹　平腹
　　　　　　　　　　　　　　　　　杆管柱　杆管柱

(a)　　　　　　　(b)

图 5-36 柱的形式

F 围护结构

围护结构包括外纵墙和山墙、抗风柱、连系梁和基础梁等。其中，外纵墙和山墙承受风荷载，并传给柱子，抗风柱承受山墙风荷载并传给屋盖或地基；连系梁和基础梁承受外纵墙和山墙自重，并传给基础。

5.3.2 砌体结构房屋

砌体结构一般由墙、柱、楼屋盖组成。墙一般采用砌体材料，柱可采用砌体或钢筋混凝土，楼屋盖一般为钢筋混凝土，亦可采用配筋砌体或木结构。

砌体的主要特点是抗拉强度很低，因此组成砌体房屋结构的基本原则就是选取合理的结构形式减小砌体中的拉应力。为了减小砌体的拉应力，最有效的办法是采用弧线或拱式结构，我国古代用砌体建造的塔楼，以及西方用砌体建造的教堂，其大范围的墙体常为弧线形的，以及一些屋顶为穹拱结构。

采用钢筋混凝土楼盖是现代砌体结构房屋的标志，由于钢筋混凝土楼板能有效抵抗楼面荷载产生的弯矩，所以房屋可以有较大的内部空间，这种空间尺度主要受楼板所能达到的跨度的影响。

房屋整体设计除了满足高宽比的限值，还应保证墙柱的稳定性，可通过对其高厚比的限值实现。砌体结构房屋的形式可以是千变万化的，但从经济和使用的角度出发，砌体结构房屋平面多采用矩形，矩形的短边称为横向，矩形的长边称为纵向。相应地，在房屋横向的砌体墙称为横墙，在房屋纵向的砌体墙则称为纵墙。

根据房屋中竖向荷载的传递路径，砌体结构房屋的结构布置方案主要有以下几类：横墙承重方案、纵墙承重方案、纵横墙承重方案、底层框架承重方案。下面逐一介绍各种方案的特点。

5.3.2.1 横墙承重方案

当砌体结构房屋中楼屋盖的荷载主要传递到横墙上时，则称该结构体系为横墙承重方案。这种结构体系中楼板若是无梁楼板，则楼板直接支承在横墙上，若是单向板肋梁楼盖，则主梁搁置在横墙上。

图 5-38 所示的宿舍楼则为一横墙承重方案的砌体结构房屋，房屋的每个开间设置横墙，楼屋面板的荷载直接传递到横墙上，再由横墙逐层向下传递，最后由底层横墙传至基础，地基承受全部的荷载。

图 5 - 38 横墙承重方案

横墙承重体系方案房屋主要有以下一些特点：（1）横墙为承重墙，横墙间距较小（3 ~ 4.5m），纵、横墙和楼盖一起形成刚度很大的空间受力体系，结构整体性好，空间刚度大，有利于抵抗横墙方向的水平力，也有利于调整地基的不均匀沉降。（2）纵墙作为围护、隔断墙，其与横墙有效地连接在一起，可保证横墙的侧向稳定，对于纵墙门窗洞口的设置限制较少，外纵墙立面处理比较灵活。（3）由于横墙间距小，所以楼盖的材料用量较少，但墙体的用料较多。结构施工方便。

当采用横墙承重体系方案时，房屋开间较小，适用于宿舍、住宅、旅馆等居住建筑和由小房间组成的办公楼等。横墙承重体系的承载力和刚度比较容易满足设计要求，且由于每层横墙分担的荷载较小，所以横墙承重方案结构体系，可建造相对较高的砌体房屋，在某些地区，房屋层数可达 11 ~ 12 层。

5.3.2.2 纵墙承重方案

当砌体结构房屋中楼屋盖的荷载传递到纵墙上时，该结构体系即为纵墙承重方案。图 5 - 39 所示即为纵墙承重方案。图 5 - 39a 中，楼板荷载首先传给搁置在纵墙上的梁，再由梁传给纵墙。图 5 - 39b 的布置方案是楼面荷载直接作用在预制楼板上，预制楼板直接搁置在纵墙上成为单向板。楼屋面板荷载传递给纵墙，再由纵墙传给基础。

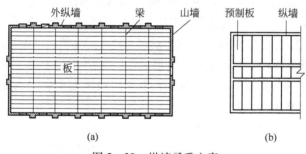

(a) (b)

图 5 - 39 纵墙承重方案

纵墙承重结构体系的特点是：（1）纵墙为承重墙，横墙数量相对较少，承重墙间距一般较大，房屋的空间刚度比横墙承重体系小；纵墙上门窗洞口的大小和位置受到限制。（2）横墙为自承重墙，可保证纵墙的侧向稳定和房屋的整体刚度，房屋的划分比较灵活。（3）楼盖跨度较大，楼盖材料用量较多，墙体材料用量较少。

纵墙承重方案适用于教学楼、图书馆等使用上要求有较大空间的房屋，以及食堂、俱乐部、中小型工业厂房等单层和多层空旷房屋。与横墙承重体系相反，纵墙承重方案中墙体承载力利用充分，因此房屋总层数不宜过多。

5.3.2.3 纵横墙承重方案

纵横墙承重方案是指在结构方案中纵墙和横墙同时承受竖向荷载。图 5 - 40 所示为一纵横墙承重方案的房屋，这是一个一梯两户的住宅楼平面图，由于房屋的使用需求，房屋的楼屋面

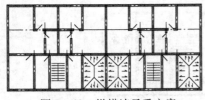

图 5-40　纵横墙承重方案

5.3.2.4　底层框架结构

结构底层采用框架结构体系而上部采用砌体结构承重的体系，即为底层框架结构（图 5-41）。这种结构形式的出现是为了满足某些建筑物底层需要大开间的商场、车库等，而上层则是一般的住宅、办公楼等不需大开间的建筑。这种结构体系易满足一些建筑使用功能的需要，但由于房屋上、下采用不同的结构承重体系，底层墙体较少，沿房屋高度方向，结构空间刚度将发生变化，形成上、下刚度突变，这在结构设计时应特别引起注意。经过合理设计，实现强柱弱梁的目标，可获得使用和抗震性能较好的底层框架结构体系。

板有的为单向板，有的为双向板，从而使得房屋的纵、横墙均承受竖向荷载。

纵横墙承重方案兼有横墙和纵墙承重体系的特点，房屋平面布置比较灵活，空间有较好的刚度。该结构体系适用于住宅、教学楼、办公楼以及医院等建筑。在多层砌体结构房屋中是一种较为常用的结构体系。

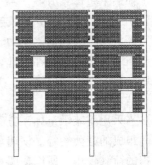

图 5-41　底层框架结构房屋

5.3.3　高层建筑结构

5.3.3.1　高层建筑结构的定义

我国《高层民用建筑设计防火规范》（GB 50045—1995）（2005 年版）中规定，10 层及 10 层以上的居住建筑和建筑高度超过 24m 的公共建筑为高层建筑。《民用建筑设计通则》规定：建筑高度超过 100m 时，不论住宅及公共建筑均为超高层建筑。联合国将 9 层以上的建筑定为高层建筑，将 30 层以上或高度 100m 以上的建筑定为超高层建筑。其余国家对于高层建筑也有自己的定义。如日本将 5 层以上的建筑定为高层建筑，将 15 层以上的建筑定为超高层建筑。

关于建筑高度的定义为：建筑物室外地面到其檐口或屋面面层的高度。屋顶上的水箱间、电梯机房、排烟机房和楼梯出入口小间等不计入建筑高度。

5.3.3.2　高层建筑结构体系的特点

高层结构的主要特点是层数和高度，其实质是指水平荷载在设计中占主导地位。图 5-42 是结构内力（N、M）、位移（Δ）与高度（H）的关系，除轴向力 N 与高度成正比外，弯矩 M 与位移 Δ 都呈指数曲线上升，因此，随着高度增加，水平荷载将成为控制结构设计的主要因素。可以说，多层到高层，是一个水平荷载起的作用由小到大的量变过程，多层与高层建筑结构没有固定的划分界线。

在高层建筑中，要使用更多结构材料来抵抗水平荷载，因此抗侧力结构成为高层建筑结构设计的主要问题，特别是在地震区，地震作用对高层建筑危害的可能性也比较大，高层建筑结构的抗震设计应受到加倍重视。因此，高层建筑结构设计及施工要考虑的因素及技术要求比多层建筑更多、更为复杂。

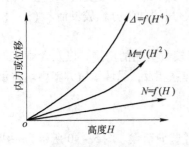

图 5-42　结构内力、位移与高度的关系

5.3.3.3 高层建筑结构的发展简史

高层建筑结构在过去的 100 年里，特别是近 50 年有了巨大发展，其中包括材料、结构体系及施工技术。

高层建筑结构的材料主要是钢筋混凝土和钢。除了全部采用钢材的钢结构和全部采用钢筋混凝土材料的钢筋混凝土结构外，同时采用两种材料做成的混合结构和组合结构在近年来得到愈来愈广泛的应用。一般在地震高烈度区以及较高且结构复杂的建筑中，宜采用混合结构，即结构部分采用钢构件，部分采用钢筋混凝土构件，全部或者部分采用组合构件的结构。组合构件是指将钢材及钢筋混凝土材料结合在同一个构件中，例如钢骨混凝土柱、钢管混凝土柱、组合梁、组合板等。

高层建筑最早在美国产生，快速发展继而大量建造。由于当时的美国在经济和技术条件上的快速发展，芝加哥学派对高层建筑产生了深远影响。在欧洲则重视对城市历史风貌的保护，除了法兰克福、鹿特丹等二战中毁坏较重的城市，大部分城市在发展中保持了严格的高度控制标准。整个欧洲地区在很长时间内法规限制了建筑物的高度。

美国高层建筑造型演变经历了四个时期，芝加哥时期（1865～1893）的高层建筑处于早期功能主义时期。1871 年的芝加哥大火在某种程度上促进了高层建筑的发展。当时大火烧毁了几乎全城的建筑，30 万人因此无家可归。这个在美国经济上举足轻重的城市需要建造大量的建筑项目，采用钢结构来建造高层建筑，形成了"芝加哥学派"，芝加哥也因此成为世界摩天大楼的摇篮和发源地。在芝加哥学派中，最具有世界性影响的建筑家就是沙利文（Louis Henry Sullivan）。正是他提出了"形式服从功能"（form follows function）的口号。当时建造高层建筑首先考虑的是经济、效率、速度、面积，功能优先，建筑风格退居次要位置，基本不考虑建筑装饰。体型与风格大都是表达高层建筑骨架结构的内涵，使用长方形的"芝加哥窗"，强调横向的水平线条，增强横向延伸的视觉感。摒弃了厚重的石材外衣，强调建筑的"功能主义"，形成了一种完全独立于过去任何风格的新式样。图 5－43 为沙利文设计的当时具有代表性的卡森·皮里·斯科特大厦，建设期为 1899～1904 年。这一时期高层建筑发展的另一个重要原因是 1853 年奥蒂斯（Otis）发明安全载客升降机，解决了垂直方向的交通问题。

图 5－43　卡森·皮里·斯科特大厦

第二个时期是古典主义复兴时期（1893 年～大萧条时期）。美国建筑界的古典主义复兴开始于纽约和东海岸，逐渐向中西部和西海岸扩展。与早期的功能主义体现的简洁外观相比，古典主义复兴时期的高层建筑试图在新结构、新材料的基础上，将功能性与传统的建筑风格联系在一起，呈现一种折中主义的面貌。这一时期的高层建筑通过运用历史样式来寻求美学上的解决办法，该设计风格也被称为纽约学派。1894～1896 年，普赖斯（Bruce Price）在纽约设计的美国保险公司大楼（图 5－44），由基座、楼身与顶部组成的古典三段式的处理，在当时被认为是学院派高楼设计的典型立面。

这一时期重要的代表性建筑包括 1926～1930 年建造的克莱斯勒大厦（图 5－45），该建筑高 319m，如今克莱斯勒大厦依旧是世界最高砖造建筑物。大厦的构造由石头、砖、钢架与电镀金属构成。在 1931 年帝国大厦完工前，克莱斯勒大厦是纽约的最高大楼。帝国大厦（图 5－46）共有 102 层，高达 381m，雄踞世界最高建筑的宝座达 40 年之久，曾为纽约市的标志性建筑。世界贸易中心在"9·11事件"倒塌后，帝国大厦继续接任纽约第一大楼的头衔，直到自由塔（高度541.3m）建成。

图5-44　美国保险公司大楼

图5-45　克莱斯勒大厦

图5-46　帝国大厦

第三个时期是现代主义时期（二战后～70年代）。二战后，由于在轻质高强材料、抗风抗震结构体系、施工技术及施工机械等方面都取得了很大进步以及计算机在设计中的应用，使得高层建筑飞速发展。其建筑形象大多是单纯的"方盒子"，并由建筑的经济性、建筑结构以及内外墙关系的功能性来确定。

20世纪50年代末，以密斯（Ludwig Mies van der Rohe）为代表的讲求技术精美的倾向占据了主导地位，简洁的钢结构国际式玻璃盒子到处盛行。密斯的玻璃摩天楼诠释了他的名言："少就是多"（less is more），他向人们证明，高品质的材料和完美的建筑细部，比任何精美的造型和装饰都更有说服力。芝加哥湖滨公寓（1951年，图5-47）和西格拉姆大厦（1954～1958年，图5-48）都是他的代表作。西格拉姆大厦采用了当时刚刚发明的染色隔热玻璃作幕墙，这些琥珀色的玻璃，配以镶包青铜的铜窗格，使西格拉姆大厦在纽约众多的高层建筑中显得优雅华贵。整个建筑的细部处理都经过慎重的推敲，简洁细致，突出材质和工艺的审美品质。

这一时期的代表作还有1972年建造的世界贸易中心大楼（World Trade Center Towers，图5-49），采用钢结构，共110层，402m高。打破了帝国大厦保持了41年之久的高层建筑世界纪录。世界贸易中心大楼的建成，包含了很多个第一，第一次进行了模型风洞试验，第一次采用压型钢板组合楼板，第一次在楼梯采用轻质防火隔墙，第一次用黏弹性阻尼器减轻风振动效应等。1974年美国在芝加哥建成西尔斯大厦（Sears Tower，图5-50），由SOM建筑设计事务所设计。同样采用钢结构体系，楼高443m，地上110层，地下3层。底部平面68.7×68.7m，由9个22.9m见方的正方形组成。西尔斯大厦在1974年落成时曾一度是世界上最高的大楼。

第四个时期是后现代主义时期。20世纪80年代初开始，由于环境观念和生态技术的发展，使得高层建筑设计朝人性化、智能化、生态化的方向发展。结构艺术风格、高技派以及生态型的高层设计，在多元化的建筑发展中日益引起关注。

由贝聿铭建筑师事务所设计的中国香港中国银行大厦（图5-51）于1990年完工，总建筑面积12.9万平方米，地上70层，总高369m。结构采用4角12层高的巨型钢柱支撑，室内无一根柱子。建筑大师里查德·罗杰斯（Richard George Rogers）设计了具有独特建筑风格的劳埃德大厦（图5-52），使其成为伦敦城区最引人注目的建筑，是高技派的代表作品之一。

图 5 - 47　芝加哥湖滨公寓

图 5 - 48　西格拉姆大厦

图 5 - 49　世界贸易中心大楼

图 5 - 50　西尔斯大厦

图 5 - 51　中国香港中国银行大厦

图 5 - 52　劳埃德大厦

我国在 20 世纪 50 年代开始自行设计、建造高层建筑，如北京的民族饭店（12 层，47.7m）、民航大楼（15 层，60.8m）等。60 年代建成的广州宾馆（27 层，88m），其高度与解放前最高的上海国际饭店相同。70 年代北京、上海、广州等地建了一批剪力墙结构住宅和旅馆。1975 年广州白云宾馆（剪力墙结构 33 层、114m）的建成，标志着我国自行设计建造的高层建筑高度开始突破 100m。80 年代我国高层建筑发展进入兴盛时期，十年内全国（不包括香港、澳门、台湾）建成 10 层以上的高层建筑面积约 4000 万平方米，高度 100m 以上的共有 12 幢。1985 年建成的深圳国际贸易中心（筒中筒结构、50 层、160m）是 80 年代最高的建筑。

5.3.3.4　高层建筑设计新的发展趋向

A　标志性

这类高层建筑数量较多，比较普遍。它们的形体多采用超高层的塔式建筑，重点强调塔顶部位的高耸尖顶处理，以便形成城市的主要标志，典型的代表建筑有以下几个。

1997 年，马来西亚建成 88 层的双塔楼（石油大厦，图 5 - 53）保持了 7 年多的世界第一高楼的头衔。设计者是西萨·佩里（César Pelli）。建筑包括塔尖总高 452m，立面大致可分为 5 段，逐渐收缩，最上面形成尖顶，近似于古代佛塔的原型。41 层与 42 层之间设"空中天桥"连接两塔，加强了建筑的刚度。由于要求更大的结构刚度以避免风振引起的加速度超过人体舒适感的要求，经过仔细研究，采用了钢筋混凝土、钢构件和组合构件结合做成的混合结构。

台北 101 大厦（图 5 - 54a）于 2004 年 11 月建成，高度 509m，该大厦地上 101 层、地下 5 层。由建筑师李祖原设计，KTRT 团队建造。为了减小风致建筑物的摇晃，大楼内部安置了阻尼器，而大楼外形的锯齿状，经由风洞测试，能减少 30% ~40% 风所产生的摇晃。采用新式的

"巨型结构"体系，在大楼的四个外侧分别各有两支巨柱，共八支巨柱（图5-54b），每支截面约3m长、2.4m宽，自地下5层贯通至地上90层，柱内灌入高密度混凝土，外以钢板包覆。

 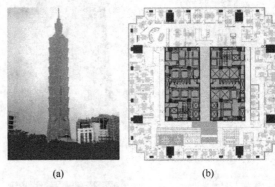

	(a) (b)
图5-53　石油大厦	图5-54　台北101大厦

2010年1月，阿拉伯联合酋长国迪拜建成了现今世界第一高楼，总高度828m，162层的哈利法塔（原名迪拜塔，图5-55）。由SOM建筑设计事务所的建筑师阿德里安·史密斯（Adrian Smith）设计，建筑底层和顶层的温差为10℃。该建筑1~39层是高级酒店，40~108层是高级公寓，109~156层是办公楼和展望台（位于124层），157~160层用于安放通讯设施。160层以上是200多米高、直径为2.1m的尖塔。哈利法塔采用钢筋混凝土结构，能抵抗6.3级地震。它还能在55m/s的大风中保持稳定，在高楼中办公的人完全感觉不到大风的影响。由联为一体的管状多塔结构组成。

上海中心大厦的建筑设计方案由美国Gensler建筑设计事务所完成，主体建筑由地上121层主楼、5层裙房和5层地下室组成，总高度达632m，主楼高度达580m，建筑面积573223m²，总投资达到150亿左右。是目前中国国内的第二高楼。按照工程计划，大厦将于2015年全面建成并启用，成为世界第一绿色摩天高楼并与420.5m的金茂大厦、492m的环球金融中心共同构成浦东陆家嘴金融城的金三角，勾勒出上海的摩天大楼天际线（图5-56）。

图5-55　哈利法塔	图5-56　上海中心大厦

　B　高技性

这类高层建筑虽然数量不多，但在世界上的影响很大。具体表现在建筑的结构构件和设备管线不再被刻意遮挡，而是故意裸露在外，成为建筑立面的重要表现手段。例如中国香港汇丰银行大厦，由英国建筑师诺曼·福斯特（Norman Foster）设计。建筑的结构支撑体系主要由竖向桁架和水平桁架组成：竖向桁架布置在建筑两侧，每侧四个，见平面布置图（图5-57a），水

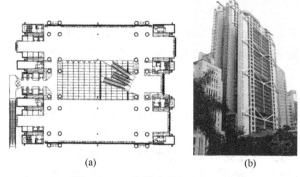

图 5 – 57 中国香港汇丰银行大厦

平桁架则将楼身分为 5 段（图 5 – 57b），其间每层楼板均由悬挂系统悬挂于水平桁架之上。由于全部楼层都无支柱阻挡，办公空间布置十分灵活。

C 生态性

建筑的生态化设计是基于建筑节能的要求以及人们对生活空间自然化的要求。这类建筑具有一些共同的特点，综合考虑日照、遮阳、自然通风以及与自然环境的结合等因素，并应用生物气候学、空气动力学等学科的相关理论进行建筑设计，注重把绿色引入楼层。比较典型的建筑有汉沙（T. R. Hamzah）和杨经文（Ken Yeang）设计的 15 层高的马来西亚梅纳拉商厦（图 5 – 58），植物栽培从楼的一侧护坡开始，螺旋式上升，种植在楼上内凹的平台上。受日晒较多的东、西向窗子都装有铝合金遮阳百叶。建筑的顶部设置了屋顶游泳池，由遮阳棚架覆盖着。设计者在建筑物的内部和外部采取了双气候的处理手法，使之成为适应热带气候环境的低耗能建筑。植物栽培在楼上向内凹的平台上，螺旋式上升，创造了一个遮阳且富含氧的环境。考虑到将来可能安装太阳能电池，遮阳顶提供了一个圆盘环状的空间，被一个由钢和铝合金构成的棚架遮盖着。梅纳拉商厦向我们展示了作为复杂的气候"过滤器"的写字楼建筑在设计、研究和发展方向上的风采。

法兰克福商业银行大厦（图 5 – 59）由福斯特（Norman Foster）建筑设计事务所设计，层数为 53 层，高 300m，是世界上第一座"生态型"超高层建筑。建筑平面呈三角形。中空大厅起自然通风作用。建筑内所有的电梯、楼梯和垂直管道均集中布置在三角形平面的三个角。环三角形平面依次上行的 4 层高空中花园给建筑内部带来了绿意。

D 装饰性

高层建筑在满足功能与技术之后，外表的装饰艺术成为近期建筑师热衷的另一倾向。位于德国法兰克福的 DG 银行总部大楼（图 5 – 60），由美国 KPF 建筑师事务所设计，为顶部进行装饰的例子。建筑师在主楼的顶部装饰了巨大的弧形悬挑檐口，象征皇冠，以表达银行的雄厚实力。

图 5 – 58 马来西亚梅纳拉商厦　　图 5 – 59 法兰克福商业银行大厦　　图 5 – 60 DG 银行总部大楼

E 新材料的开发与应用

随着混凝土强度等级及韧性性能的不断改善，高强且可焊性好的厚钢板及耐火钢材 FR 钢的出现，高层建筑的高度不断突破。利用组合结构的高层将增多，出现了混凝土组合柱、钢管混凝土组合柱、外包混凝土的钢管混凝土双重组合柱、巨型组合柱等。同时一些隔震、减震装置的实施改善了结构的抗震、抗风性能。

随着高层建筑的发展，其存在的问题也不可回避，如对基地原有生态环境的影响、城市历史风貌的缺失、玻璃幕墙造成的光污染和建筑节能问题、使用者的心理舒适度需求、面对突发事件的安全性等问题。

5.3.3.5 高层建筑的结构体系

结构体系是指结构抵抗竖向荷载和水平荷载时的传力途径及构件组成方式。竖向荷载通过水平构件（楼盖）和竖向构件（柱、墙、斜撑等）传递到基础，是任何结构最基本的传力体系；而在高层建筑中，抗侧力体系要将房屋承受的水平荷载传到基础，抗侧力体系的选择与组成成为高层建筑结构设计的首要考虑及决策重点，多数情况下，它与竖向荷载传力体系是统一的。高层建筑的抗侧力体系是高层建筑结构是否合理、经济的关键，随着建筑高度及功能的发展需要而不断发展变化。由最初的框架、剪力墙结构等基本体系，发展为框架－剪力墙体系，继而又发展了框架－筒体体系、框架－筒体－伸臂体系、框筒体系、筒中筒体系、巨型框架体系和脊骨结构体系等。随着建筑功能及形式的不断发展，抗侧力结构体系也需要不断发展，不断改进、创新，在积累经验和深入研究的基础上，逐渐形成各种新的高效而合理的抗侧力体系。

A 框架结构体系

框架结构体系是指采用梁、柱组成的体系作为建筑竖向承重结构，并同时承受水平荷载的结构体系。框架结构根据所用的建筑材料不同又可分为钢框架和钢筋混凝土框架（图5－61）。框架的柱网间距可大可小，大约为4~10m，建筑平面布置灵活是它的突出优点。同时框架结构构件类型少，设计、计算、施工都比较简单，可做成需大空间的会议室、餐厅、办公室、车间等，又可用隔墙做成小房间。框架结构体系也存在一些缺点：如梁柱尺寸不能太大，否则影响使用面积，目前采用的异型柱框架结构体系，柱截面形式为L形、十字形、T字形，厚度与墙一致，避免了柱局部突出，增加了使用面积。框架结构侧向刚度小，导致地震作用下水平侧移大，只适用于多层和高度不大的高层，一般不大于60m，抗震设防烈度高的地区更低。因此，地震区高层应采用既减轻重量，又能经受较大变形的隔墙材料和构造做法。

在设计中根据建筑使用要求布置柱网和层高。根据梁的跨度初步确定梁截面尺寸，一般情况下可按照$l/h = 8 \sim 12$，$h/b = 2 \sim 3.5$初步确定。其中l为梁的跨度，h为梁的高度，b为梁的宽度。柱截面尺寸根据轴力大小确定，在地震区由轴压比控制。同时应注意梁、柱的刚度比，使梁、柱节点刚接。

(a)   (b)

图5－61 框架结构
(a) 钢筋混凝土框架结构；(b) 钢框架结构

框架结构平面布置的形式比较灵活，可根据建筑需要确定柱距，图5－62为常见框架结构的平面布置图。

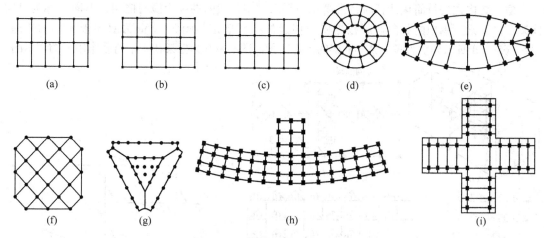

图 5-62　框架结构的平面布置

（a）两跨等跨布置；（b）三跨不等跨布置；（c）三跨等跨布置；（d）圆形平面布置；（e）船形平面布置；
（f）八边形平面布置；（g）三角形平面布置；（h）T 字形平面布置；（i）十字形平面布置

按照抗震要求设计的钢筋混凝土框架结构都可以成为延性大、耗能能力强的延性框架结构，具有较好的抗震性能，美国和日本的抗震钢筋混凝土高层建筑采用了延性框架结构体系。美国 1984 年建成的加州太平洋公园广场公寓（Pacific Park Plaza），位于加利福尼亚州的 Emeryville（旧金山湾区），地上 31 层，高 94.6m，平面为三叉形，对称而均匀地伸出三个翼（图 5-63）。结构是由美国 T. Y. Lin 设计顾问有限公司设计，林同炎教授直接指导，Clough、Bertero 等伯克利加州大学的知名教授都作为设计顾问参与了设计。建成后，在 1989 年 10 月 17 日 Loma Pfieta（M7.0 级）地震时，经受了强烈地震考验，震后经过专家仔细检查，没有发现肉眼可见裂缝，证明了钢筋混凝土框架结构可以实现较好的抗震性能，也证明了延性框架结构设计是安全的。

但框架结构的抗侧刚度较小，用于比较高的建筑时，需要截面较大的钢筋混凝土梁、柱才能满足变形限值的要求，减小了有效使用空间，经济指标也不好，非结构的填充墙和装饰材料容易损坏，修复费用高。根据我国国情，钢筋混凝土框架结构的适用高度受到限制，国内最高的钢筋混凝土框架结构是北京的长城饭店（图 5-64）。该楼于 1980 年 3 月开工，1983 年 10 月竣工，主楼共 23 层，地上 22 层，地下 1 层，地下车库 3 层，地面上高度为总高 83.85m，轻钢龙骨板作隔断墙，外墙采用玻璃幕墙。其结构平面见图 5-64b。

图 5-63　太平洋公园广场公寓　　　　　　图 5-64　北京长城饭店结构平面布置图

框架结构在进行简化计算时，常简化为平面框架，横向的称为横向框架，纵向的称为纵向框架。框架梁所承担的竖向荷载根据楼板传递的荷载确定，图 5 - 65a 为双向板荷载的传递，图 5 - 65c、d 所示分别为横、纵向框架的计算简图。图 5 - 66 为框架在水平荷载作用下的弯矩图。

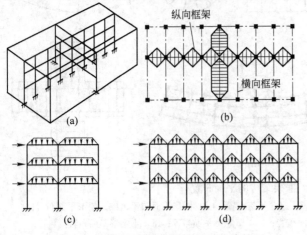

图 5 - 65　框架竖向荷载作用下的计算简图　　　图 5 - 66　框架在水平荷载作用下的弯矩图

B　剪力墙结构

用钢筋混凝土剪力墙抵抗竖向荷载和水平力的结构称为剪力墙结构。钢筋混凝土剪力墙结构中，竖向荷载由楼盖直接传到墙上，剪力墙受楼板构件跨度约束，剪力墙的间距一般为 3 ~ 8m，适用于要求较小开间的建筑。平面布置不灵活，不适于建造公共建筑。因此，它只适用于住宅、旅馆等要求小房间的建筑，可省去填充墙（剪力墙不能敲掉），施工快。

现浇钢筋混凝土剪力墙结构的整体性好，抗侧刚度大，承载力大，在水平力作用下侧移小，经过合理设计，能设计成抗震性能好的钢筋混凝土延性剪力墙。由于它变形小且有一定延性，在历次大地震中，剪力墙结构破坏较少，表现出令人满意的抗震性能（但仅就延性而言，剪力墙不如框架），适宜于建造 10 ~ 50 层的高层建筑。目前，我国应用最多的是 10 ~ 30 层的高层住宅。

钢筋混凝土剪力墙结构在国内应用十分广泛，图 5 - 67 为一些应用剪力墙结构的平面布置图。

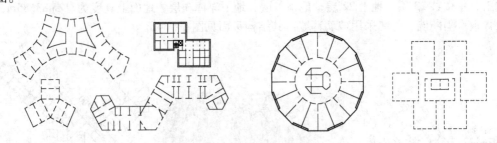

图 5 - 67　剪力墙结构平面布置图

剪力墙主要承受作用在墙身平面内的水平力。剪力墙应有足够的承载能力和刚度，有抗震要求的，还应有足够的延性。剪力墙结构体系的布置应注意以下几个方面：

剪力墙应双向布置，纵向与横向剪力墙宜相互联接，增加刚度，尽量拉通对直，贯通全高。

剪力墙上应尽量使洞口上下对齐，成列布置，形成明确的墙肢和连梁。尽量避免出现错洞墙，洞与洞之间、洞到墙边的距离不能太小，避免墙肢刚度的过分悬殊。避免在内纵墙与内横墙的交叉处的四面墙上集中开洞，形成十字形的薄弱环节。

一般来说，剪力墙的宽度和高度与整个房屋的宽度和高度相同，宽达十几米或更大，高达几十米以上。剪力墙不宜过长，较长剪力墙宜设置跨高比较大的连梁将其分成长度较均匀的若干墙段，各墙段的高度与墙段长度之比不宜小于3，墙段长度不宜大于8m。

剪力墙的厚度一般不应小于楼层高度的1/25，且不应小于140mm；按一级抗震等级设计时不应小于楼层高度的1/20，且不应小于160mm。一般为160～300mm，较厚的可达500mm。

C　框支剪力墙结构体系

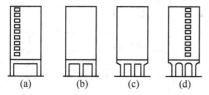

图5-68　框支剪力墙结构

为了满足建筑的使用功能要求，在建筑物的底部需要一些大空间的房屋，而剪力墙结构由于剪力墙全部落地无法满足这一使用功能要求，于是框支剪力墙结构应运而生（图5-68）。框支剪力墙结构体系中底层为框架柱，上层为剪力墙。底层刚度小，存在上下刚度突变，地震作用下底层内力及塑性变形很大，在地震区可采用部分落地大空间剪力墙结构，满足建筑底层商店或大堂的需要。

框支剪力墙结构中，上部楼层部分剪力墙不能直接连续贯通落地时，应设置结构转换层，形成带转换层高层建筑结构。转换结构构件可采用转换梁、桁架、空腹桁架、箱形结构、斜撑等，非抗震设计和6度抗震设计时可采用厚板，7、8度抗震设计时地下室的转换结构构件可采用厚板。

框支剪力墙结构布置要点：

（1）落地剪力墙和筒体底部墙体应加厚；

（2）框支柱周围楼板不应错层布置；

（3）落地剪力墙和筒体的洞口宜布置在墙体的中部；

（4）框支梁上一层墙体内不宜设置边门洞，也不宜在框支中柱上方设置门洞；

（5）落地剪力墙的间距 l，非抗震设计时，l 不宜大于 $3B$ 和36m；抗震设计时，当底部框支层为1～2层时，l 不宜大于 $2B$ 和24m；当底部框支层为3层及3层以上时，l 不宜大于 $1.5B$ 和20m；此处，B 为落地墙之间楼盖的平均宽度；

（6）框支柱与相邻落地剪力墙的距离，1～2层框支层时不宜大于12m，3层及3层以上框支层时不宜大于10m；

（7）框支框架承担的地震倾覆力矩应小于结构总地震倾覆力矩的50%；

（8）当框支梁承托剪力墙并承托转换次梁及其上剪力墙时，应进行应力分析，按应力校核配筋，并加强构造措施。B级高度部分框支剪力墙高层建筑的结构转换层，不宜采用框支主、次梁方案。

D　框架-剪力墙（筒体）结构

在结构中同时布置框架和剪力墙，就形成框架-剪力墙结构；两个方向的剪力墙围成筒体，就形成框架-筒体结构，二者可以统称为框架-剪力墙结构，是一种适合于建造高层建筑的结构体系。当剪力墙为分片布置时，结构刚度较小，建造高度约20～30层，例如18层的北京饭店（图5-69）。当剪力

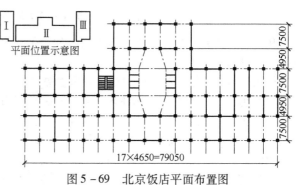

图5-69　北京饭店平面布置图

墙做成筒体时，结构的刚度、承载力大大提高，其建造高度可增大至 40～50 层，甚至更高，如 26 层的上海宾馆（图 5–70），楼梯与电梯间墙围成 4 个井筒。

框架–剪力墙结构兼有框架结构布置灵活、延性好的优点和剪力墙结构刚度大、承载力大的优点，适用于较高的建筑。由于框架和剪力墙的协同受力（图 5–71），在结构的底部框架侧移减小，在结构上部剪力墙的侧移减小，框架–剪力墙结构的侧移曲线兼有这两种结构的特点，层间变形沿建筑高度比较均匀，减小了框架和剪力墙的层间变形，变形曲线是弯剪型（图 5–72）。地震时，一般情况下剪力墙为第一道防线，框架

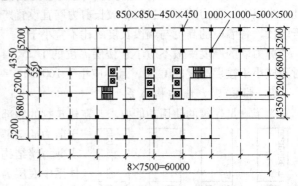

图 5–70　上海宾馆平面布置图

为第二道防线，形成多道抗震设防，由于框架–剪力墙的协同工作，导致剪力墙和框架的剪力沿高度的分布规律与纯框架、纯剪力墙结构存在一定的差异，如图 5–73 所示。

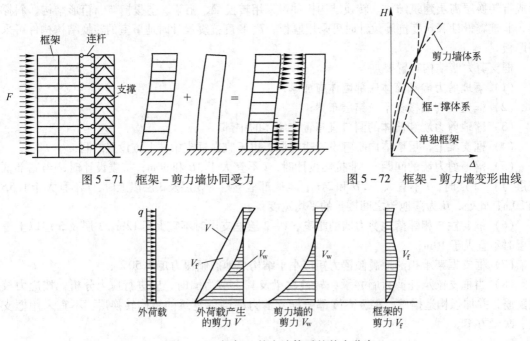

图 5–71　框架–剪力墙协同受力　　　　图 5–72　框架–剪力墙变形曲线

图 5–73　框架–剪力墙体系的剪力分布

从使用和受力上看，框架–剪力墙（筒体）结构都是一种比较好的体系，在公共建筑和办公楼等得到广泛使用。

框架–剪力墙结构中，剪力墙布置可参照以下几点：

（1）剪力墙的数量与结构体形、高度有关，剪力墙的数量适宜时，可增强结构整体刚度，减小侧向变形，可减少结构及非结构构件破坏；剪力墙的数量过多时，则导致建筑布置困难、刚度大，造成地震时地震作用力大。剪力墙的数量布置原则一般以保证侧向变形不超过规范规定的限值为宜。

（2）剪力墙宜对称布置，以减少结构扭转。地震区要求更严格，当不能保证对称布置时，

要使结构的刚心与质心尽量接近。剪力墙宜均匀布置在建筑物的周边附近、楼梯间、电梯间、平面形状变化及恒载较大的部位，剪力墙间距不宜过大；平面形状凹凸较大时，宜在凸出部分的端部附近布置剪力墙，楼梯间、电梯间等竖井宜尽量与靠近的抗侧力结构结合布置。

（3）剪力墙应贯穿全高，使结构上下刚度连续，均匀。宜避免刚度突变；剪力墙开洞时，洞口宜上下对齐。

（4）层数不高时，可将剪力墙做成 T 形、L 形和 ［ 形等形式，较 "一" 字形剪力墙更能发挥剪力墙的作用。结构高度较大时，可将剪力墙围成井筒式，加大结构的抗侧和抗扭刚度。

（5）抗震设计时，剪力墙的布置宜使结构各主轴方向的侧向刚度接近。

（6）横向剪力墙（井筒）之间距离与楼板宽度比值 L/B（B 为剪力墙之间的楼盖宽度）应满足表 5 – 13 的要求，以避免两片墙之间的楼板在水平力作用下发生平面内挠曲。

表 5 – 13　剪力墙间距　　　　　　　　　　　　　（m）

楼盖形式	非抗震设计（取较小值）	抗震设防烈度		
		6 度、7 度（取较小值）	8 度（取较小值）	9 度（取较小值）
现　浇	5.0B/60	4.0B/50	3.0B/40	2.0B/30
装配整体	3.5B/50	3.0B/40	2.5B/30	—

当框架布置在周边，筒体布置在中间时，成为框架 – 核心筒结构。它是框架 – 剪力墙结构的一种特例，剪力墙组成的核心筒成为抵抗水平力的主要构件，因此有时把它归入筒体体系，实际上，它的受力变形特点与框架 – 剪力墙（筒体）结构相同，具有协同工作的许多优点。此外，如果采用大截面的柱，这种结构外框架间距可达 8 ～ 9m。若采用无粘结预应力楼板，或采用钢梁（轻型钢桁架）– 压型钢板 – 现浇混凝土楼板，外框架与核心筒的间距可以达 10m 以上，使用空间大而灵活，采光条件好，是高层公共建筑和办公用房的理想选择，图 5 – 74 是上海联谊大厦典型的框架 – 核心筒结构体系。在高度较大时，还可以设置伸臂（outrigger），成为框架 – 核心筒 – 伸臂结构（图 5 – 75），设置伸臂可减小侧移，其建造高度可达 60 ～ 100 层。因此，其成为近年来在各种高度的高层建筑中应用最为广泛的一种结构。

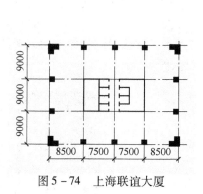

图 5 – 74　上海联谊大厦

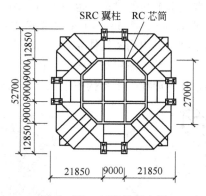

图 5 – 75　上海金茂大厦

E　筒体结构

筒体结构可分为：钢筋混凝土剪力墙围成的实腹筒；布置在房屋四周、由密排柱和高跨比很大的窗裙梁形成的密柱深梁框架围成的框筒；用稀柱、浅梁和支撑斜杆组成桁架布置在建筑物的周边，筒体的四壁做成桁架的桁架筒体系；由若干单筒集成一体成束状，形成空间刚度极大的抗侧力结构的成束筒;一般用实腹筒作内筒,框筒或桁架筒作外筒构成的筒中筒结构。

a   框筒结构

框筒结构是由密柱深梁框架组成的空间结构,靠空间筒体受力特性来抵抗水平力(图5-76)。整个框筒类似一个悬臂结构,刚度和承载力很大,水平荷载下楼板只是一个刚性隔板,保持框筒的侧向稳定和刚度,有如竹子的竹节。楼板中板梁按承受垂直荷载要求单独设计。

图5-76   框筒结构

20世纪60年代,美国工程师坎恩(Fazlur Rahman Khan)首次提出了框筒结构的计算和设计方法,研究了剪力滞后现象和各影响因素,使高层建筑的建造进入了一个新时期。他设计了第一幢框筒结构:芝加哥43层高的 Dewitt Chestnut 公寓。

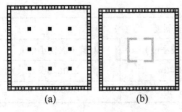

(a)   (b)

图5-77   框筒及筒中筒结构

框筒结构通常放在建筑外围,筒体内设置一些柱子(图5-77),以减小楼板和梁在垂直荷载下的跨度,但是对抵抗侧向力几乎不起作用。框筒柱距很密,一般为1.2~3m,最大为4.5m,窗裙梁高0.6~1.2m,宽0.3~0.5m,窗洞面积不超过建筑立面面积50%,平面接近方或圆形,长、短边比值不宜超过2。

框筒可以充分发挥空间作用,在水平力作用下,除了与水平力方向一致的腹板框架受力以外,垂直于水平力的翼缘框架可承受很大的倾覆力矩。结构构件都布置在建筑物周边,内部空旷,框筒的空间作用明显,因此框筒的抗侧刚度很大,框筒抗扭刚度也很大。框筒翼缘框架各柱的轴力呈抛物线形分布,角柱的轴力大于平均值,远离角柱的柱轴力小于平均值;腹板框架柱的轴力也不是直线分布,见图5-78,这种现象称为剪力滞后。剪力滞后越严重,结构的空间作用越小。

b   桁架筒结构

桁架筒结构由梁、柱、斜支撑形成桁架,并由数片桁架围成"筒"状,就形成了桁架筒,一般布置在建筑物外围。桁架筒结构承受的水平力通过斜杆传至角柱,然后传至基础,桁架各构件都主要承受轴向力,受力合理,能充分利用材料;结构的整体抗侧刚度很大,桁架筒结构比框筒结构能建造更高的建筑,也更节省材料,主要用于钢结构。芝加哥的约翰·汉考克中心(John Hancock Center,图5-79)是桁架筒体系的代表,同样由美国工程师坎恩设计。也有少数钢筋混凝土结构采用桁架筒体系,芝加哥59层的 Onterie Center 大厦(图5-80)采用了钢筋混凝土桁架筒体系,该建筑1984年建成时,坎恩已过世。坎恩对结构体系的创新发展和将这些结构体系在钢筋混凝土结构中应用推广的功绩是巨大的。

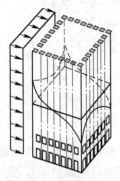

图5-78   框筒的剪力滞后   图5-79   芝加哥约翰·汉考克中心   图5-80   Onterie Center 大厦

c 筒中筒结构

框筒和桁架筒结构都是很适合于建造高层建筑的体系。为了传递楼盖的竖向荷载，布置少量中间柱子，这些内柱不抵抗水平荷载。事实上，由于竖向交通和管道设备的通行，要设置内筒，因而更常见的结构体系是筒中筒结构体系。筒中筒结构由外筒及内筒组成，外筒为框筒或桁架筒，内筒可以采用剪力墙围成的实腹筒，或采用内钢桁架筒或内框筒。从结构而言，内筒加强了结构，因而筒中筒结构的抗侧刚度和抗扭刚度更大，适用于更高的高层建筑。

筒中筒结构内外筒之间一般不设柱（也可设柱），它与框架－核心筒结构平面组成相似（由外围周边结构与内筒结构组成），但是，从受力分析上看，它们有很大的区别，前者外围是筒体（框筒或桁架筒），后者外围是一般框架。在水平力作用下，外框筒的变形以剪切型为主，内筒以弯曲型为主。通过楼板，外筒和内筒协同工作。在下部，核心筒承担大部分剪力；在上部，剪力转移到外筒上。筒中筒结构侧移曲线呈弯剪型，具有结构刚度大、层间变形均匀等特点。筒中筒结构的楼板起水平刚性隔板的作用，使内、外筒协同工作，保持结构"筒"的形状，因此楼板必须有足够的平面内刚度，但又要尽量采用厚度较小的楼板体系，以减少内外筒之间的弯矩传递（减小墙的平面外弯矩），并降低层高。当结构的高度与宽度的比值 H/B >3 时，结构才能充分发挥作用，所以筒中筒结构适用于 50 层以上的高层建筑。在 20 世纪 60～80 年代，筒中筒结构成为高层建筑的主要体系，但是由于它的平面形状呆板，近年来应用已逐渐减少。图 5－81 中，50 层的深圳国贸中心大厦、63 层广州国际大厦和纽约的世贸中心等均采用筒中筒结构体系。

（a）　　　　　　　　　（b）　　　　　　　　　（c）

图 5－81　筒中筒结构体系
（a）深圳国贸中心大厦；（b）广州国际大厦；（c）纽约世贸中心

d 束筒结构

将多个筒体合并在一起形成束筒结构。束筒抗侧刚度比筒中筒更大，可建造很高的结构。束筒的腹板数量多，使翼缘框架与腹板框架相交的角柱增加，这可以在很大程度上减小剪力滞后，同时，束筒可以组成较复杂的建筑平面图形。美国芝加哥西尔斯大楼（Sears Tower，图 5－82）就采用了束筒体系，采用 9 个框筒合并在一起形成束筒体系，随高度增加，筒数目不断减少。

F 巨型框架结构

巨型框架用筒体（实腹筒或桁架筒）做成巨型柱，用高度很大（一层或几层楼高）的箱形构件或桁架做巨型梁，典型的巨型框架见图 5－83。巨型梁可以隔若干层设置一根，巨型梁

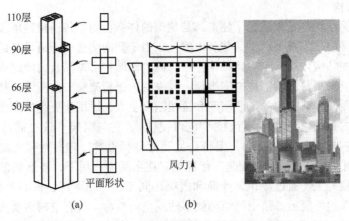

(a)　　　　　(b)

图 5 – 82　芝加哥西尔斯大楼

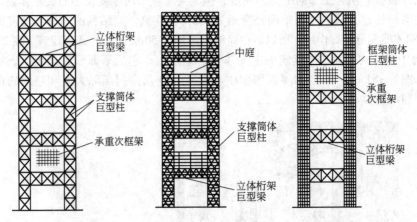

图 5 – 83　巨型框架结构

之间的楼层用截面很小的、只承受竖向荷载的构件组成结构，称为次结构，每个巨型构件承受上面次结构传来的竖向荷载，水平荷载则由巨型框架抵抗，其抗侧刚度视巨型梁、巨型柱构件的刚度而定，可适用于一般高层或超高层建筑。它的主要优点是适合于多功能需要和建筑布置复杂的高层建筑，巨型梁之间的次结构可以变化，或者不设次结构而形成一个大空间，巨型结构本身保持上下一致的规则布置。图 5 – 84 中采用巨型框架结构的高层建筑有东京市政大楼、中国台湾高雄的 T&C 大厦、深圳香格里拉亚洲大酒店、上海证券交易中心等。

　　G　脊骨结构

　　脊骨结构是在巨型框架的基础上进一步发展起来的，适合于一些建筑外形复杂，沿高度平面变化较多的建筑，取其形状规则部分做成刚度和承载力都十分强大的结构骨架抵抗侧向力，称为脊骨结构。不论是风荷载控制还是地震作用控制的高层建筑，脊骨结构体系都是非常有效的，可用于 20～100 层的高层建筑。

　　脊骨结构特别适用于具有高大门厅、空旷地下车库、顶部阶梯式的高层建筑。脊骨结构根据建筑布置条件可由支撑、外伸框架或单跨空腹梁构成，可采用全钢或钢筋混凝土组合体系。脊骨结构应当上下贯通，直到基础，由于抗侧力构件沿高度连续，避免了薄弱楼层，有利于结构抗震。脊骨结构一般由巨型柱和柱之间的剪力膜组成，巨型柱可以做成箱形柱、组合柱、桁架柱等，剪力膜可以是跨越若干层的斜支撑组成的桁架、空腹桁架、伸臂桁架等，或由几种形

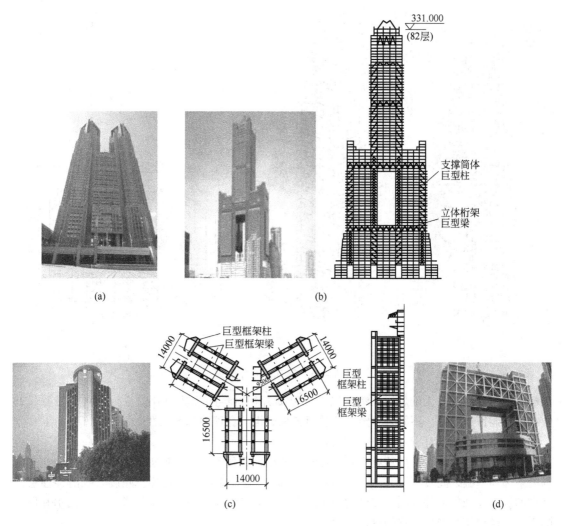

图 5-84 巨型框架结构实例

（a）东京市政大楼；（b）高雄的 T&C 大厦；（c）深圳香格里拉亚洲大酒店；（d）上海证券交易中心

式结合，主要承受弯矩和剪力，桁架柱则主要承受倾覆力矩产生的轴力。桁架柱之间相距尽量远，以便抵抗较大的倾覆力矩和扭矩；应使楼板上的竖向荷载最大限度地传到桁架柱上，以抵消倾覆力矩产生的拉力；如果脊骨结构的抗扭刚度尚嫌不足，可以利用周边的小框架参与抗扭。

美国费城 53 层的拜耳大西洋塔楼（Bell Atlantic Tower）的外立面变化层次很多，采用全钢脊骨结构（图 5-85），建筑中间部分的矩形面积做一个脊骨结构（图 5-85c），四角采用截面很大的箱形柱，柱之间用空腹桁架和支撑相连，使脊骨的刚度和承载力都很大。周边再设置承受竖向荷载的小框架。

H 混合结构

混合结构种类很多，例如采用钢框架和钢筋混凝土墙板（墙板填充在钢框架中）组成的框架-剪力墙结构，钢框架、钢骨混凝土或钢管混凝土柱与钢筋混凝土现浇核心筒（或钢骨混凝土核心）组成的框架-核心筒结构等。组成方式很多，不能一一列举，还会有新的组成方式

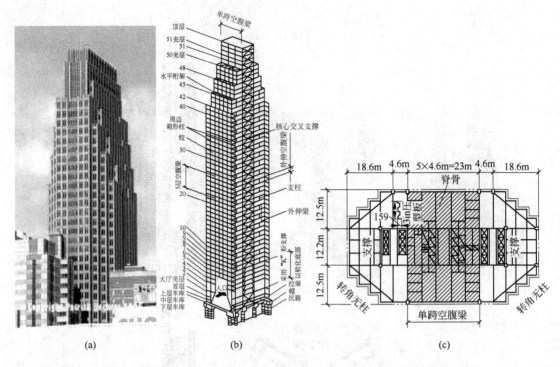

图 5 - 85　拜耳大西洋塔楼

出现，但必须注意，无论怎样，都要以充分发挥各种材料的优势以及安全为原则，要取长补短，而不能盲目组合，不能只顾经济效益而忽视结构的合理性和安全性。

5.3.3.6　高层建筑的减震、抗风

抗震结构利用各构件的承载力和变形能力抵御地震作用，吸收地震能量。隔震结构在建筑物的上部和基础之间设置滑移层（图 5 - 86），阻止地震能量向上传递。隔震系统的柔性层使结构的振动周期加大并远离地震动的卓越周期，增大了结构体系的阻尼。基础隔震技术和层间隔震技术是建筑物减震防灾的有效手段。

基础隔震结构具有足够的竖向强度和刚度以支撑上部结构传来的荷载。具有足够的水平初始刚度，在风灾和小震作用下，体系能保持在弹性范围内，满足正常使用的要求，而在中强地震作用下，其水平刚度较小，结构为柔性结构。隔震系统本身具有巨大的阻尼，地震时能耗散足够的能量，从而降低上部结构所吸收的能量。

在建筑中附加消能减震装置，消能装置和结构构件一起吸收和耗散地震输入的能量，它与主

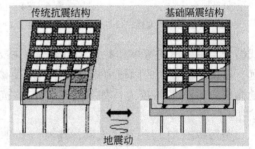

图 5 - 86　基础隔震结构

体结构共同工作，相当于给原结构增加了附加阻尼。结构在小震或风荷载作用下，消能装置与原结构处于弹性工作状态，结构的刚度、强度和舒适度均满足正常使用要求；在强震或强风作用下，消能装置先进入非弹性状态，产生较大的阻尼，吸收和耗散了大量的地震能量，使主体结构的动力反应减小，达到减震目的。因此，消能减震体系被广泛用于高层建筑、高耸构筑物和大跨度桥梁的抗震和抗风，以及旧有建筑物抗震性能的改善等方面。

目前已开发和应用了多种消能装置，按消能装置的不同分为两大类：一类是消能构件减震体系，包括偏心钢支撑、方框（圆框）支撑和带竖缝剪力墙等；另一类是阻尼器消能减震体系，包括黏性和黏弹性阻尼器、摩擦阻尼器、金属阻尼器、调频质量阻尼器（TMD）等。黏性和黏弹性阻尼器既可以用来抗震，还可以用来抗风，而摩擦阻尼器和金属阻尼器基本上用在抗震方面。通过该装置产生摩擦、弯曲（剪切或扭转）弹塑性（或黏弹性）滞回变形来耗散或吸收地震输入结构的能量，以减小结构的地震反应，从而避免结构破坏，达到减震控制的目的。

调谐质量阻尼器（TMD）由质量块、弹簧和阻尼器组成，工作原理是将结构振动的部分能量吸收到自己身上，转化成自身的动能和阻尼耗能，从而达到减小结构反应的目的。一般将TMD的频率调整到结构的震动频率附近，当结构在外激励下发生振动时，引发TMD的共振，而TMD的质量块对原结构产生反方向的作用力。其阻尼也发挥耗能作用，从而使原结构的震动响应明显降低。

以下为阻尼器在结构中的一些应用实例。

【例1】台北101大楼：台北101大楼因其高度达到509m，在高空强风及台风时造成建筑物的摇晃，通过在88～92层挂置一个重达680t的巨大钢球，称为"调和质块阻尼器（tuned mass damper）"，利用钢球的摆动来减缓建筑物的晃幅，如图5-87所示。这也是全世界唯一开放游客观赏的巨型阻尼器，更是目前全球最大的阻尼器。大楼外形的立面造型为锯齿状，经由风洞测试，能减少30%～40%风所产生的摇晃。

图5-87 台北101大楼阻尼器图

【例2】上海环球金融中心：为提高遭遇强风时使用环境的舒适性，上海环球金融中心在90层（395m）安装了2台用来抑制建筑物由于强风引起摇晃的风阻尼器（图5-88），通过计算机控制装置内部用钢索悬吊的重约150t的配重物体锤子动作，以抑制建筑物由于强风引起的摇晃。这是中国大陆地区首座使用风阻尼器装置的超高层建筑。

【例3】墨西哥Torre Mayor大厦：墨西哥Torre Mayor大厦为57层、高225m的钢结构办公大楼，30层以下的外柱和35层以下的内柱分别为钢柱外包钢筋混凝土，是世界上首批使用阻尼器减震的高层结构之一，设计使用了96个大型阻尼器，结构临界阻尼比分别达到12%（东西向）和8.5%（南北向），减震效果良好。2003年Torre Mayor大厦经历了7.6级地震，阻尼器成功地保护了结构，使其保持在弹性范围内（图5-89）。墨西哥Torre Mayor大厦采用了跨层支撑。阻尼器布置方案中，东西方向布置的阻尼器与外墙巨型支撑相连，南北向设置在结构内部，为跨多层布置，这种布置形式不但使阻尼器在整个楼均匀布置，而且可以放大阻尼器两端相对位移。

图5-88 上海环球金融中心　　　　　　图5-89 墨西哥Torre Mayor大厦

【**例4**】美国凯悦酒店：凯悦酒店为 68 层，高 257m 的现浇钢筋混凝土超高层建筑，采用 300t TMD 系统进行结构风振控制（图 5－90）。在设计中考虑连续风荷载的作用，通过计算阻尼器功率，采用了特殊大功率的阻尼器。TMD 系统在计算分析中仅计算结构的第一频率共振和单振型（或几个振型）减振，与其他结构的全面分析不同。

图 5－90　美国凯悦酒店 TMD 系统

5.3.3.7　高层建筑结构体系适宜高度

结构体系的适宜高度范围由于抗侧刚度的不同和承载力的不同，上述各种体系的适宜高度是不同的，我国现行《建筑抗震设计规范》（GB 50011—2010）和《高层建筑混凝土结构技术规程》（JGJ 3—2010）根据我国的经济、国内技术发展的水平和当前的建设方针、政策，考虑了我国目前常用的材料，并综合考虑不同结构体系的抗震性能、经济和合理使用、地基条件及震害经验等因素，制定了我国常用的各种钢筋混凝土高层结构和混合结构体系适用的最大高度，分别见表 5－14、表 5－15 和表 5－16。

《高层建筑混凝土结构技术规程》将高层建筑分为 A 级高度和 B 级高度，主要是它们的结构设计和构造要求有所差别，B 级比 A 级高度大，设计要求更高。如果设计的结构高度超过 B 级表的规定，则必须采取更加有效的措施。从发展的观点看，当积累了更多经验以后，适用的最大高度也会改变。

表 5－14　**A 级高度钢筋混凝土结构高层建筑适用的最大高度**

结 构 体 系		非抗震设计	抗震设防烈度				
			6 度	7 度	8 度		9 度
					0.20g	0.30g	
框　架		70	60	50	40	35	—
剪力墙	框架－剪力墙	150	130	120	100	80	50
	全部落地剪力墙	150	140	120	100	80	60
	部分框支剪力墙	130	120	100	80	50	不应采用
简体	框架－核心筒	160	150	130	100	90	70
	筒中筒	200	180	150	120	100	80
板柱－剪力墙		110	80	70	55	10	不应采用

表 5－15　**B 级高度钢筋混凝土结构高层建筑适用的最大高度**

结 构 体 系		非抗震设计	抗震设防烈度			
			6 度	7 度	8 度	
					0.20g	0.30g
剪力墙	框架－剪力墙	170	160	140	120	100
	全部落地剪力墙	180	170	150	130	110
	部分框支剪力墙	150	140	120	100	80
简体	框架－核心筒	220	210	180	140	120
	筒中筒	300	280	230	170	150

　　注：1. 部分框支剪力墙结构指地面以上有部分框支剪力墙的剪力墙结构；
　　　　2. 甲类建筑，6、7 度时宜按本地区设防烈度提高一度后符合本表要求，8 度时应专门研究；
　　　　3. 当房屋高度超过表中数值时，结构设计应有可靠依据，并采取有效的加强措施。

表 5 – 16　混合结构高层建筑适用的最大高度

结 构 体 系		非抗震设计	抗震设防烈度				
			6 度	7 度	8 度		9 度
					0.2g	0.3g	
框架 – 核心筒	钢框架 – 钢筋混凝土核心筒	210	200	160	120	100	70
	型钢（钢管）混凝土框架 – 钢筋混凝土核心筒	240	220	190	150	130	70
筒中筒	钢外筒 – 钢筋混凝土核心筒	280	260	210	160	140	80
	型钢（钢管）混凝土外筒 – 钢筋混凝土核心筒	300	280	230	170	150	90

注：平面和竖向均不规则的结构，最大适用高度应适当降低。

5.3.4　建筑物的基础

　　所有建筑物都是修建在地表上，建筑物上部结构的荷载通过下部结构最终都会传到地表的土层或岩层上，从而在岩土中产生应力与应变，这部分起支撑作用的土体或岩体就是地基。地基根据是否经过人工处理分为天然地基和人工地基。将建筑物所承受的各种作用传递到地基上的下部结构称为基础。基础底面离地面的深度称为基础的埋置深度，如图 5 – 91 所示。

5.3.4.1　岩土的分类

　　作为建筑地基的岩土，其工程性质由岩土的类别决定。《建筑地基基础设计规范》（GB 50007）（以下简称《地基规范》）将作为建筑地基的岩土分为岩石、碎石土、砂土、粉土、黏性土和人工填土等。

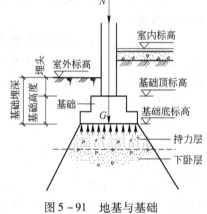

图 5 – 91　地基与基础

　　岩石的坚硬程度根据岩块的饱和单轴抗压强度 f_{rk} 分为坚硬岩、较硬岩、较软岩、软岩和极软岩。岩石按风化程度分为未风化、微风化、弱风化、强风化和全风化。

　　碎石土为粒径大于 2mm 的颗粒含量超过全重 50% 的土。根据粒组含量及颗粒形状，碎石土分为块石、漂石、碎石、卵石、角砾、圆砾。

　　砂土为粒径大于 2mm 的颗粒含量不超过全重 50%、粒径大于 0.075mm 的颗粒含量超过全重 50% 的土。根据粒组含量，砂土可分为砾砂、粗砂、中砂、细砂和粉砂。

　　粉土为性质介于砂土和黏性土之间，塑性指数 $I_P \leqslant 10$ 且粒径大于 0.075mm 的颗粒含量不超过全重 50% 的土。

　　塑性指数等于液限与塑限之差。液限是指土由可塑状态转变为流动状态的界限含水量，塑限为土由半固态转变为可塑状态的界限含水量。一般来说，土的颗粒越细、细颗粒的含量越多，土的塑性（塑性指数）也就越大。

　　黏性土是指塑性指数 $I_P > 10$ 的土。根据塑性指数，可将黏性土分为黏土（$I_P > 17$）和粉质黏土（$10 < I_P \leqslant 17$）。根据液性指数可将黏性土分为坚硬、硬塑、可塑、软塑和流塑五种状态。液性指数 I_L 是土的天然含水量和塑限之差与塑性指数的比值，是判断黏性土软硬程度的指标，也称为稠度。一般而言，黏性土的沉积历史越久，结构性越好，工程力学性质越好。

　　人工填土是人类活动的堆积物。根据其组成和成因，可分为素填土、杂填土和冲填土。

　　素填土为由碎石土、砂、粉土、黏性土等一种或几种土通过人工堆填方式而形成的土。经过分层压实后的素填土称为压实填土。杂填土是指含有大量的建筑垃圾、工业废料或生活垃圾等人工堆填物。冲填土是人类借助水力充填泥砂形成的土，一般压缩性大、含水量大、强度低。

5.3.4.2　特殊土

软土：泛指天然含水量高、压缩性高、强度低、渗透性差的软塑、流塑状黏性土。它包括淤泥、淤泥质土、冲填土等。软土生成于静水或缓慢流动的流水环境。建造在软土地基上的建筑物易产生较大沉降或不均匀沉降，且沉降稳定所需要的时间很长，所以，在软土上建造建筑物必须慎重对待。

红黏土：红黏土是碳酸盐系岩石经风化作用所形成的棕红、褐黄等色的高塑性黏土。红黏土的液限一般大于50%，具有表面收缩、上硬下软、裂隙发育的特征，吸水后迅速软化。一般情况下，红黏土的表层压缩性低、强度较高、水稳定性好，属良好的地基土层。但随着含水量的增大，土体呈软塑或流塑状态，强度明显变低，作为地基时条件较差。

膨胀土：一种具有强烈的吸水膨胀和失水收缩特性的黏性土。土呈黄、红褐、灰白色，黏粒含量高，天然含水量接近塑限。膨胀土通常表现为压缩性低、强度高，因此易被误认为是良好的天然地基。

湿陷性黄土：黄土是指以粉粒为主，富含碳酸钙盐系，具有大孔结构，以黄色、褐黄色为主，有时为灰黄色的土体。黄土在天然含水状态下具有较高的强度和较小的压缩性，但雨水浸湿后，有的即使在自身重力作用下也会发生剧烈而大量的变形，强度也随之迅速降低。

5.3.4.3　基础

A　无筋扩展基础

无筋扩展基础系指由砖、毛石、混凝土或毛石混凝土、灰土和三合土等材料组成的墙下条形基础或柱下独立基础，如图5-92所示。这些材料都是脆性材料，有较好的抗压性能，但抗拉、抗剪强度往往很低。为保证基础的安全，必须限制基础内的拉应力和剪应力不超过基础材料强度的设计值。基础设计时，通过基础构造的限制来实现这一目标，即基础的外伸宽度与基础高度的比值应小于规范规定的台阶宽高比的允许值。由于此类基础几乎不可能发生挠曲变形，所以常称为刚性基础或刚性扩大基础。

无筋扩展基础可用于6层和6层以下（三合土基础不宜超过4层）的民用建筑和轻型厂房。

砖基础一般做成台阶式，此阶梯称为"大放脚"，大放脚的砌筑方式有两种："二皮一收"和"二、一间隔收"砌法。垫层每边伸出基础底面50mm，厚度不宜小于100mm，如图5-92a、b所示。

无筋扩展基础的高度（图5-93），应符合下式要求，避免冲切破坏的发生。

$$H_0 \geqslant (b - b_0) / 2\tan\alpha$$

B　扩展基础

扩展基础是指柱下钢筋混凝土独立基础和墙下钢筋混凝土条形基础，见图5-94。这种基础能发挥钢筋的抗弯性能及混凝土抗压性能，特别适用于"宽基浅埋"或有地下水时。由于扩展基础有较好的抗弯能力，通常被看作柔性基础。

扩展基础应满足以下构造要求：

（1）锥形基础的边缘高度不宜小于200mm；阶梯形基础的每阶高度宜为300~500mm。

（2）垫层的厚度不宜小于70mm；垫层混凝土强度等级应为C15。

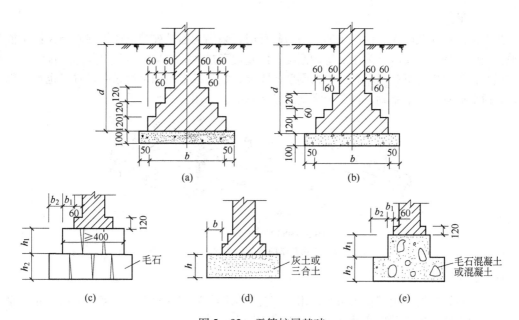

图 5 - 92　无筋扩展基础

（a），（b）砖基础；（c）毛石基础；（d）灰土基础；（e）毛石混凝土基础、混凝土基础

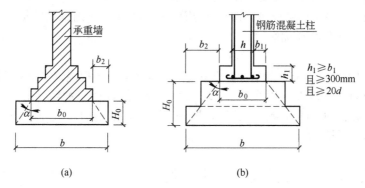

图 5 - 93　无筋扩展基础构造示意图

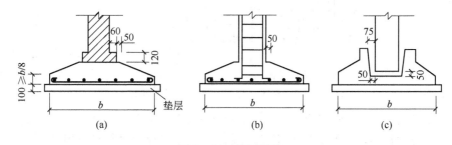

图 5 - 94　扩展基础

（a）钢筋混凝土条形基础；（b）现浇独立基础；（c）预制杯形基础

（3）扩展基础底板受力钢筋的最小直径不宜小于 10mm；间距不宜大于 200mm，也不宜小于 100mm。

（4）钢筋混凝土强度等级不应小于 C20。

C 条形基础

当上部结构荷载较大、地基土的承载力较低时，采用无筋扩展基础或扩展基础往往不能满足地基强度和变形的要求。为增加基础刚度，防止由于过大的不均匀沉降引起的上部结构的开裂和损坏，常采用柱下条形基础。根据刚度的需要，柱下条形基础可沿纵向设置，也可沿纵横向设置而形成双向条形基础，称为十字交叉条形基础，如图 5-95 所示。

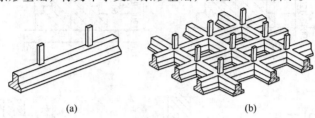

(a)   (b)

图 5-95   柱下条形基础

（a）柱下单向条形基础；（b）十字交叉条形基础

D 筏形基础

当地基特别软弱，上部荷载很大，用十字交叉条形基础将导致基础宽度较大而又相互接近时，或有地下室，可将基础底板联成一片而成为筏形基础。

筏形基础常有平板式和梁板式两种，如图 5-96 所示。平板式筏形基础是在地基上做一块钢筋混凝土底板，柱子通过柱脚支承在底板上；梁板式筏形基础分为下梁板式和上梁板式，下梁板式基础底板上面平整，可作建筑物底层地面。筏形基础，特别是梁板式筏形基础整体刚度较大，能很好地调整不均匀沉降。

E 箱形基础

箱形基础是由底板、顶板、钢筋混凝土纵横隔墙构成的整体现浇钢筋混凝土结构，如图 5-97 所示。箱形基础具有较大的基础底面、较深的埋置深度和中空的结构形式，上部结构的部分荷载可用开挖卸去的土的重量得以补偿。与一般的实体基础比较，它能显著地提高地基的稳定性，降低基础沉降量。

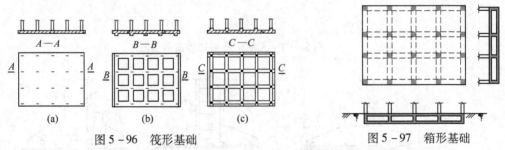

图 5-96   筏形基础   图 5-97   箱形基础

（a）平板式柱下筏形基础；（b）下梁板式柱下筏形基础；（c）上梁板式柱下筏形基础

箱形基础外墙宜沿建筑物周边布置，内墙沿上部结构的柱网或剪力墙位置纵横均匀布置，墙体水平截面总面积不宜小于箱形基础外墙外包尺寸的水平投影面积的 1/10。

无人防设计要求的箱基，基础底板厚度不应小于 300mm，外墙厚度不应小于 250mm，内墙厚度不应小于 200mm，顶板厚度不应小于 200mm。箱形基础的混凝土强度等级不应低于 C30。墙体的门洞宜设在柱间居中部位。

F 桩基础

当地基土上部为软弱土，且荷载很大，采用浅基础已不能满足地基强度和变形的要求时，可利用地基下部比较坚硬的土层作为基础的持力层设计成深基础。桩基础是最常见的深基础，桩基础是由桩和承台两部分组成，如图 5-98 所示。桩在平面上可以排成一排或几排，所有桩的顶部由承台联成一个整体并将荷载较均匀地传给各个基桩。

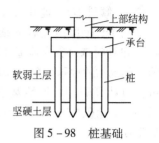

图 5-98　桩基础

由于桩基础的桩尖通常都进入到了比较坚硬的土层或岩层，所以，桩基础具有较高的承载力和稳定性，具有良好的抗震性能，是减少建筑物沉降与不均匀沉降的良好措施。

通过不同的分类标准，了解桩的一些性质。

（1）按施工方式分类。按施工方法的不同可分为预制桩和灌注桩两大类。

（2）按桩身材料分类。混凝土桩：混凝土桩又可分为混凝土预制桩和混凝土灌注桩（简称灌注桩）两类。

钢桩：常见的是型钢和钢管两类。钢桩的优点是抗压抗弯强度高，施工方便；缺点是价格高，易腐蚀。

组合桩：即采用两种材料组合而成的桩。例如，钢管桩内填充混凝土，或上部为钢管桩、下部为混凝土桩。

（3）按桩的使用功能分类：

竖向抗压桩：主要承受竖直向下荷载的桩。

水平受荷桩：主要承受水平荷载的桩。

竖向抗拔桩：主要承受拉拔荷载的桩。

复合受荷桩：承受竖向和水平荷载均较大的桩。

（4）按桩的承载性状分类：

1）摩擦型桩：

摩擦桩：在极限承载力状态下，桩顶荷载由桩侧阻力承受。

端承摩擦桩：在极限承载力状态下，桩顶荷载主要由桩侧阻力承受，部分桩顶荷载由桩端阻力承受。

2）端承型桩：

端承桩：在极限承载力状态下，桩顶荷载由桩端阻力承受。

摩擦端承桩：在极限承载力状态下，桩顶荷载主要由桩端阻力承受，部分桩顶荷载由桩侧阻力承受。

（5）按承台底面的相对位置分类：

桩基础包括桩和将上部荷载传给桩的承台。承台的作用是将桩联成一个整体，并把建筑物的荷载传到桩上，因而承台要有足够的强度和刚度。承台有多种形式，如柱下独立桩基承台、箱形承台、筏形承台、柱下梁式承台和墙下条形承台等。

1）高承台桩基。群桩承台底面设在地面或局部冲刷线之上的桩基称为高承台桩基。这种桩基多用于桥梁、港口工程等。

2）低承台桩基。承台底面埋置于地面或局部冲刷线以下的桩基称为低承台桩基。这种桩基多用于房屋建筑工程。

5.3.4.4　基础不均匀沉降实例

加拿大的 Transcona 谷仓（图 5-99）1911 年动工，1913 年建成，南北长 59.44m，东西宽 23.47m，高 31m，钢筋混凝土筏板基础，厚 2m，埋深 3.66m，谷仓自重 2 万吨，相当于装满谷物后总重的 42.5%，1913 年 9 月装谷物至 31822m³ 时，谷仓西侧下陷 7.32m，东侧抬高

1.52m，倾斜 27°。地基虽破坏，但筒体完好，后用 388 个 50t 的千斤顶纠正后继续使用，但位置比原先降低 4m。设计时未对谷仓地基承载力进行调查研究，采用了邻近建筑物的地基承载力 352kPa，事后，1952 年的勘察试验与计算表明，该地基承载力为 193.8 ~ 276.6kPa，远小于谷仓破坏时 329.4kPa 的地基压力。地基因超载而发生强度破坏。

图 5 - 99　加拿大的 Transcona 谷仓

意大利比萨（Pisa）斜塔由于地基的不均匀沉降，先后施工多年，自 1173 年开工，1178 年建至第 4 层（29m）时塔身倾斜，1272 年复工，经 6 年时间建完第 7 层（48m），停工 82 年，1360 年再次复工，1370 年竣工，先后历经近 200 年。该塔重 145MN，相应的地基压力为 50kPa，地基持力层为粉砂，下面为粉土和黏土层，南北两端沉降差为 1.8m，塔顶离中心线已达 5.27m，倾斜 5.5°。

复习思考题

5 - 1　控制结构的高宽比的目的是什么？

5 - 2　结构平面布置、立面布置时应注意哪些事项？

5 - 3　抗震缝、伸缩缝、沉降缝分别应在什么情况下设置，设置时应遵循哪些原则？

5 - 4　建筑物的舒适度指标如何控制？

5 - 5　现浇整体式、装配式和装配整体式三种楼盖形式各有何特点？

5 - 6　钢筋混凝土单向板和双向板楼盖有何区别？

5 - 7　结构的屋盖有哪些形式？

5 - 8　砌体结构房屋的结构布置方案有哪几种？

5 - 9　高层建筑结构体系的特点是什么？

5 - 10　简述框架结构体系的基本组成。

5 - 11　剪力墙结构体系的布置应注意什么？

5 - 12　简述框支剪力墙结构体系应用特征。

5 - 13　框架 - 简体结构与框筒结构有何区别？

5 - 14　框架剪力墙结构体系的受力与变形有何特点？

5 - 15　高层建筑的减震、抗风可采取哪些附加的装置实现？

5 - 16　建筑地基的岩土分为哪几类？

5 - 17　建筑物基础的类型有哪些？

6 钢筋混凝土结构构件的设计估算

6.1 钢筋混凝土构件的形成和特点

6.1.1 钢筋混凝土构件的形成

钢筋混凝土构件充分利用钢筋和混凝土两种材料的力学性能，构成了一种良好的建筑材料。混凝土的抗压强度较高而抗拉强度很低，在不大的拉力作用下混凝土构件就会出现开裂甚至破坏，所以必须在混凝土结构构件的受拉区域配置适量的钢筋，由钢筋代替混凝土承受构件的内拉力。由于钢筋混凝土是两种不同性能材料的组合，因而钢筋混凝土构件具有与其他单一材料构件完全不同的受力特性。这个现象可以用同一根梁在不同配筋的情况下有着截然不同的承载能力和破坏特征来分析。

图 6-1 表示一根 4m 跨度的简支梁，梁的截面尺寸 $b \times h = 200\text{mm} \times 400\text{mm}$，混凝土强度等级为 C20，在跨度中部施加一个集中力 P，若忽略构件自重，则下面几种情况得到的构件最大承载力 P_{max} 值是不同的：

（1）图 6-1a 中的梁未配置钢筋，当梁承受的荷载 P_{max} 达到 13.7kN 时，梁会突然在跨中断裂。

（2）图 6-1b 在梁底配置 2ϕ12 纵向钢筋（钢筋截面面积约占混凝土截面面积的 0.15%），该梁能承受的 P_{max} 仍为 13.7kN，梁仍会突然在跨中断裂，断裂后发现钢筋也被拉断，断口处钢筋截面有颈缩现象。

（3）图 6-1c 在梁底配置 2ϕ22 纵向钢筋（钢筋截面面积约占混凝土截面面积的 1%），但钢筋放在预留的方形孔洞中，与混凝土没有粘结，则该梁能承受的 P_{max} 仍为 13.7kN，这时梁仍会突然在跨中断裂，断裂后发现钢筋弯折，但钢筋对梁的承载能力未起作用。

（4）图 6-1d 中梁的配筋同图 6-1c，但钢筋与混凝土浇筑在一起，该梁能承受的 P_{max} 值可达 82.1kN。这时梁虽然不能再增加荷载，但并未断裂，只是受拉区的混凝土出现了众多较宽的竖向裂缝，受压区混凝土出现压碎现象。

（5）图 6-1e 在梁底配置 3ϕ22 纵向钢筋（钢筋截面面积约占混凝土截面面积的 1.5%），钢筋与混凝土浇筑在一起，这时该梁的 P_{max} 达到 88.7kN 时，突然被拉裂，拉裂的原因是由于梁端附近产生了一条主要的斜向裂缝。

（6）图 6-1f 中的梁不仅在梁底配置 3ϕ22 纵向钢筋，同时还沿梁的长度方向上配置等间距的 ϕ6 横向钢筋（即箍筋），此时该梁能承受的 P_{max} 可由 88.7kN 提高到 115.1kN，梁的破坏特征与图 6-1d 类似。

（7）图 6-1g 在梁底配置 2ϕ22 和 2ϕ25 甚至更多的纵向钢筋（钢筋截面面积约占混凝土截面面积的 2.5%，或更大），该梁能承受的 P_{max} = 156.0kN，此后 P_{max} 的值并不因纵向钢筋的增加而增加。这时梁的破坏也是突然断裂，但断裂的原因并不是受拉区的纵向钢筋被拉断，而是受压区的混凝土被压碎。

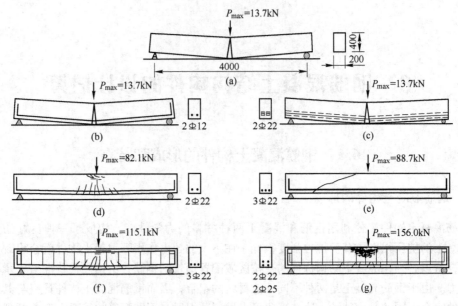

图 6-1　不同配筋情况下梁的承载力

上述七种情况反映了钢筋混凝土构件的受力特点，也说明钢筋混凝土结构构件设计中遇到的四个重要问题：

（1）钢筋和混凝土间必须有良好的粘结。图 6-1 中（c）和（d）的钢筋配置一样，但图 6-1d 中的钢筋与混凝土有良好的粘结，因此其承受的最大荷载明显高于图 6-1c。由此可见钢筋和混凝土间良好的粘结作用对提高整个构件的承载能力是必不可少的。

（2）纵向钢筋的配置必须适量。当纵向钢筋配置量过少时，所配置的钢筋几乎不起作用，如图 6-1b 所示；当纵向钢筋配置量过多时，多配置的钢筋也几乎不起作用，如图 6-1g 所示；只有纵向钢筋配置适量时，所配的钢筋才能提高梁的承载能力，如图 6-1f 所示。这种配筋量适当的梁称为适筋梁，而配筋量过少和过多的梁分别称少筋梁和超筋梁。

（3）必须配置足够量的箍筋，无箍筋的梁虽有一定的承载能力，但却因梁的抗剪能力不足而破坏，如图 6-1e 所示，斜裂缝是梁抗剪能力不足的破坏形态。因而，可以认为箍筋的主要作用是抗剪。

（4）必须防止任何形态的突然破坏，在设计中不允许梁由于任何原因发生突然破坏（如图 6-1a、b、c 的竖向断裂，图 6-1e 的斜向拉裂，图 6-1g 的压碎），因为结构构件在受载情况下的突然破坏，是对使用极大的威胁。

因此，钢筋混凝土梁必须既配置纵向钢筋又配置箍筋，既要保证所配钢筋与混凝土间有良好的粘结性，又要使配筋量适当。

这四个重要问题是所有钢筋混凝土结构构件受力特性的共同问题。本章将结合具体构件讨论。

从上述分析可知图 6-1 中的（d）和（f）是比较理想的钢筋混凝土构件的受力状态。钢筋和混凝土这两种不同性质的材料能够在一起有效地协同工作，主要是因为：（1）混凝土硬化后，钢筋与混凝土接触表面之间存在粘结力，保证在荷载作用下，钢筋与其外围混凝土能够协调变形并进行力和变形的相互传递；（2）钢筋和混凝土的温度线膨胀系数很接近，分别为 $1.2 \times 10^{-5}/℃$ 和 $1.0 \times 10^{-5} \sim 1.5 \times 10^{-5}/℃$，当温度变化时，两者之间不会产生较大的相对变形而使粘结遭到破坏；（3）混凝土裹住钢筋使钢筋不易生锈，亦不致因遭受火灾使钢筋达到软化温度而导致结构破坏，因而钢筋混凝土构件具有耐久性。

6.1.2 钢筋混凝土构件的特点

钢筋混凝土结构构件除上述受力特性外，还有一些与其他建筑材料构件不同的使用特性，主要包括：

（1）钢筋混凝土构件能够根据构件的受力需要配置钢筋，如：可以在弯矩较大的区域配置较多的纵向钢筋，在剪力较大的区域配置较多的箍筋等（图6-2a）；而对于如图6-2b、c所示的工字钢梁和木梁却不容易做到这一点，因而钢筋混凝土构件的用料较为经济。

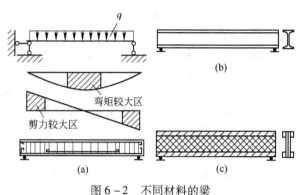

图6-2 不同材料的梁
（a）钢筋混凝土梁；（b）工字钢梁；（c）组合木梁

（2）钢筋混凝土比其他材料更易于做成各种形状的构件，因而，建筑师更喜欢采用钢筋混凝土做出表现建筑需要的结构材料，这在许多著名建筑师如Nervi、Torrja的作品中比比皆是。

（3）钢筋混凝土有较好的耐久性、耐火性、耐磨性，它既不像钢材那样需要考虑防火和防腐蚀问题，也不像木材那样需要考虑防虫问题。

（4）钢筋混凝土的主体材料是混凝土，它用的是地方性材料——砂、石，可以就地取材，因而具有较好的经济性。

钢筋混凝土结构构件的缺点是：自重大（改进措施是采用轻骨料、高强度水泥、预应力混凝土以及薄壳、拱等合理结构形式），抗裂性差（改进措施是采用预应力混凝土），费木模（改进措施是采用工厂预制的装配式构件，或采用钢模，或采用成型的预制塑料模）以及延性差。

一般来说，钢筋混凝土结构的优越性是主要的。钢筋混凝土目前是我国建筑工程中应用最广泛的建筑材料。理解钢筋混凝土结构构件的设计原理，有能力利用简化方法对钢筋混凝土构件进行估算，是一个建筑师完成建筑物设计和建设所必需的。

6.1.3 钢筋与混凝土间的粘结

钢筋与混凝土间的粘结作用是保证钢筋能与混凝土共同受力的基础。前述图6-1c那根混凝土梁，虽然在拉区边缘设置了钢筋，但由于钢筋与混凝土间没有粘结，此梁仍会像素混凝土梁一样地断裂破坏。同样，在一个混凝土块体中虽然埋设了钢筋，如果它们之间没有粘结，不费任何力就可以将钢筋拔出（图6-3a）。但是，如果钢筋与混凝土间有粘结作用，情况就大不一样（图6-3b）。当钢筋的埋置长度较长时，甚至将钢筋拉断

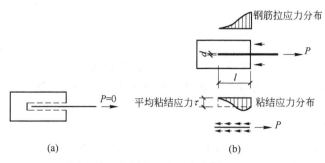

图6-3 钢筋与混凝土粘结抗拔试验
（a）无粘结情况；（b）有粘结情况

也难以从混凝土中拔出。

光圆钢筋与混凝土的粘结作用由三部分力组成：（1）混凝土中水泥凝胶体与钢筋表面的胶着力；（2）混凝土与钢筋接触面上的摩擦力；（3）钢筋表面不平而产生的机械咬合力。

从图 6-3b 所示抗拔试验可知：在构件端部拔出力 P 全部由钢筋承受，其拉应力最大，离端部愈远，钢筋的拉应力愈小。这种应力的变化表明在钢筋与混凝土的接触面上存在粘结应力（实质上是剪应力）。沿钢筋长度方向的拉应力分布和粘结应力分布如图 6-3b 所示。

正是这种粘结应力的存在使钢筋和混凝土能共同变形、共同受力。钢筋埋入混凝土的锚固长度愈长，抵抗拔出力 P 的能力就愈大。当锚固长度长到使拔出力 P 等于钢筋的抗拉极限能力时，就出现钢筋从混凝土中拔出的同时钢筋进入屈服阶段的临界状态。这时，沿钢筋表面粘结应力的平均值 τ_u 称为粘结强度。τ_u 可表示为：

$$\tau_u = A_s f_y / (\pi d l) \qquad (6-1)$$

式中，A_s 为钢筋截面面积；f_y 为钢筋屈服应力；d 为钢筋的直径；l 为钢筋的锚固长度。

光圆钢筋的粘结强度较低，τ_u 约等于 $(0.40 \sim 1.40) f_t$（f_t 为混凝土的抗拉强度），视钢筋锈蚀程度而异。

变形钢筋与混凝土的粘结作用虽然仍由上述三部分力组成，但由于钢筋表面凸出，肋条与混凝土的机械咬合作用显然是主要的，所以变形钢筋的粘结强度显著提高，因而它的锚固长度可以比光圆钢筋短。

从钢筋与混凝土的粘结分析，可以看出以下几个设计中常遇到的问题：

（1）在钢筋和混凝土间可能产生应变差的地方，沿钢筋与混凝土的接触面上必然产生剪应力，正是由于钢筋与混凝土的粘结强度才保证了它们的共同受力。这种钢筋和混凝土间有应变差的地方在实际钢筋混凝土构件中处处存在，例如组合屋架的端节点处、悬臂梁的固端支承处、构件的受剪区段、构件的裂缝间区段等。由此可见，钢筋的锚固长度是保证钢筋充分发挥其强度作用的条件。

（2）光圆钢筋的粘结性能较差，为了保证其在混凝土中的锚固作用，在光圆钢筋的末端必须有弯钩。标准钩要求弯 $180°$，细部尺寸规定如图 6-4a 所示。变形钢筋末端不必设弯钩。

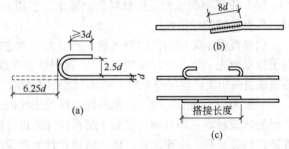

图 6-4 钢筋的端部构造
（a）光圆钢筋标准钩；（b）焊接接头；（c）绑扎搭接接头

（3）对于要求在混凝土中充分发挥其强度作用的受拉钢筋，其锚固长度 l_a 要求按下面公式计算：

普通钢筋 $\qquad\qquad l_a = \alpha \times (f_y / f_t) \times d \qquad (6-2)$

预应力钢筋 $\qquad\qquad l_a = \alpha \times (f_{py} / f_t) \times d \qquad (6-3)$

式中，l_a 为受拉钢筋锚固长度；f_y、f_{py} 分别为普通钢筋、预应力钢筋抗拉强度设计值；f_t 为混凝土轴心抗拉强度设计值；d 为钢筋直径；α 为钢筋外形系数，光圆钢筋 $\alpha = 0.16$；螺纹钢筋 $\alpha = 0.13$。

近似估计时可取 $l_a \approx 35d$（d 为受力钢筋直径）。

（4）钢筋混凝土构件内的钢筋最好不设接头。如因下料长度不够必须设接头时，应优先采用焊接。当无法焊接时，也可采用绑扎搭接接头。在受拉钢筋的绑扎搭接接头处，拉力是由一端钢筋通过粘结力先传给混凝土，然后由混凝土通过粘结力再传给另一端钢筋的。因此，搭接长度范围内是一个高粘结应力区，为可靠起见，受拉钢筋的绑扎搭接长度不宜小于 $45d$。

（5）为了满足粘结、锚固和耐久性的需要，钢筋四周必须裹有足够厚度的混凝土保护层。图 6-5 表示板、墙、梁、柱的混凝土保护层位置。受力钢筋的混凝土保护层厚度与结构的使用环境和混凝土等级有关，见附表 23。一般来说，在露天环境或室内高湿度环境下工作的钢筋混凝土构件，受力钢筋的混凝土保护层厚度应适当增加。

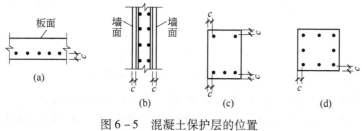

图 6-5　混凝土保护层的位置
（a）板；（b）墙；（c）梁；（d）柱

6.2　钢筋混凝土受弯构件正截面承载力计算

6.2.1　概述

板和梁是钢筋混凝土结构中主要的受弯构件，是组成工程结构的基本构件，所受的内力是弯矩和剪力，有时还有扭矩。本节主要讨论简支梁、板的设计估算，至于连续梁、板的设计估算将在 6.5 节讨论。

受弯构件按截面所配纵筋的情况，分为单筋截面和双筋截面。单筋截面是仅在截面的受拉区配置纵筋，双筋截面是在截面的受拉区、受压区均配置纵筋。

在单筋截面中，受拉区钢筋配置的多少是以配筋率表示的。配筋率是指受拉钢筋截面面积 A_s 与梁的全截面面积 bh 的比值，常以 ρ 表示，即：

$$\rho = \frac{A_s}{bh} \tag{6-4}$$

试验结果表明，当梁的截面尺寸和材料强度一定时，若改变配筋率，不仅梁的承载力会发生变化，而且梁在破坏阶段的受力性能也会发生变化。

6.2.2　矩形截面梁的加载试验

为了研究梁在荷载作用下正截面受力和变形的变化规律，确定梁的正截面受弯承载力，以纵向受拉钢筋的配置量过少、适当、过多三种情况的简支梁为例进行试验，在该梁跨度的三分点处施加一对对称的集中力 P，因而梁的中间区段为纯弯区段（剪力为 0）。试验简图如图 6-6 所示。

根据不同配筋量的梁的试验结果表明：

（1）适筋梁在加载初期跨中弯矩很小（M_I）时，整个截面参与受力，梁就像弹性匀质材料梁一样工作，这个阶段称为第 I 阶段，即弹性工作阶段。当梁的受拉边缘混凝土拉应力达到极限拉应力 f_t 时，拉区混凝土即将开裂，截面承受的弯矩值为 M_{Ia}，称第 I 阶段。当跨中截面弯矩稍大于 M_{Ia}，拉区混凝土因开裂退出工作，它所负担的拉力传给钢筋，这个阶段称为第 II 阶段，即带裂缝工作阶段，也是钢筋混凝土梁在使用状态下的工作阶段。随着荷载继续增

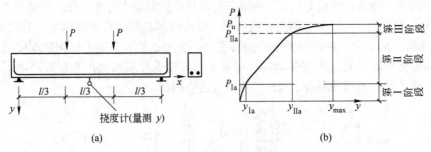

图 6-6 钢筋混凝土简支梁试验

(a) 试验加载情况；(b) 荷载-挠度曲线

加，钢筋应力首先到达屈服应力，称为第 II_a 阶段，这时压区混凝土尚未压坏，梁还能继续加载。此后，在荷载有少许增加的情况下，梁的中和轴急剧上移，梁中裂缝明显增宽并迅速向梁顶发展，受压边缘的混凝土压应变显著增大；当该压应变达到混凝土的极限压应变（约为 0.003 ~ 0.004）时，压区混凝土出现纵向水平裂缝，混凝土被压碎而发生截面破坏。这个阶段称为第 III 阶段，也称破坏阶段。

由此可见，适筋梁的破坏过程经历了 I、II、III 三个阶段。拉区混凝土开裂是 I、II 阶段的界限；钢筋屈服是 II、III 阶段的界限。适筋梁的破坏特征首先是受拉混凝土开裂，然后拉区纵向钢筋屈服，最后受压区边缘混凝土到达极限压应变 ε_u 而发生压碎破坏。这种破坏以裂缝的加宽和挠度的急剧发展作为预兆，能引起人们的注意，具有塑性破坏的特性。

（2）少筋梁由于纵向钢筋配置过少，以致只要拉区混凝土一开裂，裂缝处钢筋的应力突然增大，达到并超过屈服应力，接着梁因压区混凝土到达极限压应变或因钢筋被拉断而破坏。这种破坏具有脆性破坏的性质。少筋梁的承载力和素混凝土梁差不多，也是不安全的。因此，在工程上也不允许采用少筋梁，在正截面的强度计算中以最小配筋率 ρ_{min} 来加以限制。

（3）超筋梁由于纵向钢筋配置过多，以致在受压区混凝土边缘到达极限压应变 ε_u 而压碎时，钢筋尚未屈服。截面破坏前拉区混凝土裂缝仍很微细，梁的挠度不大，无明显的破坏预兆作为警告，因而破坏具有脆性破坏的性质。在工程中不允许采用超筋梁，在承载力计算中为保证钢筋用量适当，采用最大配筋率 ρ_{max} 加以限制。

6.2.3　单筋矩形截面受弯构件正截面承载力计算

6.2.3.1　基本假定

钢筋混凝土受弯构件的正截面承载力计算是以适筋梁在破坏时的应力状态为依据的，为便于承载力计算，须作如下假定：

（1）构件正截面弯曲变形后仍保持平面，即平截面假定；

（2）不考虑截面受拉区混凝土承受的拉力，即不考虑混凝土的抗拉强度；

（3）受压区混凝土的应力图形简化为等效的矩形应力图形，矩形应力图形的受压区高度 x 可取根据截面应变保持平截面的假定所确定的中和轴高度 x_0 乘以系数 β_1 而得到，即 $x = \beta_1 x_0$。当混凝土强度等级不超过 C50 时，β_1 取为 0.8，当混凝土强度等级为 C80 时，β_1 取为 0.74，其间按线性内插法确定。

混凝土受压应力-应变关系曲线按下列规定采用（图 6-7a）：

当 $\varepsilon_c \leqslant \varepsilon_0$ 时（上升段） $\qquad \sigma_c = f_c \left[1 - \left(1 - \dfrac{\varepsilon_c}{\varepsilon_0} \right)^n \right]$ (6-5)

当 $\varepsilon_0 < \varepsilon_c \leqslant \varepsilon_{cu}$ 时（水平段） $\sigma_c = f_c$ (6-6)

式中，参数 n、ε_0、ε_{cu} 取值如下：

$$n = 2 - \frac{1}{60}(f_{cu,k} - 50) \leqslant 2.0 \tag{6-7}$$

$$\varepsilon_0 = 0.002 + 0.5 \times (f_{cu,k} - 50) \times 10^{-5} \geqslant 0.002 \tag{6-8}$$

$$\varepsilon_{cu} = 0.0033 - 0.5 \times (f_{cu,k} - 50) \times 10^{-5} \leqslant 0.0033 \tag{6-9}$$

式中，$f_{cu,k}$ 为混凝土立方体抗压强度标准值。

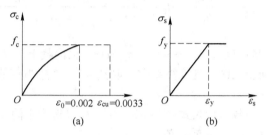

图 6-7   混凝土和钢筋的应力-应变关系曲线

（4）纵向钢筋的应力取等于钢筋应变与其弹性模量的乘积，但其绝对值不应大于其相应的强度设计值（图 6-7b）。受拉钢筋的极限拉应变取 0.01。

根据上述四点假定，可得到单筋矩形截面的应力、应变分布图形如图 6-8 所示。

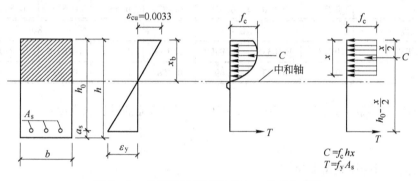

图 6-8   单筋矩形截面的应力、应变分布图

6.2.3.2   受弯承载力的基本方程

根据图 6-7 中等效的力学分析模式可以得到力的平衡关系如下：

$$\alpha_1 f_c bx = f_y A_s \tag{6-10}$$

根据力矩的平衡，对受拉钢筋的合力作用点取矩为：

$$M = \alpha_1 f_c bx \left(h_0 - \frac{x}{2} \right) \tag{6-11}$$

或对受压混凝土的合力作用点取矩为：

$$M = f_y A_s \left(h_0 - \frac{x}{2} \right) \tag{6-12}$$

式中，f_c 为混凝土抗压强度设计值；A_s 为受拉区纵向普通钢筋截面面积；b 为矩形截面的宽度或 T 形截面的腹板宽度；x 为等效矩形应力图形的混凝土受压区高度；h_0 为截面有效高度，$h_0 = h - a_s$，h 为截面高度，a_s 为纵向受拉钢筋合力点到截面受压边缘的距离；近似地，当为一层钢筋时，$a_s = 35\text{mm}$；当为两层钢筋时，$a_s = 60\text{mm}$；α_1 为当混凝土强度等级不超过 C50 时，

$\alpha_1 = 1.0$，当混凝土强度等级为 C80 时，$\alpha_1 = 0.94$，其间按线性内插法确定。

6.2.3.3 界限相对受压区高度和最大配筋率 ρ_{max}

对于钢筋和混凝土强度都已经确定的梁，总会有一个特定的配筋率 ρ，使得受拉钢筋的屈服与受压区混凝土的破坏同时发生，通常这种梁的破坏状态称为"界限破坏"。这时破坏截面的受压区高度称为界限受压区高度。对于配置有明显屈服点钢筋的钢筋混凝土构件，这时相对受压区高度用 ξ_b 表示（亦称为界限相对受压区高度），可按以下公式计算：

$$\xi_b = \frac{x_b}{h_0} = \frac{\beta_1 x_0}{h_0} = \beta_1 \frac{\varepsilon_{cu}}{\varepsilon_{cu} + \varepsilon_s} = \frac{\beta_1}{1 + \dfrac{\varepsilon_s}{\varepsilon_{cu}}} = \frac{\beta_1}{1 + \dfrac{f_y}{\varepsilon_{cu} E_s}} \qquad (6-13)$$

式中，ξ_b 为相对界限受压区高度（见表 6-1）；ε_{cu} 为正截面混凝土的极限应变值，按式（6-9）取用；β_1 为等效矩形截面受压区高度换算系数，取 $\beta_1 = 0.8$；f_y 为钢筋的抗拉强度设计值；E_s 为钢筋的弹性模量。

若将 ε_{cu}、β_1、f_y、E_s 的数值代入式（6-13）中，可以得到不同混凝土等级和相应钢筋级别的热轧钢筋的界限相对受压区高度 ξ_b 值。

表 6-1　钢筋混凝土构件相对界限受压区高度 ξ_b

混凝土强度等级	≤C50				C60			
钢筋级别	HPB300	HRB335	HRB400	HRB500	HPB300	HRB335	HRB400	HRB500
ξ_b	0.576	0.550	0.518	0.482	0.562	0.536	0.505	0.470
混凝土强度等级	C70				C80			
钢筋级别	HPB300	HRB335	HRB400	HRB500	HPB300	HRB335	HRB400	HRB500
ξ_b	0.547	0.523	0.492	0.458	0.533	0.493	0.463	0.446

根据单筋矩形截面力的平衡关系式（6-10），可得截面的受压区高度：

$$x = \frac{f_y A_s}{\alpha_1 f_c b} \qquad (6-14)$$

故截面的相对受压区高度为：

$$\xi = \frac{x}{h_0} = \frac{f_y A_s}{\alpha_1 f_c b h_0} = \rho \cdot \frac{f_y}{\alpha_1 f_c} \qquad (6-15)$$

当 $\xi = \xi_b$ 时，相应的配筋率即为最大配筋率 ρ_{max}，将上式变形后，可求得相应于 $x = x_b$ 的界限配筋率 ρ_b（亦称最大配筋率 ρ_{max}），即：

$$\rho_{max} = \xi_b \cdot \frac{\alpha_1 f_c}{f_y} \qquad (6-16)$$

从式（6-16）可知，钢筋混凝土受弯构件的最大配筋率 ρ_{max} 与混凝土强度等级和钢筋级别有关。

6.2.3.4 最小配筋率 ρ_{min}

钢筋混凝土受弯构件中，纵向受力钢筋的最小配筋率 ρ_{min} 是根据钢筋混凝土构件出现少筋破坏特征时，截面所能承受的弯矩确定的。为了防止梁"一裂即坏"，适筋梁的配筋率应大于 ρ_{min}。《混凝土结构设计规范》（GB 50010—2010，以下简称《规范》）对最小配筋率 ρ_{min}（%）的规定如下：

受弯的梁类构件，其一侧纵向受拉钢筋的配筋百分率不应小于 $45 f_t / f_y$，同时不应小于 0.2；

板类受弯构件（不包括悬臂板）的受拉钢筋，当采用 400MPa、500MPa 的钢筋时，其配筋百分率应允许采用 0.15 和 $45f_t/f_y$ 中的较大值。

其他受力构件中纵筋的最小配筋率具体见附表 24。

6.2.3.5　单筋矩形截面正截面承载力配筋计算

A　计算公式

单筋矩形截面受弯构件的受弯承载力的计算公式可由受弯承载力的平衡条件求得，见式 (6-10) ~ 式 (6-12)。

B　公式适用条件

为了避免超筋梁的出现，保证所设计的梁满足适筋梁的破坏条件，上述基本计算公式必须满足下列条件：

$$\rho \leqslant \rho_{max} \tag{6-17}$$

或

$$x \leqslant x_b = \xi_b h_0 \tag{6-18}$$

第一个条件 $\rho \leqslant \rho_{max}$，即最大配筋率的限制条件。试验结果表明，梁的承载力在 ρ 低于 ρ_{max} 时，随着配筋率的增加而提高，当 ρ 达到 ρ_{max} 时，再继续增加配筋，梁的承载力并不再随着配筋率的增加而提高。

若以适筋梁混凝土受压区高度 x 的最大限值 $x_b = \xi_b h_0$ 代入式 (6-11)，则可确定适筋梁的最大弯矩承载力：

$$M_{u,max} = \alpha_1 f_c b \xi_b h_0^2 \left(1 - \frac{\xi_b}{2}\right) \tag{6-19}$$

为了防止少筋破坏的形式，受弯构件的 ρ 值尚不应小于最小配筋率 ρ_{min}，即：

$$A_s \geqslant A_{s,min} = 0.45 \frac{f_t}{f_y} bh \tag{6-20}$$

且

$$A_s \geqslant A_{s,min} = 0.2\% bh \text{（梁类构件）} \tag{6-21}$$

6.2.3.6　表格法介绍

利用式 (6-10)、式 (6-11) 求纵向受拉钢筋面积时，为了求出受压区高度，需解有关 x 的二次方程。计算工作量较大，为了便于公式的应用，可利用表格法解题。

由式 (6-11) 得：

$$\begin{aligned} M &= \alpha_1 f_c bx\left(h_0 - \frac{x}{2}\right) = \alpha f_c b h_0^2 \cdot \frac{x}{h_0}\left(1 - 0.5\frac{x}{h_0}\right) \\ &= \alpha_1 f_c b h_0^2 \xi(1 - 0.5\xi) \end{aligned} \tag{6-22}$$

令式 (6-22) 中：

$$\alpha_s = \xi(1 - 0.5\xi) \tag{6-23}$$

则得：

$$\alpha_s = \frac{M}{\alpha_1 f_c b h_0^2} \tag{6-24}$$

由式 (6-12) 得：

$$M = f_y A_s \left(h_0 - \frac{x}{2}\right) = f_y A_s (1 - 0.5\xi) h_0 = f_y A_s \gamma_s h_0 \tag{6-25}$$

上式中令：

$$\gamma_s = 1 - 0.5\xi \tag{6-26}$$

故

$$A_s = \frac{M}{\gamma_s h_0 f_y} \tag{6-27}$$

或

$$A_s = \rho b h_0 = \xi \frac{\alpha_1 f_c b h_0}{f_y} \tag{6-28}$$

根据式（6-23）和式（6-26）可以写出用 α_s 表示的 γ_s、ξ 的表达式如下：

$$\xi = 1 - \sqrt{1 - 2\alpha_s} \tag{6-29}$$

$$\gamma_s = \frac{1 + \sqrt{1 - 2\alpha_s}}{2} \tag{6-30}$$

关于 α_s、γ_s、ξ 三者间的关系，可以根据公式计算，也有根据公式计算的结果制成表格（附表25）供查阅。

【例 6-1】钢筋混凝土梁矩形截面尺寸 $b \times h = 250\text{mm} \times 500\text{mm}$，$a_s = 35\text{mm}$，承受弯矩设计值为 $M = 170\text{kN} \cdot \text{m}$，选用 HRB400 级钢筋，混凝土强度等级为 C30，求受拉钢筋截面面积。

解： 查附表16得，混凝土强度设计值：$f_c = 14.3\text{N/mm}^2$，$\alpha_1 = 1.0$。

查附表11得，HRB400 级钢筋抗拉强度设计值：$f_y = 360\text{N/mm}^2$

截面有效高度 $h_0 = 500 - 35 = 465\text{mm}$

$$\alpha_s = \frac{M}{\alpha_1 f_c b h_0^2} = \frac{1.7 \times 10^8}{1.0 \times 14.3 \times 250 \times 465^2} = 0.220$$

得

$$\gamma_s = 0.874$$

$$A_s = \frac{M}{\gamma_s h_0 f_y} = \frac{1.7 \times 10^8}{0.874 \times 465 \times 360} = 1162\text{mm}^2$$

选用 4 Φ 20（$A_s = 1256\text{mm}^2$）

适用条件验算：

$$\xi = \rho \cdot \frac{f_y}{\alpha_1 f_c} = \frac{1256}{250 \times 465} \times \frac{360}{1.0 \times 14.3} = 0.272 < \xi_b = 0.518$$

$$A_{s,\min} = 0.45 \frac{f_t}{f_y} b h = \frac{0.45 \times 1.43}{360} \times 250 \times 465 = 208\text{mm}^2 < A_s = 1256\text{mm}^2$$

$$A_{s,\min} = \rho b h_0 = 0.002 \times 250 \times 465 = 232.5\text{mm}^2 < A_s = 1256\text{mm}^2$$

【例 6-2】已知某沟盖板（图6-9a），板宽 $b = 500\text{mm}$，净跨 $l_0 = 2000\text{mm}$，两端支承在砖墙上，支承长度 110mm，采用 C20 混凝土，HPB300 级钢筋。板上地面抹灰（水泥砂浆）20mm，地面活荷载 2.5kN/m^2，求板厚及纵向受力钢筋的配置。

解：

1. 估计板厚

$h = l_0/35 = 2000/35 = 57.14\text{mm}$，

取 $h = 70\text{mm}$，$h_0 = 70 - 20 = 50\text{mm}$，$b = 500\text{mm}$，$l = l_0 + 2 \times (h/2) = 2070\text{mm} = 2.07\text{m}$。

2. 荷载及内力计算

荷载：

板自重　　$0.07 \times 25 = 1.75\text{kN/m}^2$

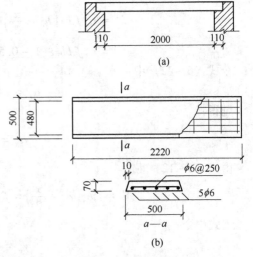

图 6-9　某沟盖板

地面抹灰　$0.02 \times 20 = 0.40 kN/m^2$

恒载　　　$g_k = 2.15 kN/m^2$，$\gamma_G = 1.2$

活荷载　　$q_k = 2.5 kN/m^2$，$\gamma_Q = 1.4$

则每延长米作用于板的均布荷载设计值 $p = 0.50 \times (1.2 \times 2.15 + 1.4 \times 2.5) = 3.04 kN/m$

（此处 0.50m 为板宽）

$$M_{max} = pl^2/8 = 3.04 \times 2.07^2/8 = 1.63 kN \cdot m$$

3. 求 A_s

$$\alpha_s = 1.63 \times 10^6/(9.6 \times 500 \times 50^2) = 0.1$$

$$\gamma_s = 0.947$$

$$A_s = 1.63 \times 10^6/(270 \times 0.947 \times 50) = 127.48 mm^2$$

选用 $5\phi6$，$A_s = 142 mm^2$，满足要求。

作配筋草图如图 6-9b 所示，为了固定纵向受力筋，需要在其垂直方向设置 $\phi6@250$ 构造筋，不必计算。

6.2.4　双筋矩形截面受弯构件正截面承载力计算

当梁承受的弯矩很大，同时梁截面尺寸受到使用上的限制而不能加大，并且混凝土强度等级也不能提高时，若仍采用单筋矩形截面，则无法保证梁截面的相对受压区高度 $\xi \leq \xi_b$，从而造成超筋现象。为了避免超筋梁的出现，这时可在截面的受压区设置受压钢筋来帮助混凝土承受压力。这种在受拉区和受压区均布置纵向受力钢筋的梁称为双筋梁。另外，某些构件截面需要承受正、负弯矩作用时，也需要采用双筋截面。

在设计双筋截面时，必须注意在构造上设置闭合箍筋，其间距一般不超过受压钢筋直径的15 倍，或 400mm，同时箍筋直径不小于受压钢筋直径的 1/4。以防止纵向受压钢筋被压屈，引起混凝土保护层剥落。

6.2.4.1　基本计算公式

双筋截面梁进行承载力计算时，通常认为梁破坏时的受力特点与单筋截面适筋梁的破坏特征相似，但对于双筋截面梁在构件达到极限承载力时，受压钢筋的应力应达到钢筋的抗压强度设计值。双筋截面梁受弯承载力的计算简图如图 6-10 所示。

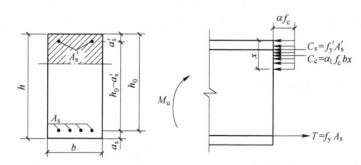

图 6-10　双筋矩形截面梁受力计算简图

根据图 6-10，由平衡条件可写出下列基本公式：

由水平力平衡得：

$$\alpha_1 f_c bx + f'_y A'_s = f_y A_s \tag{6-31}$$

由所有的力对受拉钢筋合力作用点取矩得：

$$M = \alpha_1 f_c bx \left(h_0 - \frac{x}{2} \right) + f'_y A'_s (h_0 - a'_s) \qquad (6-32)$$

式中，f'_y 为钢筋的抗压强度设计值，按附表 11 取用；A'_s 为纵向受压钢筋的截面面积；A_s 为纵向受拉钢筋的截面面积；a'_s 为纵向受拉钢筋合力点到截面受压边缘的距离；其他符号意义同前。

为了计算方便，常把双筋截面所承受的弯矩设计值 M 看作由两部分所组成：一部分是 M_1，由受压区混凝土与相应的一部分受拉钢筋 A_{s1} 所承担；另一部分是 M_2，由受压钢筋 A'_s 和另一部分受拉钢筋 A_{s2} 所承担（图 6-11）。

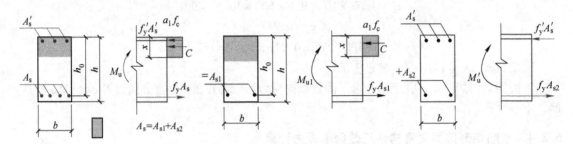

图 6-11　双筋矩形截面梁承载力计算

由图 6-11 可以看出，双筋截面所承受的弯矩设计值为两部分之和，即：

$$M = M_1 + M_2 \qquad (6-33)$$

所需受拉钢筋的总量：

$$A_s = A_{s1} + A_{s2} \qquad (6-34)$$

根据平衡条件，对两部分可以分别写出计算公式如下：
第一部分：

$$\alpha_1 f_c bx = f_y A_{s1} \qquad (6-35)$$

$$M_1 = \alpha_1 f_c bx \left(h_0 - \frac{x}{2} \right) \qquad (6-36)$$

第二部分：

$$f'_y A'_s = f_y A_{s2} \qquad (6-37)$$

$$M_2 = f'_y A'_s (h_0 - a'_s) \qquad (6-38)$$

将式（6-35）和式（6-37）叠加即可得式（6-31），将式（6-36）和式（6-38）叠加即可得式（6-32）。

6.2.4.2　适用条件

为了防止构件发生超筋破坏，应满足：

$$x \leqslant \xi_b h_0 \qquad (6-39)$$

或

$$\rho_1 = \frac{A_{s1}}{bh_0} \leqslant \xi_b \cdot \frac{\alpha_1 f_c}{f_y} \qquad (6-40)$$

为了保证受压钢筋在构件破坏时能达到屈服强度，则受压区高度应满足：

$$x \geqslant 2a'_s \qquad (6-41)$$

或

$$z \leqslant h_0 - a'_s \qquad (6-42)$$

式中，z 为受压区混凝土合力与受拉钢筋合力之间的内力偶臂。

在实际设计中，当 $x < 2a'_s$ 时，可近似取 $x = 2a'_s$，此时，可对受压钢筋的合力作用点取矩，计算截面所能承受的弯矩设计值，即弯矩的平衡方程式为：

$$M = f_y A_s (h_0 - a'_s) \tag{6-43}$$

【例6-3】钢筋混凝土梁矩形截面尺寸 $b \times h = 200\text{mm} \times 450\text{mm}$，承受弯矩设计值为 $M = 174\text{kN} \cdot \text{m}$，选用 HRB400 级钢筋，混凝土强度等级为 C25，计算该梁截面配筋。

解： C25 混凝土强度设计值：$f_c = 11.9\text{N/mm}^2$，$\alpha_1 = 1.0$。

HRB400 级钢筋抗拉强度设计值：$f_y = f'_y = 360\text{N/mm}^2$

1. 验算是否需用双筋截面梁

由于弯矩设计值较大，预计钢筋需布置成两层，故取 $h_0 = 450 - 60 = 390\text{mm}$。查表6-1得，$\xi_b = 0.518$。

根据式（6-19），单筋矩形截面梁所能承受的最大弯矩设计值为：

$$M_{u,max} = \alpha_1 f_c b \xi_b h_0^2 \left(1 - \frac{\xi_b}{2}\right) = 1.0 \times 11.9 \times 200 \times 390^2 \times 0.518 \times (1 - 0.5 \times 0.518)$$

$$= 138.95\text{kN} \cdot \text{m} < 174\text{kN} \cdot \text{m}$$

说明需要采用双筋截面。

2. 计算受压钢筋面积

受压钢筋配成单排，为了使总的用钢量达到最少，应充分利用受压混凝土的抗压承载力，所以应取：$\xi = \xi_b = 0.518$，按式（6-32）可得：

$$A'_s = \frac{M - \alpha_1 f_c b \xi_b h_0^2 (1 - 0.5\xi_b)}{f'_y (h_0 - a'_s)}$$

$$= \frac{1.74 \times 10^8 - 1.0 \times 11.9 \times 200 \times 390^2 \times 0.518 \times (1 - 0.5 \times 0.518)}{360 \times (390 - 35)} = 274.3\text{mm}^2$$

按式（6-31）求受拉钢筋总面积：

$$A_s = \frac{\alpha_1 f_c b \xi_b h_0 + f'_y A'_s}{f_y} = \frac{1.0 \times 11.9 \times 200 \times 390 \times 0.518 + 360 \times 274}{360} = 1609.6\text{mm}^2$$

【例6-4】已知条件同例6-3，但已配置受压钢筋 3Φ20（$A'_s = 942\text{mm}^2$）的 HRB400 级钢筋，试计算所需受拉钢筋。

解： 由式（6-38）得：

$$M_2 = f'_y A'_s (h_0 - a'_s) = 360 \times 942 \times (390 - 35) = 120.36\text{kN} \cdot \text{m}$$

$$M_1 = M - M_2 = 174.0 - 120.36 = 53.64\text{kN} \cdot \text{m}$$

由式（6-24）得：

$$\alpha_{s1} = \frac{53640000}{1.0 \times 200 \times 390^2 \times 11.9} = 0.148$$

$$\gamma_s = \frac{1 + \sqrt{1 - 2\alpha_s}}{2} = \frac{1 + \sqrt{1 - 2 \times 0.148}}{2} = 0.92$$

由式（6-27）得：

$$A_{s1} = \frac{53640000}{360 \times 0.920 \times 390} = 415.27\text{mm}^2$$

$$A_s = A'_s + A_{s1} = 942 + 415.27 = 1357.27\text{mm}^2$$

6.2.5　单筋 T 形截面受弯构件正截面承载力计算

6.2.5.1　概述

在分析矩形截面受弯构件的承载力时，受弯承载力计算中不考虑受拉混凝土的抗拉作用，如果将受拉区混凝土减少一部分形成 T 形截面，则不仅可节约混凝土用量又可减轻构件自重。因此，T 形截面是工程中应用最多的截面形式。如现浇楼盖中的次、主梁、预制槽形板、预制空心板、屋面大梁、工业厂房的吊车梁等都是 T 形截面梁的典型例子（图 6 – 12b ~ f，其中（b）的 2—2 截面为矩形截面）。

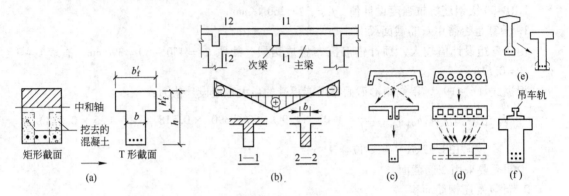

图 6 – 12　T 形截面梁

（a）矩形→T 形截面；（b）现浇次、主梁；（c）槽形板；（d）空心板；（e）屋面大梁；（f）吊车梁

　　T 形截面梁由腹板和翼缘两部分组成，T 形截面顶部称为翼缘，中间部分称为肋，肋的宽度以 b 表示，位于截面受压区的翼缘宽度及厚度分别以 b_f' 及 h_f' 表示，截面高度以 h 表示。T 形截面主要依靠混凝土翼缘承担压力，钢筋承担拉力，通过腹板将受压区混凝土和受拉钢筋联系在一起，共同工作。工字形截面位于受拉区的翼缘混凝土的作用通常忽略不计（图 6 – 12e），因而也按 T 形截面计算。T 形截面连续梁的跨中截面（图 6 – 12b 的 1—1 截面）承受正弯矩，翼缘位于受压区，应按 T 形截面计算，而支座截面（图 6 – 12b 的 2—2 截面）承受负弯矩，翼缘位于受拉区，则应按宽度为 b 的矩形截面计算。

　　显然，T 形截面因翼缘宽度增大，可使混凝土受压区高度减小，内力臂增大，所需纵向配筋量减少。但是，能参与肋部共同工作的翼缘宽度是有限的，翼缘距肋部愈远的部分参与受力的程度愈小，计算时为了简化，只假定一定范围内的翼缘全部参与工作，这个范围的宽度称为翼缘计算宽度 b_f'（图 6 – 13a）。

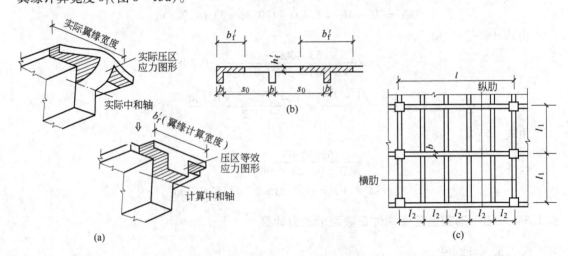

图 6 – 13　T 形截面的翼缘计算宽度

考虑翼缘厚度、梁的跨度、独立梁或连续梁等主要影响因素，《规范》给出了有效翼缘宽度的取值方法见表 6-2。计算时，应取表中三项计算结果的最小值。

表 6-2　T 形、I 形及倒 L 形截面受弯构件有效翼缘计算宽度 b'_f

情　　况		T 形、I 形截面		倒 L 形截面
		肋形梁（板）	独立梁	肋形梁（板）
按计算跨度 l_0 考虑		$l_0/3$	$l_0/3$	$l_0/6$
按梁（肋）净距 s_n 考虑		$b+s_n$	—	$b+s_n/2$
按翼缘高度 h'_f 考虑	$h'_f/h_0 \geq 0.1$	—	$b+12h'_f$	—
	$0.1 > h'_f/h_0 \geq 0.05$	$b+12h'_f$	$b+6h'_f$	$b+5h'_f$
	$h'_f/h_0 < 0.05$	$b+12h'_f$	b	$b+5h'_f$

6.2.5.2　两类 T 形截面的判别条件

为了计算方便，根据截面混凝土受压区高度的不同，亦即根据中和轴所在的位置，可将 T 形截面分为两类："第一类 T 形截面"（即中和轴位于翼缘内，受压区高度 $x \leq h'_f$，h'_f 为翼缘高度，此时受压区应力图形为矩形）和"第二类 T 形截面"（即中和轴位于腹板内，受压区高度 $x > h'_f$，受压区应力图形为 T 形）。

为了确定两类 T 形截面的判别条件，首先分析中和轴恰好位于翼缘下边缘的临界状态，即取 $x = h'_f$，在此状态时由力的平衡条件可得：

$$\alpha_1 f_c b'_f h'_f = f_y A_s \tag{6-44}$$

根据力矩的平衡，所有的力对受拉钢筋的合力作用点取矩：

$$M = \alpha_1 f_c b'_f h'_f \left(h_0 - \frac{h'_f}{2} \right) \tag{6-45}$$

式中，h'_f 为 T 形截面受弯构件受压区翼缘的高度；b'_f 为 T 形截面受弯构件受压区翼缘的宽度。

在进行截面设计时，构件承受的弯矩设计值为已知，则可利用下列判别条件：

当 $M \leq \alpha_1 f_c b h'_f \left(h_0 - \dfrac{h'_f}{2} \right)$ 时，为第一类 T 形截面；

当 $M > \alpha_1 f_c b h'_f \left(h_0 - \dfrac{h'_f}{2} \right)$ 时，为第二类 T 形截面。

在进行承载力校核时，通常材料性质和截面配筋已经确定，即 α_1、f_c、f_y、A_s 为已知，其判别条件为：

当 $f_y A_s \leq \alpha_1 f_c b'_f h'_f$ 时，为第一类 T 形截面；

当 $f_y A_s > \alpha_1 f_c b'_f h'_f$ 时，为第二类 T 形截面。

6.2.5.3　基本计算公式

A　第一类 T 形截面的基本公式及适用条件

T 形截面受压区很大，混凝土足以承担压力，一般不需要设置受压钢筋，所以 T 形截面一般情况下为单筋截面。根据第一类 T 形截面（受压区高度 $x \leq h'_f$）的受力计算简图（图 6-14），可以写出截面的基本计算公式。

由水平力的平衡可得：

$$\alpha_1 f_c b'_f x = f_y A_s \tag{6-46}$$

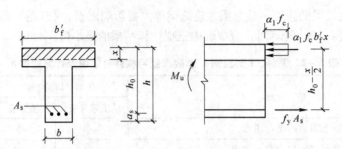

图 6-14　第一类 T 形截面

根据力矩的平衡，所有的力对受拉钢筋的合力作用点取矩为：

$$M = \alpha_1 f_c b'_f x \left(h_0 - \frac{x}{2} \right) \tag{6-47}$$

上述两式必须满足下列适用条件：

对于第一类 T 形截面计算公式的适用条件，亦应满足 $\rho \leqslant \rho_{max}$ 的要求。但因第一类 T 形截面受压区高度 $x \leqslant h'_f$，一般均能满足 $\rho \leqslant \rho_{max}$ 的条件，故可不进行验算。在验算 $\rho \geqslant \rho_{min}$ 时，受拉钢筋的配筋率应按全截面面积扣除受压翼缘面积后的截面面积计算，即 $\rho = A_s / (bh)$。

　　B　第二类 T 形截面的基本公式及适用条件

根据第二类 T 形截面的计算简图（图 6-15），其计算公式亦可由平衡条件求得。

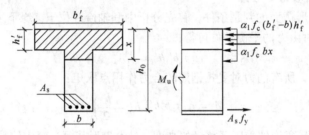

图 6-15　第二类 T 形截面

由水平力的平衡得：

$$\alpha_1 f_c h'_f (b'_f - b) + \alpha_1 f_c bx = f_y A_s \tag{6-48}$$

根据力矩的平衡，所有力对受拉钢筋的合力作用点取矩为：

$$M = \alpha_1 f_c (b'_f - b) h'_f \left(h_0 - \frac{h'_f}{2} \right) + \alpha_1 f_c bx \left(h_0 - \frac{x}{2} \right) \tag{6-49}$$

上述计算公式，必须满足下列适用条件：

对于第二类 T 形截面计算公式的适用条件，亦应满足 $\rho \leqslant \rho_{max}$ 的要求，即要求受压区高度 $x \leqslant \xi_b h_0$，以保证受拉钢筋在构件达到破坏时能够屈服。

对于第二类 T 形截面 $\rho \geqslant \rho_{min}$ 的条件一般均能满足，可不必验算。

【例 6-5】钢筋混凝土梁 T 形截面尺寸 $b \times h = 300mm \times 700mm$，$b'_f = 600mm$，$h'_f = 120mm$，承受弯矩设计值为 $M = 174kN \cdot m$，选用 HRB400 级钢筋，混凝土强度等级为 C30，计算该梁截面配筋。

　　解：C30 混凝土强度设计值：$f_c = 14.3N/mm^2$，$\alpha_1 = 1.0$。

HRB400 级钢筋抗拉强度设计值：$f_y = f'_y = 360N/mm^2$。

由于弯矩设计值较大，预计钢筋需布置成两层，故取 $h_0 = 700 - 60 = 640mm$。

$$\alpha_1 f_c b'_f h'_f \left(h_0 - \frac{h'_f}{2} \right) = 1.0 \times 14.3 \times 600 \times 120 \times \left(640 - \frac{120}{2} \right) = 597.2 \times 10^6 \mathrm{N \cdot mm} < 650 \times 10^6 \mathrm{N \cdot mm}$$

属于第二类 T 形截面。

$$M_1 = \alpha_1 f_c (b'_f - b) h'_f \left(h_0 - \frac{h'_f}{2} \right) = 1.0 \times 14.3 \times (600 - 300) \times 120 \times \left(640 - \frac{120}{2} \right)$$

$$= 298.6 \times 10^6 \mathrm{N \cdot mm}$$

$$M_2 = M - M_1 = 650 \times 10^6 - 298.6 \times 10^6 = 351.4 \times 10^6 \mathrm{N \cdot mm}$$

$$\alpha_s = \frac{M_2}{\alpha_1 f_c b h_0} = \frac{351.4 \times 10^6}{1.0 \times 14.3 \times 360 \times 640^2} = 0.1667$$

$$\xi = 1 - \sqrt{1 - 2\alpha_s} = 0.1835 < \xi_b = 0.518$$

$$\gamma_s = 0.5 \times (1 + \sqrt{1 - 2\alpha_s}) = 0.908$$

$$A_{s2} = \frac{M_2}{f_y \gamma_s h_0} = \frac{351.4 \times 10^6}{360 \times 0.908 \times 640} = 1680 \mathrm{mm}^2$$

$$A_{s1} = \frac{\alpha_1 f_c (b'_f - b) h'_f}{f_y} = \frac{1.0 \times 14.3 \times (600 - 300) \times 120}{360} = 1430 \mathrm{mm}^2$$

$$A_s = A_{s1} + A_{s2} = 1680 + 1430 = 3110 \mathrm{mm}^2$$

【例 6 – 6】 已知 T 形截面梁 $b = 250\mathrm{mm}$，$h = 800\mathrm{mm}$，$h'_f = 100\mathrm{mm}$，跨度 $l = 10\mathrm{m}$，间距 4m，净距 $S_n = 3.75\mathrm{m}$，承受由荷载设计值算得的弯矩 $M = 400\mathrm{kN \cdot m}$。若混凝土采用 C20，$f_c = 9.6\mathrm{N/mm}^2$，钢筋采用 HRB400 级钢筋，$f_y = 360\mathrm{N/mm}^2$，求所需纵向受拉钢筋截面面积 A_s。

解:

1. 确定翼缘计算宽度 b'_f

设 $h_0 = 800 - 60 = 740\mathrm{mm}$，查表 6 – 2 得 $h'_f/h_0 = 100/740 = 0.135 > 0.1$，$l/3 = 10000/3 = 3333.33\mathrm{mm}$，$b + S_n = 250 + 3750 = 4000\mathrm{mm}$。故取 $b'_f = 3300\mathrm{mm}$ 计算。

2. 判别受力类型

$$\alpha_1 f_c b'_f h'_f \left(h_0 - \frac{h'_f}{2} \right) = 1.0 \times 9.6 \times 3300 \times 100 \times \left(740 - \frac{100}{2} \right) = 2186 \times 10^6 \mathrm{N \cdot m} > 400 \times 10^6 \mathrm{N \cdot mm}$$

故为第一类 T 形截面。

3. 求 A_s

$$\alpha_s = 400.0 \times 10^6 / (9.6 \times 3300 \times 740^2) = 0.0229$$

$$\gamma_s = 0.869$$

$$A_s = 400.0 \times 10^6 / (360 \times 0.869 \times 740) = 1727.5 \mathrm{mm}^2$$

选用 6 ⌀ 20，$A_s = 1884\mathrm{mm}^2$。

检验限制条件：$\rho = 1884/(250 \times 800) = 0.942\% > \rho_{min}$

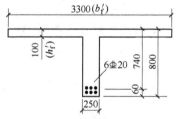

图 6 – 16　截面配筋图

检验钢筋排数（图 6 – 16）：两排钢筋，每排 3 ⌀ 20，需要的最小梁宽为 $3 \times 20 + 4 \times 25 = 160\mathrm{mm} < b(b = 250\mathrm{mm})$，均满足要求。

6.3　钢筋混凝土受弯构件斜截面承载力计算

6.3.1　概述

在前一节中进行了受弯构件正截面承载力（即弯矩作用下）的设计计算，但是一般的受弯构件在荷载作用下，除了受到弯矩作用外，还同时受到剪力的作用（如图 6 – 17 中梁的 AB、

CD 区段），这样就使得在弯矩和剪力共同作用的区段，受弯构件的每一截面上不仅有弯矩产生的正应力，还有剪力产生的剪应力。在正应力和剪应力的共同作用下，在构件的剪弯区段产生斜向的主应力，即主拉应力（图 6 - 17a 中的实线表示的应力轨迹）和主压应力（图 6 - 17a 中的虚线表示的应力轨迹）。对于混凝土材料，其抗拉能力很低，当主拉应力达到其抗拉极限强度时，会在垂直于主拉应力方向出现斜向裂缝，由此导致受弯构件的破坏情况称为斜截面破坏。

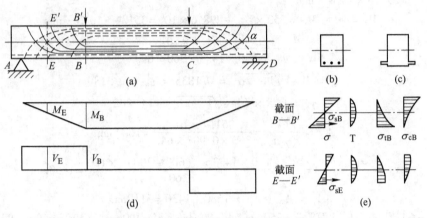

图 6 - 17　无箍筋梁剪弯区段的受力状态

　　根据试验观测，钢筋混凝土梁的斜截面破坏主要与梁的广义剪跨比 $M/(Vh_0)$ 有关，具体地说：对均布荷载作用下的梁，主要与梁的跨高比 l/h_0 有关，l 为梁的计算跨度；对集中荷载作用下的梁，主要与梁的剪跨比 $\lambda = a/h_0$ 有关，其中 $a = M/V$ 称为"剪跨"，a 为集中荷载作用点到支座之间的距离。

　　根据剪跨比的不同，无腹筋梁的剪切破坏形态主要有三种：斜压破坏、剪压破坏、斜拉破坏，如图 6 - 18 所示。

　　（1）斜压破坏。对于无腹筋的深梁，当 $\lambda < 1.0$ 或 $\dfrac{l}{h_0} < 4$ 时，一般发生短柱破坏或称斜压破坏（图 6 - 18b）。设计中若能满足梁截面最小尺寸的要求，即可避免这种斜压破坏。斜压破坏时，受剪承载力取决于混凝土的抗压强度，而箍筋的应力未达屈服强度。

　　（2）剪压破坏。当剪跨比 $1 \leqslant \lambda \leqslant 3$ 或 $4 \leqslant \dfrac{l}{h_0} \leqslant 12$ 时，一般出现剪压破坏（图 6 - 18c）。剪压破坏不会突然发生，危险性较小，故一般都按这种破坏形态进行斜截面受剪承载力的计算。

　　（3）斜拉破坏。当剪跨比 $\lambda > 3$ 或 $\dfrac{l}{h_0} > 12$ 时，一般发生斜拉破坏（图 6 - 18d）。斜拉破坏是突然发生的，在设计中应避免出现这种破坏形态。斜拉破坏时梁的抗剪强度取决于混凝土的抗拉强度，故其承载能力较低。若设计能满足箍筋最大间距等构造要求，一般情况下是不会发生斜拉破坏的。

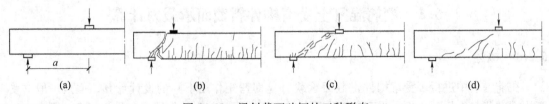

图 6 - 18　梁斜截面破坏的三种形态

对于上述几种不同的斜截面破坏形态，设计时可以采取不同的方法加以防止。为防止梁发生斜压破坏，一般采用限制截面最小尺寸的办法；为防止梁发生斜拉破坏，可采取满足箍筋最大间距等构造要求和限制箍筋最小配箍率的办法。剪压破坏是设计中最常遇到的破坏形态。斜截面受剪承载力计算就是以这种破坏形态的受力特征为依据的。

6.3.2　受弯构件无腹筋梁的斜截面抗剪承载力试验研究

《规范》给出的斜截面受剪承载力计算公式，是以剪压破坏形态的受力特征为基础建立的。图 6-18c 所示为斜截面发生剪压破坏时的受力情况。

根据试验结果，在均布荷载作用下，无箍筋梁的斜截面抗剪承载力因梁的跨高比（l/h_0）不同而不同；在集中荷载作用下，无箍筋梁的斜截面抗剪承载力因梁的剪跨比 λ 不同而不同。一般说，l/h_0 值或 λ 值愈小，斜截面抗剪承载力愈大；但是，它们都有一个下限值。

对于一般受弯构件的无箍筋梁：

$$V_c = 0.7 f_t bh_0 \tag{6-50}$$

对集中荷载作用下（包括作用有多种荷载，其中集中荷载对支座截面或节点边缘所产生的剪力值占总剪力的 75% 以上）的无箍筋独立梁：

$$V_c = \frac{1.75}{\lambda + 1.0} f_t bh_0 \tag{6-51}$$

式中，λ 为剪跨比，取值范围为 $1.5 \leqslant \lambda \leqslant 3$。

试验表明无腹筋梁的开裂承载力随着截面高度的增加还会降低，公式 $V_c = 0.7 f_t bh_0$ 是按梁高 300mm 试验结果统计得到的，同时梁发生剪切破坏时有明显的脆性。因此，通常规定在一些次要的小型构件中才可以采用无腹筋梁，否则仍需配置箍筋。

6.3.3　受弯构件有腹筋梁的斜截面抗剪承载力计算公式

6.3.3.1　箍筋的作用

为了防止梁因斜截面抗剪承载力不足而产生的斜截面破坏，在梁的剪弯段内应设置与梁轴线相垂直的箍筋，也可采用大体与主拉应力方向平行的斜向钢筋，斜向钢筋常用从正截面承载力角度考虑已不再需要的纵向钢筋弯起，因而又称弯起钢筋。斜向钢筋的弯起角一般为45°；当截面高度较大，如 $h > 700mm$，弯起角有时可取 60°，箍筋和弯起钢筋统称腹筋。腹筋、纵向钢筋、构造筋构成钢筋混凝土构件的骨架，如图 6-19 所示。

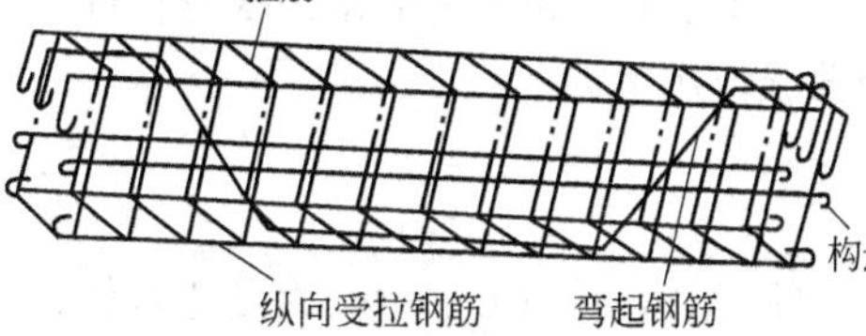

图 6-19　钢筋骨架

在一般钢筋混凝土构件中有时只设箍筋，不设弯起筋；有时虽设弯起筋，但弯起筋的作用是联系正、负弯矩钢筋，不考虑它承受剪力，因此，可以认为箍筋在抵抗梁的剪力方面起着极为重要的作用。

配置箍筋后的梁在剪弯段产生斜裂缝如图 6-20a 所示。斜裂缝将构件分割成 I、II、III、IV、V 五个拱形块体（图 6-20b），它们之间的连接件是箍筋，这样，箍筋和斜裂缝间混凝土块体就构成一个拱架体系——斜裂缝间混凝土块体受斜向压力，箍筋受竖向拉力，荷载最后由拱形块体 I 传给支座（图 6-20c）。

箍筋一般沿梁纵向均匀布置如图 6-20a 所示，或分段均匀布置。其作用有四：

（1）箍筋和斜裂缝间混凝土块体一起共同抵抗由荷载产生的剪力；

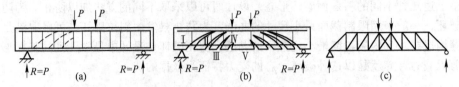

图 6 - 20　钢筋混凝土梁出现斜裂缝后的桁架体系模型

（2）箍筋均匀布置在梁表面，能有效控制斜裂缝宽度；

（3）箍筋兜住纵向受力钢筋，箍筋和纵向受力钢筋形成钢筋骨架，有利于施工时固定钢筋，还能将骨架中的混凝土箍住，有利于发挥混凝土的作用；

（4）箍筋有利于提高纵向钢筋和混凝土间的粘结作用，延缓了沿纵筋方向粘结裂缝的出现。

在上述作用中，（1）、（2）、（3）项说明箍筋能够提高梁的抗剪能力，而这种作用对梁抗剪强度的影响是综合而多方面的。

6.3.3.2　钢筋混凝土梁斜截面抗剪承载力设计和箍筋估算

对于矩形、T 形和工字形截面的受弯构件，当配置箍筋和弯起钢筋时，斜截面上的剪力由裂缝顶端未开裂的混凝土、与斜截面相交的箍筋、弯起钢筋三者共同承担（图 6 - 21）。因此，梁的斜截面受剪承载力计算的基本公式为：

$$V_u = V_{cs} + V_{sb} = V_c + V_s + V_{sb} \qquad (6-52)$$

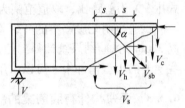

式中，V_u 为构件斜截面上的最大剪力设计值；V_c 为无腹筋梁的受剪承载力；V_s 为与构件斜截面相交的箍筋的受剪承载力设计值；包括箍筋直接承受部分剪力和箍筋的间接限制作用，事实上混凝土的受剪能力与箍筋的配置情况存在着复杂的制约关系，如：斜裂缝宽度增强混凝土骨料咬合力等作用；V_{sb} 为与构件斜截面相交的弯起钢筋的承载力设计值；V_{cs} 为构件斜截面上混凝土和箍筋的承载力设计值。

图 6 - 21　斜截面受剪计算简图

6.3.3.3　仅配有箍筋时钢筋混凝土梁的斜截面抗剪承载力计算

对于矩形、T 形和工字形截面受弯构件，当仅配有箍筋时，其斜截面抗剪承载力计算公式在均布荷载作用下为：

$$V = 0.7 f_t b h_0 + f_{yv} \frac{A_{sv}}{s} h_0 \qquad (6-53)$$

对于矩形、T 形和工字形截面受弯构件，当配有箍筋和弯起钢筋时，其斜截面抗剪承载力计算公式在集中荷载作用下（包括作用有多种荷载，且集中荷载对支座截面或节点边缘所产生的剪力值占总剪力值的 75% 以上的情况）为：

$$V = \frac{1.75}{\lambda + 1.0} f_t b h_0 + f_{yv} \frac{A_{sv}}{s} h_0 \qquad (6-54)$$

6.3.3.4　配有箍筋、弯起钢筋时钢筋混凝土梁的斜截面抗剪承载力计算

对于矩形、T 形和工字形截面受弯构件，当配有箍筋和弯起钢筋时，其斜截面抗剪承载力计算公式在均布荷载作用下为：

$$V = 0.7 f_t b h_0 + f_{yv} \frac{A_{sv}}{s} h_0 + 0.8 f_y A_{sb} \sin\alpha \qquad (6-55)$$

对于矩形、T 形和工字形截面受弯构件，当配有箍筋和弯起钢筋时，其斜截面抗剪承载力

计算公式在集中荷载作用下（包括作用有多种荷载，且集中荷载对支座截面或节点边缘所产生的剪力值占总剪力值的 75% 以上的情况）为：

$$V = \frac{1.75}{\lambda + 1.0} f_t b h_0 + f_{yv} \frac{A_{sv}}{s} h_0 + 0.8 f_y A_{sb} \sin\alpha \qquad (6-56)$$

式中，f_y 为纵筋抗拉强度设计值；A_{sb} 为同一弯起平面内弯起钢筋的截面面积；α 为斜截面弯起钢筋与构件纵向轴线的夹角；其余符号意义同前。

6.3.3.5　适用限制条件

A　截面限制条件

在斜截面受剪承载力设计中配置箍筋能有效提高梁的抗剪承载力。当梁中箍筋的配筋率超过一定数值后，继续增加箍筋用量则箍筋最终达不到屈服强度，此时由于箍筋配置过多而造成构件发生斜压破坏。为了避免这种脆性破坏现象的发生，《规范》规定，在计算矩形、T 形和工字形截面的受弯构件斜截面上的受剪承载力时，其截面尺寸应符合下列条件：

当 $\dfrac{h_w}{b} \leq 4.0$ 时，属于一般的梁，抗剪承载力 V 应满足：$V \leq 0.25 \beta_c f_c b h_0$

当 $\dfrac{h_w}{b} \geq 6.0$ 时，属于薄腹梁，抗剪承载力 V 应满足：$V \leq 0.2 \beta_c f_c b h_0$

当 $4.0 < \dfrac{h_w}{b} < 6.0$ 时，抗剪承载力 V 应满足：$V \leq 0.25 \left(14 - \dfrac{h_w}{b}\right) \beta_c f_c b h_0$

式中，V 为构件斜截面上的最大剪力设计值；b 为矩形截面的宽度，或 T 形截面或工字形截面的腹板宽度；h_w 为截面的腹板高度：矩形截面取有效高度 h_0；T 形截面取有效高度减去翼缘高度；工字形截面取腹板净高；β_c 为混凝土强度影响系数：当混凝土强度等级不超过 C50 时，取 $\beta_c = 1.0$；当混凝土强度等级为 C80 时，取 $\beta_c = 0.8$；其间按线性内插法取用。

上述条件即是《规范》规定的斜截面受剪承载力计算时剪力设计值的限值条件。为防止斜压破坏和限制使用阶段构件的斜裂缝宽度，截面尺寸不应过小，配置的腹筋也不应过多。如不满足上述条件时，应加大构件截面尺寸或提高混凝土的强度等级。

B　最小箍筋配筋率

试验表明，在混凝土出现斜裂缝前，斜截面上的应力主要由混凝土承担，当斜裂缝出现后，斜裂缝处的拉应力全部转移给箍筋，箍筋拉应力突然增大，如果此时配置的箍筋过少，则箍筋不能完全承担原来混凝土承担的拉力，箍筋立即达到屈服强度，甚至被拉断而导致斜拉的脆性破坏。为了避免因箍筋过少而出现的脆性破坏，应对箍筋的最小用量有所限制。

构件中箍筋的数量可以用箍筋配箍率 ρ_{sv} 表示：

$$\rho_{sv} = \frac{n \cdot A_{sv1}}{bs} \qquad (6-57)$$

当剪力设计值 V 大于式（6-53）或式（6-54）中右边第一项时，则应按计算配箍，所选用的箍筋肢数 n、直径 d 及间距 s，均应符合箍筋的构造要求，且应满足最小配箍率：

$$\rho_{sv} = \frac{n \cdot A_{sv1}}{bs} \geq \rho_{sv,min} = 0.24 \frac{f_t}{f_{yv}} \qquad (6-58)$$

6.3.3.6　构造要求

（1）采用绑扎骨架时，宜优先采用箍筋作为抗剪钢筋。当梁的截面高度 h 超过 300mm 时需全长配置箍筋。h 位于 150~300mm 之间时，需要离梁端 1/4 跨度范围内配置箍筋。如中间 1/2 跨度范围内有集中荷载作用时，应全长配置箍筋。梁中箍筋间距应不大于表 6-3 的值。h

小于 150mm 时才允许不配箍筋。

表 6 - 3　　梁中箍筋的最大间距　　　　　　　　　　（mm）

梁高 h/mm	$V \geqslant 0.7f_t bh_0$	$V < 0.7f_t bh_0$	梁高 h/mm	$V \geqslant 0.7f_t bh_0$	$V < 0.7f_t bh_0$
$150 < h \leqslant 300$	150	200	$500 < h \leqslant 800$	250	350
$300 < h \leqslant 500$	200	300	$h > 800$	300	400

（2）当梁中配有计算所需的纵向受压钢筋时，箍筋应满足以下要求：

箍筋应做成封闭式；当梁的宽度大于 400mm，且一层内的纵向受压钢筋多于 3 根时，或当梁的宽度不大于 400mm，且一层内的纵向受压钢筋不多于 4 根时，应设置复合箍筋；

同时箍筋的间距应满足：不应大于 $15d$，并不应大于 400mm，当一层内的纵向受压钢筋多于 5 根，且直径大于 18mm 时，箍筋间距不应大于 $10d$。

（3）箍筋直径。截面高度大于 800mm 的梁，箍筋直径不宜小于 8mm；截面高度小于等于 800mm 的梁，箍筋直径不宜小于 6mm。

此外，梁中有计算确定的纵向受压钢筋时，箍筋直径尚不应小于 $d/4$（d 为受压钢筋的最大直径）。

6.3.3.7　需进行斜截面受剪承载力验算的位置

在计算斜截面的受剪承载力时，为安全起见，应取作用在该斜截面范围内的最大剪力作为剪力设计值，即取斜截面受拉区起始端的剪力作为剪力设计值，因而斜截面受剪承载力的计算位置，应按下列规定采用：

（1）支座边缘处的截面（图 6 - 22 中的 1—1 截面）；

（2）受拉区弯起钢筋弯起点处的截面（图 6 - 22 中的 2—2 截面）；

（3）箍筋截面面积或间距有改变的截面（图 6 - 22 中的 3—3 截面）；

（4）截面尺寸改变处的截面。

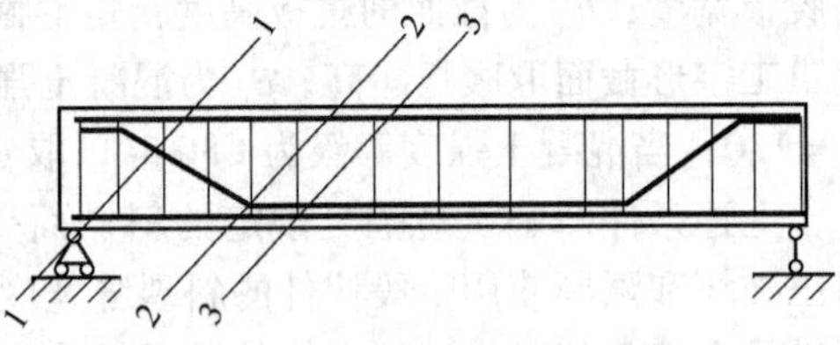

图 6 - 22　需进行斜截面受剪承载力验算的位置

6.3.3.8　斜截面受剪承载力的计算步骤

（1）按规定确定需验算斜截面的受剪承载力设计值。

（2）在进行斜截面受剪承载力计算时，首先应复核截面的尺寸是否满足截面限制条件。构件的截面尺寸通常按正截面承载力、构件刚度等要求确定。如不满足截面限制条件时，应加大构件截面尺寸或提高混凝土的强度等级。

（3）判断是否需要按照计算配置箍筋。当不需要按计算配置箍筋时，应按照构造要求配置箍筋。

（4）计算所需要的箍筋，且所选用的箍筋肢数 n、直径 d、间距 s 均应符合构造要求。

计算时，可先选定箍筋的间距 s 及箍筋的肢数 n，再由式（6 - 53）或式（6 - 54）计算所需的单肢箍筋的截面面积 A_{sv1}。也可先选定单肢箍筋的截面积 A_{sv1} 及箍筋的肢数 n，再由式（6 - 53）或式（6 - 54）计算所需箍筋的间距 s。

当剪力设计值大于斜截面上混凝土和箍筋的受剪承载力时，说明混凝土和箍筋已不足以承受全部剪力设计值，需要设置一定数量的弯起钢筋，即剪力设计值由混凝土、箍筋和弯起钢筋共同承受，这时应按式（6 - 55）、式（6 - 56）计算斜截面受剪承载力。

计算时可用以下两种方法来确定所需配置的箍筋和弯起钢筋。

第一种方法：根据已有的设计经验，按有关构造要求，先选定箍筋的 n、s、A_{sv1}，再计算所需弯起钢筋的数量。由式（6-53）计算出混凝土和箍筋受剪承载力，再由式（6-55）计算所需的弯起钢筋的截面面积。

第二种方法：根据设计的具体情况先选定弯起钢筋的数量，再按式（6-55）计算所需箍筋。

计算弯起钢筋时，其剪力设计值按下列规定采用：1）当计算第一排（对支座而言）弯起钢筋时，取用支座边缘处的剪力值 V；2）当计算以后每排弯起钢筋时，取用前一排（对支座而言）弯起钢筋弯起点处的剪力值 V。

【例 6-7】 钢筋混凝土矩形截面简支梁，截面尺寸为 $b \times h = 200\text{mm} \times 500\text{mm}$，梁的净跨为 3.56m，梁承受的均布荷载设计值为 90kN/m（包括自重），混凝土强度等级为 C20，箍筋为热轧 HPB300 级钢筋，纵筋为 HRB400 级钢筋。求箍筋的数量。

解：

1. 据附表 16 和附表 11 确定材料强度设计值

C20 混凝土强度设计值：$f_c = 9.6\text{N/mm}^2$，$f_t = 1.1\text{N/mm}^2$

HRB400 级、HPB300 级钢筋抗拉强度设计值分别为：$f_y = 360\text{N/mm}^2$，$f_{yv} = 270\text{N/mm}^2$

2. 支座边缘处的剪力设计值最大

$$V = \frac{1}{2} \times 90 \times 3.56 = 160.2\text{kN}$$

3. 验算截面尺寸

$$h_w = h_0 = 465\text{mm}, \quad \frac{h_w}{b} = \frac{465}{200} = 2.325 < 4$$

应按式 $V \leqslant 0.25\beta_c f_c bh_0$ 验算截面尺寸，即：

$$0.25\beta_c f_c bh_0 = 0.25 \times 1 \times 9.6 \times 200 \times 465 = 223.2\text{kN} > V$$

截面尺寸符合要求。

4. 验算是否需要配置箍筋

$$0.7f_t bh_0 = 0.7 \times 1.1 \times 200 \times 465 = 71.61\text{kN} < V$$

需要计算配箍。

$$V = 0.7f_t bh_0 + f_{yv} \frac{A_{sv}}{s} h_0$$

$$160200 = 0.7 \times 1.1 \times 200 \times 465 + 270 \times \frac{nA_{sv1}}{s} \times 465$$

$$\frac{nA_{sv1}}{s} = 0.706$$

若选用 $\phi8$ 双肢箍，则有：

$$\frac{nA_{sv1}}{s} = \frac{2 \times 50.3}{s} > 0.706$$

$$s < 142\text{mm} \quad 取 \ s = 120\text{mm}$$

配箍率：

$$\rho_{sv} = \frac{nA_{sv1}}{bs} = \frac{2 \times 50.3}{200 \times 120} = 0.419\%$$

$$\rho_{sv,\,min} = 0.24\frac{f_t}{f_{yv}} = 0.24 \times \frac{1.1}{210} = 0.126\% \ < \rho_{sv}$$

6.4　钢筋混凝土受扭构件承载力计算

6.4.1　概述

钢筋混凝土结构中构件受纯扭的情况较少，一般都是在弯矩、剪力、扭矩共同作用下的受力状态，如吊车梁、雨篷梁、钢筋混凝土框架边梁等（图 6-23），甚至有时还有轴向力参与作用。分析纯扭构件的受力机理是研究复合受扭构件的基础。

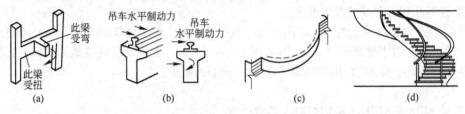

图 6-23　弯扭构件示意图

（a）框架边梁；（b）吊车梁在水平制动力作用下；（c）曲线形阳台梁；（d）螺旋楼梯板

6.4.2　纯扭受力状态试验研究

素混凝土梁的试验结果表明：无筋的矩形截面混凝土试件在扭矩作用下，先在构件的一个长边中部产生一条斜裂缝，随即沿 45°方向向上下两边延伸，呈螺旋形状。在上下两面也产生斜裂缝，当斜裂缝延伸到另一长边边缘时，则在另一边形成受压塑性铰线，构件脆性破坏。试件破坏面为三面开裂、一面受压的空间扭曲面，如图 6-24 所示。因此，这种截面称为扭曲截面破坏。开裂后不久试件就不能再承受扭矩，扭矩-扭角曲线的刚度下降反映出试件脆件破坏的特征（图 6-26）。

鉴于无筋混凝土试件开裂后立即导致破坏，如果沿垂直于斜裂缝方向配置螺旋形钢筋，混凝土开裂后，则可以由钢筋承担拉力，试件抗扭强度将明显提高。但是螺旋钢筋施工不方便，并且当有反向扭矩作用时完全失去效用，除非再布置一种反向螺旋筋，这样将给构造上带来困难。因此实际工程中多是采用横向箍筋与沿构件周边布置的纵筋组成空间的钢筋骨架来承担扭矩。

配筋试件的受扭试验如图 6-25 所示。试件长 1.5m，截面尺寸为 150mm×300mm，实测混凝土棱柱体抗压强度为 $14N/mm^2$。试件在截面四角各配一根 $\phi10$ 纵筋，箍筋为 $\phi8@100$；试验时在试件两端反对称加一对力偶扭矩作用。试验区段长度为 600mm，非试验区段配筋加强为 $\phi8@50$，在试验区段上装一对电子倾角水准器测量扭角变形。试件的钢筋贴有电阻应变片，以测量构件受载过程中的钢筋应变。

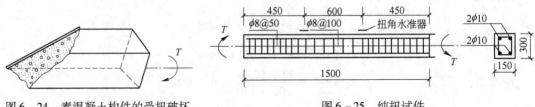

图 6-24　素混凝土构件的受扭破坏　　　　图 6-25　纯扭试件

从试验所测的扭矩和扭转角（$T-\theta$）的关系曲线（图 6-26）中可以看出，试件受扭矩作用后,其扭角变形随扭矩增加成线性增大,接近开裂时扭角增加趋于缓慢,扭矩－扭角关系略呈曲线变化。试验还表明,对于配筋试件,受扭开裂前钢筋应变很小,主要由混凝土承担抗拉作用。当箍筋和纵筋配置适当时,试件斜裂缝出现后并不立即破坏,而钢筋应变增加很多,扭矩 $T-\theta$ 线出现水平段,在开裂稳定后,随着扭矩的增加,不断出现多条45°螺旋裂缝(图6－27)。$T-\theta$ 曲线再度上升,但其曲线比开裂前要平缓,表明开裂后试件抗扭线刚度明显下降,随着扭矩进一步增加,曲线更加平缓直到破坏。试件破坏前,穿越裂缝的纵筋和箍筋均可达到屈服强度。破坏时在两条裂缝之间,有时出现类似于混凝土受压区压坏的痕迹,严重的部位混凝土表面有剥落现象,适筋受扭构件的破坏呈现塑性破坏特征。

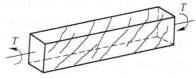

图 6－27　钢筋混凝土构件的受扭破坏

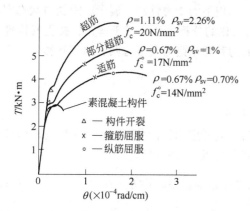

图 6－26　矩形截面纯扭构件实测 $T-\theta$ 关系曲线

当箍筋和纵筋都配置过多时,在扭矩作用下,破坏前螺旋裂缝更多更密,纵筋和箍筋尚未能达到屈服,就可能有斜裂缝间的混凝土被压碎而发生脆性破坏的情况。

如果两种钢筋中仅是一种钢筋配得过多或者纵筋配得较少,形成部分超配筋构件,由于仍有一种钢筋能达到屈服,破坏仍有一定的塑性特征。

在图6－26中还给出三种不同配筋(适筋、部分超筋、超筋)受扭短构件的实测的扭矩 $T-\theta$ 曲线实验结果。从图中可以看出,适筋构件塑性变形比较充分。

6.4.3　纯扭构件承载力计算

6.4.3.1　受扭钢筋的形式

由弹性理论分析可知,扭矩在构件中产生的主拉应力方向与构件轴线成45°角,因此,理论上最合理的配筋方式是设置与轴线成45°的螺旋钢筋。但由于施工不便,实际工程中一般均采用横向箍筋和纵向钢筋共同形成抗扭骨架。

6.4.3.2　承载力计算公式

我国《规范》通过对钢筋混凝土矩形截面纯扭构件的试验研究和统计分析,在满足可靠度要求的前提下,提出了半经验半理论的纯扭构件承载力计算公式,即:

$$T \leqslant 0.35 f_t w_t + 1.2\sqrt{\zeta}\frac{f_{yv}A_{st1}A_{cor}}{s} \tag{6-59}$$

$$\zeta = \frac{f_y A_{stl} s}{f_{yv} A_{st1} u_{cor}} \tag{6-60}$$

式中,ζ 为纵向钢筋与箍筋的配筋强度比,考虑纵筋和箍筋不同配筋和不同强度比对构件受扭承载力的影响;对于 ζ 的合理取值由试验确定为 $0.6 \leqslant \zeta \leqslant 1.7$;当 ζ 的取值在此范围内时,在构件破坏时,纵筋和箍筋基本能达到屈服;当 $\zeta > 1.7$ 时,取 $\zeta = 1.7$。试验表明,当 ζ 取1.2左右时,是箍筋、纵筋能够达到屈服的最佳值。因此在设计受扭构件时,常将 $\zeta = 1.2$ 作为已

知条件；T 为扭矩设计值；f_t 为混凝土抗拉强度设计值；w_t 为截面的抗扭塑性抵抗矩，对于矩

形截面：$w_t = \dfrac{b^2}{6}(3h - b)$；$f_y$ 为抗扭纵筋的抗拉强度设计值；f_{yv} 为抗扭箍筋的抗拉强度设计值；

A_{stl} 为对称布置的全部抗扭纵筋截面面积；u_{cor} 为截面核心部分周长，$u_{cor} = 2(b_{cor} + h_{cor})$；$A_{st1}$ 为

抗扭箍筋单肢截面面积；s 为抗扭箍筋间距；A_{cor} 为截面核心面积，$A_{cor} = b_{cor} h_{cor}$，$b_{cor}$、$h_{cor}$ 分别

为箍筋内表面范围内截面核心部分的短边和长边尺寸。

6.4.4 矩形截面钢筋混凝土弯、剪、扭构件承载力计算

钢筋混凝土构件在弯矩、剪力和扭矩共同作用下的受力性能，属于空间受力状态问题，计算比较复杂。《规范》在试验的基础上，采用简化的分析方法，对于弯矩，按受弯构件正截面受弯承载力公式，单独计算所需纵筋。对于剪力和扭矩则需要考虑两者的相互影响。下面分析剪、扭构件承载力计算。

6.4.4.1 剪、扭构件承载力计算

A   均布荷载作用下剪、扭构件承载力计算

钢筋混凝土剪、扭构件进行承载力计算时，应考虑两者的相互影响。《规范》建议矩形截面剪、扭构件考虑扭矩影响的抗剪承载力计算可按以下公式进行：

$$V \leqslant (1.5 - \beta_t) 0.7 f_t b h_0 + 1.25 f_{yv} \frac{A_{sv}}{s} h_0 \qquad (6-61)$$

$$\beta_t = \frac{1.5}{1 + 0.5 \dfrac{V W_t}{T b h_0}} \qquad (6-62)$$

式中，β_t 为剪、扭构件混凝土受扭承载力降低系数，当 $\beta_t < 0.5$ 时，取 $\beta_t = 0.5$；当 $\beta_t > 1$ 时，取 $\beta_t = 1$；A_{sv} 为受剪承载力所需的箍筋截面面积。

对剪、扭构件考虑剪力影响的抗扭承载力，应按下式计算：

$$T \leqslant 0.35 \beta_t f_t w_t + 1.2 \sqrt{\zeta} f_{yv} \frac{A_{st1} A_{cor}}{s} \qquad (6-63)$$

B   集中荷载作用下剪、扭构件承载力计算

对矩形截面独立梁，当集中荷载在支座截面产生的剪力值占该截面总剪力 75% 以上时，则抗剪承载力计算公式（6-61）应改为

$$V \leqslant (1.5 - \beta_t) \frac{1.75}{\lambda + 1} f_t b h_0 + f_{yv} \frac{A_{sv}}{s} h_0 \qquad (6-64)$$

$$\beta_t = \frac{1.5}{1 + 0.2(\lambda + 1) \dfrac{V W_t}{T b h_0}} \qquad (6-65)$$

式中，β_t 为集中荷载作用下剪扭构件混凝土受扭承载力降低系数，当 $\beta_t < 0.5$ 时，取 $\beta_t = 0.5$；当 $\beta_t > 1$ 时，取 $\beta_t = 1$；λ 为计算截面的剪跨比。

抗扭承载力计算公式仍采用式（6-63），但式中的 β_t 应按式（6-65）取值。

C   截面尺寸限制

构件中抗扭箍筋和抗扭纵筋数量均过多时，构件破坏始于混凝土被压碎，此时箍筋和纵筋均未屈服，破坏具有脆性性质。《规范》通过限制构件截面尺寸来防止这种破坏。

在弯矩、剪力、扭矩共同作用下，对 $h_w/b \leqslant 6$ 的矩形、T 形、工字形截面和 $h_w/t_w \leqslant 6$ 的箱

形截面构件，其截面尺寸应符合下列条件：

当 $h_w/b \leq 4$（或 $h_w/t_w \leq 4$）时

$$\frac{V}{bh_0} + \frac{T}{0.8w_t} \leq 0.25\beta_c f_c \qquad (6-66)$$

当 $h_w/b = 6$（或 $h_w/t_w = 6$）时

$$\frac{V}{bh_0} + \frac{T}{0.8w_t} \leq 0.2\beta_c f_c \qquad (6-67)$$

当 $4 < h_w/b$（或 h_w/t_w）< 6 时，按线性内插法确定。

式中，T 为扭矩设计值；b 为矩形截面的宽度，T 形、工字形截面的腹板宽度，箱形截面的侧壁总厚度 $2t_w$；h_0 为截面的有效高度；w_t 为受扭构件的截面受扭塑性抵抗矩；h_w 为截面的腹板高度，对矩形截面，取有效高度，对 T 形截面，取有效高度减去翼缘高度，对工字形和箱形截面取腹板净高；t_w 为箱形截面的壁厚。

6.4.4.2 弯、扭构件承载力计算

《规范》对弯、扭构件采用"叠加法"进行设计计算，即分别按受弯和纯扭式（6-59）计算出各自所需纵筋数量，然后将纵筋进行叠加。

6.4.4.3 弯、剪、扭构件的承载力计算

当构件截面同时承受弯矩、剪力和扭矩作用时，其箍筋截面面积应分别按剪、扭构件的受剪承载力和受扭承载力计算确定，纵筋的截面面积应分别按受弯构件的正截面受弯承载力和剪、扭构件的受扭承载力计算确定。

若构件受到的剪力或扭矩与其他的力相比较小时，则可不考虑弯矩、剪力、扭矩间的相互影响。因此，《规范》规定在弯矩、剪力、扭矩共同作用下的矩形、T 形、工字形和箱形截面构件，可按下列规定进行承载力计算：

当剪力、扭矩符合式（6-68）的要求时，可不进行构件受剪、扭承载力计算，仅需按构造要求配置纵向钢筋和箍筋。

$$\frac{V}{bh_0} + \frac{T}{w_t} \leq 0.7f_t \qquad (6-68)$$

当 $V \leq 0.35f_t bh_0$（均布荷载作用）或 $V \leq \dfrac{0.875f_t bh_0}{\lambda + 1}$（集中荷载作用）时，可不考虑剪力的影响，仅按受弯构件的正截面受弯承载力和纯扭构件的受扭承载力分别进行计算。

当 $T \leq 0.175f_t w_t$ 时，可不考虑扭矩的影响，仅按受弯构件的正截面受弯承载力和斜截面的受剪承载力分别进行计算。

对于 T 形、工字形和箱形截面的弯、剪、扭构件的承载力计算与矩形截面不同之处参见相关的参考书目。

【例 6-8】某钢筋混凝土梁，截面尺寸 $b \times h = 200m \times 600mm$，承受均布荷载作用的设计弯矩、剪力、扭矩分别为 $M = 125kN \cdot m$、$V = 100kN$、$T = 12kN \cdot m$，混凝土强度等级为 C30，采用 HPB300 级和 HRB335 级钢筋，试计算此梁配筋。

解：1. 确定截面尺寸及材料强度等级

查附表 16 和附表 11 知：

$f_c = 14.3N/mm^2$，$f_t = 1.43N/mm^2$，$f_{yv} = 270N/mm^2$，$f_y = 300N/mm^2$

2. 截面尺寸复核

$$w_t = \frac{b^2}{6}(3h - b) = \frac{200^2 \times (3 \times 600 - 200)}{6} = 1.07 \times 10^7 mm^2$$

$$b_{cor} = 200 - 50 = 150mm, \quad h_{cor} = 600 - 50 = 550mm$$

$$A_{cor} = 150 \times 550 = 8.25 \times 10^4 mm^2, \quad u_{cor} = 2(b_{cor} + h_{cor}) = 1400mm$$

$$\frac{V}{bh_0} + \frac{T}{w_t} = \frac{100 \times 10^3}{200 \times 565} + \frac{12 \times 10^6}{1.07 \times 10^7} = 2.287 N/mm^2 \leqslant 0.25\beta_c f_c = 0.25 \times 1.0 \times 14.3 = 3.575 N/mm^2$$

构件截面尺寸满足要求。

若不满足上式条件时，应增大截面尺寸或提高混凝土强度等级。

3. 确定是否需要按计算配置箍筋与纵向钢筋

$$\frac{V}{bh_0} + \frac{T}{w_t} = 2.01 N/mm^2 > 0.7 f_t = 0.7 \times 1.43 = 1.001 N/mm^2$$

故需进行剪、扭承载力计算。

4. 确定是否可简化计算

$$V = 100kN > 0.35 f_t bh_0 = 0.35 \times 1.43 \times 200 \times 565 = 56.56kN$$

$$T = 12kN \cdot m > 0.175 f_t w_t = 0.175 \times 1.43 \times 1.07 \times 10^7 = 2.68kN \cdot m$$

故不可简化计算。

5. 定箍筋数量

抗扭箍筋数量，按式（6-63）计算。

令 $\zeta = 1.2$

$$\beta_t = \frac{1.5}{1 + 0.5 \dfrac{VW_t}{Tbh_0}} = \frac{1.5}{1 + 0.5 \times \dfrac{100 \times 10^3}{12 \times 10^6} \times \dfrac{1.07 \times 10^7}{200 \times 565}} = 1.08$$

因 $\beta_t > 1.0$，取 $\beta_t = 1.0$。

$$\frac{A_{st1}}{s} = \frac{T - 0.35\beta_t f_t w_t}{1.2\sqrt{\zeta} f_{yv} A_{cor}} = \frac{1.2 \times 10^7 - 0.35 \times 1 \times 1.43 \times 1.07 \times 10^7}{1.2 \times \sqrt{1.2} \times 270 \times 8.25 \times 10^4} = 0.226 mm^2/mm$$

抗剪箍筋数量，按式（6-61）计算：

$$\frac{nA_{sv1}}{s} = \frac{V - (1.5 - \beta_t)0.7 f_t bh_0}{1.25 f_{yv} h_0} = \frac{100 \times 10^3 - 0.7 \times 0.5 \times 1.43 \times 200 \times 565}{1.25 \times 270 \times 565} = 0.228 mm^2/mm$$

总的箍筋用量：

$$\frac{A_{sv1}}{s} = 0.226 + 0.228/2 = 0.340 mm^2/mm$$

选用 $\phi 8$ 箍筋，$A_{sv} = 50.3 mm^2$，

故得箍筋间距：

$$s = \frac{50.3}{0.340} = 148mm$$

选配箍筋 $\phi 8@140$。

箍筋配筋率的验算：

$$\rho_{sv} = \frac{A_{sv}}{bs} = \frac{2 \times 50.3}{200 \times 140} = 0.00359 > 0.28\frac{f_t}{f_{yv}} = 0.28 \times \frac{1.43}{270} = 0.00149$$

6. 定纵筋数量

抗扭纵筋截面面积，根据式（6-60）计算：

$$A_{stl} = \frac{\zeta f_{yv} A_{stl} u_{cor}}{f_y s} = \frac{1.2 \times 270 \times 50.3 \times 1400}{300 \times 140} = 543.2 mm^2$$

选用 $6\phi 12$（$A_s = 678 mm^2$），沿截面上、中、下均布。

抗扭纵筋最小配筋率验算：

$$\rho_{tl} = \frac{A_{stl}}{bh} = \frac{678}{200 \times 600} = 0.0057$$

《规范》要求的限值：

$$\rho_{tl} \geqslant 0.6 \sqrt{\frac{T}{Vb} \cdot \frac{f_t}{f_{yv}}} = 0.6 \times \sqrt{\frac{12 \times 10^3}{100 \times 200} \times \frac{1.43}{270}} = 0.00246$$

所以抗扭纵筋满足要求。

抗弯纵向钢筋的计算：

$$\alpha_s = \frac{M}{\alpha_1 f_c bh_0^2} = \frac{125 \times 10^6}{14.3 \times 200 \times 565^2} = 0.137$$

查附表 25 知 $\xi = 0.147$，则抗弯纵筋面积：

$$A_s = \frac{\alpha_1 f_c bh_0 \xi}{f_y} = \frac{1.0 \times 14.3 \times 200 \times 565 \times 0.147}{300} = 792\,mm^2$$

$$\rho_{min} bh = 0.002 \times 200 \times 600 = 240\,mm^2 < 792\,mm^2$$

梁底总纵筋用量：

$$A_{s总} = \frac{A_{stl}}{3} + A_s = \frac{678}{3} + 792 = 1018\,mm^2$$

《规范》规定，抗扭纵筋间距不应大于 200mm，也不应大于梁的宽度。除应在梁的四角设置受扭纵向钢筋外，其余受扭纵向钢筋沿截面周边对称布置。

6.5 钢筋混凝土多跨连续梁、板结构

钢筋混凝土多跨连续梁、板的设计特点主要在于确定构件截面内力，一旦截面内力确定后，截面的配筋估算方法与前述各节相同。

6.5.1 单向板肋梁楼盖的内力分析

6.5.1.1 计算简图

钢筋混凝土现浇肋梁楼盖中的板和次梁大多分别支承于次梁及主梁上（图6-28）。计算时一般将它们视为典型铰支座。主梁支承在砖墙上的，也视其为铰支座，而当主梁支承在钢筋混凝土柱子上时，根据柱与主梁的刚度比确定支承，当主梁与柱的线刚度比大于 5 时，按铰支座考虑，主梁可简化为连续梁来分析。当主梁与柱的线刚度比不大于 5 时，则柱对梁的约束较

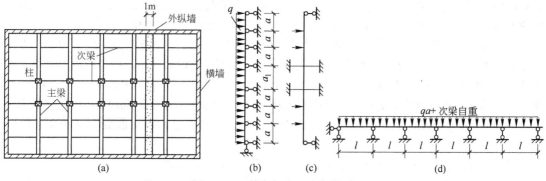

图 6-28 单向板主、次梁楼盖

（a）楼板；（b）板计算简图；（c）主梁计算简图；（d）次梁计算简图

大，应按框架结构考虑。

对超过五跨的连续梁，若各跨所受荷载相同，而且跨度相差不超过 10% 时，则按五跨连续梁计算。对于跨数少于 5 跨的连续梁，按实际跨数计算。

对于梁、板的计算跨度，在设计中一般按下列原则取用：

（1）按弹性理论计算时，计算跨度取两支座反力之间的距离，具体取值如下：

1）对于单跨板和梁：

两端支承在墙体上的板：$l_0 = l_n + a \leq l_n + h$

两端与梁整体连接的板：$l_0 = l_n$

单跨梁：$l_0 = l_n + a \leq 1.05 l_n$

2）对于多跨连续板和梁：

边跨：$l_0 = l_n + a/2 + b/2$

　　且对于板还应满足：$l_0 \leq l_n + h/2 + b/2$；

　　且对于梁还应满足：$l_0 \leq l_n + 0.025 l_n + b/2 = 1.025 l_n + b/2$

中间跨：$l_0 = l_n + b = l_c$

　　且当板、梁支承在墙体上时：对于板，当 $b > 0.1 l_c$ 时，$l_0 \leq 1.1 l_n$

　　　　　　　　　　　　　　　对于梁，当 $b > 0.06 l_c$ 时，$l_0 \leq 1.05 l_n$

（2）按塑性理论计算时，计算跨度应由塑性铰位置确定，具体确定如下：

边跨：$l_0 = l_n + a/2$

　　且对于板：$l_0 \leq l_n + h/2$

　　且对于梁：$l_0 \leq l_n + 0.025 l_n = 1.025 l_n$

中间跨：$l_0 = l_n$

以上计算跨度的表达式中的符号含义如下：

l_c 为支座中心线间距离；l_0 为板、梁的计算跨度；l_n 为板、梁的净跨；h 为板厚；a 为板、梁的支承长度；b 为中间支座宽度。

6.5.1.2　荷载的最不利内力布置（弹性计算）

板和次梁的荷载一般按均布荷载计算，主梁则承受次梁传来的集中荷载。作用于板上的活荷载一般从《建筑结构荷载规范》（GB 50009—2012）上查到，荷载比较特殊的则应按实际情况测量。恒载按实际情况计算确定，应注意计入板上、下面的粉刷层重量。

恒载作用于各跨，但活载并非各跨都有时最不利，对于单跨构件在设计时应考虑构件上作用有全部恒载及活载，这时构件各截面所承受的内力是最大的内力。但对于多跨连续构件活载的变动性对构件内力的影响却很大，往往并不是将所有活载都同时布置在各跨时，才出现最不利的内力。因此，需要研究活载布置的位置对多跨连续构件内力的影响。

为了分析活载作用于不同跨时对连续构件内力的影响，现以一个五跨的连续梁为例，当活载分别作用于 1 ~ 5 跨时对其余跨的影响见图 6 - 29。比如需要计算第一跨的跨中最大弯矩，当活载分别布置在 1、3、5 跨时，在第一跨的跨中产生的都是正弯矩；而活载布置在 2、4 跨时，在第一跨的跨中产生的都是负弯矩，所以当需计算第一跨的跨中最大正弯矩时，活载应布置在 1、3、5 跨。其余情况依此类推，由此按结构力学的原理可以总结出活载最不利的布置原则如下：

（1）求某跨跨中最大弯矩时，在该跨布置活载，然后隔跨布置。

（2）求某跨跨中最小弯矩时，则该跨不布置活荷载，左右两跨满布活载，然后再隔跨布置。

（3）求某支座最大负弯矩和支座截面剪力时，在支座左右跨布置活载，然后隔跨布置。

按照荷载最不利布置原则，可以进一步求出各截面可能产生的最不利内力值（最大和最小弯矩（±M）以及剪力（V））。

等跨连续梁在各种荷载作用下的弯矩和剪力可查附表27。

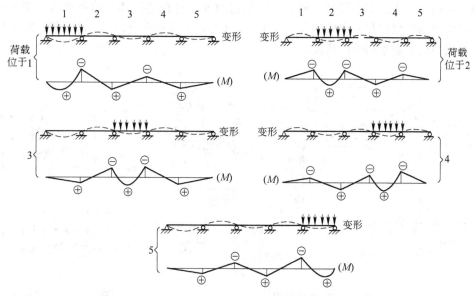

图6-29　活载分别作用于五跨连续梁不同跨时的内力图

6.5.1.3　内力包络图

既然连续构件有荷载的不利组合问题，那么就应该能画出它在各种不同荷载组合下的内力图。图6-30所示为两跨连续梁在恒载 G 和三种集中活载 P 组合下的内力图。把这些内力图重叠地画在同一坐标纸上，重叠图形的外包线形成的图称为内力包络图（图6-31）。

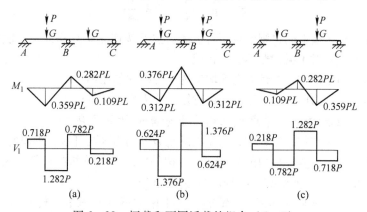

图6-30　恒载和不同活载的组合（$G = P$）

内力包络图中外包线的每一点都代表对应截面可能出现的最不利内力。内力包络图是按弹性设计估算多跨连续梁、板受力的依据。

由以上分析可知，绘制弯矩包络图可按以下步骤进行：

（1）列出各种可能的荷载布置；

（2）求出每一种荷载作用下各支座弯矩；

（3）在支座弯矩间连一直线，并以此为基线绘出各跨所受荷载作用下简支弯矩图；

（4）各种荷载布置所得弯矩图叠加，其外包线就是弯矩包络图。

同理可以绘出剪力包络图。

对于现浇梁、板结构，还应考虑次梁对板以及主梁对次梁在支承处的弹性约束作用。例如，板弯曲时带动次梁发生扭转，而次梁的抗扭刚度将对板的转动起约束作用（图6-32）。对此，可以用增大恒载和相应减小活载的办法来考虑这一有利影响，所以对于板、次梁按弹性理论计算内力时，应采用折算荷载。

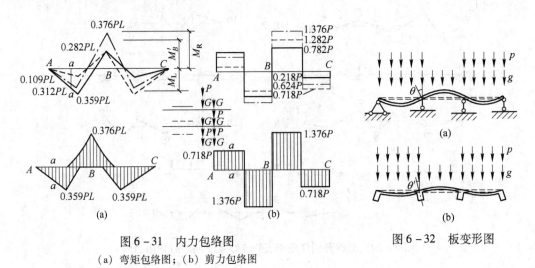

图6-31　内力包络图
（a）弯矩包络图；（b）剪力包络图

图6-32　板变形图

折算荷载的取值如下：

板：
$$g' = g + \frac{p}{2} \quad q' = \frac{p}{2} \tag{6-69}$$

次梁：
$$g' = g + \frac{p}{4} \quad q' = \frac{3p}{4} \tag{6-70}$$

当板或梁支承在砖墙上时，则活载不得折减。主梁按连续梁计算时，一般柱的刚度较小，柱对梁的约束较弱，故对主梁荷载不进行折减。

当板、梁与支座整浇时，其计算跨度取支座中心线间的距离。

实际计算弯矩、剪力应按支座边缘处的弯矩、剪力作为计算内力。

6.5.1.4　弯矩调幅法（考虑塑性内力重分布的估算方法）

钢筋混凝土连续梁在加载过程中，由于混凝土裂缝的出现与开展，钢筋的滑移以及塑性铰的形成和转动等因素，其实际内力的分布情况与按等刚度弹性分析的计算结果有明显的不同。梁在加载过程中出现的这种现象，称为塑性内力的重分布。

一般结构都由塑性材料（如钢材、钢筋混凝土中的钢筋）做成，构件截面的承载力大体都要考虑塑性材料的性能。以钢梁为例，当它在荷载作用下截面达到塑性承载力时，截面上各点的应力大体都已达到屈服强度，这时，如继续增加荷载，截面上的应力值不再增加而应变却可继续增加，截面不能再继续受力却能继续转动，这种情况相当于该截面形成了一个塑性铰（图6-33）。

由上述分析可知，塑性铰与普通铰相比，有以下两点区别：

（1）普通铰截面可以任意转动，不承受弯矩；塑性铰截面在承受相当于截面塑性承载力的弯矩后，可以转动，但不再承受新增加的弯矩；

（2）普通铰截面的转动幅度不受限制，塑性铰截面的转动幅度不能过大，否则会引起结构过大的变形和挠度，影响正常使用。

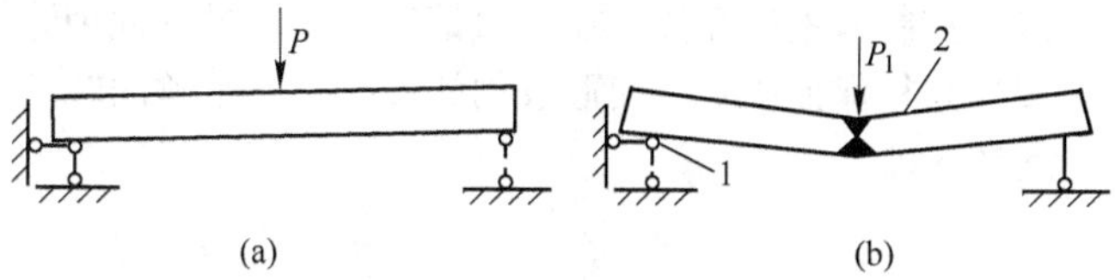

上述分析了塑性铰后，现在来

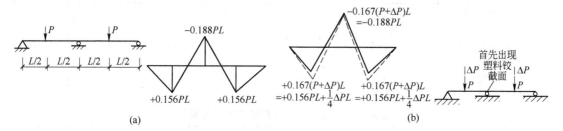

图 6-33 单跨钢梁跨中截面出现塑性铰

1—普通铰；2—塑性铰

了解塑性内力重分布的概念。如图 6-34a 所示，两跨连续梁在集中荷载作用下，采用弹性方法分析时得到的弯矩系数模式为（+0.156，-0.188，+0.156）。而当考虑材料的塑性变形特征时，显然，当支座截面弯矩达到 0.188PL 时，支座截面最先到达截面的弯曲塑性承载力而出现第一个塑性铰。这时，两跨跨中的弯矩值尚未到达 0.188PL，因而可以继续承受再增加的荷载。当荷载继续增加 ΔP 时，中间支座截面像铰一样地工作，左、右两跨均可像简支梁一样地继续受力。直到两跨跨中截面弯矩值亦到达 0.188PL 时，相继同时出现第二、三个塑性铰（图 6-34b）。这时，每一跨的一根杆件上都有三个铰，整个结构成为可变体系而破坏。该两跨连续钢筋混凝土梁最终可以承受的荷载为 P + ΔP。

在支座截面首先出现塑性铰后，构件仍能继续承受荷载 ΔP，在集中荷载（P + ΔP）作用下的弯矩系数模式为（+0.167，-0.167，+0.167）。这种内力重分布现象，称为考虑塑性铰的内力重分布。超静定结构在某些截面出现塑性铰后，新增加的荷载可按已有某些塑性铰的结构计算简图进行内力分析，这时的内力图将不再服从原有内力图中内力系数的模式。

图 6-34 考虑塑性变形的内力重分布

（a）弹性分析方法得到的弯矩系数；（b）考虑塑性内力重分布得到的弯矩系数

从上面对两跨连续梁的分析可以看出，超静定结构考虑塑性内力重分布时，结构的破坏不是某一截面达到其极限承载力，而是一个从有多余联系的几何不变体系，经历陆续出现截面塑性铰而达到几何可变体系的过程。

对于考虑塑性内力重分布的结构，值得注意的问题是：（1）必须采用塑性材料做成超静定结构；（2）超静定结构提高承载力的幅度是有限制的；（3）虽然人们因超静定结构承载力大而愿意采用它，但是必须看到，超静定结构因有多余联系而给施工带来复杂性，进而限制了它的应用范围。

钢筋混凝土虽不是理想塑性材料，但为了使计算简化，可以认为在截面纵向受拉钢筋达到屈服应力后，该截面能承受的弯矩不再继续增加却可以产生很大的角变形，这时认为该截面出现了塑性铰。因此，钢筋混凝土超静定连续构件同样也会因产生塑性变形引起内力重分布。

为了计算方便，对工程中常用的承受相等均布荷载的多跨连续板、次梁，考虑塑性内力重分布时，采用的方法是弯矩调幅法，即调整按弹性理论计算的某些截面的最大弯矩，一般将支座负弯矩进行调幅。对弯矩进行调幅时，应遵循以下原则：

（1）控制弯矩调幅值，在一般情况下不超过弹性理论计算所得弯矩值的 30%。

（2）必须保证调幅截面形成的塑性铰具有足够的转动能力，《规范》规定，相对受压区高度应满足下式：

$$\xi = \frac{x}{h_0} \leqslant 0.35 \tag{6-71}$$

（3）宜采用塑性较好的 HPB300 级、HRB335 级钢筋；

（4）调整后每个跨度支座弯矩 M_A、M_B 的平均值与调整后跨中弯矩 M_c 之和，应不小于按简支梁计算的跨中弯矩 M_0，即：

$$\frac{M_A + M_B}{2} + M_c \geqslant M_0 \tag{6-72}$$

钢筋混凝土多跨连续梁、板按考虑塑性变形内力重分布设计时可直接查表 6-4 和表 6-5 中的系数，从而得到连续构件中的弯矩和剪力的计算公式分别为：

$$M = \alpha(g + q)l^2 \tag{6-73}$$
$$V = \beta(g + q)l_0 \tag{6-74}$$

式中，α 为弯矩系数，按表 6-4 采用；β 为剪力系数，按表 6-5 采用；g，q 分别为均布恒载与活荷载；l 为计算跨度；l_0 为净跨度。

表 6-4　连续梁和连续板的弯矩计算系数 α

支承情况		截 面 位 置					
		端支座	边跨跨中	离端第二支座	离端第二跨跨中	中间支座	中间跨跨中
梁、板搁置在墙上		0	1/11	二跨连续：-1/10 三跨连续：-1/11	1/16	-1/14	1/16
板	与梁整浇连接	-1/16	1/14				
梁		-1/24					
梁与柱整浇连接		-1/16	1/14				

表 6-5　连续梁和连续板的剪力计算系数 β

支承情况	截 面 位 置				
	端支座内侧	离端第二支座		中间支座	
		左	右	左	右
搁置在墙上	0.45	0.60	0.55	0.55	0.55
与梁或柱整浇连接	0.50	0.55			

6.5.1.5　塑性内力重分布方法的使用范围

按塑性理论方法计算，与弹性方法相比可以节省材料，改善配筋，计算结果更符合实际工作情况。但它不可避免地导致构件在使用阶段的裂缝过宽和变形过大，因此并不是在任何情况下都能使用的。通常在下列情况下，应按弹性理论方法进行计算：

（1）直接承受动力荷载作用的结构；

（2）要求不出现裂缝或处于侵蚀环境等情况下的结构；

（3）处于结构的重要部位且要求有较大的安全储备的构件，如肋梁楼盖中的主梁一般应按弹性理论设计计算。

【例 6-9】某单向板楼盖，平面尺寸见图 6-35a，板面荷载设计值 $g + q = 10.8\text{kN/m}^2$，采

用 C25 混凝土、HPB300 级钢筋，求板内应配置的受力钢筋。

解：

1. 已知计算参数

$$h > l/40 = 49\text{mm}, \text{取 } h = 80\text{mm}, h_0 = 60\text{mm}$$

$$f_c = 11.9\text{N/mm}^2, f_y = 270\text{N/mm}^2, g + q = 10.8\text{kN/m}^2$$

取 1m 为计算单元，则作用在板上的线荷载为：$g + q = 10.8\text{kN/m}$。

2. 边跨

$$l_0 = 2160 - 220 + 100/2 = 1990\text{mm}$$

中间跨（当考虑塑性变形内力重分布计算时，均取净跨）：

$$l_0 = 2160 - 200 = 1960\text{mm}$$

由于边跨和中间跨跨度相差小于 10%，故该梁可按等跨连续梁计算。

等跨连续单向板考虑塑性内力重分布计算内力时，可按表 6-4 查出的弯矩系数取值计算相应的截面弯矩；截面弯矩的计算结果见表 6-6。

表 6-6 截面弯矩和配筋计算

	1 截面	B 支座	2、3 截面	C 支座
弯矩系数 β	1/11	−1/11	1/16	−1/14
弯矩 $M = (g + q)\beta l_0^2$ /kN·m	3.77	−3.77	2.59	−2.96
$A_s = M/(0.9 f_y h_0)$ /mm²	246	246	169	193
选用钢筋/mm²	$\phi 8@200$ $A_s = 251$	$\phi 8@200$ $A_s = 251$	$\phi 6/8@200$ $A_s = 196$	$\phi 6/8@200$ $A_s = 196$

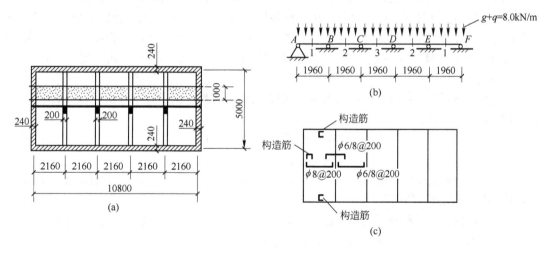

图 6-35
（a）平面图；（b）计算简图；（c）配筋草图

6.5.2 双向板内力计算

6.5.2.1 概述

双向板肋梁楼盖（图 6-36）受力性能好，可以跨越较大的跨度，梁格布置使顶棚整齐美观，常用于民用房屋跨度较大的房间和门厅等处。当梁格尺寸较大和荷载较大时，双向板肋梁楼盖比单向板肋梁楼盖经济，所以双向板肋梁楼盖也常用于工业厂房楼盖。

用弹性力学理论分析时，双向板的受力特征不同于单向板，它在两个方向的横截面上都有弯矩和剪力，另外还存在扭矩。双向板因有扭矩的存在，使板的四角有翘起的趋势，受到墙的约束后，使板的跨中弯矩减小。因此，双向板的受力性能比单向板优越，其跨度可达5m左右（单向板的跨度一般仅为1.7~2.7m）。

在承受均布荷载作用的矩形双向板中，第一批裂缝出现在板底中央且平行长边方向；当荷载继续增大，这些裂缝逐渐延伸，并沿45°方向向四角扩展，然后顶板四角亦出现圆弧形裂缝，最终导致板的破坏，如图6-37所示。

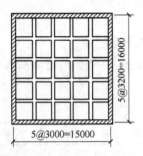

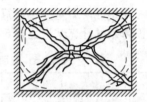

图6-36　双向板肋梁楼盖　　　图6-37　均布荷载下简支板的破坏裂缝线

双向板实用的内力分析方法，有按弹性理论或考虑钢筋混凝土塑性变形等两种。设计时大都采用弹性理论的分析方法并制成了计算用表。

6.5.2.2　单区格双向板的计算

双向板按弹性理论方法计算属于弹性理论小挠度薄板的弯曲问题，由于内力分析很复杂，在实际中，为了简化计算，通常直接应用根据弹性理论编制的计算用表进行内力分析。按双向板边界支承条件的不同，可分为6种计算简图：（1）四边简支；（2）一边固定，三边简支；（3）两对边固定，两对边简支；（4）两邻边固定，两邻边简支；（5）三边固定，一边简支；（6）四边固定。

根据上述不同的计算简图，可在附表28中查得弯矩系数（泊松比 $\nu_c = 0$ 时），从而得到弯矩和挠度的计算公式：

$$m = 表中系数 \times (g + q)l^2 \qquad (6-75)$$
$$f = 表中系数 \times (g + q)l^4/B_c \qquad (6-76)$$

式中，m 为跨中或支座单位板宽内的弯矩；g、q 分别为均布恒载和活载；l 为板的较小跨度；f 为挠度；B_c 为板的抗弯刚度。

这些弯矩的计算是按材料的泊松比 $\nu_c = 0$ 制定的，但对于跨内弯矩尚需考虑横向变形的影响。对于混凝土材料，取 $\nu_c = 0.2$，则最终弯矩应按下式计算确定：

$$m_x^\nu = m_x + \nu_c m_y \qquad (6-77)$$
$$m_y^\nu = m_y + \nu_c m_x \qquad (6-78)$$

6.5.2.3　连续区格双向板的计算

连续区格双向板内力的精确计算更为复杂，在设计中一般采用实用计算方法，通过对双向板上活荷载的最不利布置以及支承情况等合理的简化，将多区格连续板简化为单区格板进行计算。连续双向板实用计算方法的假定为：支承梁的抗弯刚度很大而抗扭刚度很小，因而可略去垂直变形并可自由转动，并且要求同一方向相邻的最大与最小跨度之差小于20%时可按下述方法计算。

这一方法的基本原则是根据最不利的荷载布置，通过荷载的分解使每个中区格的双向板可以看成四边固定或四边简支，从而分别按单区格双向板查附表28计算。

当求某区格跨中的最大弯矩时，应在该区格布置活荷载，然后在其左、右、前、后分别隔跨布置活荷载，活荷载的最不利布置如图6-38所示，通常称为棋盘形荷载布置。

这时可将活荷载p与恒载g分为$g+p/2$与$\pm p/2$两个部分，分别作用于相应区格。当全部区格均作用有$g+p/2$时，可近似地将内区格看作四边固定的双向板；当所求区格作用有$p/2$，而相邻区格作用有$-p/2$，其余各区格间隔布置时，可近似看成承受反对称荷载$p/2$的连续板，此时，中间支座的弯矩为0，其内区格的跨中弯矩，可按四边简支的双向板进行计算。

这两种情况下的边区格板，其外边界条件按实际情况考虑。最后将所求区格在两部分荷载作用下的跨中弯矩叠加，即可得到该区格跨中的最大弯矩。

为求支座最大弯矩，亦应考虑活载的不利布置。为了简化计算，可近似认为恒载和活载均满布在连续双向板的所有区格时，支座产生最大弯矩。此时荷载对称布置，对于内区格，可按四边固定的双向板计算，边区格的外边界支承条件按实际考虑。对某些中间支座，由相邻两区格板求出的支座弯矩常常并不相等，则可近似地取其平均值作为该支座弯矩值。

双向板的支承梁按图6-39所示的原则分配荷载，板角的分角线可按45°考虑。

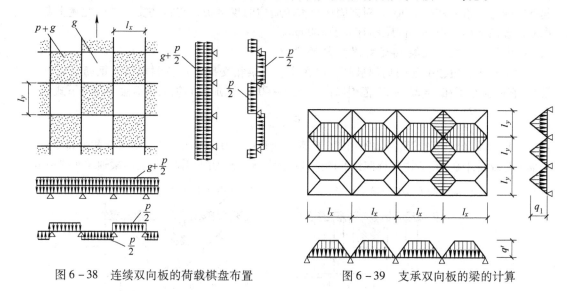

图6-38 连续双向板的荷载棋盘布置　　　　图6-39 支承双向板的梁的计算

6.5.3 单向板肋梁楼盖的设计

6.5.3.1 单向板肋梁楼盖的设计要点

（1）结构平面布置：应结合建筑设计中的功能要求布置楼板形式。

（2）荷载：根据实际情况查《建筑结构荷载规范》。

（3）材料：选择适当的混凝土与钢筋，应注意当时当地市场供应情况。

（4）截面尺寸选择：按照一般高跨比的要求确定。板厚与其跨度之比宜大于1/40（连续板）或1/35（简支板）；次梁的高跨比一般为（1/18~1/12），主梁的高跨比为（1/12~1/8），宽度一般取为（1/3~1/2）梁高。当次梁截面按照上述截面尺寸选择时，一般可不进行使用阶段的挠度和裂缝宽度验算。

在设计时应尽量减少板厚，因为板的混凝土用量约占整个楼盖的1/2~3/4。

在设计柱时，柱截面尺寸一般可按 $l_0/b < 30$ 或 $l_0/h < 25$ 选取。

（5）板的设计要点：

1）计算简图：取 1m 宽的连续板进行内力分析。

2）荷载计算：取 1m 板宽上的活荷载与恒载（kN/m）。

3）计算跨度：按支承情况等选取。

4）内力分析：屋面均按弹性理论查表计算，楼面可根据使用情况采用弹性或塑性理论计算，注意荷载的分项系数。

5）配筋计算：次梁与板整浇在一起，故承受正弯矩的跨中截面按 T 形截面考虑，承受负弯矩的支座截面，按宽度等于梁宽 b 的矩形截面考虑。主梁内力计算通常按弹性理论方法计算，不考虑塑性内力重分布。截面设计时，跨中截面按 T 形截面考虑；支座截面按矩形截面考虑。计算主梁支座负弯矩钢筋时，其截面有效高度应为：单排钢筋时，$h_0 = h - (50 \sim 60\text{mm})$；双排钢筋时，$h_0 = h - (70 \sim 80\text{mm})$。

6）板的构造：在具体选择钢筋直径时，应当考虑减少钢筋规格。板中采用绑扎钢筋作配筋时，其受力钢筋的间距：当板厚 $h \leqslant 150\text{mm}$ 时，不宜大于 200mm；当板厚 $h > 150\text{mm}$ 时，不应大于 1.5h，且不宜大于 250mm。板中伸入支座的钢筋，其间距不应大于 400mm，其截面面积不应小于跨中受力钢筋截面面积的 1/3。板中配筋有分离式与连续式两种配筋方法，板中弯起钢筋的弯起角不宜小于 30°。对嵌固在承重砖墙内的现浇板，在板的支承周边配置上部构造钢筋，直径不小于 8mm，间距不宜大于 200mm。

6.5.3.2 主、次梁相交处附加筋的设计

为了防止斜裂缝引起的局部破坏，应在主、次梁相交部位设置附加横向钢筋（箍筋或吊筋），它们应布置在 $s = 2h_1 + 3b$ 范围以内（图 6-40）。附加横向钢筋所需总面积按下式计算：

$$A_{sv} \geqslant \frac{F}{f_{yv}\sin\alpha} \qquad (6-79)$$

式中，A_{sv} 为承受集中荷载所需的附加横向钢筋总面积；F 为作用在梁的下部或梁截面高度范围内的集中荷载设计值；f_{yv} 为附加横向钢筋的抗拉设计强度；α 为附加横向钢筋与梁轴线间的夹角。

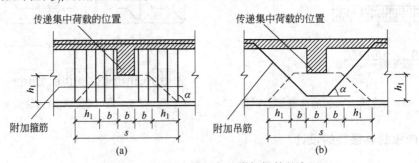

图 6-40 主、次梁相交处附加钢筋的布置

6.5.3.3 非计算的构造要求

在工程设计中，钢筋混凝土梁、板除应按必要的计算配置钢筋外还要考虑非计算的构造要求，而后者往往容易被忽视。一般来说，非计算的构造要求有三类。

A 约束变形引起混凝土开裂的构造要求

混凝土的收缩：混凝土在空气中硬结时体积减小的特性称为收缩。这种体积的减小一旦受到约束就会在混凝土内产生拉应力，当拉应力超过混凝土的抗拉强度时就产生收缩裂缝。例如，四周受墙体约束的钢筋混凝土楼板，如果配筋不当，将产生垂直于房屋长边方向的平行的收缩裂缝（图 6-41a）；又如，上下配置有纵向钢筋的钢筋混凝土梁，如果梁的截面高度较

大，而腹部配筋不当，即使该梁未曾受外荷载作用，亦可能产生垂直于梁纵轴方向的平行收缩裂缝（图6－41b）。

防止收缩裂缝的措施是在垂直于收缩裂缝的方向设置通长的构造钢筋，设置这种构造钢筋的目的在于将收缩裂缝分散到肉眼难以发现的程度。

混凝土的收缩变形随时间而增长，在硬结初期，两周内约完成全部收缩量的25%；一个月内约完成50%，两年后趋向稳定；最终收缩量为 $(2\sim5)\times10^{-4}$。

梁、板角部上翘：梁、板在铰支承处由于荷载的作用将发生角变形，使梁、板端部有上翘现象；同理，四边简支的双向板在板面荷载作用下也有四角上翘的现象（图6－42）。当这些上翘现象受到上部墙体的约束时，就会分别在梁、板的端部和双向板的角部产生负弯矩，如果配筋不当，就会产生裂缝。

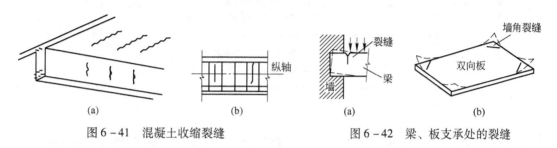

图6－41　混凝土收缩裂缝　　　　图6－42　梁、板支承处的裂缝

防止梁、板角部上翘的措施是设置构造钢筋，用以承受这种在一般计算中难以考虑的因素。

B　受力状态引起混凝土开裂的构造要求

纵向受力筋伸入支座的锚固要求：钢筋混凝土梁的简支端弯矩为零，按理全部纵向受力筋可在支座边缘切断。但是，一旦梁因抗剪能力不足发生从梁端斜向延伸的斜裂缝时，梁端斜截面就成为一个没有钢筋的素混凝土截面，无法抵抗梁端斜截面的弯矩（图6－43）。因此，对梁底纵向钢筋有伸入支座并具有一定锚固长度的构造要求。

纵向受力筋切断时的锚固要

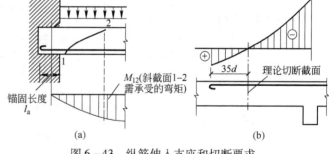

图6－43　纵筋伸入支座和切断要求

求：在沿梁长度方向弯矩值较小或弯矩值变号的截面，按理可以根据弯矩要求将纵向钢筋切断一部分或全部。但是，一旦一部分钢筋被切断，该截面的钢筋截面面积因突然减小而使钢筋应力突然增加，就有可能在切断钢筋的截面上出现混凝土开裂现象。防止措施是将钢筋延至离理论切断截面35d处切断，对梁底纵向受拉钢筋则不宜切断（图6－43）。

单向板要设置长向构造筋：单向板的长向在计算中弯矩为零，但是实际上由于受到边梁或墙体的约束，还会产生负弯矩，所以仍要设置构造钢筋。

C　便于施工的构造要求

例如往往在梁中不需纵向受力筋的地方上设置架立筋，以便施工时固定箍筋的位置；在计算不需要箍筋的地方设置箍筋，以便施工时固定纵向受力筋的位置，因为纵筋间的净距必须满足浇筑混凝土的要求。又如在板中垂直于受力筋的方向必须设置分布钢筋，其作用之一就是固定受力筋的位置。各种钢筋的作用及主要构造要求见表6-7。

表6-7　各种钢筋的作用及主要构造要求

构件	钢　筋	受力作用	构　造　作　用	主要构造要求/mm
板	板底受力筋	抗弯（+M）	防止混凝土收缩裂缝	直径：10~6 间距：70~200 混凝土保护层≥15
	板顶受力筋	抗弯（-M）		
	分布筋 （与受力筋正交）		（1）固定受力筋位置； （2）使相邻受力筋均匀受力； （3）防止混凝土收缩裂缝	直径：6~8 间距：200~300
	单向板长向构造筋 （置于板顶部）		防止单向板短边支承处因受约束 发生垂直于短边方向的负弯矩裂缝	直径：6~8 间距：200 长度：伸出支承边 $l_1/4$
	双向板角筋 （置于板顶部）		防止双向板四角上翘受约束而发 生的负弯矩裂缝（图6-42b）	直径：6~8 间距：≥200 长度：$l_1/4$
梁	梁底纵向受力筋	（1）抗弯（+M）； （2）抗扭（M_T）	（1）防止混凝土收缩裂缝； （2）固定箍筋位置	直径：10~32 纵筋净距≥25 　　　≥ d[1] 底部纵向受力筋全部伸入支 座，锚固长度 $l_s≥12~15d$（图6-43a） 混凝土保护层≥25 　　　≥ d
	梁顶纵向受力筋 架立筋 （不参加受力）	（1）抗弯（-M）； （2）抗弯（+M， 当双筋截面时）； （3）抗扭（M_T）	（1）与压区混凝土共同受压， 并防止压区混凝土崩裂； （2）抵抗由于端支座约束、温 差影响或其他原因产生的负弯矩； （3）防止混凝土收缩裂缝； （4）固定箍筋位置	直径：10~32（受力筋） 　　　8~14（架立筋） 纵筋净距≥30 　　　≥ d 架立筋与纵向受力筋搭接长 度≥150 混凝土保护层≥25 　　　≥ d
	梁腹腰筋	抗扭（M_T）	（1）防止混凝土收缩裂缝（图 6-41b）； （2）固定箍筋位置	直径：10~14 间距：300左右 在梁高 $h≥500$ 时必须设置
	架端弯起钢筋	（1）抗剪（V，本书 未讨论，在估算中它的 抗剪作用可予忽略）； （2）上弯后的纵向受 力筋有时可以抗弯（-M）		各排外侧纵向受力筋不宜弯 起作为负弯矩钢筋用
	箍　筋	（1）抗剪（V）； （2）抗扭（M_T）； （3）当次梁与主梁 整体浇筑时，能抵抗由 次梁传给主梁的剪力	（1）固定纵向受力筋与架立筋 位置； （2）防止压区纵向受压钢筋 压屈； （3）防止压区混凝土崩裂； （4）防止梁在发生斜裂缝后， 在纵向受拉钢筋下部产生水平撕裂 裂缝	直径：4~10 间距：≥50 　　　≤ s_{max}（表6-3） 与纵向受压筋相交的箍筋： 间距 $s≤15d$ 　　　≤400 直径≥ $d/4$ 抗扭箍筋必须搭接100

① d 指纵向受力钢筋的直径。

6.6　楼梯、雨篷的设计

钢筋混凝土梁、板结构应用非常广泛，除大量用于前面所述的楼、屋盖外，工业与民用建筑中的楼梯、阳台、雨篷和挑檐等也是梁、板结构的各种组合。本节着重分析以受弯为主的楼梯和雨篷。

6.6.1　楼梯

钢筋混凝土现浇楼梯按其结构形式一般分为板式楼梯和梁式楼梯两种。

6.6.1.1　板式楼梯

板式楼梯一般由梯段板、平台梁及平台板组成（图6-44）。斜板的弯矩可按一般平置的梁计算，考虑支座的部分嵌固作用时，可取跨中弯矩 $M = ql_0^2/10$。

平台板一般视为单向板，支座处应设负弯矩钢筋，如图6-45b所示。

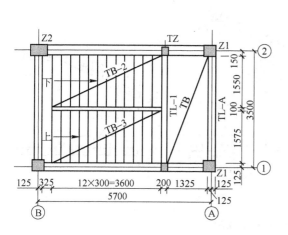

图6-44　板式楼梯的基本组成

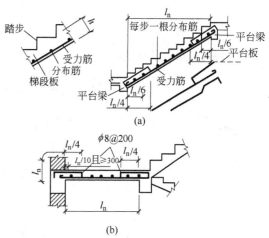

图6-45　板式楼梯梯段板、平台板配筋示意图

6.6.1.2　梁式楼梯

梁式楼梯一般由踏步板、梯梁、平台板和平台梁等组成（图6-46）。踏步板一端与斜梁现浇，另一端支承在墙上时应按简支计算；当两端与梁现浇时，则可按 $M = ql_0^2/10$（l_0 为净跨）来计算。每一踏步下一般需配置不小于 $2\phi6$ 的受力钢筋，踏步板的厚度 t 不小于40mm，还应加设 $\phi6@300$ 的分布筋。锯齿状的踏步板计算时截面高度 h_0 可近似地取图6-47中 h_f 的一半。

6.6.1.3　楼梯的荷载取值及计算简图

楼梯的恒载与活荷载都以水平投影面上 $1m^2$ 的均布荷载来计算。楼梯栏杆顶部的水平荷载应取 $0.5kN/m$。一般的梁式或板式楼梯是一斜向搁置的受弯构件，如图6-48所示。

竖向荷载不但在梁中引起弯矩 M、剪力 V，还会引起轴向力 N，但这个 N 很小，在设计中可不予考虑。

斜梁、板的计算高度 t 应取垂直于楼梯斜面的最小高度。

斜梁、板的计算弯矩可按跨度为 l（l 为斜梁、板的水平投影长度）、荷载为 q 的简支梁计算，剪力应按水平简支梁的剪力乘以 $\cos\alpha$ 计算。

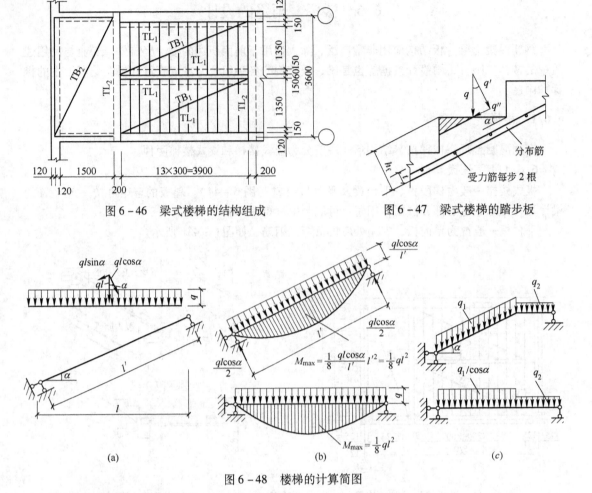

图 6-46　梁式楼梯的结构组成

图 6-47　梁式楼梯的踏步板

图 6-48　楼梯的计算简图

折线形梁或板应将斜向梁、板上的荷载折算，再按一般简支梁计算。

6.6.2　雨篷

工程中常见的悬挑构件有雨篷、挑檐、外阳台、挑廊等。

常用的雨篷悬挑长度为 600 ~ 1000mm，其根部厚度不小于 70mm，板端不小于 50mm（图6-49）。雨篷的荷载除使梁产生弯曲外，还使梁产生扭转。

在均布荷载 q 作用下，板沿梁长度方向单位长度上的扭矩为 $m_T = ql(l+b)/2$（l 为雨篷板的悬挑长度），在梁支座处扭矩达到最大值为 $M_T = m_T l_0/2$（l_0 为梁的计算跨度）。

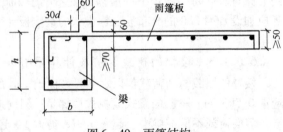

图 6-49　雨篷结构

此外，嵌固于砖墙的雨篷应进行抗倾覆验算，转动中心假定在砖墙外边缘或可移进 10 ~ 20mm。压在雨篷梁上的垂直荷载 N 所产生的抗倾覆力矩应为雨篷恒载和活荷载造成倾覆力矩之和。

其余悬挑构件的计算原则也与雨篷相类似。

6.7 钢筋混凝土受压构件承载力计算

6.7.1 概述

钢筋混凝土受压构件的截面上一般作用有轴力、弯矩和剪力，典型的受压构件是房屋中的柱子，以及屋架中的受压腹杆等（图 6-50）。钢筋混凝土受压构件包括轴心受压构件和偏心受压构件。习惯上把纵向压力作用线与受压构件截面形心重合的钢筋混凝土构件称为轴心受压构件。在实际工程结构中，由于构件制作、安装的误差以及混凝土材料本身的非均匀性等原因，几乎没有真正的轴心受压构件。但是，往往因纵向压力的偏心距很小而忽略其偏心影响时，即可简化为轴心受压构件。

若纵向压力作用线偏离构件形心，但作用在构件截面的一个对称轴上时或在截面的形心同时作用有轴向压力及一个方向的弯矩的钢筋混凝土构件，称为单向偏心受压构件（图 6-51）。纵向压力的作用点与构件截面形心的距离称为偏心距，并用 e_0 表示。当受压构件截面承受着偏离构件轴线距离为 e_0 的纵向压力 N 时，与在截面形心同时承受轴向压力 N 和弯矩 $M = Ne_0$ 等效。

若纵向压力作用线偏离构件形心，且不作用在构件截面的对称轴上时，或在截面的形心同时作用有轴向压力及两个方向弯矩作用的钢筋混凝土构件称为双向偏心受压构件（图 6-52）。

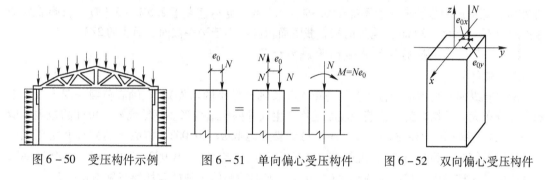

图 6-50 受压构件示例　　　图 6-51 单向偏心受压构件　　　图 6-52 双向偏心受压构件

6.7.2 轴心受压构件承载力计算

根据所配置箍筋的不同，钢筋混凝土轴心受压构件划分为两种形式：普通箍筋柱配置有纵向受力钢筋和普通箍筋（图 6-53）和螺旋箍筋柱配置有纵向受力钢筋、螺旋箍筋或焊接环形箍筋（图 6-54）。

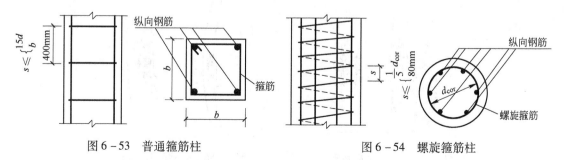

图 6-53 普通箍筋柱　　　　　　　图 6-54 螺旋箍筋柱

6.7.2.1　构造要求

轴心受压构件的截面形状一般采用正方形、矩形或圆形截面。

受压构件一般采用强度等级 C20～C40 混凝土，必要时也可采用强度等级更高的混凝土。混凝土的强度等级对受压构件的承载力影响较大，采用强度等级较高的混凝土，可以减小截面尺寸，节省钢材。

受压构件中的纵向钢筋一般采用热轧钢筋，如 HRB335 级、HRB400 级，不宜采用高强度钢筋。这是由于高强度钢筋与混凝土共同受压时不能充分发挥高强度的作用。纵筋的直径不应小于 12mm，根数不得少于 4 根。通常纵向钢筋的配筋率不得小于 0.6%，在一般情况下也不应超过 3%。主筋间的净距不应小于 50mm。纵筋的保护层厚度一般情况下应大于 25mm。

纵向钢筋应沿截面周边布置，普通箍筋柱中箍筋的作用是固定纵筋，缩短纵筋的自由变形长度，防止纵筋压曲。因此，箍筋应做成封闭式，一般采用 HPB300 级、HRB335 级钢筋，其直径不应小于 $d/4$（d 为纵向受力钢筋的最小直径），且不应小于 6mm，其间距不应大于 400mm 和构件截面的短边尺寸，且不应大于 $15d$。

在纵筋的接头处，箍筋的间距不应大于纵筋直径的 10 倍。当构件截面短边尺寸大于 400mm，且各边纵筋多于 3 根时，还需设置复合箍筋。

螺旋箍筋柱的纵向钢筋至少要有 6 根，实用根数为 6～8 根，并沿圆周等距离布置。螺旋箍筋或环形箍筋的螺距（或间距）s 应不大于 $d_{cor}/5$（d_{cor} 代表间接钢筋内表面确定的混凝土核心截面直径），且不大于 80mm，为保证混凝土浇筑质量，其最小间距也不宜小于 40mm。

螺旋筋常用 HPB300 级钢筋，直径为 6～16mm。螺旋筋的折算面积应不小于纵筋截面面积的 25%；螺旋筋的含筋率一般不低于 0.8%～1.0%，也不宜大于 2.5%～3.0%。螺旋筋外侧保护层应不小于 15～20mm。构件的核心截面面积应不小于构件截面总面积的 2/3。

6.7.2.2　普通箍筋柱的正截面承载力计算

A　破坏形态

配置有纵向受力钢筋和普通箍筋的短柱（长细比较小的构件），在轴心荷载作用下截面上的应力分布大体是均匀的。钢筋和混凝土将产生共同的压缩变形。钢筋混凝土短柱的极限压应变一般在 0.002～0.0033 之间。设计时，可偏安全地取 $\varepsilon_0 = 0.002$，混凝土达到轴心抗压强度时相应的纵筋应变为 0.002，因此钢筋的最大应力 $\sigma_s = E_s \times \varepsilon_s = 0.002 \times 2.0 \times 10^5 = 400\text{N/mm}^2$，即纵筋的最大抗压强度仅能发挥到 400N/mm²。普通箍筋的短柱的破坏形态见图 6-55。

柱的截面尺寸对于柱的破坏特征影响很大。试验表明，对于长细比（对于矩形截面柱指柱的计算长度和截面的短边长度 b 的比值，即 l_0/b；对于圆形截面柱指柱的计算长度 l_0 和圆形截面直径 d 的比值，即 l_0/d）较大的柱，即所谓"长柱"，由于各种偶然因素造成初始偏心距 e_a。

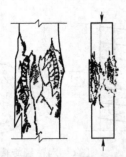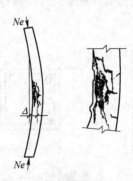

图 6-55　短柱的破坏形态　　　　图 6-56　长柱的破坏形态

在荷载作用下，由于初始偏心距的存在，柱将产生附加弯矩和相应的挠度，侧向挠度又会加大初始偏心距。长柱是在弯矩和轴力共同作用下破坏的。长柱破坏形态见图 6 - 56。同样截面的柱，长柱破坏时承受的荷载低于短柱破坏时承受的荷载。

柱的计算长度 l_0 的取值和其两端支承情况及有无侧移等因素有关。《规范》通过分析研究，对一般多层房屋的钢筋混凝土框架结构各层柱的计算长度的取值见表 6 - 8。

表 6 - 8　框架结构各层柱的计算长度

楼盖类型	柱的类别	l_0
现浇楼盖	底层柱	$1.0H$
	其余各层柱	$1.25H$
装配式楼盖	底层柱	$1.25H$
	其余各层柱	$1.5H$

注：表中 H 对底层柱为从基础顶面到一层楼盖顶面的高度；对其余各层柱为上、下两层楼盖顶面之间的高度。

为反映较大长细比对柱的不利影响，通常引入稳定系数 φ 来表示柱承载力的降低程度。稳定系数定义为长柱的承载力与短柱的承载力的比值，即：

$$\varphi = \frac{N_{长柱}}{N_{短柱}} \tag{6-80}$$

试验表明，稳定系数取值主要与构件的长细比有关，长细比 l_0/b 越大，φ 值越小。对于矩形截面柱，当 $l_0/b < 8$（$l_0/d < 7$）时，即为短柱，可取 $\varphi = 1.0$，不考虑柱承载力的降低。当 $l_0/b > 8$（$l_0/d > 7$）时，即为长柱，要考虑柱承载力的降低。表 6 - 9 给出了钢筋混凝土轴心受压构件的稳定系数，可供承载力计算使用。

表 6 - 9　钢筋混凝土轴心受压构件的稳定系数

l_0/b	8	10	12	14	16	18	20	22	24	26	28
l_0/d	7	8.5	10.5	12	14	15.5	17	19	21	22.5	24
l_0/i	28	35	42	48	55	62	69	76	83	90	97
φ	1.00	0.98	0.95	0.92	0.87	0.81	0.75	0.70	0.65	0.60	0.56
l_0/b	30	32	34	36	38	40	42	44	46	48	50
l_0/d	26	28	29.5	31	33	34.5	36.5	38	40	41.5	43
l_0/i	104	111	118	125	132	139	146	153	160	167	174
φ	0.52	0.48	0.44	0.40	0.36	0.32	0.29	0.26	0.23	0.21	0.19

注：表中 l_0 为构件的计算长度，对钢筋混凝土柱可按表 6 - 8 的规定取用，b 为矩形截面的短边尺寸，d 为圆形截面的直径，i 为截面的最小回转半径。

B　配有纵筋和普通箍筋柱的正截面受压承载力计算

配有纵筋和普通箍筋柱的正截面受压承载力计算公式如下：

$$N \leqslant 0.9\varphi(f_c A + f'_y A'_s) \tag{6-81}$$

式中，N 为轴向压力设计值；f_c 为混凝土轴心抗压强度设计值；A 为构件截面面积，当纵向钢筋配筋率大于 3% 时，应取混凝土的净截面面积 $A_c = A - A_s$；f'_y 为纵向钢筋抗压强度设计值；A'_s 为全部纵向受压钢筋的截面面积；φ 为钢筋混凝土构件的稳定系数。

式（6 - 81）等号右边乘以系数 0.9 是为了保持与偏心受压构件正截面承载力计算具有相近的可靠度。

【例 6 - 10】 某一现浇框架结构标准层中柱，其截面尺寸为 $b \times h = 400\text{mm} \times 400\text{mm}$，楼层

高 5.60m，纵向力设计值 $N = 2000$kN，采用 C30 混凝土（$f_c = 14.3$N/mm^2）和 HRB335 级钢筋（$f'_y = 300$N/mm^2），求此构件正截面纵筋用量。

解：首先计算长细比，根据柱在结构中的位置，查表 6 - 8 得知柱的计算长度：

$$l_0 = 1.25H$$

柱的长细比：

$$\frac{l_0}{b} = \frac{1.25 \times 5600}{400} = 17.5$$

由表 6 - 9 查得相应的稳定系数 φ 值：

$$\varphi = 0.825$$

由式（6 - 81）可以算出受压纵筋面积：

$$A'_s = \frac{\dfrac{N}{0.9\varphi} - f_c A}{f'_y} = \frac{\dfrac{2000000}{0.9 \times 0.825} - 14.3 \times 400 \times 400}{300} = 1352 \text{mm}^2$$

验算构件是否满足最小配筋率：

$$A'_{s,\min} = 0.006 \times 400 \times 400 = 960 \text{mm}^2 < 1352 \text{mm}^2$$

故满足最小配筋率的要求。

C　螺旋箍筋柱的承载力计算

a　螺旋箍筋柱的破坏特征

当螺旋箍筋柱（图 6 - 57）承受轴心压力时，包围着混凝土核心的螺旋筋（或焊接环筋）如同套筒一样，阻止核心内混凝土的横向变形（横向膨胀），使混凝土处于三向受压状态，从而大大提高了核心部分混凝土的轴心抗压强度。此时，间接钢筋中产生了拉应力，随着荷载增大，间接钢筋中的拉应力不断增大，直到间接钢筋达到屈服强度，不能起到进一步增大约束混凝土横向变形的作用，因此，核心部分混凝土的抗压强度不再提高，最终使混凝土压碎而导致构件的破坏。

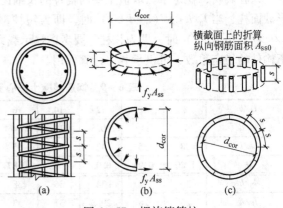

图 6 - 57　螺旋箍筋柱

螺旋箍筋柱的承载能力比普通箍筋柱要大。考虑到螺旋箍筋柱承载能力的提高是通过螺旋筋或焊接环式箍筋受拉而间接达到的，常将螺旋筋或焊接环式箍筋称为间接钢筋，相应地亦称螺旋箍筋柱为间接箍筋柱。

b　截面承载力计算公式

当混凝土在轴向压力及四周的径向均匀压力 σ_2 作用下，其抗压强度将由单轴受压时的 f_c 提高到 f_1，f_1 由下式确定：

$$f_1 = f_c + 4.1\sigma_2 \tag{6 - 82}$$

式中，f_1 为被约束混凝土的轴心抗压强度设计值；σ_2 为间接钢筋应力达到屈服强度时，受压构件核心混凝土受到的径向压力值。

根据图 6 - 57b 中箍筋的受力平衡，可以得到 σ_2：

$$2f_y A_{ss1} = 2\sigma_2 s \int_0^{\pi/2} r\sin\theta \mathrm{d}\theta = \sigma_2 s \cdot d_{cor} \tag{6 - 83}$$

$$\sigma_2 = \frac{2f_y A_{ss1}}{s \cdot d_{cor}} = \frac{2f_y A_{ss1} \cdot \pi d_{cor}}{4 \frac{\pi}{4} d_{cor}^2 \cdot s} = \frac{f_y A_{ss0}}{2A_{cor}} \tag{6-84}$$

式中，f_y 为间接钢筋抗拉强度设计值；A_{cor} 为构件的核心截面面积，即间接钢筋内表面范围内的混凝土面积；A_{ss0} 为螺旋式或焊接环式间接钢筋换算截面面积，$A_{ss0} = \frac{A_{ss1} \cdot \pi d_{cor}}{s}$；$d_{cor}$ 为构件的核心直径，即间接钢筋内表面之间的距离；A_{ss1} 为螺旋式或焊接环式单根间接钢筋截面面积；s 为间接钢筋沿构件轴线方向的间距。

螺旋箍筋柱的承载力是由核心混凝土、纵向钢筋、螺旋筋或焊接环式箍筋构成的。其正截面承载力的计算公式为：

$$N \leqslant 0.9(f_c A_{cor} + f'_y A'_s + 2\alpha f_y A_{ss0}) \tag{6-85}$$

式中，N 为轴向力设计值；f_c 为混凝土轴心抗压强度设计值；f'_y 为纵向钢筋抗压强度设计值；A'_s 为全部纵向钢筋的截面面积；α 为间接钢筋对承载力的影响系数，当混凝土强度等级不超过 C50 时，$\alpha = 1.0$，当混凝土强度等级为 C80 时，取 $\alpha = 0.85$，其间按线性内插法确定。

式（6-85）等号右边的第三项表示间接钢筋的作用。

利用式（6-85）进行螺旋箍筋柱正截面承载力计算时，还应注意以下几点：

（1）防止混凝土保护层过早剥落，按式（6-85）计算出的构件受压承载力不应超过按式（6-81）计算的普通箍筋柱的受压承载力的 1.5 倍。

（2）当构件长细比较大时，间接钢筋因受构件纵向失稳影响，而难以充分发挥其对核心混凝土抗压强度的提高作用，即螺旋筋柱仅适用于 $l_0/d \leqslant 12$ 的情况。

（3）式（6-85）中仅考虑核心混凝土截面面积 A_{cor}，当核心外因混凝土较厚时，利用该式计算出的承载力有可能小于按式（6-81）算得的承载力；或当间接钢筋的换算截面面积 A_{ss0} 小于纵向钢筋全部截面面积 A_s 的 25% 时，间接钢筋太少而难以保证它对混凝土的横向有效约束作用，故此时不考虑间接钢筋的影响，而按式（6-81）计算截面受压承载力。

6.7.3　矩形截面偏心受压构件正截面承载力计算

6.7.3.1　构造要求

偏心受压构件常用的截面形式有矩形、圆形和环形截面。正方形或矩形截面的尺寸不宜小于 300mm × 300mm。为避免构件过于细长，构件的计算长度 l_0 与截面的弯矩作用方向的边长尺寸的比例有一定的要求，通常取 $l_0/h \leqslant 30$。

对于矩形截面，纵向受力钢筋在截面中最常见的配置方式是将纵向钢筋集中放置在偏心方向的两对面，对于圆形截面则是沿圆周均匀配筋。纵向钢筋数量由承载力计算确定。

偏心受压构件中，纵向钢筋的直径 d 不应小于 12mm，通常的选用范围在 12 ~ 32mm 内，一般采用较粗的钢筋，以防止施工过程中钢筋骨架变形，并使其在荷载作用下不易压屈。偏心受压构件纵向钢筋的配筋率也应满足最小配筋率的要求，一侧纵筋的最小配筋率为 0.2%。主筋间的净距不应小于 50mm。纵筋的保护层厚度取值见附表 23。

偏心受压构件中的箍筋形式，当构件截面宽度 $b \leqslant 400$mm 及每侧纵筋不多于 4 根时，可采用图 6-58a 的形式；当构件截面宽度 $b > 400$mm 时，则采用图 6-58b 的形式。

6.7.3.2　偏心受压构件的破坏特征

钢筋混凝土偏心受压构件也需要进行正截面承载力计算。偏心受压构件正截面的受力特征与轴向压力的偏心距、纵筋的数量、钢筋强度和混凝土强度等级等因素有关。

A 破坏形态

一般钢筋混凝土偏心受压构件的破坏大致上可分为两种情况，即大偏心受压破坏（亦称受拉破坏）和小偏心受压破坏（亦称受压破坏）。

大偏心受压构件的破坏特征与双筋截面受弯构件（适筋梁）相似。破坏时，总是受拉钢筋先达到抗拉屈服强度，受压区混凝土后达到抗压极限强度，同时受压钢筋亦达到抗压强度。大偏心受压构件的破坏形态见图 6-59。

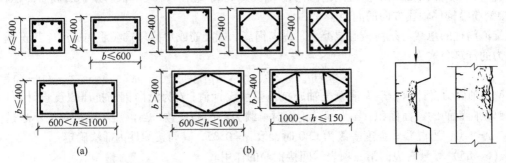

图 6-58 柱中箍筋的构造   图 6-59 大偏心受压构件破坏形态

当作用的偏心距较小，或虽然偏心距较大，但受拉钢筋配量较多时，钢筋混凝土构件正截面处于全截面受压状态，或部分受压、部分受拉状态。随着作用的不断增大，压应力较大的一

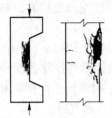

图 6-60 小偏心受压
构件破坏形态

侧出现裂缝，但无明显的主裂缝。当构件破坏时，靠近偏心纵向力一侧（即压应力较大的一侧）的混凝土和受压钢筋的应力分别达到其抗压极限强度和抗压屈服强度，而远离偏心纵向力一侧的钢筋和混凝土可能受压，也可能受拉，钢筋应力一般未达到其抗压或抗拉强度。受压破坏是由于混凝土被压碎而引起的，无明显的预兆，属于脆性破坏。正是由于受压破坏是在轴向力偏心距较小的情况下发生的，习惯上称之为小偏心受压破坏。小偏心受压构件的破坏形态见图 6-60。

从上述分析可知，大偏心受压构件与小偏心受压构件的破坏形态是有根本区别的。构件破坏时，受拉钢筋先达到屈服，则称为大偏心受压；而受压区混凝土先达到极限强度，则称为小偏心受压。在大、小偏心受压之间存在一个"界限"，其所对应的破坏称为"界限破坏"。

偏心受压构件正截面界限破坏与受弯构件正截面界限破坏相似，同样也是在受拉钢筋达到屈服强度的同时受压混凝土达到极限压应变。因此，也可用界限相对受压区高度 ξ_b 来判别两种不同的偏心受压构件。当受压区高度 $x \leqslant \xi_b h_0$ 时，为大偏心受压构件，否则，为小偏心受压构件。

B 纵向弯曲的影响

轴心受压构件在纵向弯曲影响下的破坏类型与构件的长细比有密切的关系。钢筋混凝土偏心受压构件在偏心轴向力的作用下，将产生弯曲变形（图 6-61），从而导致临界截面的轴向力偏心距增大。这种偏心距增大的现象还会随着长细比的增加而更加严重，从而影响构件的承载力。

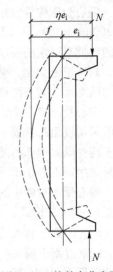

图 6-61 柱的弯曲变形

在截面尺寸、配筋、材料强度、支承情况和轴向力偏心距等完全相同的情况下，柱的破坏随长细比的增大而构成两种类型：即短柱（纵向弯曲的影响可忽略不计的构件）和长柱（长细比较大的构件，纵向弯曲的影响不可忽略）。

图 6-62 为不同长细比柱的破坏形态，对于短柱（$l_0/d \leqslant 8$），随着从开始加载直到最后构件破坏的整个过程中，弯矩 M 和轴向力 N 保持线性比例关系，即偏心距始终保持不变。而对于长柱（$8 < l_0/d \leqslant 30$），在荷载较小时，弯矩 M 和轴向力 N 保持线性比例关系，随着荷载逐渐增大，弯矩 M 增加的速度大于轴向力 N 增大的速度，即随着荷载的增加，偏心距也在逐渐增大，这个现象的出现就是由构件的附加变形产生的。对于长细比 $l_0/d \leqslant 30$ 的柱子，最终破坏是由于材料破坏而使柱子失去继续承受荷载的能力。当柱子的长细比 $l_0/d > 30$ 时（细长柱），随着荷载的增加，由于构

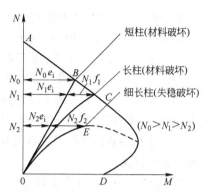

图 6-62　长细比对柱的破坏形态的影响

件的附加变形增长很快，最后构件失去承载能力是由于构件的变形太大，属于失稳破坏。这种柱在设计中应尽量避免采用。

从以上的分析可知，当 $8 < l_0/d \leqslant 30$ 时，需要考虑柱的附加侧向变形对构件承载能力的影响。

对于弯矩作用平面内截面对称的偏心受压构件，当同一主轴方向的杆端弯矩比 M_1/M_2 不大于 0.9，且轴压比不大于 0.9 时，若构件的长细比满足式（6-86）的要求，可不考虑轴向压力在该方向挠曲杆件中产生的附加弯矩影响。

$$l_c/i \leqslant 34 - 12(M_1/M_2) \tag{6-86}$$

式中，M_1、M_2 分别为已考虑侧移影响的偏心受压构件两端截面按结构弹性分析确定的对同一主轴的组合弯矩设计值，绝对值较大端为 M_2，绝对值较小端为 M_1，当构件按单曲率弯曲时，M_1/M_2 取正值，否则取负值；l_c 为构件的计算长度，可近似取偏心受压构件相应主轴方向上下支撑点之间的距离；i 为偏心方向的截面回转半径。

否则按截面的两个主轴方向分别考虑轴向压力在挠曲杆件中产生的附加弯矩影响。其偏心受压构件考虑轴向压力在挠曲杆件中产生的二阶效应后控制截面的弯矩设计值，应按下列公式计算：

$$M = C_m \eta_{ns} M_2 \tag{6-87}$$

$$C_m = 0.7 + 0.3 \frac{M_1}{M_2} \tag{6-88}$$

$$\eta_{ns} = 1 + \frac{1}{1300(M_2/N + e_a)/h_0} \left(\frac{l_c}{h}\right)^2 \zeta_c$$

$$\zeta_c = \frac{0.5 f_c A}{N} \tag{6-89}$$

式中，C_m 为构件端截面偏心距调节系数，当小于 0.7 时取 0.7；η_{ns} 为弯矩增大系数；N 为与弯矩设计值 M_2 相应的轴向压力设计值；e_a 为附加偏心距，计算时，应取不小于 20mm 和轴向力偏心方向截面尺寸的 1/30 两者中的较大值；ζ_c 为截面曲率修正系数，当 $\zeta_c > 1.0$ 时，取 $\zeta_c = 1.0$；h 为截面高度，对环形截面取外直径，对圆形截面取直径；h_0 为截面有效高度；A 为构件截面面积。

当 $C_m\eta_{ns}$ 小于 1.0 时取 1.0。

6.7.3.3　偏心受压构件正截面承载力计算基本公式

A　基本假定

由于偏心受压构件正截面破坏特征与受弯构件正截面破坏特征相似，故可采用与受弯构件正截面承载力计算相同的假定来计算偏心受压构件正截面的承载力，即：

（1）平截面假定：构件正截面弯曲变形后仍保持一平面；

（2）受拉区混凝土的作用忽略不计；

（3）截面受压区的混凝土应力图形仍采用等效的矩形图形，其受压强度取为轴心抗压强度设计值 f_c，受压区边缘混凝土的极限压应变 $\varepsilon_c = \varepsilon_{cu} = 0.0033$；

（4）受拉钢筋和受压钢筋的应力为钢筋应变与其弹性模量的乘积，但应力最大不得超过钢筋的屈服强度。

B　大偏心受压构件承载力计算公式

当截面发生大偏心受压破坏时，在承载力极限状态下截面的应力图形如图 6-63 所示。截面受拉区混凝土不承担拉力，拉力全部由钢筋承担，钢筋的拉应力达到其抗拉强度设计值 f_y；受压区混凝土应力图形可简化为等效的矩形图形，并且应力达到 f_c。一般情况下，受压钢筋也达到其抗压强度设计值 f'_y。

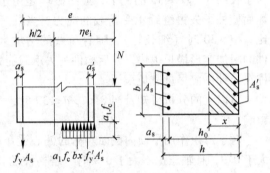

图 6-63　大偏心受压构件计算简图

根据力的平衡条件可得平衡方程式：

$$N = \alpha_1 f_c bx + f'_y A'_s - f_y A_s \qquad (6-90)$$

由所有的力对受拉钢筋合力作用点取矩的平衡条件，得：

$$Ne = \alpha_1 f_c bx\left(h_0 - \frac{x}{2}\right) + f'_y A'_s(h_0 - a'_s) \qquad (6-91)$$

$$e = e_i + \frac{h}{2} - a_s \qquad (6-92)$$

$$e_i = e_0 + e_a \qquad (6-93)$$

式中，N 为截面上作用的轴向压力设计值；e 为轴向压力 N 作用点至纵向受拉钢筋合力点的距离；e_i 为构件的初始偏心距；x 为混凝土等效矩形压应力图的受压区高度；e_0 为轴向压力对截面重心的偏心距，取为 M/N，当需要考虑二阶效应时，M 为按式（6-87）确定的弯矩设计值。

大偏心受压构件正截面承载力计算公式，即式（6-90）、式（6-91）的适用条件与双筋矩形截面受弯构件相似，即应满足下列条件：

（1）$x \leqslant x_b$ 或 $\xi \leqslant \xi_b$，这项要求是确保截面为大偏心受压破坏，并使受拉钢筋应力达到其抗拉强度的设计值 f_y；

（2）$x \geqslant 2a'_s$，这项要求是确保受压钢筋应力达到其抗压强度设计值。

C　小偏心受压构件正截面承载力计算

小偏心受压构件中离轴向力 N 较近一侧的钢筋，在构件达承载力时，无论其是受压还是受拉均达不到钢筋的屈服强度，因此，《规范》建议按下式近似计算离轴向力 N 较近一侧钢筋的应力：

$$\sigma_s = f_y \left(\frac{x/h_0 - \beta_1}{\xi_b - \beta_1} \right) \tag{6-94}$$

式中，β_1 为计算等效矩形应力图形受压区高度的系数，当混凝土强度等级不超过 C50 时，取 $\beta_1 = 0.8$，当混凝土强度等级为 C80 时，取 $\beta_1 = 0.74$，其间按线性内插法确定；h_0 为截面的有效高度；x 为等效矩形应力图形的混凝土受压区高度。

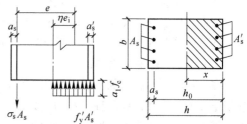

图 6-64 小偏心受压构件计算简图

根据式（6-94）计算的 σ_s 可正可负，当计算的 σ_s 为正值时，即为拉应力，当计算的 σ_s 为负值时，即为压应力。

根据小偏心受压破坏时的计算简图（图 6-64）以及力的平衡条件，即可得基本计算公式。

根据水平力平衡条件可得：

$$N = \alpha_1 f_c b x + f'_y A'_s - f_y A_s \left(\frac{\dfrac{x}{h_0} - \beta_1}{\xi_b - \beta_1} \right) \tag{6-95}$$

由所有的力对受拉钢筋合力作用点取矩的平衡条件，得：

$$Ne = \alpha_1 f_c b x \left(h_0 - \frac{x}{2} \right) + f'_y A'_s (h_0 - a'_s) \tag{6-96}$$

式中，符号的含义与大偏心受压构件中的相同。

式（6-95）和式（6-96）的适用条件是：$x \leqslant h$。

6.7.3.4 柱对称配筋时截面设计

一般钢筋混凝土柱均按对称配筋设计，当采用对称配筋时，截面两侧的配筋应满足 $A_s = A'_s$，同时可取 $f_y = f'_y$。

A 大、小偏心的判别

在大、小偏心受压构件之间存在一种界限破坏状态，当构件发生界限破坏时，截面混凝土的相对受压区高度 $\xi = \xi_b$，判断条件利用大偏心受压构件承载力计算公式（6-90），并取 $\xi = \xi_b$ 得偏心受压构件对称配筋界限状态极限承载力：

$$N_b = \alpha_1 f_c b h_0 \xi_b + f'_y A'_s - f_y A_s = \alpha_1 f_c b h_0 \xi_b \tag{6-97}$$

式中，N_b 为偏心受压构件对称配筋界限状态极限承载力。

所以对于对称配筋的偏心受压构件，大、小偏心的判别条件为：

当 $N > N_b$ 或 $\xi > \xi_b$ 时，为小偏心受压；

当 $N \leqslant N_b$ 或 $\xi \leqslant \xi_b$ 时，为大偏心受压。

B 大偏心受压构件对称配筋承载力计算

根据力的平衡条件得：

$$N = \alpha_1 f_c b x \tag{6-98}$$

由所有的力对受拉钢筋合力作用点取矩的平衡条件，得：

$$Ne = \alpha_1 f_c b x \left(h_0 - \frac{x}{2} \right) + f'_y A'_s (h_0 - a'_s) \tag{6-99}$$

由式（6-98）解出 x，代入式（6-99）即可得到 A'_s。

C 小偏心受压构件对称配筋计算

对于小偏心受压破坏，计算较为复杂，可采用迭代法或近似计算法计算，此处不再赘述，

仅列出采用近似计算法计算 ξ 时的表达式:

$$\xi = \frac{N - \xi_b \alpha_1 f_c b h_0}{\dfrac{Ne - 0.43\alpha_1 f_c b h_0^2}{(\beta_1 - \xi_b)(h_0 - a_s)} + \alpha_1 f_c b h_0} + \xi_b \qquad (6-100)$$

当计算出 ξ 后,代入式(6-96)即可得到 A_s'。

计算时同时要求满足:$A_s = A_s' \geqslant 0.002bh$。

6.7.3.5 承载力复核

在进行截面承载力复核时,已知截面尺寸 $b \times h$,钢筋截面积 A_s 和 A_s',构件计算长度 l_0,混凝土强度等级和钢筋品种以及轴向力设计值,轴向力偏心距 e_0,验算截面是否能承担该轴向力,或求在轴向力作用下所能承受的弯矩设计值 M。

在进行偏心受压构件正截面承载力计算及复核时,除应计算弯矩作用平面的承载力外,尚应按轴心受压构件验算垂直于弯矩作用平面的承载力,此时应考虑稳定系数 φ 的影响。

【例6-11】某对称配筋的钢筋混凝土受压柱(经分析,不必考虑附加弯矩的影响),矩形截面尺寸为 $400\text{mm} \times 600\text{mm}$,$l_0 = 6000\text{mm}$,承受的轴向力设计值 $N = 940\text{kN}$,弯矩设计值 $M = 470\text{kN·m}$,拟采用 C30 级混凝土($f_c = 14.3\text{N/mm}^2$)和 HRB400 级钢筋($f_y = 360\text{N/mm}^2$),$\xi_b = 0.520$,求受拉钢筋及受压钢筋面积。

解:判别大小偏心

$$N_b = \alpha_1 f_c b h_0 \xi_b = 1.0 \times 14.3 \times 400 \times 365 \times 0.520 = 1085.7\text{kN}$$

$$N_b = 1085.7\text{kN} > N = 940\text{kN}$$

故按大偏心受压构件进行计算。

$$e_a = \frac{h}{30} = \frac{600}{30} = 20\text{mm}$$

$$e_0 = \frac{M}{N} = \frac{470000}{940} = 500\text{mm}$$

$$e_i = e_0 + e_a = 500 + 20 = 520\text{mm}$$

$$e = e_i + \frac{h}{2} - a_s = 520 + \frac{600}{2} - 35 = 785\text{mm}$$

$$x = \frac{N}{\alpha_1 f_c b} = \frac{940000}{14.3 \times 600} = 109.6\text{mm}$$

$$A_s' = \frac{Ne - \alpha_1 f_c bx\left(h_0 - \dfrac{x}{2}\right)}{f_y'(h_0 - a_s')} = \frac{940000 \times 785 - 1.0 \times 14.3 \times 400 \times 109.6 \times \left(565 - \dfrac{109.6}{2}\right)}{360 \times (565 - 35)} = 2191\text{mm}^2$$

选用 5 Φ 25,$A_s = A_s' = 2454\text{mm}^2$。

6.7.4 受压构件斜截面受剪承载力计算

适当的压应力对于构件的斜截面抗剪承载力的提高是有利的,通过试验资料分析和可靠度计算,对承受轴向压力和横向力作用的矩形、T 形和工字形截面偏心受压构件,其斜截面受剪承载力计算公式如下:

$$V_u = \frac{1.75}{\lambda + 1.0} f_t b h_0 + f_{yv}\frac{A_{sv}}{s} h_0 + 0.07N \qquad (6-101)$$

式中,λ 为偏心受压构件计算截面的剪跨比;对各类结构的框架柱,取 $\lambda = M/(Vh_0)$;当 $\lambda < 1.5$ 时,取 $\lambda = 1.5$;当 $\lambda > 3$ 时,取 $\lambda = 3$;N 为与剪力设计值 V 相应的轴向压力设计值;当

$N > 0.3 f_c A$ 时，取 $N = 0.3 f_c A$，A 为构件的截面面积。

当符合以下公式的要求时，可不进行斜截面受剪承载力计算，而仅需根据构造要求配置箍筋。

$$V \leqslant V_u = \frac{1.75}{\lambda + 1.0} f_t b h_0 + 0.07N \qquad (6-102)$$

6.8 钢筋混凝土受拉构件承载力计算

6.8.1 概述

与受压构件相似，受拉构件也分为轴心受拉构件和偏心受拉构件。当构件上作用有轴向拉力，并且拉力作用点位于构件截面的形心时，称为轴心受拉构件。当构件上作用有轴向拉力，但拉力不作用于构件截面的形心或截面的形心上既有拉力又有弯矩时，称为偏心受拉构件。例如钢筋混凝土屋架，当将其节点视为铰接节点时，其下弦和受拉腹杆（图 6-65a）就是轴心受拉构件；再如，有内压力作用的圆形水管壁、圆形水池环形壁（图 6-65b）等，也属于轴心受拉构件。

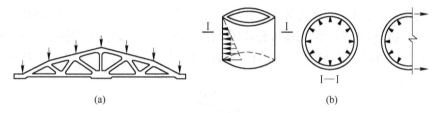

图 6-65 轴心受拉构件

6.8.2 轴心受拉构件的正截面受拉承载力计算

由于混凝土的轴心抗拉强度很低，钢筋混凝土轴心受拉构件很容易开裂，当构件开裂后拉力全部由钢筋承担，直到钢筋受拉屈服，就认为构件达到极限承载力。故轴心受拉构件的正截面受拉承载力计算公式为：

$$N_u = f_y A_s \qquad (6-103)$$

式中，N_u 为轴心拉力设计值；f_y 为纵向钢筋的抗拉强度设计值；A_s 为全部纵向钢筋的截面面积。

轴心受拉构件除应满足强度要求外，对不允许开裂的轴心受拉构件（如水管壁、圆形水池壁等）还要进行抗裂度验算。

6.8.3 偏心受拉构件正截面的承载力计算

6.8.3.1 概述

在计算偏心受拉构件正截面的承载力时，按纵向拉力 N 的位置不同，可分为大偏心受拉构件和小偏心受拉构件。当纵向力作用在钢筋 A_s 合力点和钢筋 A'_s 合力点的范围以外时，为大偏心受拉构件。当纵向力作用在钢筋 A_s 合力点和钢筋 A'_s 合力点的范围以内时，为小偏心受拉构件。

6.8.3.2 矩形截面大偏心受拉构件正截面承载力计算

大偏心受拉构件的破坏特点是随着轴向拉力 N 的增加，在截面拉应力较大的一侧混凝土首先出现裂缝，但裂缝并不贯穿整个截面，其破坏形态和大偏心受压构件相似，接着受拉钢筋屈服，然后受压钢筋屈服，最终受压边缘的混凝土压碎。

A　基本计算公式

根据试验分析及矩形截面大偏心受拉构件受力计算简图（图 6 - 66）可得：

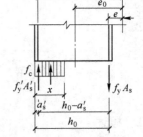

$$N = f_y A_s - f'_y A'_s - \alpha_1 f_c bx \qquad (6-104)$$

$$Ne = \alpha_1 f_c bx\left(h_0 - \frac{x}{2}\right) + f'_y A'_s(h_0 - a'_s) \qquad (6-105)$$

其中：

$$e = e_0 - \frac{h}{2} + a_s \qquad (6-106)$$

图 6 - 66　大偏心受拉构件计算简图

B　适用条件

矩形截面大偏心受拉构件与受弯构件相似，应满足下列条件：

$x \leqslant x_b$，防止混凝土早于纵向受拉钢筋而先破坏，形成脆性破坏；

$x \geqslant 2a_s$，防止纵向受压钢筋在截面破坏时还未达到屈服。

C　配筋计算

对称配筋时，由于 $A_s = A'_s$ 和 $f_y = f'_y$，将其代入式（6 - 104）后，求出的 x 必然为负值。这时 $x < 2a'_s$，可按偏心受压构件的相应情况处理，即取 $x = 2a'_s$，可以近似地假定受压区混凝土承担的压力的合力作用点与受压钢筋承担的压力的合力作用点重合。则此时可对受压钢筋的合力作用点取矩：

$$A_s = \frac{Ne'}{f_y(h_0 - a'_s)} \qquad (6-107)$$

6.8.3.3　矩形截面小偏心受拉构件正截面承载力计算

构件在小偏心拉力作用下，临破坏前，一般裂缝已全截面贯通，拉力全由钢筋承担（图 6 - 67）。

在这种情况下，不考虑混凝土的受拉作用。设计时，假定钢筋全部达到抗拉屈服强度。根据内外力分别对钢筋的合力点取矩，可得：

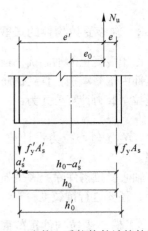

$$Ne = f_y A'_s(h_0 - a'_s) \qquad (6-108)$$

$$Ne' = f_y A_s(h'_0 - a_s) \qquad (6-109)$$

其中：

$$e = \frac{h}{2} - e_0 - a_s \qquad (6-110)$$

$$e' = \frac{h}{2} + e_0 - a'_s \qquad (6-111)$$

将 e 和 e' 的表达式分别代入式（6 - 108）和式（6 - 109）可得：

图 6 - 67　小偏心受拉构件计算简图

$$A_s = \frac{N(h - 2a'_s)}{2f_y(h'_0 - a_s)} + \frac{M}{f_y(h'_0 - a_s)} \qquad (6-112)$$

$$A'_s = \frac{N(h - 2a_s)}{2f_y(h_0 - a'_s)} - \frac{M}{f'_y(h_0 - a'_s)} \qquad (6-113)$$

上两式中，第一项表示轴力 N 所需的钢筋，第二项代表弯矩 M 的影响。从表达式可以看

出当 M 增加时，A_s 的用量增加，而 A'_s 用量减少。因此，设计中同时有几组不同的荷载组合（N，M）时，应按最大的 N 和最大的 M 荷载组合计算 A_s 值，而按最大的 N 和最小的 M 荷载组合计算 A'_s 值。

对称配筋时，离截面形心较远一侧的钢筋达不到屈服，在设计时可取：

$$A'_s = A_s = \frac{Ne'}{f_y(h_0 - a'_s)} \tag{6-114}$$

其中：

$$e' = \frac{h}{2} + e_0 - a'_s \tag{6-115}$$

【例 6-12】 某钢筋混凝土偏心受拉构件，截面为矩形 $b \times h = 200\text{mm} \times 400\text{mm}$，$a'_s = a_s = 35\text{mm}$，承受的轴向拉力设计值 $N = 450\text{kN}$，弯矩设计值 $M = 100\text{kN} \cdot \text{m}$，拟采用 C25 级混凝土（$f_c = 11.9\text{N/mm}^2$）和 HRB335 级钢筋（$f'_y = f_y = 300\text{N/mm}^2$），求纵向钢筋面积。

解：1. 判别大、小偏心受拉

$$e_0 = \frac{M}{N} = \frac{100 \times 10^6}{450000} = 222\text{mm} > \frac{h}{2} - a_s = 165\text{mm}$$

属于大偏心受拉构件。

2. 求 A'_s

取：

$$x = \xi_b h_0 = 0.55 \times 365 = 201\text{mm}$$

$$e = e_0 - \frac{h}{2} + a_s = 222 - \frac{400}{2} + 35 = 57\text{mm}$$

$$A'_s = \frac{Ne - \alpha_1 f_c bx\left(h_0 - \dfrac{x}{2}\right)}{f'_y(h_0 - a_s)} = \frac{450000 \times 57 - 1.0 \times 11.9 \times 200 \times 201 \times \left(365 - \dfrac{201}{2}\right)}{300 \times (365 - 35)} < 0$$

受压钢筋按最小配筋率配置，故取：

$$A'_s = \rho_{\min} bh = 0.002 \times 200 \times 400 = 160\text{mm}^2$$

选用 A'_s 为 2 Φ 10；$A'_s = 157\text{mm}^2$。

3. 求 A_s

将确定的 A'_s 值代入式（6-105）有：

$$450000 \times 57 = 1.0 \times 11.9 \times 200x(365 - x/2) + 157 \times 300 \times (365 - 35)$$

解得 $x = 12\text{mm} < 2a'_s = 70\text{mm}$，此时可近似取 $x = 2a'_s$，对受压钢筋合力作用点取矩可以得到所需受拉钢筋的面积为：

$$e' = e_0 + \frac{h}{2} - a'_s = 387\text{mm}$$

$$A_s = \frac{Ne'}{f_y(h_0 - a'_s)} = \frac{450000 \times 387}{300 \times (365 - 35)} = 1759\text{mm}^2$$

6.8.4　受拉构件斜截面受剪承载力计算

一般偏心受拉构件，在承受弯矩和拉力的同时，也存在剪力。当剪力较大时，则不能忽视斜截面承载力的计算。

通过对试验资料分析，偏心受拉构件斜截面受剪承载力计算可按下式进行：

$$V_u = \frac{1.75}{\lambda + 1.0} f_t bh_0 + f_{yv}\frac{A_{sv}}{s}h_0 - 0.2N \tag{6-116}$$

式中，λ 为偏心受拉构件计算截面的剪跨比，计算方法与式（6-101）中 λ 的计算方法相同；

N 为与剪力设计值 V 相应的轴向拉力设计值。

按式（6-116）右侧计算出的数值小于 $f_{yv}\dfrac{A_{sv}}{s}h_0$ 时，应取等于 $f_{yv}\dfrac{A_{sv}}{s}h_0$，且 $f_{yv}\dfrac{A_{sv}}{s}h_0$ 的值不得小于 $0.36f_t bh_0$。

6.9　预应力混凝土构件

6.9.1　预应力混凝土的基本概念

6.9.1.1　预应力混凝土的特点

预应力混凝土与钢筋混凝土一样，也是一种组合材料，但预应力钢筋采用高强度钢筋或高强度钢丝束，混凝土采用高强度混凝土。外荷载作用前，在构件一端或两端先张拉预应力筋，使混凝土预先受压，在构件内也可放置一些非预应力钢筋作为辅助的纵向钢筋。预应力混凝土的主要优点是改善了使用荷载作用下构件的受力性能，可以推迟裂缝的出现，即在使用荷载作用下可以不开裂或减少裂缝宽度，同时还可形成起拱现象，减少构件在荷载作用后的挠度。

因此，对自重较大的结构，例如主梁、大跨度楼板体系、中等及大跨度桥梁等能减小强度并减轻结构自重。

非预应力混凝土构件中无法采用高强度钢筋，因为在使用阶段会引起较大的挠度和裂缝宽度。但预应力混凝土采用高强度钢筋就不会引起这样严重的后果。

预应力混凝土还能增进疲劳强度和保护钢筋以抵抗大气中的腐蚀作用等。

预应力混凝土也有不足之处，如需要成套张拉锚固装备，制作要求较严格，周期较长等。

6.9.1.2　施加预应力的方法

施加预应力的方法有两种：先张法和后张法。

先张法在浇混凝土之前，在台座之间张拉钢筋至预定位置并作临时固定，安置模板，浇混凝土并待混凝土达一定强度后（约为设计强度的70%以上），放松并切断预应力筋，利用钢筋弹性回缩，借助于粘结力在混凝土中建立预压应力，如图6-68a所示。先张法多用于工厂化生产，台座可以很长（长度可达100m以上）。在台座间可生产多个同类型构件，预应力筋愈快放松就愈能缩短生产周期，提高生产率，但应采取相应措施，保证混凝土达到一定强度。先张法适用于定型成批生产的小型预制构件。

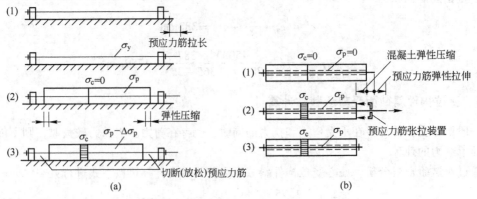

图 6-68　施加预应力的方法
（a）先张法；（b）后张法

后张法是先浇灌混凝土，并在混凝土中预留孔道，待混凝土达到一定强度后（约为设计强度的 70% 以上），在孔道中穿筋并在构件端部张拉预应力筋，张拉到预定数值，用锚具将钢筋锚在端部，再通过特殊导管灌浆，使预应力筋与混凝土产生粘结力。在构件端部用锚具把预应力筋锚住，卸去张拉装置，从而使所建立的预压力保存下来。后张法施工的全过程见图 6 - 68b。张拉预应力筋时，可以一端先锚固，在另一端张拉钢筋完毕后再锚固；也可以两端分别张拉或同时张拉，然后锚固于端部。后张法多在工地现场进行，大型构件分段施工时用此法更为有效。

后张法与先张法的特点比较如下：

（1）后张法施工，构件可在现场制作和拼装，预应力筋可布置成曲线，能改善结构受力性能，多用于大型构件；先张法需专门台座，在预制厂进行中小型装配式构件的批量生产。

（2）后张法有预留孔道、灌浆等工序，施工比较复杂；而先张法则不需要，施工简便。

（3）后张法锚固预应力筋的锚具要附在构件内（称为工作锚）；而先张法为工具锚（夹具）可重复使用。

（4）后张法靠工作锚传递和保持预加应力；而先张法靠粘结力传递和保持预加应力。

6.9.1.3 有粘结及无粘结

后张法构件在张拉钢筋后要在管道内灌浆以产生粘结力，这种有粘结预应力构件在超荷载阶段，其受力性能较好，裂缝宽度较小，分布也较均匀。近来国内已开始采用无粘结预应力筋（即在张拉钢筋后不灌浆）。其做法先将钢筋浸在沥青中，再外包牛皮纸或塑料薄膜，埋入构件模板中，然后浇混凝土达到一定强度后张拉钢筋。优点是省去留孔、穿筋和灌浆等工序，可降低造价，也便于以后再次张拉或更换预应力筋。

6.9.1.4 全预应力及部分预应力

在混凝土中建立的预压力，如果能使构件截面在全部使用荷载作用下不出现拉应力或裂缝称全预应力。在使用荷载作用下，允许混凝土受拉区产生宽度不大的裂缝，称部分预应力，当然部分预应力比全预应力节省材料。

6.9.1.5 锚具

预应力混凝土的关键是在混凝土中建立有效预应力，在先张法预应力构件中，有效预应力是靠混凝土与预应力钢筋间的粘结力来建立的。在后张法预应力构件中，则是靠锚具来保持，锚具是保证预应力混凝土施工安全、结构可靠的关键性设备。后张法构件中，锚具按照所锚固的预应力钢筋不同可分为：支承式锚具（钢丝束镦头锚具等）、锥塞式锚具（钢丝束的钢质锥形锚具等）、夹片式锚具三类。预应力锚具应根据《预应力筋用锚具、夹具和连接器》（GB/T 14370—2007）标准的有关规定选用，并满足相应的质量要求。

A 锥形锚具

锥形锚具是由一个环形锚圈和一个锥形锚塞组成的锚具，如图 6 - 69 所示。这种锥形锚具每套能锚固 18~24 根 $\phi^P 5.0$ 高强钢丝，也可锚 5 根 $\phi^s 7$ 或 7 根 $\phi^s 7$ 的钢绞线，这种锚具滑丝的概率相对较大。

B 镦头锚具

镦头锚具主要用于高强钢丝的锚固（图 6 - 70），它是用特制的镦头机将钢丝端部镦粗、形成铆钉头形的端头。

C 螺丝端杆锚具

螺丝端杆锚具的螺纹是在高强粗钢筋上冷轧出来的，钢筋张拉后拧紧螺帽，靠螺帽和锚固板的承压作用锚固钢筋（图 6 - 71）。

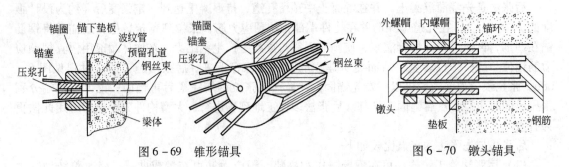

图 6 – 69　锥形锚具　　　　　　　　　　图 6 – 70　镦头锚具

D　JM 锚具

JM12（JM15）型锚具是由带有锥形内孔的锚环和一组可以合成的锥形夹片组成，每组锚具可锚固 3 ~ 6 根 $7\phi^s4$、$7\phi^s5$ 钢绞线，如图 6 – 72 所示。

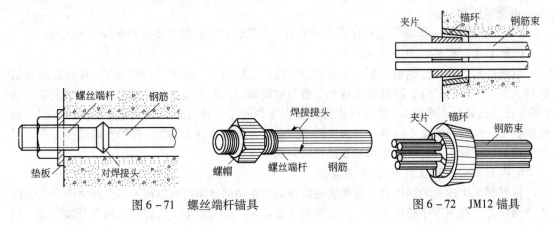

图 6 – 71　螺丝端杆锚具　　　　　　　图 6 – 72　JM12 锚具

E　群锚

群锚的基本构造原理是，把若干个锚固单元组合在一块锚具上，每个锚固单元由一组夹片构成，锚固一根钢绞线，如图 6 – 73 所示。我国生产的型号主要有 XM – 5 型及 QM – 5 型，主要用于大吨位张拉的钢绞线的锚固。

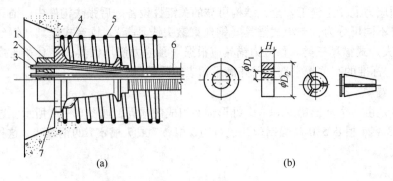

图 6 – 73　群锚
（a）QM 型锚具结构；（b）QM 型锚具的锚杯、夹片
1—锚杯；2—夹片；3—钢绞线；4—锚座；5—螺旋筋；6—波纹管；7—灌浆孔

F　预应力筋连接器

在长跨的连续结构中，有时由于单根预应力钢筋长度有限，或者在分段施工的连续梁中，

预应力钢筋需要用连接器来实现远端接长，如图6-74所示。

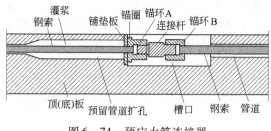

图6-74 预应力筋连接器

6.9.2 预应力混凝土的材料

6.9.2.1 钢筋

与普通混凝土构件不同，钢筋在预应力构件中，从构件制作开始，到构件破坏为止，始终处于高应力状态，故对钢筋有较高的质量要求，归纳起来，有下述几方面：

（1）高强度。为了使混凝土构件在发生弹性回缩、收缩及徐变后，其内部仍能建立较高的预压应力，就需采用较高的初始张拉应力，故要求预应力钢筋具有较高的抗拉强度。

（2）与混凝土间有足够的粘结强度。由于在受力传递长度内钢筋与混凝土间的粘结力是先张法构件建立预压应力的前提，故必须保证两者间有足够的粘结强度。

（3）良好的加工性能。良好的可焊性、冷镦性及热镦性能等。

（4）具有一定的塑性。为了避免构件发生脆性破坏，要求预应力筋在拉断时具有一定的伸长率，当构件处于低温环境和冲击荷载条件下，此点更为重要。一般来说，冷拉热轧钢筋要求伸长率大于6%，光面钢丝、刻痕钢丝要求大于4%。

6.9.2.2 混凝土

预应力混凝土构件对混凝土的基本要求是：

（1）高强度。预应力混凝土必须具有较高的抗压强度，这样才能承受大吨位的预应力，有效地减少构件的截面尺寸，减轻构件自重，节约材料。对于先张法构件，高强度的混凝土具有较高的粘结强度，可减少端部应力传递长度，故在预应力混凝土构件中，混凝土强度等级不应低于C30；当采用高强钢丝、钢铰线和热处理钢筋作预应力筋时，混凝土强度等级不应低于C40。

（2）收缩、徐变小。这样可以减少由于收缩、徐变引起的预应力损失。

（3）快硬、早强。这样可尽早地施加预应力，以提高台座、模具、夹具的周转率，加快施工进度，降低管理费用。

6.9.3 预应力损失值的计算

6.9.3.1 预应力损失值种类

自预应力筋张拉、锚固到后来的运输、安装以及使用的整个过程中，由于张拉工艺和材料特性等种种原因，钢筋中的张拉应力将逐渐降低，称为预应力损失。预应力损失会影响预应力的作用，从而降低混凝土构件的抗裂性能和刚度。因此，正确分析和计算各种预应力损失，并试图采用各种方法减少应力损失是预应力混凝土结构设计、施工及科研工作的重要课题。预应力损失从张拉钢筋开始在整个使用期间都存在，主要分两类，以预应力传递到混凝土时为界，在此之前称前期损失，为第一批损失，在此之后称后期损失，为第二批损失。

以下对主要预应力损失作分项讨论。

A 锚具变形和钢筋回缩损失 σ_{l1}

直线预应力钢筋张拉后锚固于台座或构件上时，由于锚具、垫板与构件之间的缝隙被挤紧，或由于钢筋和楔块在锚具内的滑移，使被拉紧的钢筋松动回缩而引起预应力损失。预应力直线钢筋由于锚具变形和预应力钢筋内缩引起的预应力损失值 σ_{l1} 可按下式计算：

$$\sigma_{l1} = \frac{a}{l} E_s \qquad\qquad (6-117)$$

式中，a 为张拉端锚具变形和钢筋内缩值，mm，可按表 6-10 采用；l 为张拉端至锚固端之间的距离，mm。

表 6-10 锚具变形和预应力筋内缩值 a （mm）

锚 具 类 别		a
支承式锚具（钢丝束镦头锚具等）	螺帽缝隙	1
	每块后加垫板的缝隙	1
夹片式锚具	有顶压时	5
	无顶压时	6~8

注：1. 表中的锚具变形和钢筋内缩值也可根据实测数据确定；2. 其他类型的锚具变形和钢筋内缩值应根据实测数据确定；3. 对于块体拼成的结构，其预应力损失尚应计及块体间填缝的预压变形；当采用混凝土或砂浆为填缝材料时，每条填缝的预压变形值可取为 1mm。

B 孔道摩擦损失 σ_{l2}

后张法构件中，预应力钢筋一端先锚固于构件端部，另一端与千斤顶连接进行张拉，张拉时钢筋在孔道中滑动就会产生摩擦力（图 6-75），这项摩擦损失的计算公式为：

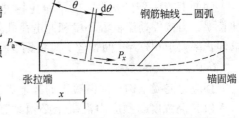

$$\sigma_{l2} = \sigma_{con}\left(1 - \frac{1}{e^{kx+\mu\theta}}\right) \qquad (6-118)$$

当 $(kx + \mu\theta) \leq 0.3$ 时，σ_{l2} 可按下列近似公式计算：

图 6-75 预应力筋与管道间的摩擦

$$\sigma_{l2} = (kx + \mu\theta)\sigma_{con} \qquad\qquad (6-119)$$

式中，x 为张拉端至计算截面的孔道长度，m，可近似取该段孔道在纵轴上的投影长度；θ 为张拉端至计算截面曲线孔道部分切线的夹角，rad；k 为考虑孔道每米长度局部偏差的摩擦系数，按表 6-11 采用；μ 为预应力钢筋与孔道壁之间的摩擦系数，按表 6-11 采用。

表 6-11 摩擦系数

孔道成型方式	k	μ	
		钢绞线、钢丝束	预应力螺纹钢筋
预埋金属波纹管	0.0015	0.25	0.50
预埋塑料波纹管	0.0015	0.15	—
预埋钢管	0.0010	0.30	—
抽芯成型	0.0014	0.55	0.60
无粘结预应力筋	0.0040	0.09	—

注：表中系数也可根据实测数据确定。

C 温差应力损失 σ_{l3}

温差应力损失是混凝土加热养护时，预应力钢筋与台座之间温差引起的预应力损失。受张拉的钢筋与承受拉力的设备之间的温差为 Δt，钢材的线膨胀系数为 $0.00001/℃$，则单位长度钢筋伸长（即放松）为 $0.00001\Delta t$，故应力损失为：

$$\sigma_{l3} = 0.00001 \times \Delta t \times E_s = 0.00001 \times 2 \times 10^5 \Delta t = 2\Delta t \qquad (6-120)$$

为了减少温差损失，可采用两次升温养护。

D 钢筋应力松弛损失 σ_{l4}

钢筋在高应力作用下具有随时间而增长的塑性变形性质。一方面，当钢筋长度保持不变时，钢筋的应力会随时间的增长而逐渐降低，这种现象称为钢筋的应力松弛。另一方面，当钢筋应力保持不变的条件下，应变会随时间的增长而逐渐增大，这种现象称为钢筋的徐变。钢筋的徐变和松弛会引起预应力钢筋的应力损失。这种损失统称为钢筋应力松弛损失。

消除应力钢丝、钢绞线：

普通松弛：

$$\sigma_{l4} = 0.4\left(\frac{\sigma_{con}}{f_{ptk}} - 0.5\right)\sigma_{con} \qquad (6-121)$$

低松弛：

当 $\sigma_{con} \leqslant 0.7f_{ptk}$ 时， $\qquad \sigma_{l4} = 0.125\left(\frac{\sigma_{con}}{f_{ptk}} - 0.5\right)\sigma_{con} \qquad (6-122)$

当 $0.7f_{ptk} < \sigma_{con} \leqslant 0.8f_{ptk}$ 时， $\quad \sigma_{l4} = 0.2\left(\frac{\sigma_{con}}{f_{ptk}} - 0.575\right)\sigma_{con} \qquad (6-123)$

中强度预应力钢丝：

$$\sigma_{l4} = 0.08\sigma_{con} \qquad (6-124)$$

预应力螺纹钢筋：

$$\sigma_{l4} = 0.03\sigma_{con} \qquad (6-125)$$

E 混凝土收缩、徐变引起受拉区和受压区纵向预应力钢筋的预应力损失 σ_{l5}、σ'_{l5}

在一般情况下，混凝土会发生体积收缩，而在预压力作用下，混凝土又会发生徐变。收缩、徐变都使构件缩短，预应力筋也随之回缩而造成预应力损失。

（1）先张法构件：

$$\sigma_{l5} = \frac{60 + 340\dfrac{\sigma_{pc}}{f'_{cu}}}{1 + 15\rho} \qquad (6-126)$$

$$\sigma'_{l5} = \frac{60 + 340\dfrac{\sigma'_{pc}}{f'_{cu}}}{1 + 15\rho'} \qquad (6-127)$$

（2）后张法构件：

$$\sigma_{l5} = \frac{55 + 300\dfrac{\sigma_{pc}}{f'_{cu}}}{1 + 15\rho} \qquad (6-128)$$

$$\sigma'_{l5} = \frac{55 + 300\dfrac{\sigma'_{pc}}{f'_{cu}}}{1 + 15\rho'} \qquad (6-129)$$

式中，σ_{pc}、σ'_{pc} 分别为在受拉区、受压区预应力钢筋合力点处的混凝土法向压应力；f'_{cu} 为施加预应力时的混凝土立方体抗压强度；ρ、ρ'分别为受拉区、受压区预应力钢筋和非预应力钢筋的配筋率，对先张法构件：$\rho = (A_p + A_s)/A_0$，$\rho' = (A'_p + A'_s)/A_0$；对后张法构件：$\rho = (A_p + A_s)/A_n$，$\rho' = (A'_p + A'_s)/A_n$；对于对称配置预应力钢筋和非预应力钢筋的构件配筋率应按钢筋总截面面积的一半计算。

在计算受拉区、受压区预应力钢筋合力点处的混凝土法向压应力 σ_{pc}、σ'_{pc} 时，预应力损失值仅考虑混凝土预压前（第一批）的损失，其非预应力钢筋中的应力 σ_{l5}、σ'_{l5}值应取为零。σ_{pc}、σ'_{pc}值不得大于 $0.5f'_{cu}$。当结构处于年平均相对湿度低于 40% 的环境下时，σ_{l5}、σ'_{l5}值应增加 30%。

F 螺旋式预应力筋应力损失 σ_{l6}

采用螺旋式预应力钢筋的环形构件，由于预应力钢筋对混凝土的挤压，使构件的直径有所减小，预应力中的拉应力会降低，从而造成预应力钢筋的应力损失。

6.9.3.2 各阶段预应力损失值的组合

上述各项预应力损失不是同时出现的，是按不同张拉方法分批产生的，各阶段预应力损失值的组合见表 6 – 12。

表 6 – 12 各阶段预应力损失值的组合

预应力损失值的组合	先张法构件	后张法构件
混凝土预压前（第一批）的损失	$\sigma_{l1} + \sigma_{l2} + \sigma_{l3} + \sigma_{l4}$	$\sigma_{l1} + \sigma_{l2}$
混凝土预压后（第二批）的损失	σ_{l5}	$\sigma_{l4} + \sigma_{l5} + \sigma_{l6}$

注：先张法构件由于钢筋应力松弛引起的损失值 σ_{l4}，在第一批和第二批损失中所占的比例如需区分，可根据实际情况确定。

当计算出的预应力总损失值小于下列数值时，应按下列数值取用：

先张法构件 $100N/mm^2$；后张法构件 $80N/mm^2$。

6.9.3.3 预应力混凝土构件设计

预应力混凝土结构构件，除应根据使用条件进行承载力计算和变形、抗裂、裂缝宽度和应力验算外，尚应根据具体情况对构件的制作、运输、安装等施工阶段进行验算。

6.10 钢筋混凝土构件的裂缝宽度和变形验算

6.10.1 概述

钢筋混凝土及预应力混凝土构件如果只满足强度要求，则有可能在使用荷载阶段发生构件裂缝过宽或变形太大等，从而影响构件的正常使用。

由于混凝土的抗拉强度很低，约为抗压强度的 1/10，当构件的某个部位的拉应力超过了混凝土的抗拉强度，就会在垂直于拉应力作用的方向形成裂缝。引起裂缝的原因很多，其中最主要的因素是荷载。由于混凝土收缩、拆模时间不当、养护不周、构造形式不当引起应力集中等原因而造成的裂缝称为非正常裂缝。对于非正常裂缝，只要采取适当的施工和构造措施，大部分是可以克服和加以限制的。

在钢筋混凝土及部分预应力混凝土构件中，出现裂缝是不可避免的，但必须采取措施以控制裂缝宽度，不使裂缝宽度过大而影响结构外观和引起钢筋锈蚀，影响结构的安全使用和耐久性。裂缝宽度的大小与钢筋应力、钢筋直径、含钢率、粘结力及保护层厚度等因素有关。

实践证明，在正常条件下，裂缝宽度小于 0.3mm 时，钢筋不致锈蚀。以使用要求和工程经验以及耐久性研究成果为基础，考虑环境条件对钢筋的腐蚀的影响、钢筋的种类对腐蚀的敏感性及构件的工作条件等，《规范》将混凝土构件的裂缝控制划分为三级：

一级——严格要求不出现裂缝的构件，按荷载效应标准组合计算时，构件受拉边缘混凝土不应产生拉应力；

二级——一般要求不出现裂缝的构件，按荷载效应标准组合计算时，构件受拉边缘混凝土拉应力不应大于混凝土轴心抗拉强度标准值；

三级——允许出现裂缝的构件，按荷载效应准永久组合并考虑长期作用影响的效应计算时，构件的最大裂缝宽度不应超过附表 29 规定的最大裂缝宽度限值。

在裂缝控制等级为三级的情况下，普通钢筋混凝土构件最大裂缝宽度限值一般为 0.3mm。

混凝土出现裂缝后构件仍能照常工作是钢筋混凝土结构的特征之一。普通钢筋混凝土构件不需要保证无裂缝，因此一般可不进行抗裂计算。但是，构件的裂缝宽度必须限制在允许范围内。

本节还要讨论在使用荷载下的构件刚度值。由于非预应力构件在使用荷载阶段混凝土已开裂，刚度不能简单取用弹性阶段的 $E_c A$（轴心受拉构件）或 $E_c I$（受弯构件），需考虑混凝土开裂后刚度的降低。混凝土的弹性模量 E_c 值随应力增大而减小，截面面积 A 及截面惯性矩 I 也因构件开裂而降低，在计算公式中均需给予充分考虑。不论钢筋混凝土梁还是预应力混凝土梁，由于混凝土徐变、收缩及预应力松弛等影响，挠度将随荷载作用时间增加而增大。因此，挠度计算需考虑两种常见情况：短期荷载作用下的挠度及长期荷载作用下的挠度。

受弯构件的最大挠度应按荷载效应的标准组合并考虑荷载长期作用影响进行计算，其计算值不应超过附表 30 规定的挠度限值。

对于构件的裂缝宽度和变形验算均属于正常使用极限状态的验算，所以对于裂缝宽度和变形验算应采用荷载的准永久组合或标准组合并考虑长期作用影响，采用下列极限状态设计表达式：

$$S \leqslant C \tag{6-130}$$

式中，S 为正常使用极限状态的荷载效应组合值；C 为结构构件达到正常使用要求所规定的变形、裂缝宽度和应力等的限值。

6.10.2 最大裂缝宽度计算

6.10.2.1 钢筋混凝土构件裂缝的概念

受弯、受拉、受扭、大偏心受压钢筋混凝土构件在正常使用荷载作用下往往是带裂缝工作的。其原因是混凝土抗拉强度很低，当构件因种种原因产生不大的拉应力时，处于受拉状态的混凝土很可能开裂，开裂以后由钢筋承受相应的拉力。钢筋混凝土开裂的原因主要有：

（1）由于外荷载作用使截面产生拉应力而开裂，常见的裂缝形态如图 6-76 所示，正常使用荷载作用下受力构件的裂缝宽度应限制在 0.2~0.3mm 以内。

（2）在混凝土收缩或温差作用下，构件由于受到内部或外部约束引起拉应力而开裂。如图 6-41 所示的混凝土收缩裂缝，其特点是与构件轴线相垂直，裂缝两头窄中间宽，呈枣核形，一般 0.05~0.1mm 宽，少数可达 0.3mm。

（3）由于混凝土硬结前的塑性收缩而在构件表面产生龟裂，如图 6-77a 所示，这种表面裂缝的宽度有的可达 1~2mm。

（4）由于冬季施工时添加氯盐过多，导致钢筋锈蚀使体积膨胀，引起混凝土沿钢筋长度上开裂（图 6-77b）。

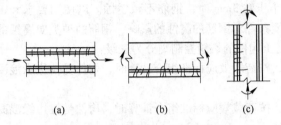

图 6-76　钢筋混凝土构件的裂缝

（a）拉杆；（b）梁；（c）大偏心受压柱

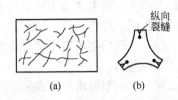

图 6-77　钢筋混凝土构件的裂缝

（a）板面塑性收缩龟裂；（b）沿钢筋纵轴开裂

6.10.2.2　受力构件形成裂缝的机理

以钢筋混凝土轴心受拉构件为例，在混凝土接近开裂以前，截面上混凝土拉应变 ε_{ct} 与钢筋拉应变 ε_{st} 相等，当混凝土截面拉应力 σ_{ct} 接近极限拉应力时，由于混凝土材料的不均匀性，在构件抗拉能力最弱的截面上出现第一批裂缝（图 6-78）。此时，开裂截面混凝土退出工作，截面应承受的全部拉力由钢筋负担，从而产生钢筋应力突变，这就使得裂缝两侧钢筋与混凝土间产生相对滑移和粘结应力 τ（图 6-78），τ 又将钢筋的拉力部分地传给混凝土，因而裂缝两侧的混凝土仍能产生不大的拉应力。随着距开裂截面距离的增大，τ 的积累，混凝土的拉应力亦逐渐增大（图 6-78c），直到距开裂截面为 l 处，混凝土拉应力又恢复到原值。当构件所承受的拉力再增加少许后，在其他一些截面上将陆续出现新的裂缝，但是在距第一批开裂截面两侧 l 的范围以内将不可能再出现新的裂缝。以后，随着轴心拉力的增加，σ_s 的增大，裂缝将陆续出现，最后趋于稳定，裂缝数量不再增加而裂缝宽度则不断增加，直到钢筋到达屈服应力为止。理论上的最小裂缝间距为 l，最大裂缝间距为 $2l$，平均裂缝间距为 $1.5l$。

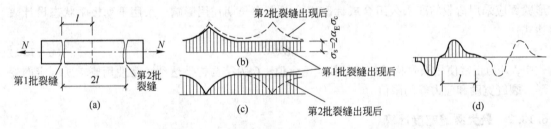

图 6-78　轴心受拉构件裂缝的形成及其应力分布

（a）裂缝；（b）钢筋拉应力分布；（c）混凝土拉应力分布；（d）粘结应力分布

受力构件的裂缝间距主要受三个因素影响：

（1）钢筋的粗细。钢筋愈细，粘结性能愈好，愈易于将钢筋的拉力传给混凝土，所以这时的裂缝间距愈小。

（2）钢筋表面特征。显然，变形钢筋的粘结性能好，因此采用变形钢筋比光圆钢筋的裂缝间距小。

（3）混凝土受拉区面积的相对大小。如果混凝土保护层愈薄，截面配筋率愈大，混凝土受拉区面积相对愈小，混凝土愈容易达到极限拉应力，则裂缝间距愈小。

6.10.2.3　受力构件裂缝宽度的概念和计算公式

裂缝宽度等于混凝土在开裂截面的回缩量，即钢筋与混凝土在裂缝间距之间相对滑移的总和（图 6-79）。

设钢筋在平均裂缝间距 l_{cr} 间的平均拉应变为 $\overline{\varepsilon_s}$，混凝土的平均拉应变为 $\overline{\varepsilon_c}$，则平均裂缝宽

度 ω 为：

$$\omega = (\bar{\varepsilon}_s - \bar{\varepsilon}_c) l_{cr} \qquad (6-131)$$

由于混凝土材料的不均匀性，裂缝间距和宽度的分散性较大，必须考虑裂缝分布和开展的不均匀性。在短期荷载作用下，最大裂缝宽度可根据平均裂缝宽度乘以扩大系数得到。对于矩形、倒 T 形、T 形、工字形截面的钢筋混凝土受弯构件、受拉构件、偏心受压构件，按荷载效应的标准组合并考虑荷载长期作用影响，《规范》给出的最大裂缝宽度的计算公式为：

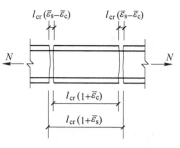

图 6-79　裂缝宽度的概念

$$\omega_{max} = \alpha_{cr}\psi\frac{\sigma_s}{E_s}\left(1.9c_s + 0.08\frac{d_{eq}}{\rho_{te}}\right) \qquad (6-132)$$

$$\psi = 1.1 - 0.65\frac{f_{tk}}{\rho_{te}\sigma_s} \qquad (6-133)$$

$$d_{eq} = \frac{\sum n_i d_i^2}{\sum n_i v_i d_i} \qquad (6-134)$$

$$\rho_{te} = \frac{A_s}{A_{te}} \qquad (6-135)$$

式中，α_{cr} 为构件受力特征系数，对于受弯、偏心受压构件 $\alpha_{cr}=1.9$；偏心受拉 $\alpha_{cr}=2.4$；轴心受拉 $\alpha_{cr}=2.7$；ψ 为裂缝间纵向受拉钢筋应变不均匀系数，当 $\psi<0.2$ 时，取 $\psi=0.2$；当 $\psi>1.0$ 时，取 $\psi=1.0$；对直接承受重复荷载作用的构件，取 $\psi=1.0$；σ_s 为按荷载准永久组合计算的钢筋混凝土构件纵向受拉钢筋的应力，N/mm^2，对于轴心受拉构件：$\sigma_{sq}=N_q/A_s$；对于偏心受拉构件：$\sigma_{sq}=N_q e'/[A_s(h_0-a_s')]$；对于受弯构件：$\sigma_{sq}=M_q/(0.87h_0 A_s)$；$E_s$ 为受拉钢筋弹性模量，N/mm^2；c_s 为最外层纵向受拉钢筋外边缘至截面受拉区底边的距离，mm；当 $c_s<20$ 时，取 $c_s=20$；当 $c_s>65$ 时，取 $c_s=65$；ρ_{te} 为按有效受拉混凝土截面面积计算的纵向受拉钢筋配筋率；在最大裂缝宽度计算中，当 $\rho_{te}<0.01$ 时，取 $\rho_{te}=0.01$；A_{te} 为有效受拉混凝土截面面积，对轴心受拉构件，取构件截面面积；对受弯构件、偏心受压和偏心受拉构件，取 $A_{te}=0.5bh+(b_f-b)h_f$（b_f、h_f 为受拉翼缘的宽度、高度）；A_s 为受拉区纵向钢筋截面面积；d_{eq} 为受拉区纵向钢筋的等效直径，mm；d_i 为受拉区第 i 种纵向钢筋的公称直径，mm；n_i 为受拉区第 i 种纵向钢筋的根数；v_i 为受拉区第 i 种纵向钢筋的相对粘结特性系数，对光面钢筋，取 $v_i=0.7$；对带肋钢筋取 $v_i=1.0$。

由式（6-132）计算的裂缝宽度应小于规范规定的相应最大裂缝宽度限值 ω_{lim}（见附表29）。

【例 6-13】 一轴心受拉构件，截面尺寸为 $b\times h=200mm\times 200mm$，按荷载效应标准组合计算的轴向拉力值 $N_q=135kN$，混凝土强度等级为 C20，根据承载力计算，钢筋取用 HRB335 级，配 4 Φ16（$A_s=804mm^2$）。裂缝宽度限制 $\omega_{lim}=0.3mm$，试验算最大裂缝宽度。

解： 按式（6-132）计算最大裂缝宽度：

$$E_s = 2.0\times10^5 N/mm^2$$

$$\rho_{te} = \frac{A_s}{bh} = \frac{804}{200\times200} = 0.0201$$

由于是轴心受拉构件，所以：

$$\sigma_s = \frac{N_q}{A_s} = \frac{135 \times 10^3}{804} = 167.9 \text{N/mm}^2$$

由式（6 – 133）得：

$$\psi = 1.1 - 0.65 \frac{f_{tk}}{\rho_{te}\sigma_s} = 1.1 - \frac{0.65 \times 1.54}{0.0201 \times 167.9} = 0.803$$

$$d_{eq} = \frac{4 \times 16^2}{4 \times 1.0 \times 16} = 16$$

由式（6 – 132）得：

$$\omega_{max} = \alpha_{cr}\psi \frac{\sigma_s}{E_s}\left(1.9c + 0.08 \frac{d_{eq}}{\rho_{te}}\right) = 2.7 \times 0.803 \times \frac{167.9}{2.0 \times 10^5}\left(1.9 \times 25 + 0.08 \times \frac{16}{0.0201}\right) = 0.202 \text{mm}$$

所以满足要求。

6.10.3   钢筋混凝土受弯构件变形计算

6.10.3.1   钢筋混凝土受弯构件变形计算的特点

对钢筋混凝土受弯构件进行变形计算，也就是把它在正常使用极限状态下产生的挠度控制在规定的限值之内。

钢筋混凝土受弯构件的变形，在截面开裂前和开裂后变化很大，如图 6 – 80 所示。裂缝出现前，当构件的应力 – 应变关系还处于第 I 阶段时，其变形基本上是弹性的，变形与荷载之间基本保持线性关系。裂缝出现以后（即应力 – 应变关系处于第 II 阶段），不仅混凝土的变形模量随荷载的增加而继续降低，而且由于受拉区混凝土的开裂，使截面的几何和物理性质也发生根本的变化。到接近破坏的第 III 阶段，荷载基本不增

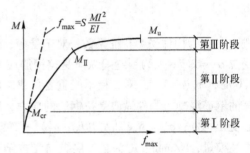

图 6 – 80   钢筋混凝土梁的弯矩 – 挠度关系曲线

加，而构件的变形剧增，构件最终破坏。但第 III 阶段不是变形计算考虑的范围。

材料力学给出弹性材料的变形计算方法，如承受均布荷载的简支梁，其跨中挠度为：

$$f = \frac{5}{48} \frac{Ml^2}{EI} \qquad (6 – 136)$$

式中，EI 为梁的截面抗弯刚度。

当梁的截面尺寸、材料一定时，EI 为常数，挠度与弯矩成线性关系。

对于钢筋混凝土梁，其在一般情况下均是带裂缝工作的，试验表明其挠度与弯矩的关系是非线性的。《规范》通过用短期刚度和长期刚度来反映这一非线性的关系。短期刚度是指钢筋混凝土梁在荷载标准效应组合作用下的截面抗弯刚度。长期刚度是指钢筋混凝土梁在荷载标准效应组合作用下并考虑荷载长期作用的影响时截面的抗弯刚度。

6.10.3.2   荷载效应标准组合作用下钢筋混凝土受弯构件的短期刚度

荷载效应标准组合作用下钢筋混凝土受弯构件短期刚度 B_s 的计算公式为：

$$B_s = \frac{E_s A_s h_0^2}{1.15\psi + 0.2 + \dfrac{6\alpha_E\rho}{1 + 3.5\gamma_f'}} \qquad (6 – 137)$$

式中，E_s 为纵向受拉钢筋的弹性模量；A_s 为纵向受拉钢筋的截面积；h_0 为构件截面有效高

度；ψ 为钢筋应变不均匀系数，按式（6-133）计算；α_E 为钢筋与混凝土的弹性模量比值；ρ 为纵向受拉钢筋配筋率，$\rho = A_s/(bh_0)$；γ_f' 为受拉翼缘截面面积与腹板有效截面面积的比值。γ_f' 按下式计算：

$$\gamma_f' = \frac{(b_f - b)h_f}{bh_0} \tag{6-138}$$

式中，b_f、h_f 分别为受拉翼缘的宽度、高度。

6.10.3.3 按荷载效应标准组合并考虑荷载长期作用时钢筋混凝土受弯构件的刚度

在荷载长期作用下，受压区混凝土将发生徐变，使压区混凝土的应力松弛，以及受拉区混凝土与钢筋间的滑移使受拉区混凝土不断退出工作，因而钢筋的平均应变随时间而增大。此外，由于纵向受拉钢筋周围混凝土的收缩受到钢筋的抑制，当压区纵向钢筋用量较少时，弯压区混凝土可较自由地产生收缩变形，使梁产生弯曲。这些因素均会导致梁刚度的降低，引起梁的挠度增大。

试验表明，在加载初期，梁的挠度增长较快，随后，在荷载长期作用下，其增长趋势逐渐减慢，后期挠度虽然仍继续增长，但增值很小（图6-80）。

我国《规范》采用根据试验结果确定的挠度增大系数来计算长期刚度。

矩形、T形、倒T形和工字形截面，考虑荷载长期作用影响的刚度 B（采用荷载标准组合时）的计算公式为：

$$B = \frac{M_k}{M_q(\theta - 1) + M_k} B_s \tag{6-139}$$

式中，M_k 为按荷载效应的标准组合计算的弯矩，取计算区段内的最大弯矩值；M_q 为按荷载效应的准永久组合计算的弯矩，取计算区段内的最大弯矩值；B_s 为按荷载效应的标准组合作用下受弯构件的短期刚度；θ 为荷载长期作用对挠度增大的影响系数，当 $\rho' = 0$ 时，取 $\theta = 2.0$，当 $\rho' = \rho$ 时，取 $\theta = 1.6$，当 ρ' 为中间数值时，θ 按线性内差法取用；ρ'、ρ 分别是纵向受拉和受压钢筋的配筋率，$\rho' = A_s'/(bh_0)$，$\rho = A_s/(bh_0)$。

6.10.3.4 受弯构件的挠度计算

在求出钢筋混凝土受弯构件的短期刚度和长期刚度后，挠度值可按一般材料力学公式计算。但是由于沿构件长度方向的配筋量及弯矩均为变值，所以，沿构件长度方向的刚度也是变化的。为简化计算，对等截面构件，可假定同号弯矩的每一区段内各截面的刚度是相等的，并按该区段内最大弯矩处的刚度（最小刚度 B_{min}）计算，这就是最小刚度计算原则。

《规范》规定受弯构件的挠度应按荷载效应标准组合并考虑荷载长期作用影响的 B 来计算，对于受均布荷载作用的钢筋混凝土简支梁，其挠度计算公式为：

$$f = \frac{5}{48} \frac{M_k l^2}{B} \tag{6-140}$$

所计算出的挠度值应满足附表30的要求。

【例6-14】已知梁的截面尺寸为 $b \times h = 200\text{mm} \times 500\text{mm}$，计算跨度 $l_0 = 6\text{m}$，承受均布荷载，跨中荷载效应按标准组合计算的弯矩 $M_k = 100\text{kN}$，按荷载效应准永久组合计算的弯矩值为 $M_q = 50\text{kN}$，混凝土等级为C20，根据正截面受弯承载力的计算，选用HRB335级钢筋，共配有纵向受拉筋 $2\,\underline{\Phi}\,20 + 2\,\underline{\Phi}\,16(A_s = 1030\text{mm}^2)$，梁的允许挠度为 $l_0/200$。试验算梁的挠度。

解：

$$\alpha_E = \frac{E_s}{E_c} = \frac{2.0 \times 10^5}{2.55 \times 10^4} = 7.84$$

$$\rho_{te} = \frac{A_s}{0.5bh} = \frac{1030}{0.5 \times 200 \times 500} = 0.0206$$

$$\sigma_{sk} = \frac{M_k}{0.87A_sh_0} = \frac{100 \times 10^6}{0.87 \times 1030 \times 465} = 240 \text{N/mm}^2$$

由式（6-133）知：

$$\psi = 1.1 - 0.65\frac{f_{tk}}{\rho_{te}\sigma_{sk}} = 1.1 - \frac{0.65 \times 1.54}{0.0206 \times 240} = 0.898$$

$$\rho = \frac{A_s}{bh_0} = \frac{1030}{200 \times 465} = 0.0111$$

由式（6-137）计算荷载效应标准组合作用下的构件的短期刚度：

$$B_s = \frac{E_sA_sh_0^2}{1.15\psi + 0.2 + \frac{6\alpha_E\rho}{1+3.5\gamma_f'}} = \frac{2 \times 10^5 \times 1030 \times 465^2}{1.15 \times 0.898 + 0.2 + 6 \times 7.84 \times 0.0111}$$

$$= 2.54 \times 10^{13} \text{N} \cdot \text{mm}^2$$

又因为 $\rho' = 0$，所以 $\theta = 2$。

由式（6-139）得荷载效应标准组合作用下并考虑荷载长期作用影响的刚度为：

$$B = \frac{M_k}{M_q(\theta - 1) + M_k}B_s = \frac{100 \times 10^6}{50 \times 10^6 \times (2-1) + 100 \times 10^6} \times 2.54 \times 10^{13}$$

$$= 1.69 \times 10^{13} \text{N} \cdot \text{mm}$$

由式（6-140）得跨中最大挠度为：

$$f = \frac{5}{48}\frac{M_kl_0^2}{B} = \frac{5}{48} \times \frac{100 \times 10^6 \times 6000^2}{1.69 \times 10^{13}} = 22.2 \text{mm}$$

$$\frac{f}{l_0} = \frac{22.2}{6000} = \frac{1}{270} < \frac{1}{200}$$

故构件的变形满足要求。

❦❦

复习思考题

6-1 钢筋混凝土结构中钢筋处于怎样的状态时才能发挥最佳作用？

6-2 钢筋混凝土结构有哪些优缺点？

6-3 钢筋和混凝土结合在一起共同工作的基础是什么？

6-4 钢筋混凝土结构宜采用哪些钢筋作为受力筋，为什么？

6-5 钢筋强度的标准值和设计值是如何确定的？

6-6 钢筋混凝土结构对钢筋的性能有哪些要求？

6-7 混凝土的基本强度指标有哪些，各用什么符号表示，它们相互之间有怎样的关系？

6-8 混凝土的强度等级是如何划分和确定的？

6-9 处于双向受力和三向受力状态的混凝土与单向受力状态有什么不同？

6-10 混凝土的受压变形模量有几种表达方式，我国是怎样确定受压混凝土的弹性模量的？

6-11 混凝土的徐变和收缩有何不同，它们各是由什么原因引起的，又有怎样的变形特征？

6-12 钢筋混凝土结构中对钢筋的锚固长度、搭接长度以及保护层厚度的要求的目的是什么？

6-13 何谓材料的疲劳强度，钢筋和混凝土的疲劳强度各是根据什么确定的？

6 – 14 什么叫配筋率，配筋量对梁的正截面受弯承载力有何影响？

6 – 15 适筋梁、超筋梁、少筋梁的破坏特征有何不同？

6 – 16 受弯构件正截面受弯承载力计算时有何基本假定？

6 – 17 什么叫梁的"界限"破坏？

6 – 18 什么叫界限相对受压区高度 ξ_b，它在受弯计算中起什么作用？

6 – 19 最大配筋率 ρ_{max} 和最小配筋率 ρ_{min} 分别是根据什么原则确定的？

6 – 20 适筋梁正截面承载力计算公式的使用条件是什么，其限制的目的是什么？

6 – 21 当受弯构件正截面的受弯承载力不足时，可采取哪几种措施来提高截面的承载力？

6 – 22 在什么情况下，钢筋混凝土受弯构件需采用双筋截面？

6 – 23 为什么要确定 T 形截面的翼缘宽度，如何确定？

6 – 24 两类 T 形截面如何区别？

6 – 25 验算 T 形截面梁的最小配筋率 ρ_{min} 及计算配筋率 ρ 时，为什么用肋宽 b 而不用翼缘宽度 b'_f？

6 – 26 钢筋混凝土梁在荷载作用下，为什么会出现裂缝？

6 – 27 钢筋混凝土梁的斜截面剪切破坏形态有几种，主要的影响因素是什么？

6 – 28 钢筋混凝土梁中箍筋的作用是什么？

6 – 29 如果某一钢筋混凝土梁按计算不需要配置箍筋，这时梁中是否还需要配置箍筋，为什么？

6 – 30 配箍率 ρ_{sv} 的表达式是怎样的，它与斜截面受剪承载力之间关系怎样？

6 – 31 计算梁斜截面受剪承载力时应取哪些计算截面？

6 – 32 楼面的梁、板结构布置应考虑哪些问题？

6 – 33 单向板和双向板的区别是什么？

6 – 34 求连续梁各跨跨间最大正弯矩，支座截面最大负弯矩，支座边截面最大剪力时的荷载最不利布置各有什么不同，为什么荷载满布各跨时，反而不是最不利情况？

6 – 35 什么是塑性铰，塑性铰与理想的普通铰有什么不同？

6 – 36 什么叫塑性铰引起的结构内力重分布，为什么塑性内力重分布只适用于超静定结构？

6 – 37 双向板支承梁上的荷载是怎样得到的？

6 – 38 板式楼梯和梁式楼梯有何区别，踏步板中的配筋有何不同？

6 – 39 如何确定板式楼梯和梁式楼梯的计算简图、截面形式？

6 – 40 作用在雨篷梁上有哪些荷载，雨篷梁计算时为什么除考虑弯矩外，还需要考虑扭矩？

6 – 41 轴心受压普通箍筋短柱与长柱的破坏形态有何不同，轴心受压长柱的稳定系数 φ 是如何确定的？

6 – 42 简述偏心受压短柱的破坏形态及偏心受压构件的分类。

6 – 43 区分大、小偏心受压破坏的界限是什么？

6 – 44 对称配筋矩形截面大、小偏心受压破坏的界限是什么？

6 – 45 如何区分偏心受拉构件所属的类型？

6 – 46 偏心受拉构件和偏心受压构件的斜截面承载力计算公式有何不同，为什么？

6 – 47 纵向钢筋与箍筋的配筋强度比 ζ 的含义是什么，有什么限制条件？

6 – 48 在钢筋混凝土纯扭试验中，有少筋破坏、适筋破坏、超筋破坏和部分超筋破坏，它们各有什么特点，在受扭计算中如何避免少筋破坏和超筋破坏？

6 – 49 为什么要对构件施加预应力，预应力混凝土结构的优缺点是什么？

6 – 50 预应力混凝土结构所选用的材料为什么都要求有较高的强度？

6 – 51 什么是张拉控制应力，为什么张拉控制应力不能取得太高，也不能取得太低？

6 – 52 预应力构件的预应力损失有哪些，各是由什么原因引起的，如何减少各项预应力损失？

6 – 53 结构构件设计时，应根据使用要求选用不同的裂缝控制等级，裂缝控制等级分为三级，每一级要求各是什么，钢筋混凝土构件属于哪一级？

6 – 54 如果裂缝宽度超过了规范规定的最大裂缝宽度的允许值，可以采取哪些措施进行改进？

6-55 钢筋混凝土受弯构件的变形计算与匀质弹性材料受弯构件的变形计算有何异同，钢筋混凝土简支梁沿跨长其刚度是怎样分布的，在计算挠度时采用哪一种刚度？

6-56 为什么在长期荷载作用下受弯构件的挠度会增长，怎样计算受弯构件的长期挠度？

6-57 如果受弯构件的计算挠度值超过规范规定的挠度允许值，可采取什么措施，其中最有效的办法是什么？

6-58 某钢筋混凝土简支梁，截面尺寸 $b \times h = 250\text{mm} \times 500\text{mm}$，跨中承受弯矩设计值 $M = 150\text{KN} \cdot \text{m}$，混凝土等级为 C30，采用 HRB335 级钢筋，试确定该梁的纵向受拉钢筋的面积。

6-59 某钢筋混凝土简支板，板厚 $h = 80\text{mm}$，计算跨度 $l = 2.34\text{m}$，承受均布恒载标准值为 $g_k = 2.0\text{kN/m}^2$（已包括板自重），均布活载标准值为 $q_k = 3\text{kN/m}^2$，混凝土等级为 C30，钢筋采用 HPB300 级钢筋，试求该板跨中截面纵向受拉钢筋。

6-60 已知钢筋混凝土梁截面尺寸 $b \times h = 250\text{mm} \times 450\text{mm}$，混凝土等级为 C40，钢筋配有 4⊈16（$A_s = 804\text{mm}^2$）HRB335 级钢筋，承受设计弯矩 $M = 89\text{kN} \cdot \text{m}$，试验算此梁的截面是否安全。

6-61 已知钢筋混凝土梁截面尺寸 $b \times h = 200\text{mm} \times 500\text{mm}$，混凝土等级为 C40，钢筋采用 HRB335 级钢筋，承受设计弯矩 $M = 330\text{kN} \cdot \text{m}$，试求所需受压钢筋和受拉钢筋的截面面积。

6-62 已知条件同题 6-61，但在受压区已配置 3⊈20（$A_s' = 941\text{mm}^2$）钢筋，求受拉钢筋面积。

6-63 已知 T 形截面梁，混凝土等级为 C30，钢筋采用 HRB335 级，梁截面尺寸 $b \times h = 300\text{mm} \times 700\text{mm}$，$b_f' = 600\text{mm}$，$h_f' = 120\text{mm}$，当作用在截面上的弯矩为 $M = 650\text{kN} \cdot \text{m}$ 时，试计算受拉钢筋截面面积。

6-64 已知一肋形楼盖次梁，梁截面尺寸 $b \times h = 200\text{mm} \times 600\text{mm}$，$b_f' = 1000\text{mm}$，$h_f' = 90\text{mm}$，混凝土等级为 C30，钢筋采用 HRB335 级，承受的弯矩设计值为 $M = 410\text{kN} \cdot \text{m}$ 时，试计算受拉钢筋截面面积。

6-65 一钢筋混凝土矩形截面简支梁，两端搁置在厚度为 240mm 的砖墙上，梁的计算跨度为 3.56m，截面尺寸为 $b \times h = 200\text{mm} \times 500\text{mm}$，梁上承受的均布荷载设计值为 90kN/m（已包括梁自重），混凝土等级为 C20，箍筋采用 HPB300 级，梁的安全等级为二级。试求箍筋的直径、间距和肢数。

6-66 已知一钢筋混凝土矩形截面纯扭构件，$b \times h = 150\text{mm} \times 300\text{mm}$，其承受的扭矩设计值 $T = 3.6\text{kN} \cdot \text{m}$，混凝土等级为 C30，纵筋采用 HRB335 级钢筋，箍筋采用 HPB300 级，试求截面配筋。

6-67 某多层仓库的底层中间柱，柱截面尺寸为 350mm × 350mm，轴向力设计值 $N = 1400\text{kN}$，$H = 3.9\text{m}$，混凝土等级为 C20，纵筋采用 HRB400 级，试求该柱纵筋面积。

6-68 一钢筋混凝土柱，$l_0/h = 6$，$b \times h = 300\text{mm} \times 400\text{mm}$，$a_s = a_s' = 35\text{mm}$，混凝土等级为 C20，纵筋采用 HRB335 级，该柱承受的轴向压力设计值为 $N = 300\text{kN}$（已包括柱自重），设计弯矩为 $M = 159\text{kN} \cdot \text{m}$，采用对称配筋，试计算该柱需配钢筋面积。

6-69 某对称配筋钢筋混凝土柱，该柱承受的轴向压力设计值为 $N = 2400\text{kN}$（已包括柱自重），设计弯矩为 $M = 240\text{kN} \cdot \text{m}$，计算高度 $l_0 = 3.5\text{m}$，$b \times h = 400\text{mm} \times 700\text{mm}$，混凝土等级为 C25，纵筋采用 HRB335 级，试计算该柱需配钢筋面积。

6-70 一钢筋混凝土轴心受拉构件，截面尺寸 $b \times h = 200\text{mm} \times 150\text{mm}$，混凝土等级为 C30，纵筋采用 HRB335 级，该柱承受的轴向拉力设计值为 $N = 240\text{kN}$，试计算该柱截面配筋。

6-71 已知某屋架下弦按轴心受拉构件设计，截面尺寸为 200mm × 160mm，保护层厚度 $c = 25\text{mm}$，配置 4⊈16HRB400 级钢筋，混凝土强度等级为 C40，荷载效应的标准组合的轴向拉力 $N_k = 240\text{kN}$，最大裂缝宽度允许值为 0.2mm。试验算该构件的裂缝宽度是否满足要求。

7 砌 体 结 构

在第 4 章介绍了砌体结构的材料,第 5 章介绍了砌体结构房屋的承重布置方案。对于砌体结构已有初步的了解。本章主要介绍砌体结构的整体分析及构件设计方法。

7.1 砌体结构房屋的静力计算方案

砌体结构房屋受到水平荷载作用时,房屋的变形与房屋纵横墙的布置以及楼屋盖的刚度密切相关。如图 7-1 所示,为一砌体结构房屋纵墙直接受到风荷载的作用,计算单元在水平荷载作用下的变形一般来说还受到相邻单元的约束,此约束反力由屋盖承受并传给两端的山墙以及与屋盖相联系的其他单元。这一现象表明,当房屋受到局部水平荷载作用时,不仅直接受荷单元中产生内力,而且房屋的所有单元,包括两端的山墙也参与了工作。这些共同作用导致直接受荷单元的内力和位移远小于该单元单独承受相同荷载时的内力和位移。这种房屋所受水平荷载在空间上的内力传播与分布,一般称为房屋的空间作用效应,相应的房屋整体刚度称为空间刚度。随着相邻单元对计算单元的约束程度不同,即随着房屋空间工作程度的不同,对计算单元应采用不同的计算简图,这些计算简图即为房屋的静力计算方案。

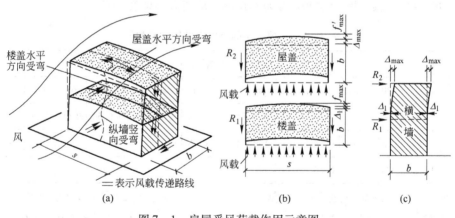

图 7-1 房屋受风荷载作用示意图

7.1.1 房屋静力计算方案的确定

7.1.1.1 房屋的空间性能影响系数

房屋的空间工作效应,表现为整个房屋通过相邻单元对计算单元施加了一个弹性约束反力,一般房屋的墙或柱与屋盖的连接可视为铰接,这样对于图 7-2 所示单元,其在水平荷载作用下侧移的大小会有所不同,设 Δ_e 为该单元在无弹簧支时的侧移,Δ_{re} 为该计算单元顶部的水平位移,$\Delta_{re} = \Delta_r + \Delta_w$,$\Delta_w$ 为山墙顶部的水平位移,Δ_r 为屋面相对于山墙顶部的位移,则房屋的空间性能影响系数 η 可定义为:

$$\eta = \frac{\Delta_{re}}{\Delta_e} \tag{7-1}$$

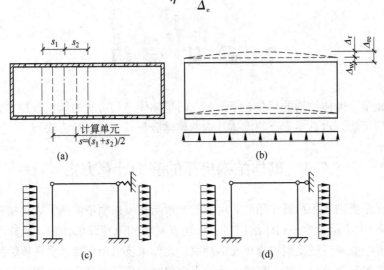

图 7-2 砌体结构房屋计算简图的确定

记 k_e 为无弹簧时计算单元相应于力 P 的刚度，则可证明，图 7-2c 中弹簧的约束反力为 $R = (1 - \eta) P$，弹簧的刚度系数为 $\left(\frac{1}{\eta} - 1\right) k_e$。

影响空间工作效应的变量主要是横墙间距和楼、屋盖的类别，以此为变量对房屋的 Δ_r 和 Δ_w 进行实测，再经过数理统计整理，规范给出的 η 取值大小见表 7-1。

表 7-1 房屋各层的空间性能影响系数 η_i

屋盖或楼盖类别	横墙间距 s/m														
	16	20	24	28	32	36	40	44	48	52	56	60	64	68	72
1	—	—	—	—	0.33	0.39	0.45	0.50	0.55	0.60	0.64	0.68	0.71	0.74	0.77
2	—	0.35	0.45	0.54	0.61	0.68	0.73	0.78	0.82	—	—	—	—	—	—
3	0.37	0.49	0.60	0.68	0.75	0.81	—	—	—	—	—	—	—	—	—

注：i 取 $1 \sim n$，n 为房屋的总层数。屋盖或楼盖的类别中，1 类为整体式、装配整体和装配式无檩体系钢筋混凝土屋盖和钢筋混凝土楼盖，2 类为装配式有檩体系钢筋混凝土屋盖、轻钢屋盖和有密铺望板的木屋盖或木楼盖，3 类为瓦材屋面的木屋盖和轻钢屋盖。

7.1.1.2 房屋静力计算方案的确定

房屋的空间性能影响系数 η 值愈大，表示在水平荷载作用下房屋整体的侧移与平面排架的侧移愈接近，即建筑物的空间性能较弱。反之，η 值愈小，表示建筑物的空间性能愈强。根据空间性能影响系数 η 的大小，以及房屋纵横墙相互约束的影响程度，可确定砌体房屋的静力计算方案。实际工程中在进行砌体结构受力分析时，根据横墙的间距以及楼屋盖的类别，将混合结构房屋静力计算方案划分为三种，分别是刚性方案、弹性方案和刚弹性方案，可根据表 7-2 确定。

表7-2 房屋静力计算方案的确定

屋盖或楼盖类别	刚性方案	刚弹性方案	弹性方案
1	$s < 32$	$32 \leqslant s \leqslant 72$	$s > 72$
2	$s < 20$	$20 \leqslant s \leqslant 48$	$s > 48$
3	$s < 16$	$16 \leqslant s \leqslant 36$	$s > 36$

注：s 为房屋横墙间距，其长度单位为 m；对无山墙或伸缩缝处无横墙的房屋，应按弹性方案考虑。

刚性和刚弹性方案房屋的横墙，除了满足上述间距要求外，为了保证其具有足够的抗侧刚度，墙体还应同时符合下列要求：

（1）横墙的厚度不宜小于 180mm；

（2）横墙中开有洞口时，洞口的水平截面面积不应超过横墙截面面积的 50%；

（3）单层房屋的横墙长度不宜小于其高度，多层房屋的横墙长度不宜小于 $H/2$（H 为横墙总高度）。

当横墙不能同时符合上述要求时，应对横墙的刚度进行验算。当计算水平位移时，应考虑墙体的弯曲变形和剪切变形，如其墙顶最大水平位移值 $\mu_{max} \leqslant H/4000$ 时，仍可视作刚性或刚弹性方案房屋的横墙，如图 7-2 所示。H 为墙、柱的高度，应按下列规定取用：

（1）对于房屋底层，墙、柱的高度 H 为楼板顶面到构件下端支点的距离。下端支点的位置可取在基础顶面。当墙、柱基础埋置较深且有刚性地坪时，可取室外地面下 500mm 处。

（2）对于房屋其他层，墙、柱的高度 H 为楼板或其他水平支点间的距离。

（3）对于无壁柱的山墙，其高度 H 可取层高加山墙尖高度的 1/2；对于带壁柱的山墙则可取壁柱处的山墙高度。

凡符合此刚度要求的一段横墙或其他结构构件（如框架等），也可视作刚性和刚弹性方案房屋的横墙。

7.1.2 三类静力计算方案的计算简图

7.1.2.1 刚性方案房屋

刚性方案房屋的横墙间距较小、楼盖和屋盖的水平刚度较大，房屋的空间刚度也较大，因而在水平荷载作用下房屋的墙、柱顶端相对水平位移很小，可忽略不计。

故此类房屋计算墙、柱的内力时，按屋架、大梁与墙、柱为不动铰支承的竖向构件计算，如图 7-3a 所示。砌体结构的多层教学楼、办公楼、宿舍等大都属于此类方案。

7.1.2.2 弹性方案房屋

此类房屋横墙间距较大，屋（楼）盖的水平刚度较小，房屋的空间刚度亦较小，因而在水平荷载作用下房屋墙、柱顶端的水平位移较大。墙、柱的内力计算时，按屋架、大梁与墙、柱为铰接，且不考虑空间工作的平面排架或框架计算，如图 7-3b 所示。混合结构的单层厂房、仓库、礼堂、食堂等多属于弹性方案房屋。

7.1.2.3 刚弹性方案房屋

刚弹性方案房屋是指在水平荷载作用下，其位移介于"刚性"与"弹性"两种方案之间的房屋。在水平荷载作用下，墙、柱的内力按屋架、大梁与墙、柱为铰接，且考虑空间工作的平面排架或框架计算，如图 7-3c 所示。

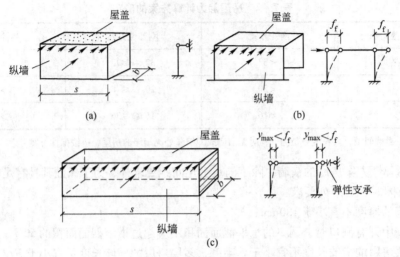

图 7-3　砌体房屋的静力计算方案

7.2　房屋的内力计算

7.2.1　计算单元的确定

进行砌体结构房屋静力计算时，房屋计算单元的选取是各种计算方案都必不可少的。合理地选取计算单元可以使计算工作量简化，并且可以选取最不利的单元进行承载力计算。

对于房屋的纵墙计算单元的选取可分为以下几种情况（图7-4）：（1）对于整片墙上无任何洞口的无洞墙段，可取 1m 单位宽作为计算单元；（2）对于墙上开有门窗洞口的有洞墙段，计算单元可取窗间墙之间墙段长度，并且应选取荷载较大而截面较小的墙段；（3）当墙体单独承受集中荷载作用时，墙体有效的承受荷载的范围取 $2H/3$。

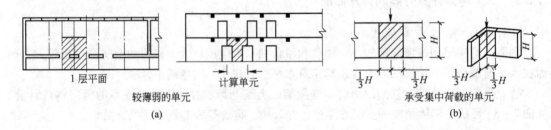

图 7-4　计算单元的选取

7.2.2　刚性方案房屋墙、柱的内力计算

砌体结构刚性方案房屋是应用最多的结构形式。

7.2.2.1　单层刚性方案房屋承重墙的计算

A　内力计算简图

图 7-5a 为某单层刚性方案房屋计算单元（常取一个开间为计算单元）内墙、柱的计算简图，墙、柱为上端不动铰支承于屋（楼）盖、下端嵌固于基础的竖向构件，如图 7-5b 所示。

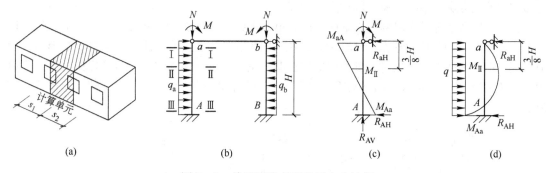

图 7 – 5 单层刚性方案房屋内力计算

（a）计算单元；（b）计算简图；（c）竖向荷载作用下的内力；（d）风荷载作用下的内力

B 竖向荷载作用点的确定

刚性方案房屋墙、柱在竖向荷载和风荷载作用下的内力按下述方法计算：竖向荷载包括屋

盖自重、屋面活荷载或雪荷载以及墙、柱
自重。屋面荷载通过屋架或大梁作用于墙
体顶部。若屋顶采用坡屋架结构形式，屋
架传来的集中力作用点位置为距离墙体中
心线 150mm 处（图 7 – 6a），采用平屋顶则
梁传来的集中力作用点位置为距离墙边缘
$0.4a_0$ 处（图 7 – 6b），a_0 为梁的有效支承
长度，按式（7 – 2）进行计算得到。墙、
柱自重则作用于墙、柱截面的重心。屋面
荷载作用下墙、柱内力如图 7 – 6c 所示。

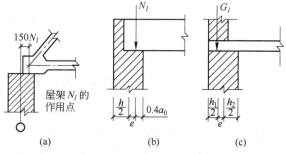

图 7 – 6 N_l 作用点位置

$$a_0 = 10 \sqrt{\frac{h_c}{f}} \qquad (7 - 2)$$

式中，各量的量纲均按 N – mm 制计。

C 内力组合

图 7 – 5c 为在竖向荷载作用下的内力图。风荷载作用包括屋面风荷载和墙面风荷载两部
分。由于屋面风荷载最后以集中力通过屋架或屋面大梁而传递，在刚性方案中通过不动铰支点
由屋盖复合梁传给横墙，因此不会对纵向墙体产生内力，而均布风荷载则对墙体产生弯矩，如
图 7 – 5d 所示。

根据上述各种荷载单独作用下的内力，按照可能而又最不利的原则进行控制截面的内力组
合，确定其最不利内力。通常控制截面有三个，即墙、柱的上端截面Ⅰ—Ⅰ、下端截面（基础
顶面）Ⅲ—Ⅲ和均布风荷载作用下的中部最大弯矩截面Ⅱ—Ⅱ（图 7 – 5b）。

D 截面承载力验算

对各控制截面Ⅰ—Ⅰ～Ⅲ—Ⅲ，按受压构件进行承载力验算。对截面Ⅰ—Ⅰ即屋架或大梁
支承处的砌体还应进行局部受压承载力验算。

7.2.2.2 多层刚性方案房屋承重纵墙的计算

A 计算简图

多层砌体结构民用建筑房屋横墙多而密，由屋盖、楼盖、纵墙等构件组成空间受力体系，

房屋空间刚度较大，故大多属于刚性方案房屋。

图7-7a所示为某多层刚性方案房屋计算单元内的承重纵墙。计算时常选取一个有代表性或受力较不利开间的墙、柱作为计算单元，在竖向荷载作用下，墙、柱在每层高度范围内可近似地视作两端铰支的竖向构件，其承受竖向荷载范围的宽度取相邻两开间的平均值。其计算简图如图7-7c所示。在水平荷载作用下，可将多层房屋简化为一多跨连续梁，如图7-7d所示。

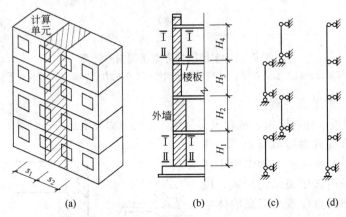

图7-7 刚性方案多层房屋计算简图

B 内力分析

墙、柱的控制截面取墙、柱的上、下端Ⅰ—Ⅰ和Ⅱ—Ⅱ截面，如图7-7b所示。

墙体受到上层墙体传来的竖向荷载 N_u 和本层楼板传来的荷载 N_l 的作用。N_u 和 N_l 作用点位置如图7-8所示，其中 N_u 作用于上一楼层墙、柱截面的重心处。根据理论研究和试验的实际情况并考虑上部荷载和内力重分布的塑性影响，N_l 距离墙内边缘的距离取 $0.4a_0$ （a_0 为有效支承长度）。G 为本层墙体自重，作用于墙体截面重心处。

每层墙、柱的弯矩图呈三角形分布，构件上端弯矩为 $M_Ⅰ = N_l e_l$，其中 e_l 为本层楼板传来的荷载 N_l 对本层墙体重心轴的偏心距，下端为 $M_Ⅱ = 0$，如图7-8a所示。构件上端轴向力为 $N_Ⅰ = N_u + N_l$，下端轴向力则为 $N_Ⅱ = N_u + N_l + G$。

当上、下层墙体厚度不同时，如图7-8b所示，作用于每层墙上端的轴向压力 N 和偏心距分别为：$N_Ⅰ = N_u + N_l$，$M_Ⅰ = N_l e_l - N_u e_0$，$e = (N_l e_l - N_u e_0)/(N_u + N_l)$，$e_0$ 为上、下层墙体重心轴线之间的距离。$N_Ⅱ = N_u + N_l + G$，$M_Ⅱ = 0$。

Ⅰ—Ⅰ截面的弯矩最大，轴向压力最小；Ⅱ—Ⅱ截面的弯矩最小，而轴向压力最大。

均布风荷载 q 引起的弯矩如图7-9所示，弯矩值可近似按式 $M = qH^2/12$ 计算，式中 q 为计算单元每层高墙体上作用的风荷载设计值（kN/m），H 为层高（m）。

对于刚性方案房屋，一般情况下风荷载引起的内力往往不足全部内力的5%，因此，墙体的承载力主要由竖向荷载控制。基于大量计算和调查结果，对于多层砌块房屋，当外墙厚度不小于190mm，层高不大于2.8m，总高不大于19.6m，基本风压不大于 $0.7kN/m^2$ 时可不考虑风荷载的影响。当多层刚性方案房屋的外墙符合下列要求时，也可不考虑风荷载的影响：

（1）洞口水平截面面积不超过全截面面积的2/3；

（2）基本风压值、层高和总高不超过表7-3的规定；

（3）屋面自重不小于 $0.8kN/m^2$。

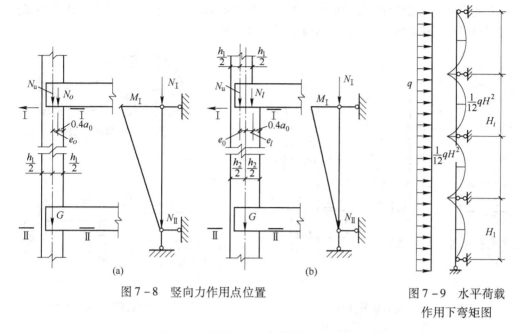

图 7 - 8 竖向力作用点位置　　　　图 7 - 9　水平荷载作用下弯矩图

表 7 - 3　外墙不考虑风荷载影响时的最大高度

基本风压值/kN·m^{-2}	层高/m	总高/m
0.4	4.0	28
0.5	4.0	24
0.6	4.0	18
0.7	3.5	18

C　截面承载力验算

对截面 I —I 按偏心受压和局部受压验算承载力,对截面 II—II 按轴心受压构件进行截面承载力验算。

7.2.2.3　多层房屋承重横墙的计算

多层房屋承重横墙的计算原理与承重纵墙相同,常沿墙轴线取宽度为 1.0m 的墙作为计算单元,如图 7 - 10a 所示。每层横墙视为两端铰支的竖向构件。

每层构件的高度 H 的取值与纵墙相同,坡屋顶层高取为层高加山墙尖高的 1/2。

对于多层混合结构房屋,当横墙的砌体材料、荷载和墙厚相同时,可只验算底层截面 II—II 的承载力 (图 7 - 10b)。当横墙的砌体材料或墙厚改变时,尚应对改变处进行承载力验算。当左、右两开间不等或楼面荷载相差较大时,尚应对顶部截面 I — I 按偏心受压进行承载力验算。当楼面梁支承于横墙上时,还应验算梁端下部局部受压承载力。

7.2.3　弹性方案房屋墙、柱的计算

7.2.3.1　弹性方案房屋计算简图的确定

单层弹性方案房屋对墙体进行内力分析时,确定计算简图时通常按下列假定考虑:(1)将屋架或屋面梁与墙体顶端的连接视为铰接,墙下端则嵌固于基础顶面;(2)屋架或屋面梁的水平刚度视为无穷大,在荷载作用下,与其相连的两侧墙体顶端的水平侧移相等,如图 7 - 11b 所示。

基于上述假定,单层弹性方案房屋按屋架或屋面大梁与墙、柱为铰接,且不考虑空间工作的平面排架确定墙、柱的内力,其计算简图如图 7-11c 所示。

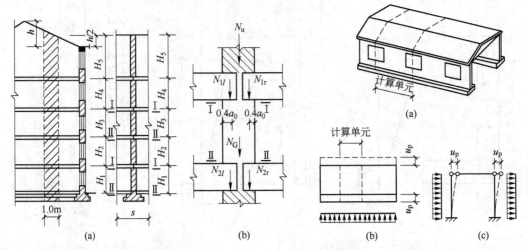

图 7-10 承重横墙的计算简图
(a) 计算单元;(b) 荷载作用

图 7-11 弹性方案房屋计算简图

墙体所承受的荷载与刚性方案房屋相同。

7.2.3.2 弹性方案房屋内力的计算

在各种荷载作用下,结构的内力分析按一般结构力学的方法进行计算,如图 7-12 所示。具体计算步骤为:

(1) 在平面计算简图排架顶端加上一个不动铰支座,计算在水平荷载作用下不动铰支座的约束反力 R 及相应的内力图。其内力计算方法同单层刚性方案房屋纵墙。(2) 去除约束并把 R 反方向作用在排架顶端,按建筑力学的方法分析排架内力,作内力图。(3) 将上述两种内力图叠加,得到最后结果。

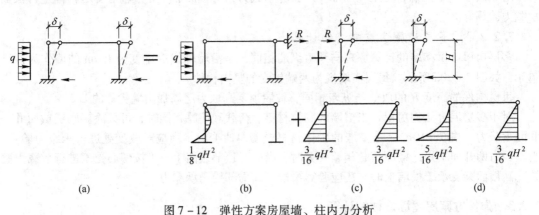

图 7-12 弹性方案房屋墙、柱内力分析

7.2.3.3 控制截面

单层弹性方案房屋墙、柱的控制截面有两个,即墙、柱顶端和底端截面,均按偏心受压进行承载力验算,对柱顶截面尚需进行局部受压承载力验算。对于变截面柱,还应对变截面处进行受压承载力验算。

多层房屋弹性方案在受力上不够合理。此类房屋的楼面梁与墙、柱的连接处不能形成类似于钢筋混凝土框架那样整体性好的节点，因此，梁与墙的连接通常假设为铰接，在水平荷载作用下墙、柱水平位移很大，往往不能满足使用要求。另外，这类房屋空间刚度较差，容易引起连续倒塌。对于层高和跨度较大而又比较空旷的多层房屋，应尽量避免设计成弹性方案。

7.2.4　刚弹性方案房屋墙、柱的计算

由前述砌体结构静力计算方案的分析可知，刚弹性方案房屋的空间性能介于刚性方案和弹性方案之间，刚弹性方案单层房屋与弹性方案房屋计算简图的主要区别在于承重纵墙在排架柱顶施加了一个弹性支座，以反映结构的空间作用。内力分析时需考虑空间性能影响系数 η 的作用，对同样的平面结构和相同的荷载，若按弹性方案计算的侧移为 Δ_e，则其按刚弹性方案（有约束弹簧）计算的侧移为 Δ_{re}，由于线弹性结构的力与位移成正比，若无弹簧时（弹性方案），结构顶部所受的水平力为 F，则有弹簧时（刚弹性方案），作用在结构上相应的力为 ηF，由平衡条件可得作用在弹簧上的力为 $(1 - \eta)F$。

单层刚弹性方案房屋的计算简图如图 7－13 所示。其内力计算步骤如下：

（1）先在排架顶端加上一个不动铰支座，算出不动铰支座的约束反力 R 及相应的内力图。

（2）考虑房屋的空间作用，去除约束，并把反力 R 乘以 η，以 ηR 反方向作用在排架顶端，求出该情况下的内力图。η 为房屋的空间性能影响系数，按表 7－1 取用。

（3）将上述两种内力图叠加，即得到刚弹性方案的内力计算结果。

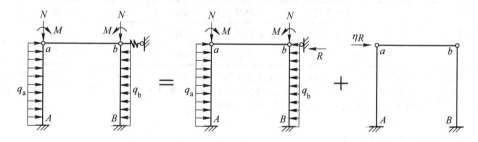

图 7－13　单层刚弹性方案房屋的计算简图

7.3　墙、柱高厚比验算

墙、柱高厚比验算是保证墙、柱构件在施工阶段和使用期间稳定性的一项重要构造措施。墙、柱高厚比还是计算其受压承载力的重要参数。

墙、柱无论是否承重，首先应确保其稳定性。一片独立墙从基础顶面开始砌筑到足够高度时，即使未承受外力，也可能在自重下失去稳定而倾倒。若增加墙体厚度，则不致倾倒的高度增大。若墙体上下或周边的支承情况不同，则不致倾倒的高度也不同。墙柱丧失整体稳定的原因，包括施工偏差、施工阶段和使用期间的偶然撞击和振动等。

需要进行高厚比验算的构件不仅包括承重的柱、无壁柱墙、带壁柱墙，也包括带构造柱墙以及非承重墙等。无壁柱墙是指壁柱之间或相邻窗间墙之间的墙体。构造柱是在房屋外墙或纵、横墙交接处先砌墙、后浇筑混凝土并与墙连成整体的钢筋混凝土柱，用于抗震设防房屋中。

7.3.1 墙柱的计算高度

计算墙柱高厚比时，构件的高度是指计算高度。结构中的细长构件在轴心受压时，常常由于侧向变形的增大而引发稳定破坏。失稳时，临界荷载的大小与构件端部约束程度有关。墙柱的实际支承情况极为复杂，不可能是完全铰支，也不可能是完全固定，同时，各类砌体由于水平灰缝数量多，其整体性也受到削弱，因而，确定计算高度时，既要考虑构件上、下端的支承条件（对于墙来说，还要考虑墙两侧的支承条件），又要考虑砌体结构的构造特点。

综合各种影响因素，墙、柱的计算高度 H_0 应按表 7-4 取值。表中构件高度 H 的取值依据见 7.1.1 节。

表 7-4 受压构件的计算高度 H_0

房 屋 类 别			柱		带壁柱墙或周边拉结的墙		
			排架方向	垂直排架方向	$s > 2H$	$2H \geqslant s > H$	$s \leqslant H$
有吊车的单层房屋	变截面柱上段	弹性方案	$2.5H_u$	$1.25H_u$	$2.5H_u$		
		刚性、刚弹性方案	$2.0H_u$	$1.25H_u$	$2.0H_u$		
	变截面柱下段		$1.0H_l$	$0.8H_l$	$1.0H_l$		
无吊车的单层和多层房屋	单跨	弹性方案	$1.5H$	$1.0H$	$1.5H$		
		刚弹性方案	$1.2H$	$1.0H$	$1.2H$		
	多跨	弹性方案	$1.25H$	$1.0H$	$1.25H$		
		刚弹性方案	$1.10H$	$1.0H$	$1.1H$		
	刚性方案		$1.0H$	$1.0H$	$1.0H$	$0.4s + 0.2H$	$0.6s$

注：1. 表中 H_u 为变截面柱的上段高度；H_l 为变截面柱的下段高度；2. 对于上端为自由端的构件，$H_0 = 2H$；3. 独立砖柱，当无柱间支撑时，柱在垂直排架方向的 H_0 应按表中数值乘以 1.25 后采用；4. s 为相邻横墙间距；5. 自承重墙的计算高度应根据周边支承或拉接条件确定。

7.3.2 墙、柱的高厚比验算

无壁柱墙或矩形截面柱的高厚比按下式计算：

$$\beta = \frac{H_0}{h} \tag{7-3}$$

式中，H_0 为墙、柱的计算高度，按表 7-4 取用；h 为墙厚或矩形柱与 H_0 相对应的边长。

带壁柱墙（T 形和十字形等截面）高厚比按下式进行计算：

$$\beta = \frac{H_0}{h_T} \tag{7-4}$$

式中，h_T 为 T 形截面 H_0 相对应的折算厚度，可近似按 $h_T = 3.5i$ 计算，i 为截面的回转半径，$i = \sqrt{I/A}$，I、A 分别为截面的惯性矩和面积。

此时，T 形截面的计算翼缘宽度 b_f 可按下列规定确定：多层房屋中，当有门窗洞口时，取窗间墙宽度；无门窗洞口时，每侧翼缘可取壁柱高度的 1/3；单层厂房中，可取壁柱宽加 2/3 墙高，但不大于窗间墙宽度和相邻壁柱间距离。

计算带构造柱墙的高厚比时，h 取墙厚，计算高度 H_0 应按相邻横墙的间距确定。

墙柱高厚比应符合下式要求：

$$\beta \leqslant \mu_1 \mu_2 [\beta] \tag{7-5}$$

式中，$[\beta]$ 为墙柱高厚比限值，按表 7-5 取值；μ_1 为自承重墙允许高厚比的修正系数；墙厚 $h \leqslant 240mm$ 时的修正系数取值为：当 $h = 240mm$ 时，$\mu_1 = 1.2$；当 $h = 90mm$ 时，$\mu_1 = 1.5$；当 $90mm < h < 240mm$ 时，可按线性插入法取值；墙体上端为自由端时，μ_1 取值还可提高 30%；对厚度小于 90mm 的墙，当双面采用不低于 M10 的水泥砂浆抹面，包括抹面层的厚度不小于 90mm 时，可按墙厚等于 90mm 验算高厚比；μ_2 为有门窗洞口的墙允许高厚比修正系数。

μ_2 按下式计算：

$$\mu_2 = 1 - 0.4 \frac{b_s}{S} \tag{7-6}$$

式中，b_s 为宽度 S 范围内的门窗洞口宽度（见图 7-14）；S 为相邻横墙或壁柱之间的距离（见图 7-14）。

当计算结果 μ_2 小于 0.7 时，应取 $\mu_2 = 0.7$；当洞口高度小于墙高的 1/5 时，可取 $\mu_2 = 1.0$。当洞口高度大于或等于墙高的 4/5 时，可按独立墙段验算高厚比。

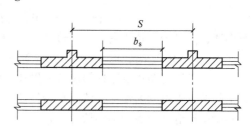

图 7-14 有门窗洞口墙允许高厚比的修正系数 μ_2 的计算

影响墙、柱高厚比限值 $[\beta]$ 的因素很多，根据实践经验和现阶段材料质量和施工技术水平，通过综合分析，《砌体结构设计规范》（GB 50003—2011）规定的取值见表 7-5。

表 7-5 墙、柱允许高厚比限值

砌体类型	砂浆强度等级	墙	柱
无筋砌体	M2.5	22	15
	M5.0 或 Mb5.0、Ms5.0	24	16
	≥M7.5 或 Mb7.5、Ms7.5	26	17
配筋砌块砌体	—	30	21

在应用表 7-5 时应注意：

(1) 毛石墙、柱允许高厚比应按表中数值降低 20%；

(2) 带有混凝土或砂浆面层的组合砖砌体构件的允许高厚比，可按表中数值提高 20%，但不得大于 28；

(3) 验算施工阶段砂浆尚未硬化的新砌砌体高厚比时，允许高厚比对墙取 14，对柱取 11。

当与墙连接的相邻两横墙间的距离 $S \leqslant \mu_1 \mu_2 [\beta] h$ 时，墙的高度不受高厚比的限制。变截面柱的高厚比可按上、下截面分别验算，其计算高度可按表 7-4 的规定取用。验算上柱的高厚比时，墙、柱的允许高厚比可按表 7-5 的数值乘以 1.3 后采用。

带壁柱墙的高厚比验算应包括两部分：横墙之间整片墙的高厚比验算和壁柱间墙的高厚比验算（图 7-15）。

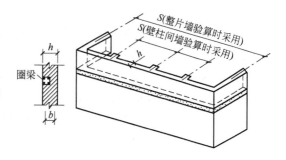

图 7-15 带壁柱墙的高厚比验算

整片墙的高厚比验算可按式（7-4）验算，在确定截面回转半径时，墙截面的翼缘宽度，可按本节的规定采用，当确定带壁柱墙的计算高度 H_0 时，墙的长度 S 应取与之相交相邻横墙之间的距离（图7-15）。

当构造柱截面宽度不小于墙厚时，可按式（7-5）验算带构造柱墙的高厚比，此时公式中的 h 取墙厚；当确定带构造柱墙的高厚比 H_0 时，s 应取相邻横墙之间的距离，墙的允许高厚比 $[\beta]$ 可乘以修正系数 μ_c，考虑构造柱对于高厚比的有利影响，但在施工阶段时不应考虑构造柱对高厚比的有利影响。μ_c 可按式（7-7）计算：

$$\mu_c = 1 + \gamma \frac{b_c}{l} \tag{7-7}$$

式中，γ 为系数，对细料石砌体，$\gamma = 0$；对混凝土砌块、混凝土多孔砖、粗料石、毛料石及毛石砌体，$\gamma = 1.0$；其他砌体，$\gamma = 1.5$；b_c 为构造柱沿墙长方向的宽度；l 为构造柱的间距。

当 $b_c/l > 0.25$ 时，取 $b_c/l = 0.25$，当 $b_c/l < 0.05$ 时，取 $b_c/l = 0$。

验算壁柱间墙或构造柱间墙的高厚比时。墙的长度 s 取相邻壁柱间或构造柱间的距离。设有钢筋混凝土圈梁的带壁柱墙或构造柱墙，当 $b/s \geqslant 1/30$ 时（b 为圈梁的宽度），圈梁可视作壁柱间墙或构造柱间墙的不动铰支座，如图7-15所示。当不满足上述条件且不允许增加圈梁宽度时，可按墙体平面外等刚度原则增加圈梁高度，此时，圈梁仍可视为壁柱间墙或构造柱间墙的不动铰支点。

【例7-1】某办公楼的平面图（如图7-16所示）。采用钢筋混凝土楼盖，为刚性方案房屋。底层墙高4.1m（算至基础顶面），以上各层墙高3.6m。纵、横墙均为240mm厚，砂浆强度等级为M5。隔墙厚120mm，砂浆强度等级为M2.5，高3.6m。试验算各墙的高厚比。

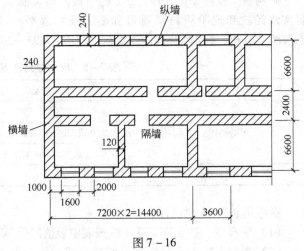

图7-16

解: 1. 纵墙高厚比验算

最大横墙间距 $S = 7.2 \times 2 = 14.4\text{m}$，由表7-5查得，$[\beta] = 24$

横墙间距 $S > 2H$

查表7-4，$H_0 = 1.0H = 4.1\text{m}$

窗间墙间距 $S = 3.6\text{m}$，且 $b_s = 1.6\text{m}$

$$\mu_2 = 1 - 0.4 \frac{b_s}{S} = 1 - 0.4 \times \frac{1600}{3600} = 0.822$$

$$\beta = \frac{H_0}{h} = \frac{4100}{240} = 17.08 < \mu_1\mu_2[\beta] = 1.0 \times 0.822 \times 24 = 19.73$$

满足要求。

2. 横墙高厚比验算

最大纵墙间距 $S = 6.6\text{m}$，$2H > S > H$

$$H_0 = 0.4S + 0.2H = 0.4 \times 6600 + 0.2 \times 4100 = 3460\text{mm}$$

$$\beta = \frac{H_0}{h} = \frac{3460}{240} = 14.42 < \mu_1\mu_2[\beta] = 1.0 \times 1.0 \times 24 = 24$$

满足要求。

3. 隔墙高厚比验算

隔墙一般是后砌的，上端用斜放立砖顶住楼面梁和楼板，故应按顶端为不动铰支座来考虑，因两侧与纵墙拉结不好，可按两侧无拉结墙来考虑，即取 $H_0 = 1.0H = 3.6\text{m}$。

隔墙无洞口，$\mu_2 = 1$。

隔墙是非承重墙，$h = 120\text{mm}$。

$$\mu_1 = 1.2 + \frac{1.5 - 1.2}{240 - 90}(240 - 120) = 1.44$$

$$\mu_1\mu_2[\beta] = 1.44 \times 1 \times 22 = 31.68$$

$$\beta = \frac{H_0}{h} = \frac{3600}{120} = 30 < \mu_1\mu_2[\beta] = 31.68$$

满足要求。

【例7-2】某单跨房屋壁柱间距6m，壁柱间距范围内开有2.8m的窗洞，屋架下弦标高为5m，室内地坪至基础顶面距离为0.5m，墙厚240mm，采用强度等级为M5的砂浆。根据房屋的楼盖类别，确定为刚弹性方案，试验算此带壁柱墙的高厚比（窗间墙的截面如图7-17所示）。

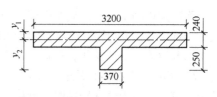

图7-17 窗间墙截面

解： 1. 整片墙的高厚比验算

（1）窗间墙的几何特征

截面积： $A = 240 \times 3200 + 370 \times 250 = 860500\text{mm}^2$

形心位置： $y_1 = \dfrac{240 \times 3200 \times 120 + 370 \times 250 \times (240 + 250/2)}{860500} = 146.3\text{mm}$

$$y_2 = (240 + 250) - 146.3 = 343.7\text{mm}$$

惯性矩：

$$I = \frac{1}{12} \times 3200 \times 240^3 + 3200 \times 240 \times (146.3 - 120)^2 + \frac{1}{12} \times 370 \times 250^3 + 370 \times 250 \times (343.7 - 125)^2$$

$$= 9.12 \times 10^9 \text{mm}^4$$

回转半径： $i = \sqrt{\dfrac{I}{A}} = \sqrt{\dfrac{9.12 \times 10^9}{860500}} = 102.9\text{mm}$

折算厚度： $h_T = 3.5i = 3.5 \times 102.9 = 360.2\text{mm}$

壁柱高度： $H = 5 + 0.5 = 5.5\text{m}$

（2）整片墙的高厚比验算

由表7-4得：$H_0 = 1.2H = 1.2 \times 5.5 = 6.6\text{m}$

由表7-5得：$[\beta] = 24$

承重墙： $\mu_1 = 1$，$\mu_2 = 1 - 0.4\dfrac{b_s}{s} = 1 - 0.4 \times \dfrac{2.8}{6} = 0.813$

$$\beta = \frac{H_0}{h_T} = \frac{6600}{360.2} = 18.32 < \mu_1\mu_2[\beta] = 1 \times 0.813 \times 24 = 19.5$$

满足要求。

2. 壁柱间墙的高厚比验算

壁柱间墙的高厚比验算，按刚性方案，查表7-4得：

$$H_0 = 0.4s + 0.2H = 0.4 \times 6 + 0.2 \times 5.5 = 3.5\text{m}$$

$$\beta = \frac{H_0}{h} = \frac{3500}{240} = 14.6 < \mu_1 \mu_2 [\beta] = 19.5$$

满足要求。

7.4 无筋砌体受压承载力计算

在实际工程中，受压构件是砌体结构中最常见的受力形式。由于砌体的抗压性能较好，而抗拉性能较差，所以，无筋砌体不适用于偏心距过大的情况。偏心距过大时应考虑选用组合砌体、配筋砌块砌体结构或钢筋混凝土结构。

7.4.1 无筋砌体受压破坏的特点

无筋砌体轴压短柱的截面中应力分布均匀，破坏时截面承受的最大压应力即为砌体的轴心抗压强度设计值 f（图 7-18a）。当砌体承受偏心压力时，截面中应力呈曲线分布。偏心距较小时，截面虽然全部受压，但破坏将发生在压应力较大的一侧，破坏时边缘压应力比 f 略大（图 7-18b）。随着偏心距进一步增大，在应力较小边出现拉应力，但只要在受压边压碎前受拉边的拉应力尚未达到砌体的通缝抗拉强度，截面的受拉边就不会开裂，即直至破坏构件仍然是全截面受力（图 7-18c）。若偏心距再增大，一旦截面受拉边的拉应力超过砌体沿通缝的抗拉强度时，将出现水平裂缝，使实际受力的截面面积减小，对于出现裂缝后的剩余截面，荷载的偏心距将减小（图 7-18d），这时剩余截面的应力合力与偏心压力达到新的平衡；随着偏心压力的不断增大，水平裂缝不断开展，当受力截面面积小到一定程度时，砌体受压边出现竖向裂缝，最后导致构件破坏。

此外，由于偏心受压时砌体极限变形值较轴心受压时增大，故破坏时的最大压应力较轴心受压时的最大压应力有所提高，提高的程度随着偏心距的增大而增大。

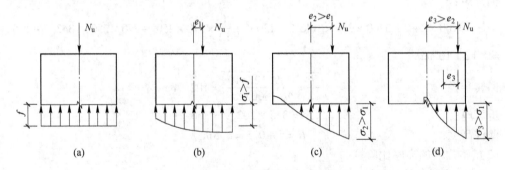

图 7-18 无筋砌体受压破坏截面应力

大量实验表明，砌体受压构件的承载力将随着荷载偏心距的增大而明显下降，而且偏心荷载会引起二阶弯矩，加速构件的破坏，使承载力进一步降低。因此，受压构件的承载力应考虑偏心距和纵向弯曲的影响。

7.4.2 砌体受压构件的承载力计算

砌体材料具有离散性，且砌体构件是由块材和砂浆浇筑而成的，难以进行两类材料明确的受力状态分析，所以根据大量的试验分析和统计回归，考虑短柱和长柱受力特点中高厚比的影响以及轴心受压和偏心受压中偏心距的影响因素，砌体轴心受压、单向偏心受压及双向偏心受

压构件的承载力统一按下式计算:

$$N \leqslant \varphi f A \qquad (7-8)$$

式中,N 为轴向力设计值;φ 为高厚比 β 和轴向力的偏心距 e 对受压构件承载力的影响系数,根据受力状态分别按式(7-9)~式(7-12)计算或查表(附表 31 ~ 附表 33)确定;f 为砌体抗压强度设计值;A 为截面面积,对各类砌体均按毛截面计算,对带壁柱墙,其翼缘宽度 b_f 可按 7.3.2 节中的规定取用。

影响系数 φ 的取值依据:

轴心受压短柱:

$$\varphi = 1.0 \qquad (7-9)$$

轴心受压长柱:

$$\varphi = \varphi_0 = \frac{1}{1 + \alpha\beta^2} \qquad (7-10)$$

式中,β 为构件的高厚比;α 为与砂浆强度等级有关的系数,当砂浆强度等级大于等于 M5 时,$\alpha = 0.0015$;当砂浆强度等级等于 M2.5 时,$\alpha = 0.002$;当砂浆强度等级为 0 时,$\alpha = 0.009$。

单向偏心受压构件:

$$\varphi = \frac{1}{1 + 12\left[\frac{e}{h} + \sqrt{\frac{1}{12}\left(\frac{1}{\varphi_0} - 1\right)}\right]^2} \qquad (7-11)$$

式中,h 为矩形截面在轴向力偏心方向的边长;e 为轴向力的偏心距,$e = M/N$,其中 M、N 分别为截面弯矩和轴向力设计值。

双向偏心受压构件:

$$\varphi = \frac{1}{1 + 12\left[\left(\frac{e_b + e_{ib}}{b}\right)^2 + \left(\frac{e_h + e_{ih}}{h}\right)^2\right]} \qquad (7-12)$$

式中,e_b,e_h 分别为轴向力在截面重心 x 轴、y 轴方向的偏心距,宜分别不大于 $0.5x$ 和 $0.5y$;x、y 为自截面重心沿 x 轴、y 轴至轴向力所在偏心方向截面边缘的距离;e_{ib}、e_{ih} 为轴向力在截面重心 x 轴、y 轴方向的附加偏心距。

e_{ib}、e_{ih} 的计算表达式如下:

$$e_{ib} = \frac{b}{\sqrt{12}}\sqrt{\frac{1}{\varphi_0} - 1}\left(\frac{e_b/b}{e_b/b + e_h/h}\right) \qquad (7-13)$$

$$e_{ih} = \frac{h}{\sqrt{12}}\sqrt{\frac{1}{\varphi_0} - 1}\left(\frac{e_h/h}{e_b/b + e_h/h}\right) \qquad (7-14)$$

式中,基本符号的含义见图 7-19。

进行承载力计算时,应注意以下问题:

(1)对于轴心受压构件,h(或 h_T)应采用截面尺寸较小的数值。对于单向偏心受压构件,h(或 h_T)应采用荷载偏心方向的截面边长;对另一方向,需进行轴心受压构件验算时,h 应采用垂直于弯矩作用方向的截面边长。

(2)在确定影响系数 φ 时,为了考虑不同种类砌体在受力性能上的差异,构件高厚比 β 应按下列公式确定:

对矩形截面 $\qquad \beta = \gamma_\beta \dfrac{H_0}{h} \qquad (7-15)$

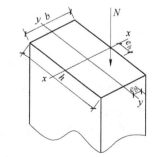
图 7-19 双向偏心受压示意图

对 T 形截面

$$\beta = \gamma_\beta \frac{H_0}{h_T} \qquad (7-16)$$

式中，H_0 为受压构件的计算高度，按表 7-4 确定；γ_β 为不同材料的高厚比修正系数，按表 7-6 采用。

表 7-6　高厚比修正系数 γ_β

砌体材料的类别	烧结普通砖、烧结多孔砖	混凝土普通砖、混凝土多孔砖、混凝土及轻集料混凝土砌块	灌孔混凝土砌块砌体	蒸压灰砂普通砖、蒸压粉煤灰普通砖、细料石	粗料石、毛石
γ_β	1.0	1.1	1.0	1.2	1.5

（3）矩形截面双向偏心受压构件，当一个方向的偏心率（e_b/b 或 e_h/h）不大于另一个方向偏心率的 5% 时，可简化按另一个方向的单向偏心受压计算，其承载力的计算误差小于 5%。承载力影响系数按式（7-11）或查附表 31～附表 33 确定。

（4）偏心距的限值，试验表明，当偏心距较大时，很容易在截面受拉边产生水平裂缝，截面受压区减少，构件刚度降低，纵向弯曲的不利影响加大，使构件的承载力显著下降，既不安全也不经济。因此《规范》规定无筋砌体受压构件的偏心距不应超过 $0.6y$，y 为截面重心到轴向力所在偏心方向截面边缘的距离。

此外，对于双向偏心受压构件，试验表明，当偏心距 $e_b > 0.3b$，$e_h > 0.3h$ 时，随着荷载的增大，砌体内水平裂缝和竖向裂缝几乎同时发生，甚至水平裂缝早于竖向裂缝产生，因而设计双向偏心受压构件时，《规范》规定偏心距宜分别为 $e_b \leq 0.5x$，$e_h \leq 0.5y$。

当偏心距超过上述限值时，可采取组合砌体和配筋砌块砌体；否则应采取相应措施以减小偏心距。

【例 7-3】某烧结普通砖柱，截面尺寸为 370mm×490mm，砖的强度等级为 MU10，采用混合砂浆砌筑，强度等级为 M5，柱的计算高度为 3.3m，承受轴向压力标准值 $N_k = 150$kN（其中永久荷载标注值为 120kN，包括砖柱自重），试验算该柱承载力。

解： 按可变荷载效应起控制作用的荷载组合：

$$N = 1.2 \times 120 + 1.4 \times 30 = 186\text{kN}$$

按永久荷载效应起控制作用的荷载组合：

$$N = 1.35 \times 120 + 1.0 \times 30 = 192\text{kN}$$

所以取第二种组合进行该柱承载力验算。

柱的高厚比为：

$$\beta = \frac{3300}{370} = 8.92$$

由式（7-10）得：

$$\varphi = \varphi_0 = \frac{1}{1 + \alpha\beta^2} = \frac{1}{1 + 0.0015 \times 8.92^2} = 0.893$$

也可查附表 31 确定 φ。

柱截面面积：

$$A = 0.37 \times 0.49 = 0.1813\text{m}^2$$

应考虑砌体抗压承载力设计值调整系数：

$$\gamma_a = 0.7 + 0.1813 = 0.8813$$

查附表 1 得 $f = 1.5$MPa，则该柱的轴心抗压承载力设计值为：

$$\varphi fA = 0.893 \times 0.8813 \times 1.5 \times 0.1813 \times 10^6 = 214.02\text{kN} > 192\text{kN}$$

所以该柱的承载力满足要求。

【例 7－4】 某矩形截面单向偏心受压柱的截面尺寸 $b \times h = 490\text{mm} \times 620\text{mm}$，计算高度为 5.0m，承受轴力和弯矩设计值分别为：$N = 160\text{kN}$，$M = 20\text{kN} \cdot \text{m}$，弯矩沿截面长边方向。用 MU15 蒸压灰砂砖及 M5 水泥砂浆砌筑。试验算此柱的承载力。

解： 1. 验算柱长边方向

偏心距：

$$e = \frac{M}{N} = \frac{20 \times 10^3}{160} = 125\text{mm} < 0.6y = 0.6 \times \frac{620}{2} = 186\text{mm}$$

$$\frac{e}{h} = \frac{125}{620} = 0.202$$

查表 7－5 得柱的允许高厚比为：$[\beta] = 24$

$$\beta = \frac{H_0}{h} = \frac{5.0}{0.62} = 8.06 < [\beta] = 24$$

承载力计算时，柱的高厚比为：$\quad \beta = \gamma_\beta \frac{H_0}{h} = 1.2 \times \frac{5.0}{0.62} = 9.7$

查附表 31 得：$\varphi = 0.47$

查附表 3 得：$f = 1.83\text{MPa}$（由于采用水泥砂浆，应考虑修正系数 $\gamma_a = 0.9$）

$$A = 490 \times 620 = 0.304\text{m}^2 > 0.3\text{m}^2$$

$$\varphi fA = 0.47 \times 0.9 \times 1.83 \times 0.304 \times 106 = 235.17\text{kN} > N = 160\text{kN}$$

满足要求。

2. 验算柱短边方向承载力

由于轴向力的偏心方向沿截面的长边，故应对短边按轴心受压进行承载力验算。

$$\beta = \frac{H_0}{b} = \frac{5000}{490} = 10.20 < [\beta] = 24$$

计算承载力时，柱的高厚比为：$\quad \beta = \gamma_\beta \frac{H_0}{b} = 1.2 \times \frac{5000}{490} = 12.24$

查附表 31 得：$\varphi = 0.82$

$$\varphi fA = 0.82 \times 0.9 \times 1.50 \times 0.304 \times 10^6 = 336.3\text{kN} > N = 160\text{kN}$$

满足要求。

【例 7－5】 带壁柱墙截面尺寸如图 7－20 所示，采用 MU10 烧结普通砖，混合砂浆 M7.5 砌筑，柱的计算高度为 5m，承受轴向压力设计值 $N = 230\text{kN}$，轴向力作用在距墙边缘 100mm 处的 A 点，试计算其承载力。

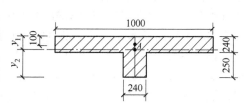

图 7－20 带壁柱砖墙

解： 1. 截面几何特征计算

截面面积：$A = 1.0 \times 0.24 + 0.24 \times 0.25 = 0.3\text{m}^2$

截面重心位置：$y_1 = \dfrac{1.0 \times 0.24 \times 0.12 + 0.24 \times 0.25 \times (0.24 + 0.25/2)}{0.3} = 0.169\text{m}$

$$y_2 = 0.49 - 0.169 = 0.321\text{m}$$

截面惯性矩：

$$I = \frac{1}{3} \times 1 \times 0.169^3 + \frac{1}{3}(1 - 0.24)(0.24 - 0.169)^3 + \frac{1}{3} \times 0.24 \times 0.321^3 = 0.0043 \text{m}^4$$

截面回转半径：

$$i = \sqrt{\frac{I}{A}} = \sqrt{\frac{0.0043}{0.3}} = 0.12 \text{m}$$

T 形截面的折算厚度：

$$h_T = 3.5i = 3.5 \times 0.12 = 0.42 \text{m}$$

2. 承载力计算

高厚比：

$$\beta = \frac{H_0}{h_T} = \frac{5}{0.42} = 11.9$$

偏心距：$e = y_1 - 0.1 = 0.169 - 0.1 = 0.069 \text{m} < 0.6 y_1 = 0.6 \times 0.169 = 0.101 \text{m}$
满足要求。

$$\frac{e}{h_T} = \frac{0.069}{0.42} = 0.164$$

查附表 31 得：$\varphi = 0.489$

查附表 1 得：$f = 1.69 \text{MPa}$，$A = 0.3 \text{m}^2$，$\gamma_a = 1.0$

则 $N = \varphi f A = 0.489 \times 0.3 \times 1.69 \times 10^3 = 247.92 \text{kN} > 230 \text{kN}$，承载力满足要求。

7.5 配 筋 砌 体

在砌体结构中，用钢筋来加强砌体材料可以提高砌体结构的承载力。配筋砌体是指在砌体中配置钢筋混凝土、钢筋砂浆或钢筋混凝土与砌体组合成的整体构件。根据其配筋形式的不同可以有多种类别，比较常用和正在迅速发展的主要有四种，网状配筋砖砌体、组合砖砌体早已得到应用，是技术很成熟的类型，有其一定的适用性；砖砌体和钢筋混凝土构造柱组合墙近些年在多层砌体结构应用中取得了受力和抗震较好的性能，此外还有配筋砌块砌体剪力墙。

配筋砌体在以下一些情况中经常用到，当有些墙柱由于建筑使用等要求，不宜用增大截面来提高其承载能力，并且改变局部区域的结构形式也不够经济时，采用配筋砌体不但可以提高砌体的承载力，而且可以改善其脆性性质，使砌体结构在地震区有更好的发展前景。

（1）网状配筋砌体。在砌体构件的水平灰缝内设置一定数量和规格的钢筋网以共同工作，称为网状配筋砌体，亦称横向配筋砌体（图 7－21）。当砌体作用有轴向压力时，砖砌体发生纵向压缩，同时也发生横向膨胀。当砌体配有横向钢筋时，轴向压力作用下，由于摩擦力以及与砂浆间的粘结力，钢筋很好地嵌固在水平灰缝内并与砖砌体共同工作。砌体发生纵向压缩时钢筋横向受拉，由于钢筋的弹性模量大于砌体的弹性模量，故变形小，可阻止砌体横向变形，进而间接提高了砌体的抗压强度。试验表明，在有足够粘结的情况下，砌体和横向钢筋的共同工作可一直维持到砌体完全破坏。网状配筋砌体可改善砌体

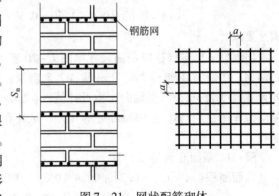

图 7－21　网状配筋砌体

的轴心受压和小偏心受压状态时的承载力。

（2）钢筋混凝土面层或钢筋砂浆面层和砖砌体的组合砌体构件。在砖砌体内配置纵向钢筋，并设置部分钢筋混凝土或钢筋砂浆面层以共同工作形成组合砌体（图7-22）。其具有和钢筋混凝土相近的性能，不但可提高砌体的抗压承载力，而且可显著提高砌体的抗弯能力和延

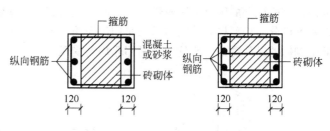

图7-22 组合砖砌体

性。《规范》规定，当轴向力的偏心距超过无筋砌体偏压构件规定的限值时，宜采用组合砖砌体。

（3）砖砌体和钢筋混凝土构造柱组合墙。砌体结构中，由于抗震构造上的要求，在多层砖房中设置构造柱，其设置目的主要是为了加强墙体的整体性，增强墙体抗侧延性，并在一定程度上利用其抵抗侧向地震作用的能力。实际结构中，可采用砖砌体和钢筋混凝土构造柱组成的组合砖墙（图7-23）。构造柱不但可承受一定荷载，而且与圈梁形成"构造框架"对墙体有一定的约束作用；此外，混凝土构造柱提高了墙体的受压稳定性。

（4）配筋砌块砌体剪力墙。为改善砌体结构脆性破坏性能、增强其抗拉和抗剪能力及增大其变形能力，采用配筋的方法是极为有效的途径。利用混凝土小型空心砌块的竖向孔洞，配置竖向钢筋和水平钢筋，再灌注芯柱混凝土形成配筋砌块砌体在抗震设防地区的中高层房屋中已得以应用。配筋砌块砌体的构造形式如图7-24所示，配筋砌块砌体剪力墙宜采用全部灌芯砌体。其具有较高的抗拉和抗压强度，良好的延性和抗震需要的阻尼特性，抗震性能优良。

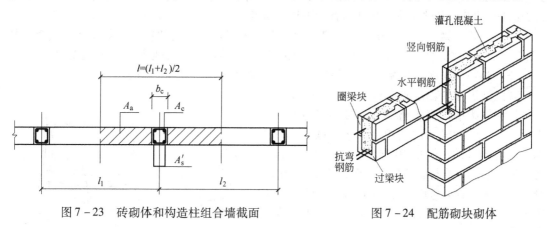

图7-23 砖砌体和构造柱组合墙截面   图7-24 配筋砌块砌体

配筋砌块砌体剪力墙结构的内力与位移，可按弹性方法计算。应根据结构分析所得的内力，分别按轴心受压、偏心受压或偏心受拉构件进行正截面承载力和斜截面承载力计算，并应根据结构分析所得的位移进行变形验算。

7.6 墙体设计中的其他问题

7.6.1 梁垫

前面讨论了各类墙体的内力分析及受压承载力估算，这些都只是针对墙体截面整体受压而

言的；而局部受压也是砌体结构中常见的一种受力状态，由于压力仅作用于墙体局部范围，所以该部分面积上的压应力一般较大，可能会成为砌体的薄弱部位。局部受压按其压应力分布均匀程度可分为局部均匀受压和局部非均匀受压。图7-25所示为梁端支承处以及屋架支承处下面墙砌体的局部受压，这是一种局部非均匀受压。

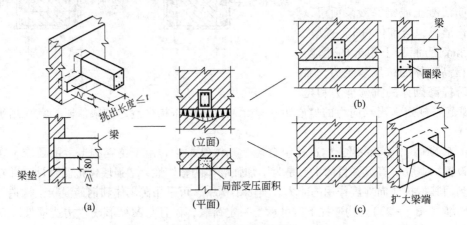

图7-25　墙体中的梁垫

（a）预制刚性垫块；（b）垫梁；（c）与梁浇成整体的刚性垫块

当梁端或屋架支承处的砌体截面，因局部受有较大压力而满足不了承载力要求时，一般可采取下列三种措施：

（1）设置预制刚性垫块。设置预制刚性垫块（图7-25a）的目的是将局部支承压力扩散到较大的面积上，以减小砌体中的局部压应力。预制刚性垫块的高度 t 不宜小于180mm，自梁（或屋架）边算起的垫块挑出长度不宜大于垫块高度 t。

（2）设置垫梁。为了扩散梁端的集中力，有时采用长度较大的钢筋混凝土垫梁代替垫块（图7-25b）。这种垫梁一般与钢筋混凝土圈梁相结合，圈梁上表面是梁或屋架的支承面。

（3）将垫块与钢筋混凝土梁端整体现浇，形成扩大梁端（图7-25c）。

现浇梁垫可在梁的截面高度 h 范围内设置。

垫块与梁端现浇成整体后，虽然可以将局部支承压力扩散到较大的面积上，达到减小砌体局部压应力的目的，但受力时垫块将与梁端一起弯曲变形，引起墙体与梁端共同变形，使梁端和墙体都产生较大的约束弯矩，对墙体受力十分不利，如图7-26所示，严重时甚至会引起墙体因抗弯强度不足而倒塌。

在工程设计中，梁垫的最好做法是设置预制刚性垫块；当有钢筋混凝土圈梁时，可将垫梁与圈梁结合。对于梁垫与梁端整体现浇的做法，原则上

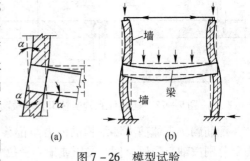

图7-26　模型试验

（a）梁、墙交接点转角；（b）梁端及墙体的变形

不提倡；即便采用，也不应将梁端放得过长过大，同时不宜将梁的支承长度伸得过长。

7.6.2　过梁

砌体结构房屋中，在门、窗洞口上方设梁，用以承担门、窗洞口以上墙体自重，有时还需承担上层楼面梁、板传来的均布荷载或集中荷载，这种梁称为过梁。过梁是砌体结构房屋中门

窗洞口上常用的构件，用来支承洞口顶面以上一部分墙砌体的自重以及上层楼面梁板传来的荷载。其主要有钢筋混凝土过梁（图 7 – 27a）和砖砌过梁两类。砖砌过梁又有钢筋砖过梁图 7 – 27b、砖砌平拱过梁图 7 – 27c 和砖砌弧拱过梁图 7 – 27d 等几种不同的形式。钢筋混凝土过梁由于其受力性能明显好于砖砌过梁，且施工方便，所以目前钢筋混凝土过梁的应用十分普遍。

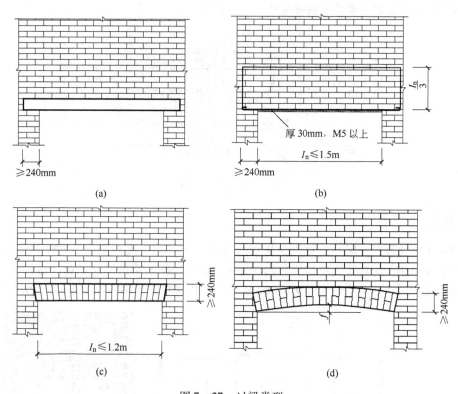

图 7 – 27　过梁类型

（a）钢筋混凝土过梁；（b）钢筋砖过梁；（c）砖砌平拱过梁；（d）砖砌弧拱过梁

7.6.3　挑梁

混合结构房屋的墙体中，往往将钢筋混凝土的梁悬挑在墙外用以支承阳台板、雨篷、悬挑外廊和屋面挑檐等。这种一端嵌固在砌体墙内的悬挑式钢筋混凝土梁称为挑梁。挑梁的设计包括抗倾覆验算、挑梁下砌体局部受压承载力验算和挑梁自身承载力计算等问题。其中，抗倾覆验算可按规范进行；自身承载力计算可按本书第 6 章钢筋混凝土受弯构件估算；挑梁下砌体局部受压承载力验算按下面叙述进行。

试验表明，为保证支承处安全，挑梁下砌体局部受压承载力可按下式验算：

$$N_l \leqslant \eta\gamma f A_l \tag{7–17}$$

式中，N_l 为挑梁下支承压力，可取 $N_l = 2R$，R 为挑梁的倾覆荷载设计值；η 为挑梁下压应力图形完整系数，可取 $\eta = 0.7$；γ 为砌体局部受压强度提高系数；对矩形截面墙段（一字墙），$\gamma = 1.25$；对 T 形截面墙段（丁字墙），$\gamma = 1.5$；f 为墙砌体抗压强度设计值，查附表 1 ~ 附表 7；A_l 为挑梁下砌体局部受压面积，可取 $A_l = 1.2bh_b$，b、h_b 分别为挑梁截面宽度和高度。

除以上三项计算内容外，挑梁还要满足下列构造要求：

（1）挑梁中估算得到的纵向受力钢筋至少应有 1/2 钢筋面积伸入梁埋入段尾端，且不少于

$2\phi12$；其他钢筋伸入支座的长度不应小于 $2l_1/3$（图 7-28）。

（2）挑梁埋入墙体内的长度 l_1 与挑出长度 l 之比宜大于 1.2；当挑梁上无砌体时，l_1/l 宜大于 2。

（3）挑梁下的墙砌体受到较大的局部压力，当按式（7-17）验算不能满足要求时，应在挑梁下端与墙体相交处设置预制刚性垫块。

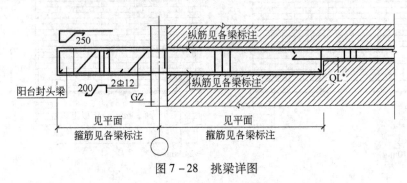

图 7-28　挑梁详图

7.6.4　墙梁

墙梁是由钢筋混凝土梁（此处称为托梁）及其以上计算高度范围内的砌体墙体所形成的组合构件。墙梁用于工业与民用建筑中，如商场、住宅、旅馆建筑以及工业厂房的围护墙等。根据支承情况不同，墙梁可分为简支墙梁、连续墙梁以及框支墙梁，如图 7-29 所示。

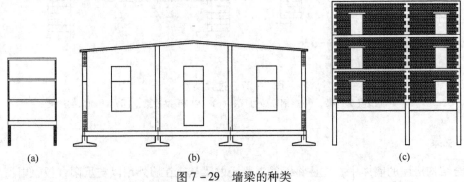

图 7-29　墙梁的种类

根据墙梁是否承受梁、板荷载，墙梁可分为承重墙梁和自承重墙梁，仅仅承受托梁自重和托梁顶面以上墙体自重的墙梁，称为自承重墙梁，如工业厂房中的基础连梁见图 7-29b。有些砌体房屋为了满足建筑使用功能的要求，底层常需要一些大开间的房屋，而二层以上为住宅或旅馆、公寓等，通常采用承重墙梁见图 7-29a、c。根据墙上是否开洞，墙梁又可分为无洞口墙梁和有洞口墙梁。

墙梁中的墙体不仅作为荷载作用于钢筋混凝土托梁上，而且与托梁共同受力形成组合构件。因此，墙梁的受力性能与支承情况、托梁和墙体的材料、高跨比、墙体上是否开洞、洞口的大小与位置等因素有关。

7.6.5　圈梁

为增强砌体结构房屋的整体性和空间刚度，防止由于地基的不均匀沉降或较大振动荷载等对房屋引起的不利影响，应在墙中设置现浇钢筋混凝土圈梁。设置在基础顶面和檐口部位的圈梁对抵抗不均匀沉降最为有效；且当房屋中部沉降较两端为大时，位于基础顶面部位的圈梁作用较大；当房屋两端沉降较中部为大时，位于檐口部位的圈梁作用较大。

7.6.5.1 圈梁的设置

空旷的单层房屋，如车间、仓库、食堂等，应按下列规定设置圈梁：

（1）砖砌体房屋，当檐口标高为 5～8m 时，应在檐口标高处设置圈梁一道；当檐口标高大于 8m 时，应增加设置数量。

（2）砌块及料石砌体房屋，当檐口标高为 4～5m 时，应在檐口标高处设置圈梁一道；当檐口标高大于 5m 时，应增加设置数量。

（3）对有吊车或较大振动设备的单层工业房屋，除在檐口或窗顶标高处设置现浇钢筋混凝土圈梁外，尚应在吊车梁标高处或其他适当位置增加设置数量。

多层砌体房屋应按下列规定设置圈梁：

（1）多层砌体民用房屋，如宿舍、办公楼等建筑，当房屋层数为 3～4 层时，应在檐口标高处设置圈梁一道；当层数超过 4 层时，应在所有纵、横墙上隔层设置。

（2）多层砌体工业房屋，应每层设置现浇钢筋混凝土圈梁。

（3）设置墙梁的多层砌体房屋应在托梁、墙梁顶面、每层楼面标高和檐口标高处设置现浇钢筋混凝土圈梁。

（4）采用现浇钢筋混凝土楼（屋）盖的多层砌体房屋，当层数超过 5 层时，除在檐口标高处设置一道圈梁外，可隔层设置圈梁，并与楼（屋）面板一起现浇。

建筑在软弱地基或不均匀地基上的砌体房屋，除按上述规定设置圈梁外，尚应符合国家现行《建筑地基基础设计规范》（GB 50007—2011）的有关规定。按抗震设计的砌体房屋的圈梁设置，尚应符合国家现行《建筑抗震设计规范》（GB 50011—2010）的要求。

7.6.5.2 圈梁的构造要求

砌体结构房屋在地基不均匀沉降时的空间工作比较复杂，关于圈梁计算，虽已提出过一些近似的简化方法，但都还不成熟。目前，一般仍按下列构造要求来设计圈梁。

（1）圈梁宜连续地设在同一水平面上，并形成封闭状；当圈梁被门窗洞口截断时，应在洞口上部增设相同截面的附加圈梁。附加圈梁与圈梁的搭接长度不应小于其中到中垂直间距的 2 倍，且不得小于 1m（图 7-30）。

（2）纵横墙交接处的圈梁应有可靠的连接，在房屋转角及丁字交叉处的常用连接构造如图 7-31 所示。

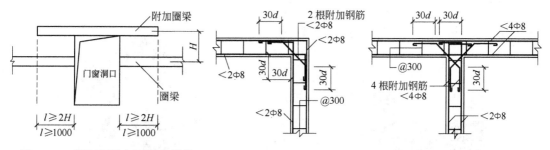

图 7-30 附加圈梁与圈梁的搭接   图 7-31 现浇圈梁连接构造

（3）刚弹性和弹性方案房屋，圈梁应与屋架、大梁等构件可靠连接。

（4）钢筋混凝土圈梁的宽度宜与墙厚相同。当墙厚 $h \geqslant 240\text{mm}$ 时，其宽度不宜小于 $2h/3$。圈梁高度不应小于 120mm。纵向钢筋不应少于 $4\phi10$，绑扎接头的搭接长度按受拉钢筋考虑。

箍筋间距不应大于300mm。混凝土强度等级不应低于C15。

（5）采用现浇钢筋混凝土楼（屋）盖的多层砌体结构房屋，其中未设置圈梁的楼层，其楼面板嵌入墙内的长度不应小于120mm，并在楼板内沿墙长配置不少于2φ10的纵向钢筋。

（6）圈梁兼作过梁时，过梁部分的钢筋应按计算用量另行增配。

7.7　砌体结构房屋抗震设计

7.7.1　砌体结构房屋的震害

砌体结构房屋的材料是一种强度较低的脆性材料，抗震性能相对较差，在国内外历次强烈地震中破坏严重。总结而言，砌体结构房屋在地震作用下的破坏现象大致有以下几种情况：房屋整体倒塌（图7-32）；当墙体与地震水平作用方向平行时，墙体受到平面内水平地震剪力的作用，当墙体内的主拉应力超过墙体抗拉强度时，墙体内就会产生交叉斜裂缝（图7-33）；在地震作用下，纵横墙连接处受力复杂，应力集中，当纵横墙连接不好时，易出现竖向裂缝，严重时会造成纵墙大面积的甩落（图7-34）；墙角往往会由于地震扭转效应而产生应力集中，而纵横墙往往在此相遇，因而是抗震薄弱环

图7-32　砌体房屋倒塌

节之一。其破坏形态多种多样，包括受剪斜裂缝、受压竖向裂缝、砌体压碎脱落等（图7-35）。

图7-33　房屋墙体裂缝　　　图7-34　房屋外纵墙脱落　　　图7-35　墙角破坏

房屋的楼梯间墙体缺乏沿高度方向的有力支撑，约束作用弱，总体刚度小，易遭到破坏。屋盖和楼盖端部缺乏足够的拉结时在地震中受拉开裂、塌落。建筑物突出的附属构件，如烟囱、女儿墙、屋顶间等破坏及倒塌（图7-36）。高低房屋间的相互碰撞而引起的房屋破坏（图7-37）。

图7-36　突出屋顶的小房间破坏　　　图7-37　房屋碰撞

根据震害统计，砌体结构房屋的地震破坏有以下规律：

（1）刚性楼盖房屋上层破坏轻，下层破坏重，柔性楼盖房屋则相反；

（2）横墙承重房屋震害轻于纵墙承重房屋；

（3）坚实地基上房屋震害轻于软弱地基或者非均匀地基上房屋；

（4）现浇楼板房屋震害轻于预制楼板房屋。

7.7.2 砌体结构房屋抗震设计的基本规定

砌体结构房屋的平面、立面及结构抗震体系的选择与布置，属于结构抗震概念设计，其对整个结构的抗震性能具有全局性的影响，宜遵守以下几方面的原则。

7.7.2.1 结构布置

砌体结构房屋结构体系应优先选用横墙承重的结构方案，其次考虑采用纵、横墙共同承重的方案，而纵墙承重方案因横向支承少，纵墙极易受平面外弯曲破坏而导致结构倒塌，应尽量避免采用。

由于墙体是砌体结构房屋的主要抗侧力构件，因此纵横墙应对称、均匀布置，沿平面应对齐、贯通，同一轴线上墙体宜等厚，沿竖向宜上下连续，这样地震作用传递直接、路线最短，且不易在某些薄弱区域集中，可以减轻震害。

楼梯间不宜设置在房屋的尽端和转角处。烟道、风道、垃圾道等墙体被削弱的地方应对墙体采取加强措施。不宜采用无竖向配筋的附墙烟囱及出屋面的烟囱。不宜采用无锚固的钢筋混凝土预制挑檐。

不应在房屋转角处设置转角窗。

教学楼、医院等横墙较少、跨度较大的房屋，宜采用现浇钢筋混凝土楼、屋盖。

利用防震缝，可以将复杂体型的房屋划分成若干体型简单、刚度均匀的单元。当有下列情况之一时，宜设置防震缝，缝两侧均应设置墙体，缝宽应根据烈度、房屋高度确定，可采用 70 ~ 100mm。

（1）房屋立面高度差在 6m 以上；

（2）房屋有错层，且楼板高差大于层高的 1/4；

（3）部分结构刚度、质量截然不同。

7.7.2.2 砌体房屋总高度与层数

震害调查资料表明：随着房屋层数增加，砌体房屋的破坏程度也随之加重，且倒塌率近似成正比增加。因此，有必要对砌体房屋的高度和层数给以一定的限制。我国《建筑抗震设计规范》对砌体房屋的总高度和层数限值见表 7 - 7。并且，对医院、教学楼等横墙较少的房屋（横墙较少指同一层内开间大于 4.2m 的房间占该层总面积 40% 以上），总高度应比表 7 - 7 中的规定相应减少 3m，层数相应减少一层。对各层横墙很少的多层砌体房屋（指开间不大于 4.2m 的房间占该层总面积不到 20% 且开间大于 4.8m 的房间占该层总面积的 50% 以上），还应再减少一层。砌体结构房屋的层高，不宜超过 3.6m，当使用功能确有需要时，采用约束砌体等加强措施的普通砖砌体房屋的层高不应超过 3.9m。底部框架 – 抗震墙砌体房屋的底部层高不应超过 4.5m，当底层采用约束砌体抗震墙时，底层的层高不应超过 4.2m。

配筋砌块砌体抗震墙房屋适用的最大高度见表 7 - 8。配筋砌块砌体抗震墙房屋的层高，应符合《砌体结构设计规范》（GB 50003—2011）中 10.1.1 条的规定。

表 7 - 7　砌体房屋的层数和总高度限值

房屋类别		最小墙厚度/mm	设防烈度和设计基本地震加速度											
			6		7				8				9	
			0.05g		0.10g		0.15g		0.20g		0.30g		0.40g	
			高度	层数	高度	层数	高度	层数	高度	层数	高度	层数	高度	层数
多层砌体房屋	普通砖	240	21	7	21	7	21	7	18	6	15	5	12	4
	多孔砖	240	21	7	21	7	18	6	18	6	15	5	9	3
	多孔砖	190	21	7	18	6	15	5	15	5	12	4	—	—
	混凝土砌块	190	21	7	21	7	18	6	18	6	15	5	9	3
底部框架—抗震墙砌体房屋	普通砖多孔砖	240	22	7	22	7	19	6	16	5	—	—	—	—
	多孔砖	190	22	7	19	6	16	5	13	4	—	—	—	—
	混凝土砌块	190	22	7	22	7	19	6	16	5	—	—	—	—

注：1. 房屋的总高度指室外地面到檐口或主要屋面板顶的高度，半地下室可从地下室室内地面算起，全地下室和嵌固条件好的半地下室可从室外地面算起；带阁楼的坡屋面应算到山尖墙的1/2高度处；
　　2. 室内外高差大于0.6m时，房屋总高度应允许比表中数据适当增加，但不应多于1m；
　　3. 乙类的多层砌体房屋仍按本地区设防烈度查表，其层数应减少一层且总高度应降低3m；不应采用底部框架-抗震墙砌体房屋。

表 7 - 8　配筋砌块砌体抗震墙房屋适用的最大高度

结构类型最小墙厚度/mm		设防烈度和设计基本地震加速度					
		6		7		8	9
		0.05g	0.10g	0.15g	0.20g	0.30g	0.40g
		高度	高度	高度	高度	高度	高度
配筋砌块砌体抗震墙	190	60	55	45	40	30	24
部分框支抗震墙		55	49	40	31	24	—

7.7.2.3　砌体房屋的高宽比

当房屋的高宽比较大时，地震下易发生整体弯曲破坏。多层砌体房屋可不做整体弯曲验算，但为了保证房屋的整体稳定性，房屋总高度和总宽度的最大比值应满足表 7 - 9 的要求。

表 7 - 9　砌体房屋最大高宽比

设防烈度	6	7	8	9
最大高宽比	2.5	2.5	2.0	1.5

注：单面走廊房屋的总宽度不包括走廊宽度。

7.7.2.4　抗震横墙的间距

抗震横墙的间距直接影响到房屋的空间刚度。横墙间距过大时，结构的空间刚度小，抗震性能差，且不能满足楼盖传递水平地震作用到相邻墙体所需水平刚度的要求。因此，为了保证结构的空间刚度、保证楼盖具有足够的水平刚度来传递水平地震作用，砌体房屋的抗震横墙间距不应超过表 7 - 10 中的规定值。

表 7 – 10　砌体房屋抗震横墙最大间距　　　　　　　　　　　　　　（m）

房屋类别		设防烈度			
		6	7	8	9
多层砌体房屋	现浇和装配整体式钢筋混凝土楼、屋盖	15	15	11	7
	装配式钢筋混凝土楼、屋盖	11	11	9	4
	木屋盖	9	9	4	—
底部框架 – 抗震墙砌体房屋	上部各层	同多层砌体房屋			—
	底层或底部两层	18	15	11	

注：1. 多层砌体房屋的顶层，除木屋盖外的最大横墙间距可适当放宽；但应采取相应加强措施；
　　2. 多孔砖抗震墙厚度为 190mm 时，最大横墙间距应比表中数值减少 3m。

表 7 – 10 中所规定的间距是指一栋房屋中只有部分横墙间距较大时应满足的要求，如果房屋中横墙间距均比较大，最好按空旷房屋进行抗震验算。同时采用较高要求的构造措施和结构布置。

7.7.2.5　房屋的局部尺寸

为了避免结构出现薄弱部位，防止因局部破坏发展成为整体房屋的破坏，砌体房屋的墙体尺寸应符合表 7 – 11 的要求。

表 7 – 11　砌体房屋的局部尺寸　　　　　　　　　　　　　　（m）

部位	设防烈度			
	6	7	8	9
承重窗间墙最小宽度	1.0	1.0	1.2	1.5
承重外墙尽端至门窗洞边的最小距离	1.0	1.0	1.2	1.5
非承重外墙尽端至门窗洞边的最小距离	1.0	1.0	1.0	1.0
内墙阳角至门窗洞边的最小距离	1.0	1.0	1.5	2.0
无锚固女儿墙（非出入口处）的最大高度	0.5	0.5	0.5	0.0

局部尺寸不满足时，应采取局部加强措施弥补，且最小宽度不宜小于 1/4 层高和表 7 – 11 所列数据的 80%；出入口处的女儿墙应有锚固。

7.7.3　房屋抗震构造措施

对于砌体结构房屋必须采取合理可靠的抗震构造措施。抗震构造措施有助于加强砌体结构的整体性、提高结构变形能力，特别是对防止砌体房屋在大震下的倒塌具有重要作用。

7.7.3.1　设置钢筋混凝土构造柱、芯柱

在砌体结构房屋中设置钢筋混凝土构造柱或芯柱，可以提高墙体的抗剪强度，大大增强房屋的变形能力。当墙体周边设置有钢筋混凝土构造柱和圈梁时，墙体受到较大约束，开裂后的墙体可以靠其塑性变形、滑移和摩擦来消耗地震能量，并保证墙体在达到极限状态后仍然具有一定的承载力，不致突然倒塌。

7.7.3.2　合理设置圈梁

圈梁在砌体结构抗震中可以发挥多方面的作用。圈梁可以加强纵横墙的连接以及墙体与楼

盖间的连接；圈梁和构造柱一起，不仅增强了房屋的整体性和空间刚度，还可以限制裂缝的展开，提高墙体的稳定性，减少不均匀沉降的不利影响。震害调查表明：合理设置圈梁的砌体房屋，其震害远远轻于设置不合理以及不设置圈梁的砌体房屋。

7.7.3.3 楼梯间的抗震构造要求

楼梯间是砌体结构中受地震作用较大且抗震较为薄弱的部位。在地震中，楼梯间的震害往往比较严重。在抗震设计时，楼梯间不宜布置在房屋端部的第一开间及转角处，不宜开设过大的窗洞。

楼梯间及门厅内墙阳角处的大梁支承长度不应小于 500mm，并应与圈梁连接。

装配式楼梯段应与平台板的梁可靠连接，8、9 度时不应采用装配式楼梯段；不应采用墙中悬挑式踏步或踏步竖肋插入墙体的楼梯，不应采用无筋砖砌栏板。

突出屋顶的楼、电梯间，构造柱应伸到顶部，并与顶部圈梁连接，所有墙体应沿墙高每隔 500mm 设 $2\phi6$ 通长拉结筋和 $\phi4$ 分布短筋平面内点焊组成的拉结网片或 $\phi4$ 点焊钢筋网片。

7.7.3.4 加强结构的连接

对房屋端部大房间的楼板以及 8 度时房屋的屋盖和 9 度时房屋的楼、屋盖，应加强钢筋混凝土预制板之间的拉结以及板与梁、墙和圈梁的连接。设防烈度为 6、7 度时长度大于 7.2m 的大房间，以及 8、9 度时外墙转角及内外墙交接处，应沿墙高每隔 500mm 配置 $2\phi6$ 拉结钢筋和 $\phi4$ 分布短筋平面内点焊组成的拉结网片或 $\phi4$ 点焊钢筋网片。

楼、屋盖的钢筋混凝土梁或屋架应与墙、柱（包括构造柱）或圈梁可靠连接；不得采用独立砖柱。跨度不小于 6m 大梁的支承构件应采用组合砌体等加强措施，并满足承载力要求。

房屋端部大开间的楼盖，6 度时房屋的屋盖和 7～9 度时房屋的楼、屋盖，当圈梁设在板底时，钢筋混凝土预制板应相互拉结，并应与梁、墙或圈梁拉结。

后砌的非承重隔墙应沿墙高每隔 0.5～0.6m 配置 $2\phi6$ 钢筋与承重墙或柱拉结，且每边伸入墙内不少于 0.5m。8 度和 9 度时长度大于 5m 的后砌隔墙，墙顶应与楼板或梁拉结，独立墙肢端部及大门洞边宜设钢筋混凝土构造柱。

混凝土小砌块房屋墙体交接处或芯柱与墙体连接处应沿墙高每隔 0.6m 设置 $\phi4$ 点焊钢筋网片，并沿墙体通长布置。6、7 度时底部 1/3 楼层，8 度时底部 1/2 楼层，9 度时全部楼层，上述拉结网片沿墙高间距不大于 400mm。

〄〄

复习思考题

7-1 房屋的空间性能影响系数的物理意义是什么？

7-2 砌体结构房屋的静力计算方案有哪几种，各有何特点？

7-3 刚性方案单层、多层房屋墙、柱的计算简图有何异同？

7-4 满足哪些要求时，砌体结构房屋可不考虑风荷载的作用？

7-5 控制墙、柱高厚比的目的是什么？

7-6 带壁柱墙与等厚度墙体的高厚比验算有何不同？

7-7 为什么要限制单向偏压砌体构件的偏心距？

7-8 什么是配筋砌体，配筋砌体有哪些主要形式？

7-9 常用过梁的种类及适用范围有哪些？

7-10 什么是墙梁，墙梁有哪几种类型？

7-11 砌体结构房屋中布置圈梁的作用是什么，应如何合理布置圈梁？

7 - 12　砌体结构房屋主要有哪些震害?

7 - 13　抗震设防区对砌体结构房屋的高度、层数、高宽比等有哪些要求和限制,为什么?

7 - 14　简述圈梁和构造柱对砌体结构房屋的抗震作用。

7 - 15　某办公楼局部平面布置如图 7 - 38 所示,采用钢筋混凝土空心楼板面,非承重隔墙厚为 120mm,外墙厚 370mm,其余墙厚均为 240mm。采用 MU10 烧结多孔砖及 M5 混合砂浆砌筑,底层墙高 4.8m,非承重隔墙高 3.9m,试验算纵、横承重墙及非承重隔墙的高厚比。

7 - 16　某单层砌体房屋长 42m(无内隔墙),采用整体式钢筋混凝土屋盖,纵墙高为 $H = 5.1$m(算至基础顶面),用 M5 混合砂浆砌筑,窗洞宽度及窗间墙尺寸如图 7 - 39 所示,试验算纵墙的高厚比。

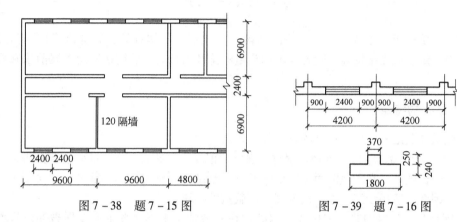

图 7 - 38　题 7 - 15 图　　　　　　图 7 - 39　题 7 - 16 图

7 - 17　某砖柱截面尺寸为 490mm×620mm,计算高度为 4.8m,柱顶承受以永久荷载效应控制组合求得的轴心压力设计值 $N = 350$kN,采用 MU10 烧结多孔砖及 M5 混合砂浆砌筑,砌体重力密度为 19kN/m^3,砌体施工质量控制等级为 B 级。试验算该柱受压承载力。

7 - 18　某砖柱截面尺寸为 370mm×490mm,计算高度为 3.3m,采用 MU10 烧结多孔砖及 M5 混合砂浆砌筑,截面承受弯矩设计值 $M = 8.0$kN·m,轴向力设计值 $N = 160$kN,弯矩作用方向为截面长边方向,砌体施工质量控制等级为 B 级。试验算该柱承载力。

8 钢 结 构

8.1 概 述

钢结构主要应用于工业厂房、大跨度结构（如飞机库、体育馆、展览馆等）、高耸结构、多层和高层建筑、板壳结构等。随着我国钢产量的持续增长，今后钢结构的发展前景和应用范围将更加宽广。

8.1.1 钢结构的特点

与其他材料的结构相比，钢结构具有如下优点：

（1）钢材强度高，结构自重轻。钢材的强度比混凝土、砖石、木材的强度要高得多，其重量与屈服点的比值低，在承载能力相同的情况下，钢结构具有构件小、重量轻、便于运输与安装的特点。因此，适用于跨度大、高度高、承载重的结构。

（2）钢材具有良好的塑性和韧性。钢结构在一般情况下不会发生突发性破坏，构件事先有较大的变形作为预兆。此外，钢材还具有良好的韧性，能很好地承受动力荷载和地震作用。这些都为钢结构的安全应用提供了可靠保证。

（3）可焊性好，焊接是钢结构最简便的连接方式，通过焊接可制作出形状复杂的构件。焊接钢结构还可以做到完全密封，适宜建造要求气密性和水密性的高压容器，如气柜、油罐等。

（4）材质均匀，钢材内部组织均匀，接近各向同性体，在一定的应力幅度范围内是理想的弹性体，符合材料力学的基本假定。与其他结构相比，钢结构的计算最为可靠准确。

（5）工业化程度高。钢构件的制作需要复杂的机械设备和严格的工艺要求，通常由金属结构厂进行专业化生产，具有能成批大量生产、精确度高和制造周期短的特点。钢构件运至工地安装、装配与施工效率较高因而工期较短。

但是钢结构也有一些不足，在设计与制作中应给予重视，钢材焊接时的局部高温造成温度场的不均匀和冷却速度的不一致，使钢材产生焊接残余应力和焊接变形。钢结构在潮湿与有侵蚀性介质的环境中易于锈蚀，建成后需进行除锈、刷涂料加以保护，并应定期重刷涂料，维护费用较高。对于钢结构，当温度在100℃以下时，即使长期使用，钢材的屈服点和弹性模量下降不多，故耐热性能较好；当温度超过250℃时，其材质变化较大，强度总趋势是逐步降低的。因此，当结构表面温度长期达150℃以上或短时间内可能受到火焰作用时，应采取隔热和防火措施。钢结构在低温和其他条件下，可能发生脆性断裂，这应引起设计者的特别注意。

8.1.2 钢结构的组成体系

钢构件主要由钢板和各种型钢（角钢、工字钢、槽钢）、钢管等材料组成。钢拉杆、钢压杆、钢梁、钢柱、钢桁架、钢索等是钢结构的基本构件，钢结构的基本组成体系主要有：

梁式结构：包括次、主梁系，交叉梁系，单独吊车梁等；

桁架式结构：包括平面屋架、空间网架、椽檩屋盖体系、由三面或更多面平面桁架组成的塔桅结构等；

框架式结构：由钢梁、钢柱相互连接成的平面或空间框架，它们之间可为铰接也可为刚接；

拱式结构：由桁架式或实腹式钢拱组成。

8.1.3 钢结构和钢构件的设计特点

钢结构设计时，其受力分析与其他材料的结构设计基本相同，但是在材料性质及构件连接方面有其独自的特点。此外，由于钢构件轻巧、细长，在受压时容易失稳，材料强度不能充分发挥，因此稳定问题在钢结构设计中是一个突出问题；又因钢材价格较贵，设计时应尽量节约钢材，降低造价。

从结构整体考虑，钢结构承重构件的设计一般均需满足强度、刚度（长细比或挠度）、整体稳定性和局部稳定性等条件的要求，同时还需考虑使用和构造要求。具体设计时，应注意考虑钢结构和钢构件所用钢板和各种型钢拼装组合的形式，以及它们之间的连接方法。

在满足构件承载力、刚度、整体和局部稳定的基础上，由于钢结构是用薄壁钢材以焊接或螺栓连接的手段组合而成的，因此还要进行连接的设计，其内容为：

（1）焊缝的形式和强度（抗压、抗拉和弯曲抗拉、抗剪）验算，以决定焊缝的长度和厚度等；

（2）螺栓的排列和强度（抗拉、抗剪）验算，以决定螺栓的直径、个数以及摩擦面的处理要求等；

（3）杆件拼接节点和支座节点设计，以决定节点板处各杆件的相对位置、节点板大小、厚度以及杆件与节点板之间的连接设计等。

8.2 钢结构的连接

钢结构构件间的连接主要包括次梁与主梁的连接、梁与柱的连接、柱与基础的连接（柱脚）等。连接方法有焊接、普通螺栓连接和高强螺栓连接（图8-1）。从传力性能看，连接节点可分为铰接、刚接和半刚性连接。连接设计的原则是安全可靠、传力明确、构造简单，便于制造、运输、安装及维护。

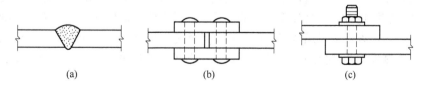

图8-1 钢结构的连接方法
（a）焊缝连接；（b）铆钉连接；（c）螺栓连接

8.2.1 构件间的连接节点

8.2.1.1 次梁与主梁的连接方法

次梁与主梁的连接方法有铰接（简支梁形式）和刚接（连续梁形式）两种，前者多用于平台梁系，后者则多用于多层框架。次梁均以主梁为支点，且应在最大程度上保持建筑的净空高度。

次梁与主梁的连接按其相对位置可分为叠接（层接）和平接（侧面连接）两类。叠接是直接把次梁放在主梁上，并用焊缝或螺栓相连（图8－2a）。叠接需要的结构高度很大，所以应用中常受到限制。平接时次梁可根据具体条件与主梁顶面等高或较之略高或略低。次梁端部与主梁翼缘冲突部分应切成圆弧过渡，避免产生严重的应力集中。图8－2b为次梁腹板用螺栓连接于主梁加劲肋上的情况。这种连接构造简单，安装方便，在实际工程中经常采用。图8－2c是利用两个短角钢将次梁连接于主梁腹板的情形。通常先在主梁腹板上焊上一个短角钢，次梁就位后再加另一短角钢并用安装焊缝焊接。

当次梁或主梁的跨度和荷载较大时，为了减小梁的挠度，次梁与主梁的连接可以采用刚接构造（图8－3）。由于次梁的负弯矩主要由翼缘承受，故可在次梁与主梁交接处的次梁翼缘上设置连接盖板。这样，截面弯矩产生的上翼缘水平拉力由连接盖板直接传递，截面弯矩产生的下翼缘水平压力则由承托顶板通过主梁腹板传递。

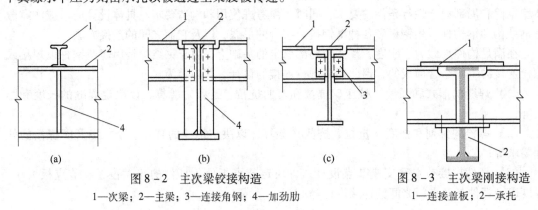

(a)　　　　　　　　　　(b)　　　　　　　　　(c)

图8－2　主次梁铰接构造　　　　　　　图8－3　主次梁刚接构造
1—次梁；2—主梁；3—连接角钢；4—加劲肋　　　　　1—连接盖板；2—承托

8.2.1.2　梁与柱的连接方法

梁与柱的连接方法同样有铰接和刚接两种形式。梁与柱的铰接做法有两种构造形式：一种是将梁直接置于柱顶（图8－4），另一种是将梁连接于柱侧（图8－5）。将梁置于柱顶时，应在柱上端设置具有一定刚度的顶板。图8－4a所示构造形式传力明确，柱为轴心受压构件；图8－4b的连接构造简单，制造和安装方便，但两梁的荷载不等时会使柱偏心受压。将梁连接于柱侧时，做法如图8－5a所示，将梁支承于柱的下部承托上，但在梁端顶部还应在构造上设置顶部短角钢以防止梁端在受力后发生出平面的偏移，同时又不至于影响梁端在梁平面内比较自由地转动，从而较好地符合铰接计算简图的要求，这种做法构造处理简单，传力明确，制造和安装也较为方便，在设计中采用较多。图8－5b的构造适用于梁支座反力较大的情况，梁的反力通过用厚钢板制成的承托传递到柱子上，这种构造传力虽也明确，但对制造和安装精度的要求较高。

在多层框架结构中，常要求梁与柱的连接节点为刚接。这时的节点不仅要求能传递反力，而且要求能传递弯矩，因而构造和施工都较复杂。在梁与柱的刚接中，通常柱是贯通的，梁与柱进行工地现场连接。一种做法是将梁端部直接与柱相连接，另一种是将梁与预先焊在柱上的梁悬臂段相连接。图8－6给出了梁端部与柱直接连接时的几种形式：图8－6a表示梁的翼缘和腹板与柱的全焊接连接；图8－6b表示梁的翼缘与柱焊接。梁的腹板则通过焊在柱上的连接件与柱用高强螺栓连接；图8－6c表示梁翼缘通过专用的T形铸钢件和连接角钢与柱用高强螺栓连接；图8-6d表示梁通过端板与柱用高强螺栓连接。其中，图8-6a形式多用于梁悬臂段与柱在工厂的连接。为了保证柱腹板不致被压坏或局部失稳，通常在梁翼缘对应位置设置柱的横向加劲肋。

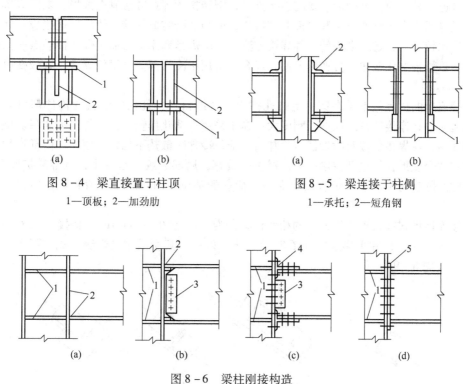

图8-4 梁直接置于柱顶
1—顶板；2—加劲肋

图8-5 梁连接于柱侧
1—承托；2—短角钢

图8-6 梁柱刚接构造
1—加劲肋；2—焊缝；3—连接角钢；4—T形铸钢件；5—梁端板

8.2.1.3 钢管连接节点

钢管连接节点适用于钢管桁架、拱架、塔架和网架、网壳等结构形式中的钢管连接节点，以及钢管与非钢管的连接节点。

钢管连接节点包括下列类型：非加劲的钢管间直接焊接节点（图8-7a），非加劲的钢管与非钢管构件直接焊接节点，采用钢管内加劲、外周加劲或局部增厚等方式加劲的钢管间焊接节点（图8-7b）；采用钢管内加劲、外周加劲或局部增厚等方式加劲的钢管与非钢管构件（包含板件）的焊接节点（图8-7c）；钢管间通过法兰连接的节点等。

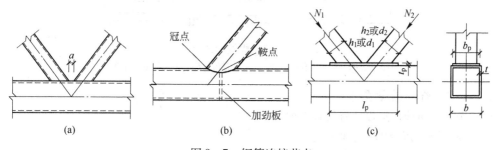

图8-7 钢管连接节点

8.2.2 焊缝连接

8.2.2.1 焊缝连接形式

焊接连接是目前钢结构最主要的连接方法，钢结构的焊接方法有电弧焊、电阻焊等。电弧焊是通过电弧产生热量使焊条和焊件局部熔化，冷却后凝结成焊缝，使焊件连接成一体。电弧焊的质量比较可靠，是最常用的一种焊接方法。电阻焊是利用电流通过焊件接触点表面的电阻所产生的热量来熔化金属，再加压力使其焊合，常用于冷弯薄壁型钢的焊接，其板叠厚度不宜超过 12mm。

焊接连接的优点是不需在钢材上打孔钻眼，节约材料，且任何形状的构件都可以直接焊接，构造简单；连接的密封性好，刚度大；易于采用自动化作业，提高焊接的质量。但由于施焊时的高温，使焊接部位及附近区域冷却后变脆，冷却时散热不均匀，使构件内部产生焊接残余应力和残余变形；焊接部位刚度大，对裂纹敏感，局部裂纹一旦发生，就容易扩展到整体，低温冷脆问题较为突出。对于直接承受动力荷载的部位，因易产生疲劳破坏，不宜采用焊接连接。

焊接连接形式按被连接构件间的相对位置分为平接（图 8-8a、b）、搭接（图 8-8c、d）、角接（图 8-8e、f）和 T 形连接（图 8-8g、h）四种。其所采用的焊缝形式主要有对接焊缝和角焊缝（图 8-9）。

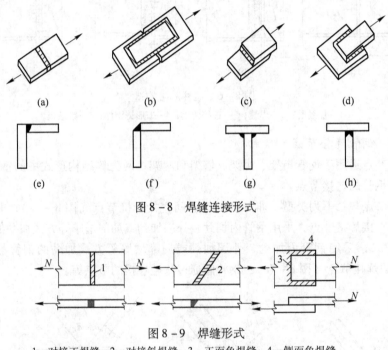

图 8-8 焊缝连接形式

图 8-9 焊缝形式

1—对接正焊缝；2—对接斜焊缝；3—正面角焊缝；4—侧面角焊缝

8.2.2.2 焊缝质量要求

钢结构焊接连接构造设计宜符合下列要求：

（1）尽量减少焊缝的数量和尺寸。

（2）焊缝的布置宜对称于构件截面的形心轴。

（3）节点区留有足够空间，便于焊接操作和焊后检测。

（4）避免焊缝密集和双向、三向相交。

（5）焊缝位置避开高应力区。

（6）根据不同焊接工艺方法合理选用坡口形状和尺寸。

（7）焊缝金属应与主体金属相适应。当不同强度的钢材连接时，可采用与低强度钢材相适应的焊接材料。

《钢结构工程施工质量验收规范》（GB 50205—2001）规定焊缝按其检验方法和质量要求分为一级、二级和三级。三级焊缝只要求对全部焊缝进行外观检查并且符合三级质量标准。一级、二级焊缝除进行外观检查外，还要求一定数量的超声波探伤检验，超声波探伤不能对缺陷做出判断时，应采用射线探伤检验，并应符合国家相应质量标准的要求。

焊缝设计时焊缝质量等级应根据结构的重要性、荷载特性、焊缝形式、工作环境以及应力状态等情况，按下述原则选用：

（1）在承受动荷载且需要进行疲劳验算的构件中，凡要求与母材等强连接的焊缝应予焊透。当作用力垂直于焊缝长度方向的横向对接焊缝或 T 形对接与角接组合焊缝，受拉时应为一级，受压时应为二级；当作用力平行于焊缝长度方向的纵向对接焊缝应为二级。

（2）不需要疲劳计算的构件中，凡要求与母材等强的对接焊缝宜予焊透，其质量等级受拉时应不低于二级，受压时宜为二级。

（3）重级工作制（A6～A8）和起重量 $Q \geqslant 50t$ 的中级工作制（A4、A5）吊车梁的腹板与上翼缘之间以及吊车桁架上弦杆与节点板之间的 T 形接头焊缝均要求焊透，焊缝形式宜为对接与角接的组合焊缝，其质量等级不应低于二级。

（4）部分焊透的对接焊缝，不要求焊透的 T 形接头采用的角焊缝或部分焊透的对接与角接组合焊缝，以及搭接连接采用的角焊缝，对直接承受动荷载且需要验算疲劳的构件和起重机起重量等于或大于 50t 的中级工作制吊车梁，以及梁柱、牛腿等重要节点，焊缝的质量等级应符合二级；对其他结构，焊缝的外观质量等级可为三级。

8.2.2.3 对接焊缝的构造和计算

A 对接焊缝的构造

对接焊缝按坡口形式分为 I 形缝、带钝边单边 V 形缝、带钝边 V 形缝（也称 Y 形缝）、带钝边 U 形缝和双 Y 形缝等，如图 8-10 所示。各种形式根据焊件厚度的不同而分别取用。为了保证焊透，对于没有条件清根和补焊者，需事先加垫板。

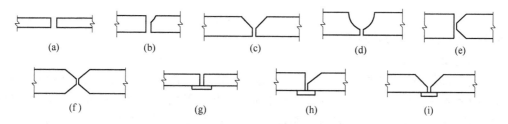

图 8-10 对接焊缝坡口形式

（a）I 形缝；（b）带钝边单边 V 形缝；（c）Y 形缝；（d）带钝边 U 形缝；（e）带钝边双单边 V 形缝；
（f）双 Y 形缝；（g），（h），（i）加垫板的 I 形、带钝边单边 V 形和 Y 形缝

在对接焊缝的拼接处，当焊件的宽度不同或厚度在一侧相差 4mm 以上时，为了减少应力集中，应分别在宽度方向或厚度方向从一侧或两侧做成坡度不大于 1:2.5 的斜角（图 8-11）形成平缓过渡；当厚度不同时，焊缝坡口形式应根据较薄焊件厚度选用坡口形式。直

接承受动力荷载且需要进行疲劳计算的结构，斜角坡度不应大于1:4。焊缝的计算厚度取较薄板的厚度。在承受动力荷载的结构中，垂直于受力方向的焊缝不宜采用部分焊透的对接焊缝。

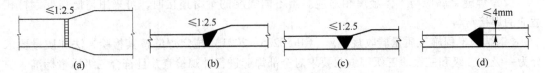

图 8-11   不同宽度或厚度的钢板拼接
（a）钢板宽度不同；（b），（c）钢板厚度不同；（d）不做斜坡

B   对接焊缝的强度计算

（1）垂直于轴心拉力或轴心压力的对接焊接。在对接接头和T形接头中，垂直于轴心拉力或轴心压力的对接焊接或对接角接组合焊缝，其强度应按下式计算：

$$\sigma = \frac{N}{l_w h_e} \leq f_t^w \quad 或 \quad f_c^w \qquad (8-1)$$

式中，N 为轴心拉力或轴心压力；l_w 为焊缝长度；h_e 为对接焊缝的计算厚度，在对接接头中取连接件的较小厚度；在T形接头中取腹板的厚度；当采用部分焊透的对接焊缝时，其计算厚度 h_e 不得小于 $1.5\sqrt{t}$，t 为焊件的较大厚度；f_t^w、f_c^w 分别为对接焊缝的抗拉、抗压强度设计值。

（2）受弯矩和剪力共同作用。对接焊缝受弯矩和剪力共同作用时，其正应力和剪应力应分别按下列公式计算：

$$\sigma = \frac{M}{W_w} \leq f_t^w \qquad (8-2)$$

$$\tau = \frac{V S_w}{I_w t_w} \leq f_v^w \qquad (8-3)$$

式中，W_w 为焊缝截面抵抗矩；S_w 为焊缝截面计算剪应力处以上部分对中和轴的面积矩；I_w 为焊缝截面惯性矩；t_w 为对接接头中为连接件的较小厚度，在T形接头中为腹板的厚度；f_v^w 为对接焊缝抗剪强度设计值。

在同时受有较大正应力 σ 和剪应力 τ 处（例如梁腹板横向对接焊缝的端部），应按下式计算折算应力：

$$\sqrt{\sigma^2 + 3\tau^2} \leq 1.1 f_t^w \qquad (8-4)$$

8.2.2.4   角焊缝的构造和计算

A   角焊缝的构造

角焊缝各部位的称谓如图 8-12 所示。焊缝背面与母材的交界处称为焊根。焊缝自由表面与基材相交点称为焊趾。在角焊缝的横截面中画出的最大等腰三角形中直角边的长度称为焊脚，用 h_f 表示。自由表面有时向外凸（尤其是采用低电流的手工焊情况），有时向内凹（尤其是采用大电流进行俯焊的自动焊），但在计算焊缝的有效截面时，总是按自由表面是平面，且所取的三角形完全是在焊缝金属之内为原则来划定。其底边上的高，称为计算厚度，用 h_e 表示。相应地，直角角焊缝的截面形式可分为普通型、平坦型和凹面型三种，如图 8-12 所示。

角焊缝两焊脚边的夹角 α 一般为 $90°$（直角角焊缝）。夹角 $\alpha > 135°$ 或 $\alpha < 60°$ 的斜角角焊缝，不宜用作受力焊缝（钢管结构除外）。角焊缝的截面形式如图 8-12 所示。

角焊缝的焊脚尺寸 h_f（mm）应符合下列规定：

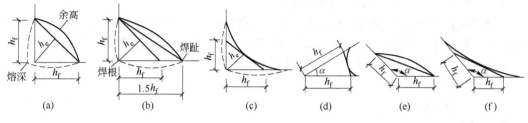

图 8 - 12 角焊缝截面

（1）焊脚尺寸 h_f 不得小于 $1.5\sqrt{t}$（mm），t 为较厚焊件厚度（当采用低氢型碱性焊条施焊时，t 可采用较薄焊件的厚度）。但对埋弧自动焊，最小焊脚尺寸可减小 1mm；对 T 形连接的单面角焊缝，应增加 1mm。当焊件厚度等于或小于 4mm 时，则最小焊脚尺寸应与焊件厚度相同。

（2）同时，角焊缝的焊脚尺寸不宜大于较薄焊件厚度的 1.2 倍（钢管结构除外），但板件（厚度为 t）边缘的角焊缝最大焊脚尺寸尚应符合要求：当 $t \le 6mm$ 时，$h_f \le t$；当 $t > 6mm$ 时，$h_f \le t - (1 \sim 2)$（mm）。

（3）圆孔或槽孔内的角焊缝焊脚尺寸不宜大于圆孔直径或槽孔短径的 1/3。

（4）角焊缝的两焊脚尺寸一般相等。当焊件的厚度相差较大且等焊脚尺寸不能符合上述（1）、（2）的要求时，可采用不等焊脚尺寸，此时与较薄焊件接触的焊脚边应符合（2）的要求；与较厚焊件接触的焊脚边应符合（1）的要求。

当角焊缝的计算长度小于 $8h_f$ 或 40mm 时不应用作受力焊缝。侧面角焊缝的计算长度不宜大于 $60h_f$。若内力沿侧面角焊缝全长分布时，其计算长度不受此限。

在搭接连接中，搭接长度不得小于焊件较小厚度的 5 倍，并不得小于 25mm。

B　直角角焊缝的强度计算

（1）在通过焊缝形心的拉力、压力或剪力作用下：

正面角焊缝（作用力垂直于焊缝长度方向）：

$$\sigma_f = \frac{N}{h_e l_w} \le \beta_f f_f^w \qquad (8-5)$$

侧面角焊缝（作用力平行于焊缝长度方向）：

$$\tau_f = \frac{N}{h_e l_w} \le f_f^w \qquad (8-6)$$

（2）在各种力综合作用下，σ_f 和 τ_f 共同作用处：

$$\sqrt{\left(\frac{\sigma_f}{\beta_f}\right)^2 + \tau_f^2} \le f_f^w \qquad (8-7)$$

以上三式中，σ_f 为按焊缝有效截面（$h_e l_w$）计算，垂直于焊缝长度方向的应力；τ_f 为按焊缝有效截面计算，沿焊缝长度方向的剪应力；h_e 为角焊缝的计算厚度，对直角角焊缝等于 $0.7h_f$，h_f 为焊脚尺寸（图 8 - 12）；l_w 为角焊缝的计算长度，对每条焊缝取其实际长度减去 $2h_f$；f_f^w 为角焊缝的强度设计值；β_f 为正面角焊缝的强度设计值增大系数：对承受静力荷载和间接承受动力荷载的结构，$\beta_f = 1.22$；对直接承受动力荷载的结构，$\beta_f = 1.0$。

C　斜角角焊缝的强度计算

两焊脚边夹角 $60° \le \alpha \le 135°$ 的 T 形接头，其斜角角焊缝（图 8 - 12）的强度应按式（8 - 5）~式（8 - 7）计算，但取 $\beta_f = 1.0$，其计算厚度为 $h_e = h_f \cos\frac{\alpha}{2}$。

D　部分焊透的对接焊缝的强度计算

部分溶透的对接焊缝（图8-13a、b、d、e）和T形对接与角接组合焊缝（图8-13c）的强度，应按角焊缝的计算式（8-5）~式（8-7）计算，在垂直于焊缝长度方向的压力作用下，取$\beta_f = 1.22$，其他情况取$\beta_f = 1.0$，其计算厚度应根据坡口的形式分别采用：

（1）V形坡口（图8-13a）：

当$\alpha \geq 60°$时，$h_e = s$；

当$\alpha < 60°$时，$h_e = 0.75s$。

（2）单边V形和K形坡口（图8-13b、c）：

当$\alpha = 45° \pm 5°$时，$h_e = s - 3$。

（3）U形和J形坡口（图8-13d、e）：

当$\alpha = 45° \pm 5°$时，$h_e = s$。

s为坡口深度，即根部至焊缝表面（不考虑余高）的最短距离（mm）；α为V形、单边V形或K形坡口角度。

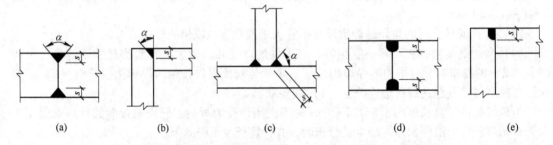

（a）　　　　　（b）　　　　　（c）　　　　　（d）　　　　　（e）

图8-13　部分溶透的对接焊缝和其与角接焊缝的组合焊缝截面

当熔合线处焊缝截面边长等于或接近于最短距离s时，抗剪强度设计值应按角焊缝的强度设计值乘以0.9。

采用角接焊缝的搭接接头，当焊缝计算长度l_w超过$60h_f$时，焊缝的承载力设计值应乘以折减系数α_f，$\alpha_f = 1.5 - \dfrac{l_w}{120h_f} \geq 0.5$。

8.2.3　普通螺栓连接

8.2.3.1　构造要求

螺栓连接可分为普通螺栓连接和高强螺栓连接，普通螺栓连接分为A、B级连接和C级连接。A、B级螺栓连接采用5.6级或8.8级钢材制造，5.6级钢材的抗拉强度不小于500N/mm^2，$f_y/f_u = 0.6$。A、B级螺栓，尺寸准确，螺杆和螺孔间的最大间隙为$0.2 \sim 0.5\text{mm}$，螺栓受剪性能良好，但制造和安装过于浪费，目前很少采用。C级螺栓采用4.6级或4.8级钢材制造，螺杆和螺孔间的最大间隙为$1.0 \sim 1.5\text{mm}$，螺栓受剪时板件产生较大的滑移，受剪性能较差，受拉性能较好。C级螺栓宜用于沿其杆轴方向受拉的连接，在下列情况下可用于受剪连接：

（1）承受静力荷载或间接承受动力荷载的结构中的次要连接；

（2）承受静力荷载的可拆卸结构的连接；

（3）临时固定构件的安装连接。

对直接承受动力荷载的普通螺栓受拉连接应采用双螺帽或其他能防止螺帽松动的有效

措施。

螺栓连接有五种可能的破坏情况：螺栓杆被剪断、孔壁挤压、钢板被拉断、钢板被剪断和螺栓杆弯曲，如图 8-14 所示。前三种需要进行计算，后两者通过限制孔距和边距值可避免发生。

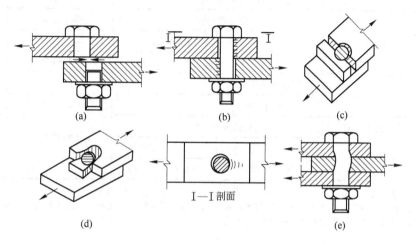

图 8-14　螺栓连接的破坏情况
（a）螺栓杆剪断；（b）孔壁挤压；（c）钢板被拉断；（d）钢板被剪断；（e）螺栓杆弯曲

8.2.3.2　螺栓的排列

螺栓的排列应遵循简单紧凑、整齐划一和便于安装紧固的原则，通常采用并列和错列两种形式（图 8-15）。并列形式简单，但栓孔削弱截面较大；错列形式可减少截面削弱，但排列较繁。不论采用哪种排列，螺栓的中距（螺栓中心间距）、端距（顺内力方向螺栓中心至构件边缘距离）和边距（垂直内力方向螺栓中心至构件边缘距离）应满足下列要求。

（1）受力要求。螺栓任意方向的中距以及边距和端距均不应过小，以免受力时加剧孔壁周围的应力集中和防止钢板过度削弱而承载力过低，造成沿孔与孔或孔与边间拉断或剪断。当构件承受压力作用时，顺压力方向的中距不应过大，否则螺栓间钢板可能失稳形成鼓曲。避免钢板被剪断和螺栓杆弯曲，螺栓孔距和边距值的限值见表 8-1。

（2）构造要求。螺栓的中距不应过大，否则钢板不能紧密贴合。对外排螺栓的中距以及边距和端距更不应过大，以防止潮气侵入引起锈蚀。

（3）施工要求。螺栓间应有足够距离以便于转动扳手，拧紧螺母。

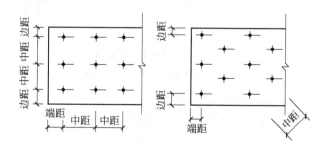

图 8-15　螺栓的排列

表8-1　螺栓或铆钉的孔距和边距值

名称	位置和方向			最大允许距离 （取两者的较小值）	最小允许距离
中心间距	外排（垂直内力方向或顺内力方向）			$8d_0$ 或 $12t$	$3d_0$
	中间排	垂直内力方向		$16d_0$ 或 $24t$	
		顺内力方向	构件受压力	$12d_0$ 或 $18t$	
			构件受拉力	$16d_0$ 或 $24t$	
	沿对角线方向				
中心至构件 边缘距离	顺内力方向			$4d_0$ 或 $8t$	$2d_0$
	垂直内力方向	剪切边或手工切割边			$1.5d_0$
		轧制边、自动气割 或锯割边	高强度螺栓		
			其他螺栓或铆钉		$1.2d_0$

注：1. d_0 为螺栓或铆钉的孔距，对槽孔为短向尺寸，t 为外层较薄板件的厚度；
　　2. 钢板边缘与刚性构件（如角钢、槽钢等）相连的高强度螺栓的最大间距，可按中间排的数值采用，计算螺栓孔引起的截面削弱时取 $d+4mm$ 和 d_0 的较大者。

8.2.3.3　承载力计算

A　普通螺栓受剪承载力计算

普通螺栓受剪连接中，每个普通螺栓的承载力设计值应取受剪和承压承载力设计值中的较小者。

普通螺栓的受剪承载力设计值：

$$N_v^b = n_v \frac{\pi d^2}{4} f_v^b \qquad (8-8)$$

普通螺栓的承压承载力设计值：

$$N_c^b = d\Sigma t f_c^b \qquad (8-9)$$

式中，N_v 为受剪面数目，单剪 $N_v=1$，双剪 $N_v=2$，四剪 $N_v=4$，如图8-16所示；d 为螺杆直径；Σt 为在不同受力方向中一个受力方向承压构件总厚度的较小值；f_v^b，f_c^b 分别为螺栓的抗剪和承压强度设计值。

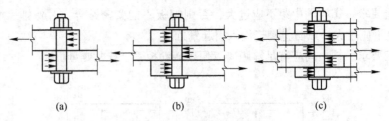

图 8-16　受剪螺栓的计算
（a）单剪；（b）双剪；（c）四剪

B　轴向方向受拉连接螺栓的承载力计算

在普通螺栓轴向方向受拉的连接中，每个普通螺栓的承载力设计值应按下式计算：

$$N_t^b = \frac{\pi d_e^2}{4} f_t^b \qquad (8-10)$$

式中，d_e 为螺栓或锚栓在螺纹处的有效直径；f_t^b 为普通螺栓的抗拉强度设计值。

C　同时承受剪力和杆轴方向拉力的承载力计算

同时承受剪力和杆轴方向拉力的普通螺栓，应符合下列公式的要求：

$$\sqrt{\left(\frac{N_v}{N_v^b}\right)^2 + \left(\frac{N_t}{N_t^b}\right)^2} \leqslant 1 \tag{8-11}$$

$$N_v \leqslant N_c^b \tag{8-12}$$

式中，N_v、N_t 分别为某个普通螺栓所承受的剪力和拉力；N_v^b、N_t^b、N_c^b 分别为一个普通螺栓抗剪、抗拉和承压承载力设计值。

铆钉连接的承载力计算公式与普通螺栓的承载力计算公式相似，在式（8-8）~式（8-12）中，只需将螺栓的相应参数代换为铆钉的对应参数即可。

沿杆轴方向受拉的螺栓（或铆钉）连接中的端板（法兰板），应适当增强其刚度（如加设加劲肋），以减少撬力对螺栓（或铆钉）抗拉承载力的不利影响。

8.2.3.4　螺栓、铆钉数目的确定

构件连接时螺栓、铆钉数目的确定，除应满足承载力外，还应满足以下要求：

（1）每一杆件在节点上以及拼接接头的一端，永久性的螺栓（或铆钉）数不宜少于 2 个。对组合构件的缀条，其端部连接可采用 1 个螺栓（或铆钉）。

（2）在下列情况的连接中，螺栓或铆钉的数目应增加：

1）一个构件借助填板或其他中间板与另一构件连接的螺栓（摩擦型连接的高强度螺栓除外）或铆钉数目应按计算增加 10%。

2）当采用搭接或拼接板的单面连接传递轴心力，因偏心引起连接部位发生弯曲时，螺栓（摩擦型连接的高强度螺栓除外）或铆钉数目应按计算增加 10%。

3）在构件的端部连接中，当利用短角钢连接型钢（角钢或槽钢）的外伸肢以缩短连接长度时，在短角钢两肢中的一肢上所用的螺栓或铆钉数目应按计算增加 50%。

4）当铆钉连接的铆合总厚度超过铆钉孔径的 5 倍时，总厚度每超过 2mm，铆钉数目应按计算增加 1%（至少应增加一个铆钉），但铆合总厚度不得超过铆钉孔径的 7 倍。

8.2.4　高强螺栓连接

高强螺栓的形状、连接构造与普通螺栓基本相同。两者的主要区别是：普通螺栓连接依靠杆身承压和抗剪来传递剪力（图 8-17a），在扭紧螺帽时螺栓产生的预拉力很小，其影响不予考虑；高强螺栓连接的工作原理则是有意给螺栓施加很大的预拉力，使被连接件接触面之间产生挤压力，因而垂直于螺杆方向有很大摩擦力，依靠这种摩擦力来传

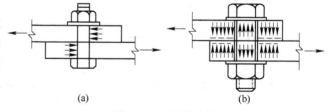

(a)　　　　　　(b)

图 8-17　螺栓连接

递连接剪力（图 8-17b）。高强螺栓的预拉力是通过扭紧螺帽实现的。普通高强螺栓一般采用扭矩法、转角法。扭剪型高强螺栓则采用扭断螺栓尾部以控制预拉力。

高强螺栓连接的螺栓采用 10.9S 级或 8.8S 级优质合金结构钢并经过热处理制作而成，高强度螺栓孔应采用钻成孔。摩擦型连接的高强度螺栓的孔径比螺栓公称直径 d 大 1.5~2.0mm；承压型连接的高强度螺栓的孔径比螺栓公称直径 d 大 1.0~1.5mm。

根据其传力的方式可分为摩擦型连接和承压型连接，摩擦型连接是利用板叠间的摩擦力传递剪力，其特点是变形小、不易松动、耐疲劳，因此可用于直接承受动荷载的结构。承压型连接允许外力超过板叠间的摩擦力并产生滑动，然后利用栓杆与螺栓孔壁靠紧传递剪力，破坏时与普通螺栓相似。其特点是强度高，剪切变形比摩擦型的大，仅用于承受静荷载或间接承受动荷载的结构。

当型钢构件拼接采用高强度螺栓连接时，其拼接件宜采用钢板。

高强度螺栓承压型连接采用标准圆孔，高强度螺栓摩擦型连接可采用标准孔、大圆孔和槽孔，孔型尺寸可按表 8-2 采用。同一连接面只能在盖板和芯板其中之一按相应的扩大孔，其余仍采用标准孔。

表 8-2 高强度螺栓连接的孔型尺寸匹配 （mm）

螺栓公称直径		M12	M16	M20	M22	M24	M27	M30
孔型	标准孔 直径	13.5	17.5	22	24	26	30	33
	大圆孔 直径	16	20	24	28	30	35	38
	槽孔 短向	13.5	17.5	22	24	26	30	33
	槽孔 长向	22	30	37	40	45	50	55

8.2.4.1 高强度螺栓摩擦型连接

A 受剪连接

在受剪连接中，每个高强度螺栓的承载力设计值应按下式计算：

$$N_v^b = k_1 k_2 n_f \mu P \tag{8-13}$$

式中，N_v^b 为一个高强度螺栓的抗剪承载力设计值；k_1 为系数，对冷弯薄壁型钢结构（板厚 ≤ 6mm）时取 0.8，其他情况取 0.9；k_2 为孔型系数，标准孔取 1.0，大圆孔取 0.85，内力与槽孔长向垂直时取 0.7，内力与槽孔长向平行时取 0.6；n_f 为传力摩擦面数目；μ 为摩擦面的抗滑移系数，按附表 34 和附表 35 取值；P 为一个高强度螺栓的预拉力，按表 8-3 取值。

表 8-3 一个高强度螺栓的预拉力设计值 P （kN）

螺栓的性能等级	螺栓公称直径/mm					
	M16	M20	M22	M24	M27	M30
8.8 级	80	125	150	175	230	280
10.9 级	100	155	190	225	290	355

B 受拉连接

在螺栓杆轴方向受拉的连接中，每个高强度螺栓的承载力设计值取：

$$N_t^b = 0.8P \tag{8-14}$$

C 同时承受剪力和拉力

当高强度螺栓摩擦型连接同时承受摩擦面间的剪力和螺栓杆轴方向的外拉力时，其承载力应按下式计算：

$$\frac{N_v}{N_v^b} + \frac{N_t}{N_t^b} \leq 1 \tag{8-15}$$

式中，N_v、N_t 分别为某个高强度螺栓所承受的剪力和拉力；N_v^b、N_t^b 分别为一个高强度螺栓的抗剪、抗拉承载力设计值。

8.2.4.2 高强度螺栓承压型连接

承压型连接的高强度螺栓预拉力 P 应与摩擦型连接高强度螺栓相同。连接处构件接触面应清除油污及浮锈。

A 受剪连接

在抗剪连接中，每个承压型连接高强度螺栓承载力设计值的计算方法与普通螺栓相同。但当剪切面在螺纹处时，其受剪承载力设计值应按螺纹处的有效面积进行计算。

B 受拉螺栓连接

在螺栓杆轴方向受拉的连接中，每个承压型连接高强度螺栓的承载力设计值为：

$$N_t^b = \frac{\pi d_e^2}{4} f_t^b \tag{8-16}$$

C 同时承受拉力和剪力的螺栓连接

同时承受剪力和杆轴方向拉力的承压型连接的高强度螺栓，应符合下列公式的要求：

$$\sqrt{\left(\frac{N_v}{N_v^b}\right)^2 + \left(\frac{N_t}{N_t^b}\right)^2} \leqslant 1 \tag{8-17}$$

$$N_v \leqslant \frac{N_c^b}{1.2} \tag{8-18}$$

式中，N_v、N_t 分别为每个高强度螺栓所承受的剪力和拉力；N_v^b、N_t^b、N_c^b 分别为每个高强度螺栓的受剪、受拉和承压承载力设计值，其中，N_c^b 按式（8-9）计算。

8.2.4.3 栓焊并用连接

栓焊并用连接接头是在接头中一个连接部位同时以摩擦型高强度螺栓连接和贴角焊缝连接，并共同承受同一剪力作用的连接。其连接构造如图 8-18 所示。栓焊并用连接的施工顺序宜为先高强度螺栓紧固，后实施焊接。

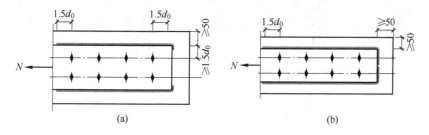

图 8-18 栓焊并用连接接头

（a）高强度螺栓与侧焊缝并用；（b）高强度螺栓与侧焊缝及端焊缝并用

采用栓焊并用连接时，高强度螺栓直径和焊缝尺寸应相互匹配，栓和焊各自的抗剪承载力设计值均不宜小于总抗剪承载力的 1/3。

栓焊并用连接的抗剪承载力设计值计算如下：

高强度螺栓与侧焊缝并用连接：

$$N_{wb} = N_{fs} + 0.75 N_{bv} \tag{8-19}$$

高强度螺栓与侧焊缝及端焊缝并用连接：

$$N_{wb} = 0.85 N_{fs} + N_{fe} + 0.25 N_{bv} \tag{8-20}$$

式中，N_{wb} 为栓焊并用连接抗剪承载力设计值；N_{fs} 为侧焊缝抗剪承载力设计值；N_{fe} 为端焊缝抗剪承载力设计值；N_{bv} 为高强度螺栓摩擦型连接抗滑移承载力设计值。

8.2.5　螺栓群的计算

螺栓群按其受力可分为剪力螺栓群、拉力螺栓群和剪、拉螺栓群。以下着重讲解拉力螺栓群在力矩和轴力共同作用下的计算。

8.2.5.1　普通螺栓群

在弯矩 M 和轴心拉力 N 共同作用下，如图 8 – 19 所示，首先需要确定普通螺栓群转动中和轴的位置。

先假定转动中和轴位于螺栓群的形心轴 O，则螺栓群中受拉力最小的最下排螺栓的受力为：

$$F = \frac{N}{n} - \frac{My_n}{\sum\limits_{i=1}^{n} y_i^2} \qquad (8-21)$$

式中，N 为轴力设计值；M 为弯矩设计值；y_n、y_i 分别为最下排螺栓和第 i 排螺栓到中和轴的距离；n 为螺栓总个数。

若 $F \geqslant 0$，则满足假定条件，即中和轴在螺栓群形心轴 O 处，如图 8 – 19a 所示；若 $F < 0$，则中和轴应在最下排螺栓的轴心连线处 O'，如图 8 – 19b 所示。

螺栓群中受拉力最大的最上排螺栓的受力为：

$$F = \frac{N}{n} + \frac{My_1}{\sum\limits_{i=1}^{n} y_i^2} \qquad (8-22)$$

式中，y_1 为最上排螺栓到中和轴的距离。

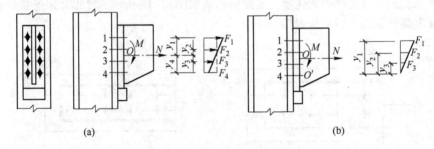

(a)　　　　　　　　　　　　　　　　　(b)

图 8 – 19　螺栓群的受力情况

8.2.5.2　高强度螺栓群

在弯矩 M 和轴拉力 N 作用下，由于高强度螺栓预拉力较大，被连接构件的接触面一直保持着紧密贴合，因此中和轴保持在螺栓群形心轴 O 处，如图 8 – 19a 所示。

螺栓群中受拉力最大的是最上排螺栓，其所受的拉力用式（8 – 22）计算。

【例 8 – 1】 图 8 – 20 所示为一支托板与柱搭接连接，$l_1 = 300\text{mm}$，$l_2 = 400\text{mm}$，作用力的设计值 $V = 200\text{kN}$，钢材为 Q235 – B，焊条 E43 系列型，手工焊，作用力距柱边缘的距离为 $e = 300\text{mm}$，设支托板厚度为 12mm，试设计角焊缝。

解： 设三边的焊脚尺寸 h_f 相同，取 $h_f = 8\text{mm}$，并近似地按支托与柱的搭接长度来计算角焊缝的有效截面。因水平焊缝和竖向焊缝在转角处连续施焊，在计算焊缝长度时，仅在水平焊缝端部减去 8mm，竖焊缝则不减少。

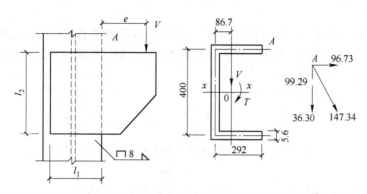

图 8－20

角焊缝的计算厚度：

$$h_e = 0.7 h_f = 5.6 \text{mm}$$

计算角焊缝有效截面的形心位置：

$$\bar{x} = 2 \times 0.56 \times \frac{29.2^2}{2} \Big/ [0.56 \times (2 \times 29.2 + 40)] = 8.67 \text{cm}$$

计算角焊缝有效截面的惯性矩：

$$I_{wx} = 0.56 \times (40^3/12 + 2 \times 29.2 \times 20^2) = 16068 \text{cm}^4$$

$$I_{wy} = 0.56 \times [40 \times 8.67^2 + 2 \times 29.2^3/12 + 2 \times 29.2 \times (29.2/2 - 8.67)^2] = 5158 \text{cm}^4$$

$$J = I_{wx} + I_{wy} = 16068 + 5158 = 21226 \text{cm}^4$$

扭矩：
$$T = V(e + l_1 - x) = 200 \times (30 + 30 - 8.67) = 10266 \text{kN} \cdot \text{cm}$$

角焊缝有效截面上 A 点应力为：

$$\tau_A^T = \frac{T\gamma_y}{J} = \frac{10266 \times 10^4 \times 200}{21226 \times 10^4} = 96.73 \text{N/mm}^2$$

$$\sigma_A^T = \frac{T\gamma_x}{J} = \frac{10266 \times 10^4 \times (292 - 86.7)}{21226 \times 10^4} = 99.29 \text{N/mm}^2$$

$$\sigma_A^V = \frac{V}{A_w} = \frac{200 \times 10^3}{0.56 \times (40 + 29.2 \times 2) \times 10^2} = 36.30 \text{N/mm}^2$$

所以
$$\sqrt{\left(\frac{\sigma_A^T + \sigma_A^V}{\beta_f}\right)^2 + (\tau_A^T)^2} = \sqrt{\left(\frac{99.29 + 36.30}{1.22}\right)^2 + 96.73^2}$$

$$= 147.34 \text{N/mm}^2 < f_f^w = 160 \text{N/mm}^2$$

【例 8－2】 试设计图 8－21 所示钢板的对接接头采用螺栓连接，钢板为 18×600mm，钢材采用 Q235－A·F，承受的扭矩设计值 $T = 48$kN·m，剪力设计值 $V = 250$kN，轴心力设计值 $N = 320$kN，采用 C 级普通螺栓，螺栓直径 $d = 20$mm，孔径 $d_0 = 21.5$mm。试确定螺栓的数量。

解： 1. 确定拼接板尺寸

采用两块 10×600mm 的拼接板，其截面面积为 $60 \times 1 \times 2 = 120 \text{cm}^2$，大于被拼接钢板的截面面积 $60 \times 1.8 = 108 \text{cm}^2$。

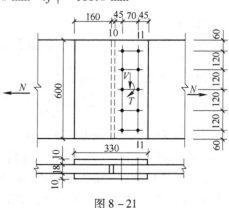

图 8－21

2. 螺栓计算

先布置好螺栓（图8-21），再进行验算。布置时可在容许的螺栓距离范围内，螺栓间水平距离取较小值，以减小拼接板的长度；竖向距离取较大值，以避免截面削弱过多。

C级普通螺栓 $f_v^b = 140 \text{N/mm}^2$。

一个抗剪螺栓的承载力设计值为：

$$N_v^b = n_v \frac{\pi d^2}{4} f_v^b = 2 \times \frac{3.1416 \times 20^2}{4} \times 140 \times 10^{-3} = 87.96 \text{kN}$$

$$N_c^b = d \sum t \cdot f_c^b = 20 \times 18 \times 305 \times 10^{-3} = 109.8 \text{kN}$$

$$N_{\min}^b = 87.96 \text{kN}$$

螺栓受力计算：扭矩作用时，最外螺栓承受剪力最大，其值为：

$$N_{1x}^T = \frac{T y_1}{\sum x_i^2 + \sum y_i^2} = \frac{48 \times 24 \times 10^2}{10 \times 3.5^2 + 4 \times (12^2 + 24^2)} = 38.37 \text{kN}$$

$$N_{1y}^T = \frac{T x_1}{\sum x_i^2 + \sum y_i^2} = \frac{48 \times 3.5 \times 10^2}{3002.5} = 5.6 \text{kN}$$

剪力和轴心力作用时，每个螺栓承受剪力分别为：

$$N_{1y}^v = \frac{V}{n} = \frac{250}{10} = 25 \text{kN}$$

$$N_{1x}^N = \frac{N}{n} = \frac{320}{10} = 32 \text{kN}$$

所以

$$N_1 = \sqrt{(N_{1x}^T + N_{1x}^N)^2 + (N_{1y}^T + N_{1y}^N)^2} = \sqrt{(38.37 + 32)^2 + (5.6 + 25)^2}$$
$$= 76.74 \text{kN} < N_{\min}^b = 87.96 \text{kN}$$

3. 钢板净截面强度验算

钢板截面1—1面积最小，而受力较大，应校核这一截面强度。其几何参数为：

$$A_n = t(b - n_1 d_0) = 1.8 \times (60 - 5 \times 2.15) = 88.65 \text{cm}^2$$

$$I = \frac{t b^3}{12} = \frac{1.8 \times 60^3}{12} = 32400 \text{cm}^4$$

$$I_n = 32400 - 1.8 \times 2.15 \times (12^2 + 24^2) \times 2 = 26827 \text{cm}^4$$

$$W_n = \frac{I_n}{30} = \frac{26827}{30} = 894.23 \text{cm}^3$$

$$S = \frac{t b}{2} \times \frac{b}{4} = \frac{1.8 \times 60^2}{8} = 810 \text{cm}^3$$

钢板截面最外边缘正应力：

$$\sigma = \frac{T}{W_n} + \frac{N}{A_n} = \frac{40 \times 10^3}{894.23} + \frac{320 \times 10}{88.65} = 89.77 \text{N/mm}^2 < f = 215 \text{N/mm}^2$$

钢板截面靠近形心处的剪应力：

$$\tau = \frac{V S}{I t} = \frac{250 \times 810 \times 10}{32400 \times 1.8} = 34.72 \text{N/mm}^2 < f_v = 125 \text{N/mm}^2$$

钢板截面靠近形心处的折算应力：

$$\sigma_2 = \sqrt{\sigma^2 + 3 \tau^2} = \sqrt{89.77^2 + 3 \times 34.72^2} = 108.0 \text{N/mm}^2 < 1.1 f = 1.1 \times 215 = 236.5 \text{N/mm}^2$$

【例8-3】 设有一横截面为四边形的格构式自立式铁塔，其底节间的人字形腹杆系由两个等边角钢 L80×7 组成的T形截面，如图8-22所示。钢材为Q235B·F，其斜撑所受的轴心力

设计值 $N = \pm 150\text{kN}$。荷载分项系数取 1.3。

（1）拟采用 2 个 C 级普通螺栓与板厚为 12mm 的节点板相连。试问应选用多大公称直径的螺栓？

（2）假定人字形腹杆与节点板的连接改用 8.8 级的摩擦型高强度螺栓，其接触面为喷砂后涂无机富锌漆。试问应选用多大公称直径的螺栓（采用标准孔）？

（3）假定人字形腹杆与节点板的连接改用 8.8 级的承压型高强度螺栓，其接触面为喷砂后涂无机富锌漆。试问应选用多大公称直径的螺栓？

提示：节点板的孔壁承压可不计算。

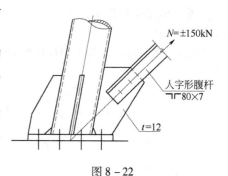

图 8 – 22

解：（1）每个螺栓承受的轴力设计值为：

$$N_1 = \frac{N}{2} = \frac{150}{2} = 75\text{kN}$$

查附表 22 得：$f_v^b = 140\text{N}/\text{mm}^2$，$f_c^b = 305\text{N}/\text{mm}^2$

由 $N_v^b = n_v \dfrac{\pi d^2}{4} f_v^b$ 得：

$$d = \sqrt{\frac{75 \times 10^3 \times 4}{2 \times \pi \times 140}} = 18.5\text{mm}$$

由 $N_c^b = d \cdot \sum t \cdot f_c^b$ 得：

$$d = \frac{75 \times 10^3}{12 \times 305} = 20.5\text{mm}$$

故选用 M22 的螺栓。

（2）查附表 35 得：$\mu = 0.35$

由 $N_v^b = k_1 k_2 n_f \mu P$ 得：

$$P = \frac{75}{0.9 \times 2 \times 0.35} = 119.0\text{kN}$$

查表 8 – 3 知：选用 M22 的螺栓。

（3）查附表 22 得：$f_v^b = 250\text{N}/\text{mm}^2$

由 $N_v^b = n_v \dfrac{\pi d_e^2}{4} f_v^b$ 得：

$$d_e = \sqrt{\frac{4 \times 75 \times 10^3}{2 \times \pi \times 250}} = 13.8\text{mm}$$

查表 8 – 2 知，对应的 $d = 16\text{mm}$，故选用 M16 的螺栓。

【例 8 – 4】 设有一悬挑梁，钢材为 Q235 – B·F。作用在梁端的集中荷载设计值为 $P = 30.6\text{kN}$。梁自重忽略不计。挑梁根部用 C 级普通螺栓并通过焊在挑梁上的端板将其连接在工字形柱的翼缘板上，如图 8 – 23 所示。试问应选用公称直径为多少的螺栓？

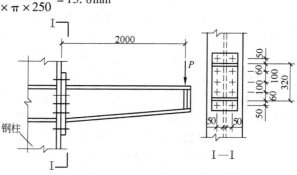

图 8 – 23

提示：近似按螺栓所受的拉力选用。

解：螺栓群所受弯矩为：

$$M = 30.6 \times 2 = 61.2 \text{kN} \cdot \text{m}$$

由式（8-22）可知中和轴在最下一排螺栓的连线上，故受拉力最大的最上一排螺栓的拉力为：

$$N_\text{t} = \frac{My_1}{\sum_{i=1}^{n} y_i^2} = \frac{61.2 \times 0.42}{2 \times (0.11^2 + 0.21^2 + 0.31^2 + 0.42^2)} = 39.1 \text{kN}$$

查附表 22 得：

$$f_\text{t}^\text{b} = 170 \text{N/mm}^2$$

由 $N_\text{t}^\text{b} = \dfrac{\pi d_\text{e}^2}{4} f_\text{t}^\text{b}$ 得：

$$d_\text{e} = \sqrt{\frac{4 \times 39.1 \times 10^3}{\pi \cdot 170}} = 17.1 \text{mm}$$

查表 8-2 可知：$d = 20 \text{mm}$，故选用 M20 的螺栓即可。

【例 8-5】 有一悬挑梁，其根部构造尺寸同例 8-4，但其弯矩设计值为 55.2kN·m，并改用 8.8 级高强度摩擦型螺栓进行连接，试问应选用公称直径为多少的螺栓？

解：中和轴在形心轴处，故受拉力最大的最上一排螺栓的拉力为：

$$N_\text{t} = \frac{My_1}{\sum_{i=1}^{n} y_i^2} = \frac{55.2 \times 0.21}{4 \times (0.1^2 + 0.21^2)} = 53.6 \text{kN}$$

由 $N_\text{t}^\text{b} = 0.8P$ 得：

$$P = \frac{53.6}{0.8} = 67 \text{kN}$$

查表 8-3 知：采用 M16 螺栓即可。

8.3　轴心受力构件

轴心受力构件包括轴心受拉构件和轴心受压构件，广泛应用于桁架、网架、工作平台的支柱等。其截面形式有：热轧型钢截面（图 8-24a）、冷弯薄壁型钢截面（图 8-24b），当轴心受力构件的荷载或长度较大时，现有的型钢规格可能不满足要求，这时可以采用由钢板或型钢组成的实腹式组合截面，如图 8-24c 所示。对于荷载或长度更大的情况，还可以采用格构式组合截面，如图 8-24d 所示。常用的格构式轴心受压构件多用两根槽钢或两根工字钢作为两个分肢，然后用缀材将两个分肢连成一体，形成柱体。缀材分缀条和缀板两种。图 8-25a 为缀条柱，缀条常用单角钢斜向和横向布置，与分肢连成桁架形式。图 8-25b 为缀板柱，它用钢板将两个分肢连成框架形式，这种由两个分肢组成的格构式柱称为双肢格构柱，在其截面上，与肢体垂直的主重心轴称为实轴（y—y 轴），与缀材平面垂直的主重心轴称为虚轴（x—x 轴）。对于荷载较小但长度较大的构件，还可以采用由钢管或角钢组成的三肢或四肢格构柱，它们截面上的两个主重心轴均为虚轴。型钢截面构件的优点是制造工作量小、省时省工、成本较低。实腹式组合截面柱由用钢板或几个型钢拼合组成截面，因而能获得较大的截面特性。格构柱则通过调整两个分肢的间距，可使截面两个主轴方向的惯性矩接近相等，从而获得更有利的截面特性。在一定程度上，组合截面的形状和尺寸几乎不受限制，可以根据荷载和长度情况选用适合的截面，同时节约钢材，但制造上比较费工费时。

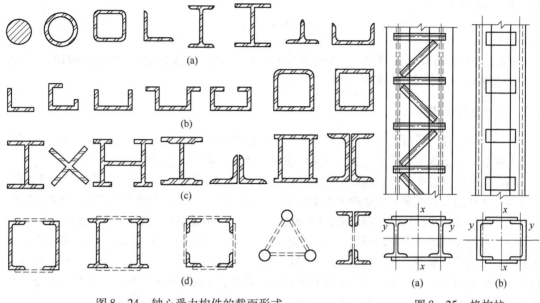

图 8 - 24　轴心受力构件的截面形式

（a）热轧型钢截面；（b）冷弯薄壁型钢截面；（c）实腹式组合截面；
（d）格构式组合截面

图 8 - 25　格构柱

轴心受拉构件需计算构件的截面强度，轴心受压构件需计算构件的截面强度和稳定性。

8.3.1　轴心受拉构件

8.3.1.1　承载力计算

轴心受拉构件的强度，除采用高强度螺栓摩擦型连接处外，应按下式计算：

毛截面屈服：
$$\sigma = \frac{N}{A} \leqslant f \tag{8-23}$$

净截面断裂：
$$\sigma = \frac{N}{A_{\mathrm{n}}} \leqslant 0.7 f_{\mathrm{u}} \tag{8-24}$$

式中，N 为所计算截面的拉力设计值；f 为钢材抗拉强度设计值；A 为构件的毛截面面积；A_{n} 为构件的净截面面积，当构件多个截面有孔时，取最不利的截面；f_{u} 为钢材极限抗拉强度最小值。

用高强螺栓摩擦型连接的构件，其截面强度计算应符合下列规定：

（1）当构件沿全长都有排列较密螺栓的组合构件时，其截面强度应按下式计算：
$$\frac{N}{A_{\mathrm{n}}} \leqslant f \tag{8-25}$$

（2）除第（1）条的情形外，其毛截面强度计算应采用式（8-23），净截面强度应按下式计算：
$$\sigma = \left(1 - 0.5 \frac{n_1}{n}\right) \frac{N}{A_{\mathrm{n}}} \leqslant f \tag{8-26}$$

式中，n 为在节点或拼接处构件一端连接的高强度螺栓数目；n_1 为所计算截面（最外列螺栓处）上高强度螺栓数目。

8.3.1.2　刚度计算

刚度的大小可直接反映结构变形的程度，足够大的刚度可避免构件在制作、运输、安装、使用中过度的变形。

$$\lambda_{max} = \left(\frac{l_0}{i} \right)_{max} \leq [\lambda] \qquad (8-27)$$

式中，λ_{max} 为拉杆的最大长细比；l_0 为计算拉杆长细比时的计算长度；i 为截面的回转半径；$[\lambda]$ 为拉杆的容许长细比，见附表 39。

8.3.2　轴心受压构件

轴心受压构件的承载力应由截面强度和构件稳定性的较低值决定。一般来说，轴心受压构件的承载能力是由稳定条件决定的，它应该满足整体稳定和局部稳定的要求。

轴心受压构件丧失整体稳定时可能发生三种变形形式：弯曲屈曲、扭转屈曲和弯扭屈曲，究竟以什么样的形式屈曲，主要取决于截面的形式和尺寸、构件的长度和两端支撑约束情况。规范中，轴心受压构件整体稳定计算式中的稳定系数 φ 主要是根据弯曲屈曲给出的。

组成轴心受压构件板件的厚度与板的其他两个尺寸相比较小，当压力到达某一数值时，板件可能产生凸曲现象而不能继续维持平面平衡状态。因为板件只是构件的一部分，所以把这种屈曲现象称为丧失局部稳定。局部屈曲有可能导致构件较早地丧失承载能力。要保证局部稳定性必须控制板件的宽厚比，如翼缘的宽厚比、腹板的高厚比、圆管的径厚比。

8.3.2.1　轴心受压构件的强度计算

轴心受压构件，当端部连接（及中部拼接）处组成截面的各板件都有连接件直接传力时，截面强度应按式（8-23）计算。但含有虚孔的构件尚需在孔心所在截面按式（8-24）计算。

轴拉和轴压构件，当其组成板件在节点或拼接处并非全部直接传力时，应对计算截面面积乘以折减系数 η，不同构件截面形式和连接方式的 η 值可由表 8-4 查得。

表 8-4　轴心受力构件强度折减系数

构件截面形式	连接形式	η	图　例
角　钢	单边连接	0.85	
工形、H 形	翼缘连接	0.90	
	腹板连接	0.70	
平　板	搭接	$l \geq 2w \rightarrow 1.0$ $2w > l \geq 1.5w \rightarrow 0.82$ $1.5w > l \geq w \rightarrow 0.75$	

8.3.2.2 实腹式轴心受压构件稳定性计算

实腹式轴心受压构件由于取材和制造均较容易，故一般中、小型构件采用较多，下面对其截面设计原则加以介绍。

实腹式轴心受压构件的截面形式一般可按图 8-24 选用其中双轴对称的型钢截面或实腹式组合截面。为取得合理而经济的效果，设计时可参照下述原则：

（1）等稳定性。使杆件在两个主轴方向的稳定性相同，以充分发挥其承载能力。因此，应尽可能使其两方向的稳定系数或长细比相等。

（2）宽肢薄壁。在满足板件宽厚比限值的条件下，使截面面积分布尽量远离形心轴，以增大截面的惯性矩和回转半径，提高杆件的整体稳定承载力和刚度，达到用料合理。

（3）制造省工。应能充分利用现代化的制造能力并减少制造工作量。如设计便于采用自动焊的截面（工字形截面等）和尽量使用型钢。

（4）连接简便。杆件应便于与其他构件连接。

A 实腹式轴心受压构件的整体稳定性

实腹式轴心受压构件的整体稳定性应按下式计算：

$$N \leqslant \varphi A f \tag{8-28}$$

式中，φ 为轴心受压构件的稳定系数（取截面两主轴稳定系数中的较小者），应根据构件的长细比、钢材屈服强度和附表 36 和附表 37 的截面分类按附表 40 采用。

截面形心与剪心重合的构件，当计算弯曲屈曲时长细比按下式计算：

$$\lambda_x = \frac{l_{0x}}{i_x} \quad \lambda_y = \frac{l_{0y}}{i_y} \tag{8-29}$$

式中，l_{0x}、l_{0y} 分别为构件对截面主轴 x 和 y 的计算长度，桁架弦杆和单系腹杆（用节点板与弦杆连接）的计算长度 l_0 应按表 8-5 采用；i_x、i_y 分别为构件截面对主轴 x 和 y 的回转半径，见附表 42。

双轴对称十字形截面板件宽厚比不超过 $15 \sqrt{235/f_{yk}}$ 者，可不计算扭转屈曲，f_{yk} 为钢材牌号所指屈服点，以 MPa 计。

截面单轴对称的构件、单角钢轴压构件，当绕两主轴弯曲的计算长度相等时，可不计算弯扭屈曲。截面无对称轴且剪心和形心不重合的构件，应采用换算长细比。

表 8-5 桁架弦杆和单系腹杆的计算长度 l_0

弯曲方向	弦 杆	腹 杆	
		支座斜杆和支座竖杆	其他腹杆
桁架平面内	l	l	$0.8l$
桁架平面外	l_1	l	l
斜平面	—	l	$0.9l$

注：1. l 为构件的几何长度（节点中心间距离）；l_1 为桁架弦杆侧向支承点之间的距离。
　　2. 斜平面系指与桁架平面斜交的平面，适用于构件截面两主轴均不在桁架平面内的单角钢腹杆和双角钢十字形截面腹杆。
　　3. 无节点板的腹杆计算长度在任意平面内均取其等于几何长度（钢管结构除外）。

B 实腹式轴心受压构件的局部稳定性

通过限制板件的宽厚比来避免其发生局部失稳。根据板件局部屈曲不先于构件整体失稳的等稳条件计算限制板件宽厚比的数值。

实腹轴压构件要求不出现局部失稳者,其板件宽厚比根据构件的截面形式不同应符合下列规定:

(1) H 形截面。H 形截面腹板计算高度和厚度的比值应满足:

当 $\lambda \sqrt{f_{yk}/235} \leqslant 50$ 时

$$h_0/t_w \leqslant 42 \sqrt{235/f_{yk}} \qquad\qquad (8-30a)$$

当 $\lambda \sqrt{f_{yk}/235} > 50$ 时

$$h_0/t_w \leqslant \min \left[21 \sqrt{235/f_{yk}} + 0.42\lambda, \ 21 \sqrt{235/f_{yk}} + 50 \right] \qquad (8-30b)$$

式中,λ 为构件的较大长细比;h_0、t_w 分别为腹板计算高度和厚度,对焊接构件 h_0 取为腹板高度 h_w,对热轧构件取 $h_0 = h_w - 2t_f$,但不小于 $h_w - 40mm$,t_f 为翼缘厚度。

H 形截面翼缘自由外伸宽度和厚度的比值应满足:

当 $\lambda \sqrt{f_{yk}/235} \leqslant 70$ 时

$$b/t_f \leqslant 14 \sqrt{235/f_{yk}} \qquad\qquad (8-31a)$$

当 $\lambda \sqrt{f_{yk}/235} > 70$ 时

$$b/t_f \leqslant \min \left[7 \sqrt{235/f_{yk}} + 0.1\lambda, \ 7 \sqrt{235/f_{yk}} + 12 \right] \qquad (8-31b)$$

式中,b、t_f 分别为翼缘板自由外伸宽度和厚度,对焊接构件 b 取为翼缘板宽度 B 的一半,对热轧构件取 $b = B/2 - t_f$,但不小于 $B/2 - 20mm$。

(2) T 形截面。T 形截面翼缘宽厚比限值应按式 (8-31a、b) 确定。

T 形截面腹板宽厚比限值为:

当 $\lambda \sqrt{f_{yk}/235} \leqslant 70$ 时

$$h_0/t_w \leqslant 25 \sqrt{235/f_{yk}} \qquad\qquad (8-32a)$$

当 $\lambda \sqrt{f_{yk}/235} > 70$ 时

$$h_0/t_w \leqslant \min \left[11 \sqrt{235/f_{yk}} + 0.2\lambda, \ 11 \sqrt{235/f_{yk}} + 24 \right] \qquad (8-32b)$$

对焊接构件 h_0 取为腹板高度 h_w,对热轧构件取 $h_0 = h_w - t_f$,但不小于 $h_w - 20mm$。

(3) 等边角钢。等边角钢轴压构件的肢件宽厚比限值为:

当 $\lambda \sqrt{f_{yk}/235} \leqslant 80$ 时

$$w/t \leqslant 15 \sqrt{235/f_{yk}} \qquad\qquad (8-33a)$$

当 $\lambda \sqrt{f_{yk}/235} > 80$ 时

$$w/t \leqslant \min \left[5 \sqrt{235/f_{yk}} + 0.13\lambda, \ 5 \sqrt{235/f_{yk}} + 15 \right] \qquad (8-33b)$$

式中,w、t 分别为角钢的平板宽度和厚度,w 可取为 $b - 2t$,b 为角钢宽度;λ 为按角钢绕非对称主轴回转半径计算的长细比。

当轴压构件稳定承载力未用足,亦即当 $N < \varphi fA$ 时,可将其板件宽厚比限值根据计算公式算得后乘以放大系数 $\alpha = \sqrt{N/\varphi fA}$。

当板件宽厚比超过上述公式规定的限值时,轴压杆件的稳定承载力计算应根据截面形式考虑有效屈服强度系数 ρ,在按式 (8-28) 计算时,右侧应乘以修正系数 ρ。ρ 应根据截面形式按规范规定取值。

8.3.2.3 格构式轴心受压构件稳定性计算

当轴心受压构件长度较大时,为节约钢材,宜采用格构式截面。格构式轴心受压构件可用 2~4 个分肢,分肢间用缀材(缀条、缀板)相连。在双肢构件的截面上,穿过分肢腹板的轴

（y 轴）称为实轴，穿过缀材平面的轴（x 轴）称为虚轴，四肢和三肢构件的两个轴都是虚轴。如图 8 – 26 所示。

缀条柱用得比缀板柱更广泛，受力性能也好些。

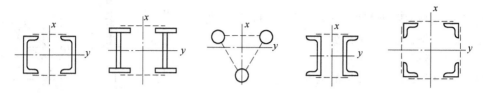

图 8 – 26　格构式构件截面的实轴和虚轴

A　格构式轴心受压构件整体稳定性

一般常用的两分肢格构式轴心受压构件绕实轴（y 轴）发生弯曲屈曲与实腹式构件相同，两分肢相当于两个并列的实腹式构件，其承载力与实腹式构件相同，仍按式（8 – 28）计算。

格构式轴心受压构件绕虚轴（x 轴）屈曲时，两分肢间用缀条或缀板相连，因而构件剪切变形较大，剪切变形对弯曲屈曲的影响不能忽略。格构式构件对虚轴的稳定计算，常用加大长细比的办法来考虑剪切变形的影响，加大后的长细比称为换算长细比 λ_{0x}。稳定性仍按式（8 – 28）计算。

对于双肢组合构件换算长细比 λ_{0x} 可按下列公式进行计算：

当缀件为缀板时

$$\lambda_{0x} = \sqrt{\lambda_x^2 + \lambda_1^2} \qquad (8 – 34)$$

当缀件为缀条时

$$\lambda_{0x} = \sqrt{\lambda_x^2 + 27\frac{A}{A_{1x}}} \qquad (8 – 35)$$

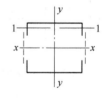

式中，λ_x 为整个构件对 x 轴的长细比；λ_1 为分肢对最小刚度轴 1—1（图 8 – 27）的长细比，其计算长度取为：焊接时，为相邻两缀板的净距离；螺栓连接时，为相邻两缀板边缘螺栓的距离；A_{1x} 为构件截面中垂直于 x 轴的各斜缀条毛截面面积之和。

图 8 – 27　格构式组合构件

B　格构式轴心受压构件的分肢稳定

为使构件的分肢稳定不先于构件的整体失稳，规范规定：当缀件为缀条时，其分肢的长细比 λ_1 不应大于构件两方向长细比（对虚轴取换算长细比）的较大值 λ_{max} 的 0.7 倍；当缀件为缀板时，λ_1 不应大于 40，并不应大于 λ_{max} 的 0.5 倍（当 $\lambda_{max} < 50$ 时，取 $\lambda_{max} = 50$）。这时可不必计算分肢的稳定性。

8.3.2.4　轴心受压构件的剪力计算

A　实腹式轴压构件的剪力

实腹式轴压构件应按下式计算剪力：

$$V = \frac{Af}{85} \qquad (8 – 36)$$

剪力 V 值可认为沿构件全长不变。

B　格构式轴压构件的剪力

对格构式轴压构件，剪力 V 仍按式（8 – 36）计算。剪力 V 应由承受该剪力的缀材面（包括用整体板连接的面）分担。

a　缀条

缀条一般为单斜式布置，如图 8 − 28 所示。每根斜缀条的轴力为：

$$N = \frac{V}{2\cos\alpha} \qquad (8-37)$$

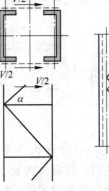
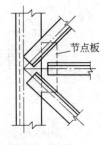

斜缀条按轴心压杆设计，通常采用单角钢，单角钢缀条与分肢为单面连接，考虑到受力时的偏心，应将强度设计值乘以下列折减系数 η：

（1）按轴心受力计算杆件的强度和连接：

$$\eta = 0.85$$

（2）按轴心受力计算杆件的稳定：

对等边角钢，$\eta = 0.6 + 0.0015\lambda$，但不大于 1.0；

短边相连的不等边角钢，$\eta = 0.5 + 0.0025\lambda$，但不大于 1.0；

长边相连的不等边角钢，$\eta = 0.7$。

图 8 − 28　缀条式构件

其中 λ 为长细比，对中间无连系的单角钢压杆，应按最小回转半径计算，当 $\lambda < 20$ 时，取 $\lambda = 20$。

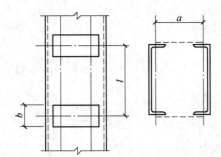

图 8 − 29　缀板柱简图

b　缀板

缀板按承受剪力 T 和弯矩 M 的构件计算：

剪力：

$$T = \frac{Vl}{2a} \qquad (8-38)$$

弯矩：

$$M = \frac{Vl}{4} \qquad (8-39)$$

式中，l 为缀板中心间的距离，如图 8 − 29 所示；a 为肢件轴线间的距离，如图 8 − 29 所示。

【例 8 − 6】 图 8 − 30 所示为一根上端铰接，下端固定的轴心受压柱，承受的轴心压力设计值为 700kN，柱的长度为 7m，钢材用 Q235，焊条用 E − 43 型。试设计此柱截面。

解： 根据两端约束条件可查出计算长度系数 $\mu = 0.8$。因此 $l_x = l_y = 0.8 \times 7\text{m} = 5.6\text{m}$；$f = 215\text{N/mm}^2$。

拟采用工字形实腹截面，翼缘为轧制边，由附表 38 可知容许长细比 $[\lambda] = 150$。

1. 假定长细比 $\lambda = 80$，查附表 36 的截面分类，知对 x 轴弯曲屈曲属 b 类截面，对 y 轴弯曲屈曲属 c 类截面，根据附表 40 − 2 查得 $\varphi_x = 0.687$ 和附表 40 − 3 查得 $\varphi_y = 0.578$。因此，所需截面面积为：

$$A = \frac{N}{\varphi f} = \frac{700 \times 10^3}{0.578 \times 215} = 5633\text{mm}^2 = 56.33\text{cm}^2$$

所需回转半径：

$$i = \frac{l_0}{\lambda} = \frac{560}{80} = 7\text{cm}$$

2. 选定截面尺寸

查附表 42，利用工字形截面回转半径与轮廓尺寸的近似关系得：

$$h = \frac{i_x}{0.43} = \frac{7}{0.43} = 16.3\text{cm}$$

$$b = \frac{i_y}{0.24} = \frac{7}{0.24} = 29.2\text{cm}$$

先确定 b 取 24cm，截面高度按照构造要求选得和宽度大致相同，因此取 $h = 22\text{cm}$。

翼缘采用 10×240 钢板，其面积为 $1 \times 24 \times 2 = 48\text{cm}^2$，其翼缘自由外伸板宽厚比约为：

$$\frac{b}{t} = \frac{120}{10} = 12, b/t_f \leqslant \min[7\sqrt{235/f_{yk}} + 0.1\lambda, 7\sqrt{235/f_{yk}} + 12] = 7 + 0.1 \times 80 = 15,\text{可以}。$$

腹板所需面积应为：

$$A - 48 = 56.33 - 48 = 8.33\text{cm}^2$$

腹板厚度 $t_w = 8.33/(22-2) = 0.42\text{cm}$，比翼缘厚度小得多。现修改为腹板厚度 $t_w = 0.6\text{cm}$，$h_w = 20\text{cm}$，翼缘宽度为 25cm，厚度用 1.0cm。截面尺寸见图 8 - 30。

3. 截面特性计算

截面面积：　$A = 2 \times 25 \times 1 + 20 \times 0.6 = 62\text{cm}^2$

截面惯性矩：

$$I_x = \frac{1}{12} \times 0.6 \times 20^3 + 2 \times 1 \times 25 \times 10.5^2 = 5913\text{cm}^4$$

$$I_y = \frac{1}{12} \times 25^3 \times 2 = 2604\text{cm}^4$$

截面回转半径：

$$i_x = \sqrt{\frac{I_x}{A}} = \sqrt{\frac{5913}{62}} = 9.77\text{cm}$$

$$i_y = \sqrt{\frac{I_y}{A}} = \sqrt{\frac{2604}{62}} = 6.48\text{cm}$$

截面长细比：

$$\lambda_x = \frac{l_0}{i_x} = \frac{560}{9.77} = 57.3$$

$$\lambda_y = \frac{l_0}{i_y} = \frac{560}{6.48} = 86.4$$

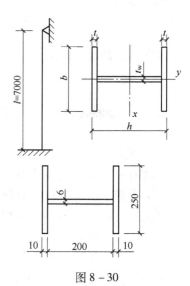

图 8 - 30

4. 柱的整体稳定性、刚度和局部稳定性的验算

由附表 40 - 2 的 b 类和附表 40 - 3 的 c 类截面可查得：

$$\varphi_x = 0.821, \quad \varphi_y = 0.538$$

整体稳定应满足：

$$\frac{N}{\varphi A} \leqslant f$$

$$\frac{700 \times 10^3}{0.538 \times 62 \times 10^2} = 210\text{N/mm}^2 < 215\text{N/mm}^2，\text{可以}。$$

5. 柱的刚度应满足

$\lambda_{max} = \lambda_y = 86.4 < [\lambda] = 150$，刚度也满足。

6. 局部稳定

翼缘板自由外伸宽度 b 与厚度 t 之比，应符合：

$$b/t_f \leqslant \min[7\sqrt{235/f_{yk}} + 0.1\lambda, 7\sqrt{235/f_{yk}} + 12]$$

$\frac{122}{10} = 12.2 < 7 + 0.1 \times 86.4 = 15.64$，满足。

腹板高厚比应满足:

$$h_0/t_w \leqslant \min \left[21 \sqrt{235/f_{yk}} + 0.42\lambda, \ 21 \sqrt{235/f_{yk}} + 50 \right]$$

$\dfrac{200}{6} = 33.3 < 21 + 0.42 \times 86.4 = 57.3$,满足。

【例 8 - 7】 设计轴心受压双肢缀条柱。已知轴向压力设计值 $N = 1400\text{kN}$;$l_{0x} = 11\text{m}$,$l_{0y} = 5.5\text{m}$;材料 Q235 钢和 E43 型焊条。

解: 1. 实轴（y 轴）:构件分肢采用 2 个槽钢（图 8 - 31）。

（1）初选截面

假定 $\lambda_y = 60$,由附表 36 知截面的 x、y 轴均为 b 类截面,查附表 40 - 2 得 $\varphi_y = 0.807$

需要截面面积:

$$A = \frac{N}{\varphi f} = \frac{1400 \times 10^3}{0.807 \times 215} = 8069\text{mm}^2$$

需要截面的回转半径:

$$i_y = \frac{l_{0y}}{\lambda} = \frac{5500}{60} = 91.7\text{mm}$$

根据 $A = 8069\text{mm}^2$、$i_y = 91.7\text{mm}$,查型钢表初选 2 ［28a 槽钢,$A = 2 \times 4003 = 8006\text{mm}^2$,$i_y = 109\text{mm}$。

（2）验算

长细比:$\lambda_y = l_{0y}/i_y = 5500/109 = 50.4$

稳定系数:$\varphi_y = 0.854$（查附表 40 - 2）

稳定:$\sigma = N/(\varphi A) = 1400000/(0.854 \times 8006) = 204.8\text{N/mm}^2 < f = 215\text{N/mm}^2$

2. 虚轴（x 轴）

（1）确定分肢间距:初步选择 ∟45×5 的缀条,$A_{1x} = 2 \times 429 = 858\text{mm}^2$

根据 $\lambda_{0x} = \lambda_y$ 的等稳条件确定:

$$\lambda_x = \sqrt{\lambda_y^2 - 27A/A_{1x}} = \sqrt{50.4^2 - 27 \times 8006/858} = 47.84$$

需要的回转半径 i_x 和截面宽度 b:

$$i_x = \frac{l_{0x}}{\lambda_x} = \frac{11000}{47.84} = 230\text{mm}$$

$$b = \frac{i_x}{\alpha_1} = \frac{230}{0.44} = 522.6\text{mm} \ (\alpha_1 \text{ 可查附表 42})。$$

采用缀条柱的截面宽度 $b = 500\text{mm}$,如图 8 - 31 所示。

（2）验算

整个截面对虚轴的惯性矩:由型钢表查得分肢（［28a 槽钢）的 x_1 轴惯性矩 $I_{x1} = 218 \times 10^4\text{mm}^4$,$i_{x1} = 23.3\text{mm}$,$z_0 = 21\text{mm}$

$$I_x = 2 \times [218 \times 10^4 + 4003 \times (250 - 21)^2] = 42420 \times 10^4\text{mm}^4$$

回转半径: $\qquad i_x = \sqrt{I_x/A} = \sqrt{42420 \times 10^4/8006} = 229.7\text{mm}$

长细比: $\qquad \lambda_x = l_{0x}/i_x = 11000/229.7 = 47.9$

虚轴换算长细比: $\qquad \lambda_{0x} = \sqrt{\lambda_x^2 + 27A/A_{1x}} = \sqrt{47.9^2 + 27 \times 8006/858} = 50.45$

稳定系数:$\varphi_x = 0.854$（查附表 40 - 2）

稳定:$\sigma = N/(\varphi_x A) = 1400000/(0.854 \times 8006) = 204.8\text{N/mm}^2 < f = 215\text{N/mm}^2$

3. 分肢稳定：缀条按45°设置时，缀条的节点间距：

$$l_1 = (500 - 2 \times 21) \times 2 = 916\text{mm}$$

分肢的长细比 $\lambda_1 = l_1/i_{x1} = 916/23.3 = 39.3 > 0.7\lambda_{max} = 50.45$ $\times 0.7 = 35.3$，说明需验算分肢稳定。解决问题的方法有两个：一是增设水平横缀条，但节点构造较繁；二是减小 l_1 的距离，以满足分肢稳定的要求。现采用缀条节点间距 $l_1 = 800\text{mm}$，$\lambda_1 = 800/23.3 = 34.33 < 0.7\lambda_{max} = 35.3$，斜缀条的倾角 $\alpha = \arctan$（400/458） $= 41.13°$。

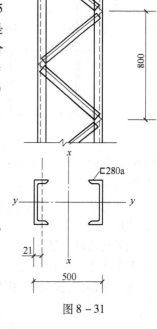

图 8 – 31

4. 缀条

（1）缀条的内力

格构式构件剪力：$V = \dfrac{Af}{85} = \dfrac{8006 \times 215}{85} = 20250\text{N}$

缀条内力：$N_t = V/(2\cos\alpha) = 20250/(2\cos41.13°) = 13442\text{N}$

（2）缀条稳定计算——缀条为单角钢 L45 × 5，$A_1 = 429\text{mm}^2$，$i_{y0} = 8.8\text{mm}$；

缀条的计算长度：$l_{01} = \sqrt{458^2 + 400^2} = 608\text{mm}$

长细比和稳定系数：$\lambda_1 = 608/8.8 = 69$，$\varphi_1 = 0.757$

稳定：$\sigma = N_t/(\varphi_1 A_1) = 13442/(0.757 \times 429) = 41.4\text{N/mm}^2 <$ $0.7035 \times 215 = 151\text{N/mm}^2$

其中，强度折减系数：$\eta = 0.6 + 0.0015 \times 69 = 0.7035$

缀条无削弱，且单面连接单角钢强度折减系数 0.85 > 0.7035，故强度亦安全。

8.4 受弯构件

8.4.1 受弯构件的截面类型和应用

钢结构的受弯构件主要承受弯矩和剪力，钢梁可作檩条、墙架梁、工作平台梁、楼层次梁和主梁、吊车梁等，对于受弯构件需要进行强度、刚度、整体稳定和局部稳定的计算。

受弯构件截面类型主要有型钢梁和组合梁。型钢梁又可分为热轧型钢梁和冷弯薄壁型钢梁两种。组合梁可以分为焊接组合梁、铆接组合梁、异种钢组合梁和钢与混凝土组合梁等几种。最常应用的是热轧型钢梁和焊接工字形截面组合梁，如图 8 – 32 所示。

8.4.2 强度计算

8.4.2.1 抗弯强度

在主平面内受弯的实腹构件，其抗弯强度应按下列规定计算：

$$\frac{M_x}{\gamma_x W_{nx}} + \frac{M_y}{\gamma_y W_{ny}} \leq f \tag{8-40}$$

式中，M_x、M_y 分别为绕 x 轴和 y 轴的弯矩（对工字形截面：x 轴为强轴，y 轴为弱轴）；W_{nx}、W_{ny} 分别为对 x 轴和 y 轴的净截面模量；γ_x、γ_y 分别为截面塑性发展系数，对工字形和箱形截面，在截面类别达到 D，E 类要求时，应取 $\gamma_x = \gamma_y = 1.0$；在截面类别达到 A，B，C 类要求时，应按下列规定取值：工字形截面，$\gamma_x = 1.05$，$\gamma_y = 1.2$；箱形截面，$\gamma_x = 1 + 0.05(h/b)^{0.7}$（$h$ 为箱形截

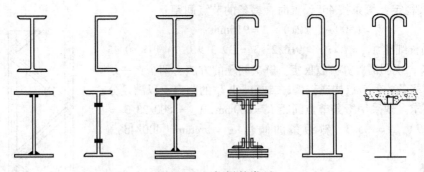

图 8 – 32 钢梁的类型

面的高度，b 为箱形截面的宽度），$\gamma_y = 1.05$；对其他截面，可按附表 43 采用；f 为钢材的抗弯强度设计值。

当压弯构件受压翼缘的自由外伸宽度与其厚度之比大于 $13\sqrt{235/f_{yk}}$ 而不超过 $15\sqrt{235/f_{yk}}$ 时，应取 $\gamma_x = 1.0$。

需要计算疲劳强度的拉弯、压弯构件，宜取 $\gamma_x = \gamma_y = 1.0$。

8.4.2.2　抗剪强度

在主平面内受弯的实腹构件，其抗剪强度应按下式计算：

$$\tau = \frac{VS}{It_w} \leq f_v \qquad (8-41)$$

式中，V 为计算截面沿腹板平面作用的剪力；S 为计算剪应力处以上毛截面对中和轴的面积矩；I 为毛截面惯性矩；t_w 为腹板厚度；f_v 为钢材的抗剪强度设计值。

8.4.2.3　局部承压强度

当梁上翼缘受有沿腹板平面作用的集中荷载且该荷载处又未设置支承加劲肋时，腹板计算高度上边缘的局部承压强度应按下式计算：

$$\sigma_c = \frac{\psi F}{t_w l_z} \leq f \qquad (8-42)$$

式中，F 为集中荷载，对动力荷载应考虑动力系数；ψ 为集中荷载增大系数；对重级工作制吊车梁，$\psi = 1.35$；对其他梁，$\psi = 1.0$；l_z 为集中荷载在腹板计算高度上边缘的假定分布长度；f 为钢材的抗压强度设计值。

式（8 – 42）中的 l_z 可按下式简化计算：

$$l_z = a + 2h_y + 2h_R \qquad (8-43)$$

式中，a 为集中荷载沿梁跨度方向的支承长度，对钢轨上的轮压可取为 50mm；h_y 为自梁顶面至腹板计算高度上边缘的距离；h_R 为轨道的高度，对梁顶无轨道的梁，$h_R = 0$。

在梁的支座处，当不设置支承加劲肋时，也应按式（8 – 42）计算腹板计算高度下边缘的局部压应力，但 ψ 取 1.0。支座集中反力的假定分布长度，应根据支座具体尺寸按式（8 – 43）计算，并取 $h_R = 0$。

8.4.2.4　复合受力

在组合梁的腹板计算高度边缘处，若同时受有较大的正应力、剪应力和局部压应力，或同时受有较大正应力和剪应力（如连续梁中部支座处或梁的翼缘截面改变处等），其折算应力应按下式计算：

$$\sqrt{\sigma^2 + \sigma_c^2 - \sigma\sigma_c + 3\tau^2} \leq \beta_1 f \qquad (8-44)$$

式中，σ、τ、σ_{c} 分别为腹板计算高度边缘同一点上同时产生的正应力、剪应力和局部压应力（σ 和 σ_{c} 以拉应力为正值，压应力为负值）；β_1 为计算折算应力的强度设计值增大系数，当 σ 与 σ_{c} 异号时，取 $\beta_1 = 1.2$；当 σ 与 σ_{c} 同号或 $\sigma_{\mathrm{c}} = 0$ 时，取 $\beta_1 = 1.1$。

上式中的 τ 和 σ_{c} 应按式（8-41）和式（8-42）计算，σ 应按下式计算：

$$\sigma = \frac{M}{I_{\mathrm{n}}} y_1 \tag{8-45}$$

式中，I_{n} 为梁净截面惯性矩；y_1 为所计算点至梁中和轴的距离。

8.4.3　刚度计算

钢梁的挠度过大会影响其使用性能，所以梁的挠度应满足：

$$v_{\max} \leqslant [v] \tag{8-46}$$

对于受均布荷载作用下的等截面简支梁，其挠度计算表达式为：

$$v = \frac{5}{384} \frac{q_{\mathrm{k}} l^4}{EI_x} = \frac{5l^2}{48} \cdot \frac{M_{\mathrm{kmax}}}{EI_x} = \frac{10 M_{\mathrm{kmax}} l^2}{48 E W_x h} = \frac{5 \sigma_{\mathrm{kmax}} l^2}{24 E h} \tag{8-47}$$

对于受集中荷载作用下的等截面简支梁，其挠度计算表达式为：

$$v = \frac{P l^3}{48 EI_x} = \frac{M_x l^2}{12 EI_x} \tag{8-48}$$

受弯构件的挠度容许值 $[v]$ 见附表41。

8.4.4　整体稳定性计算

钢梁还要满足整体稳定和局部稳定的要求。这是因为有些梁在荷载作用下，虽然其截面应力尚低于钢材的设计强度，但整个构件的变形却会突然偏离原来荷载作用的平面，与该平面形成某一角度，使梁同时发生弯曲和扭转而破坏，这种情况称为梁的整体失稳（图8-33a）。钢梁整体失稳的主要原因是该梁侧向支撑不够，而梁自身的抗扭刚度和梁截面在受载平面外的抗弯刚度又不足所致。另一种情况是梁的受压翼缘长宽比太大或腹板高厚比太大也可能使梁在受载过程中出现波状

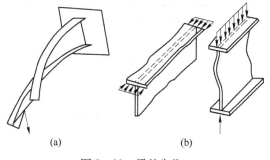

(a)　　　　　　(b)

图8-33　梁的失稳

局部失稳（图8-33b）。这两类失稳现象都是突然发生的，危害性很大，因而当梁不满足防止失稳的构造要求时，需进行整体稳定和局部稳定的验算。

8.4.4.1　影响梁整体稳定的因素

影响梁整体稳定的因素包括：

（1）梁受压翼缘的侧向支承点间距。梁受压翼缘的侧向支承点间距越小，整体稳定性越好。

（2）梁的截面尺寸和惯性矩。梁的截面尺寸和惯性矩越大，整体稳定性越好，尤其是增加受压翼缘的宽度，可显著提高整体稳定性。

（3）梁端支承对截面的约束。梁端部支承对 y 轴提供转动约束，可减小梁侧向计算长度，

从而使整体稳定性提高。

（4）荷载类型。简支梁跨中央有一集中荷载作用时，整体稳定性最好；两端端弯矩作用时，整体稳定性最差；均布荷载作用时，整体稳定介于上两者之间。

（5）荷载作用点沿梁截面高度方向的位置。荷载作用在上翼缘时，使侧扭变形加剧；荷载作用于下翼缘时，整体稳定性提高。

8.4.4.2　不需要计算整体稳定性的条件

当梁已具有足够的侧向抗弯和抗扭能力，其整体稳定性有保证时，可不作整体稳定性计算。符合下列情况之一时，可不计算梁的整体稳定性：

（1）有铺板（各种钢筋混凝土板和钢板）密铺在梁的受压翼缘上并与其牢固相连，能阻止梁受压翼缘的侧向位移时。

（2）H 型钢或等截面工字形简支梁受压翼缘的自由长度 l_1 与其宽度 b_1 之比不超过表 8－6 所规定的数值时。

表 8－6　H 型钢或等截面工字形简支梁不需计算整体稳定性的最大 l_1/b_1 值

钢　号	跨中无侧向支承点的梁		跨中受压翼缘有侧向支承点的梁，不论荷载作用于何处
	荷载作用在上翼缘	荷载作用在下翼缘	
Q235	13.0	20.0	16.0
Q345	10.5	16.5	13.0
Q390	10.0	15.5	12.5
Q420	9.5	15.0	12.0

注：1. 其他钢号的梁不需计算整体稳定性的最大 l_1/b_1 值，应取 Q235 钢的数值乘以 $\sqrt{235/f_{yk}}$，f_{yk} 为钢材牌号所指屈服点。
　　2. 对跨中无侧向支承点的梁，l_1 为其跨度；对跨中有侧向支承点的梁，l_1 为受压翼缘侧向支承点间的距离（梁的支座处视为有侧向支承）。

8.4.4.3　整体稳定性的计算

当梁需要进行整体稳定性验算时，在最大刚度主平面内受弯的构件，其整体稳定性应按下式计算：

$$M_x \leq \varphi_b \gamma_x f W_x \tag{8－49}$$

式中，M_x 为绕强轴作用的最大弯矩；W_x 为按受压纤维确定的梁毛截面模量；φ_b 为梁的整体稳定性系数。

φ_b 可按下式计算：

$$\varphi_b = \frac{1}{(1 - \lambda_{b0}^{2n} + \lambda_b^{2n})^{1/n}} \leq 1.0 \tag{8－50}$$

式中，λ_{b0} 为稳定系数小于 1.0 的初始长细比，见表 8－7；n 为指数，见表 8－7。

λ_b 按下式计算：

$$\lambda_b = \sqrt{\frac{\gamma_x W_x f_y}{M_{cr}}} \tag{8－51}$$

式中，M_{cr} 为简支梁、悬臂梁或连续梁的弹性屈曲临界弯矩，按规范相应的规定计算。

表8-7 指数 n 和初始长细 λ_{b0}

	n	λ_{b0}	
		简支梁	承受线性变化弯矩
热轧	$2.5\sqrt[3]{\dfrac{b_1}{h}}$	0.4	$0.65 - 0.25\dfrac{M_2}{M_1}$
焊接	$1.8\sqrt[3]{\dfrac{b_1}{h}}$	0.3	$0.55 - 0.25\dfrac{M_2}{M_1}$
轧制槽钢	1.5	0.3	

注：b_1 为工字形截面受压翼缘的宽度；h 为上下翼缘中面的距离。

在两个主平面受弯的 H 型钢截面或工字形截面构件，其整体稳定性应按下式计算：

$$\frac{M_x}{\varphi_b \gamma_x W_x f} + \frac{M_y}{\gamma_y W_y f} \leqslant 1 \qquad (8-52)$$

式中，W_x、W_y 分别为按受压纤维确定的对 x 轴和对 y 轴毛截面模量；φ_b 为绕强轴弯曲所确定的梁整体稳定系数。

8.4.5 局部稳定性计算

型钢梁的局部稳定已满足要求。因此，局部稳定性计算只针对组合梁。承受静力荷载和间接承受动力荷载的组合梁宜考虑腹板屈曲后强度，按规范相应的规定计算其抗弯和抗剪承载力；而直接承受动力荷载的吊车梁及类似构件或其他不考虑屈曲后强度的组合梁，为防止腹板局部屈曲，常采用设置加劲肋的构造措施。加劲肋有横向加劲肋、纵向加劲肋和短加劲肋，如图 8-34 所示。加劲肋宜在腹板两侧成对配置，也可单侧配置，但支承加劲肋、重级工作制吊车梁的加劲肋不应单侧配置。

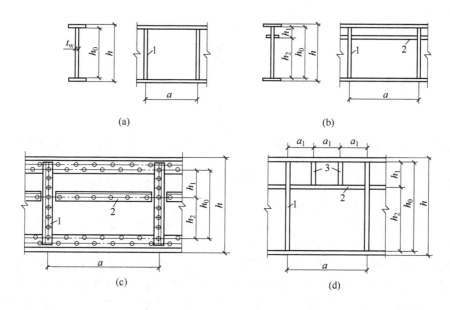

(a)　　　　　　　　　　　　(b)

(c)　　　　　　　　　　　　(d)

图 8-34 加劲肋布置

1—横向加劲肋；2—纵向加劲肋；3—短加劲肋

8.4.5.1 组合梁腹板配置加劲肋的规定

组合梁腹板配置加劲肋应符合下列规定：

（1）当 $h_0/t_w \leqslant 80\sqrt{235/f_{yk}}$ 时，对有局部压应力（$\sigma_c \neq 0$）的梁，应按构造配置横向加劲肋；对无局部压应力（$\sigma_c = 0$）的梁，可不配置加劲肋。

（2）当 $h_0/t_w > 80\sqrt{235/f_{yk}}$ 时，应配置横向加劲肋。其中，当 $h_0/t_w > 170\sqrt{235/f_{yk}}$（受压翼缘扭转受到约束，如连有刚性铺板、制动板或焊有钢轨时）或 $h_0/t_w > 150\sqrt{235/f_{yk}}$（受压翼缘扭转未受到约束时），或按计算需要时，应在弯曲应力较大区格的受压区增加配置纵向加劲肋。局部压应力很大的梁，必要时尚宜在受压区配置短加劲肋。

（3）在任何情况下，h_0/t_w 均不应超过 250。此处 h_0 为腹板的计算高度（对单轴对称梁，当确定是否要配置纵向加劲肋时，h_0 应取腹板受压区高度 h_c 的 2 倍），t_w 为腹板的厚度。

（4）梁的支座处和上翼缘受有较大固定集中荷载处，宜设置支承加劲肋。

8.4.5.2 腹板的局部稳定

支承加劲肋的端部应按其所承受的支座反力或固定集中荷载进行计算，当端部为刨平顶紧时，计算其端面承压应力；当端部为焊接时，计算其焊缝应力。此受压构件的截面应包括加劲肋和加劲肋每侧 $15t_w\sqrt{235/f_{yk}}$ 范围内的腹板面积，计算长度取 h_0。

横向加劲肋的最小间距应为 $0.5h_0$，最大间距应为 $2h_0$（对无局部压应力的梁，当 $h_0/t_w \leqslant 100$ 时，可采用 $2.5h_0$）。纵向加劲肋至腹板计算高度受压边缘的距离应在 $h_c/2.5 \sim h_c/2$ 范围内。

在腹板两侧成对配置的钢板横向加劲肋，其截面尺寸应符合下列公式要求：

外伸宽度（mm）：

$$b_s \geqslant \frac{h_0}{30} + 40 \tag{8-53}$$

厚度：

承压加劲肋：

$$t_s \geqslant \frac{b_s}{15} \tag{8-54}$$

不受力加劲肋：

$$t_s \geqslant \frac{b_s}{19} \tag{8-55}$$

在腹板一侧配置的钢板横向加劲肋，其外伸宽度应大于按式（8-53）算得的 1.2 倍，厚度不应小于其外伸宽度的 1/15 和 1/19。

在同时有横向加劲肋和纵向加劲肋加强的腹板中，横向加劲肋的截面尺寸除了符合上述规定外，其截面惯性矩 I_z 尚应符合一定的要求。

短加劲肋的最小间距为 $0.75h_1$。短加劲肋外伸宽度应取横向加劲肋外伸宽度的 $0.7 \sim 1.0$ 倍，厚度不应小于短加劲肋外伸宽度的 1/15。

加劲肋布置时还应注意：用型钢（H 型钢、工字钢、槽钢、肢尖焊于腹板的角钢）做成的加劲肋，其截面惯性矩不得小于相应钢板加劲肋的惯性矩。在腹板两侧成对配置的加劲肋，其截面惯性矩应按梁腹板中心线为轴线进行计算。在腹板一侧配置的加劲肋，其截面惯性矩应按加劲肋相连的腹板边缘为轴线进行计算。

【例 8-8】某屋面梁为焊接组合梁，如图 8-35 所示，承受次梁传来的集中荷载设计值

$G = 108\text{kN}$，钢材为 Q235B，试验算此梁的强度。

解：梁截面几何特性：

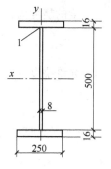

$$I_x = \frac{1}{12} \times 500^3 \times 8 + 250 \times 16 \times 2 \times 258^2$$

$$= 6.158 \times 10^8 \text{mm}^4$$

$$W_x = \frac{6.158 \times 10^8}{266} = 2.315 \times 10^8 \text{mm}^3$$

抗弯强度计算：

梁截面最大弯矩

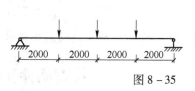

图 8－35

$$M = 432\text{kN} \cdot \text{m}$$

$$\frac{b_1}{t} = \frac{250 - 8}{2 \times 16} = 7.56 < 13\sqrt{\frac{235}{f_{yk}}} = 13$$

取 $\gamma_x = 1.05$，则有

$$\sigma = \frac{M}{\gamma_x W_{nx}} = \frac{432}{1.05 \times 2.315} = 177.7 < f = 215\text{N/mm}^2$$

抗弯强度满足要求。

验算梁跨中截面翼缘与腹板交接处 1 点折算强度：

梁截面内力

$$M = 432\text{kN} \cdot \text{m}, \quad V = 54\text{kN}$$

则 1 点弯曲应力为：

$$\sigma_1 = \frac{My_1}{I_x} = \frac{432 \times 250}{6.158 \times 10^2} = 175.4\text{N/mm}^2$$

1 点剪应力为：

$$\tau_1 = \frac{VS_1}{I_x t_w} = \frac{54 \times 10^3 \times 250 \times 16 \times 258}{6.158 \times 10^8 \times 8} = 11.3\text{N/mm}^2$$

1 点折算应力为（式（8－44））：

$$\sigma_c = \sqrt{\sigma_1^2 + 3\tau_1^2} = \sqrt{175.4^2 + 3 \times 11.3^2} = 176.5\text{N/mm}^2 \leqslant 1.1f = 236.5\text{N/mm}^2$$

梁的折算强度满足要求。

梁抗剪强度计算：梁端最大剪力 $V = 162\text{kN}$

$$S = 250 \times 8 \times 125 + 250 \times 16 \times 266 = 1314000\text{mm}^3$$

$$\tau_{max} = \frac{VS}{I_x t_w} = \frac{162 \times 1314000}{6.158 \times 10^8 \times 8} = 43.2\text{N/mm}^2 < f_v = 125\text{N/mm}^2$$

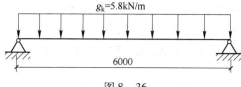

图 8－36

【例 8－9】 某平台梁如图 8－36 所示，承受的恒荷载标准值 5.8kN/m，承受的活荷载标准值 7.5kN/m，由热轧 I25a 制成，钢材为 Q235A，试验算此梁的变形。

解：由型钢表可查得 I25a 截面几何特性：

$$I_x = 5017\text{cm}^4, \quad W_{nx} = 401.4\text{cm}^2$$

自重为：

$$g_k' = 38.1\text{kg/m} = 0.381\text{kN/m}$$

梁的挠度为：

$$v = \frac{5}{384} \frac{P_k l^4}{EI_x} = \frac{5}{384} \times \frac{(5.8 + 7.5 + 0.381) \times 6000^4}{2.06 \times 10^5 \times 5017 \times 10^4} = 22.34\text{mm}$$

允许挠度为：

$$[v] = \frac{l}{250} = \frac{6000}{250} = 24\text{mm}$$

$v = 22.8\text{mm} < [v] = 24\text{mm}$，故梁挠度满足要求。

8.5 拉弯构件和压弯构件

拉弯和压弯构件受轴向力和弯矩共同作用，故拉弯构件和压弯构件均需进行强度计算和允许长细比计算。此外，压弯构件还需进行整体稳定和局部稳定计算，当与轴力相比弯矩较大时，还应进行挠度验算。

8.5.1 拉弯和压弯构件的强度计算

弯矩作用在两个主平面内的拉弯构件和压弯构件，其截面强度应按下式计算：

$$\frac{N}{A_n} \pm \frac{M_x}{\gamma_x W_{nx}} \pm \frac{M_y}{\gamma_y W_{ny}} \leqslant f \tag{8-56}$$

式中，γ_x、γ_y 分别为与截面模量相应的截面塑性发展系数，取值同式（8-40）。

8.5.2 拉弯和压弯构件的刚度计算

拉弯和压弯构件的刚度通过规定各自的容许长细比进行控制，长细比的容许值与轴心受压（拉）构件相同，见附表38 和附表39。

8.5.3 压弯构件的稳定计算

压弯构件丧失整体稳定有两种可能：一种是在弯矩作用平面内失稳；另一种是在弯矩作用平面外失稳。

8.5.3.1 实腹式压弯构件整体稳定性计算

A 弯矩作用平面内的稳定性

对于实腹式压弯构件，弯矩作用在对称轴平面内的整体稳定性应按下式计算：

$$\frac{N}{\varphi_x A f} + \frac{\beta_{mx} M_x}{\gamma_x W_{1x}(1 - 0.8N/N'_{Ex})f} \leqslant 1 \tag{8-57}$$

式中，N 为所计算构件范围内轴心压力设计值；N'_{Ex} 为参数，$N'_{Ex} = \pi^2 EA/(1.1\lambda^2)$；$\varphi_x$ 为弯矩作用平面内轴心受压构件稳定系数；M_x 为所计算构件段范围内的最大弯矩设计值；W_{1x} 为在弯矩作用平面内对受压最大纤维的毛截面模量；β_{mx} 为等效弯矩系数，应按附录的规定采用。λ 为构件在弯矩作用平面内的长细比：当 $\lambda < 30$ 时，取 $\lambda = 30$；当 $\lambda > 100$ 时，取 $\lambda = 100$。

B 弯矩作用平面外稳定性

对于实腹式压弯构件，弯矩作用在对称轴平面外的整体稳定性应按下式计算：

$$\frac{N}{\varphi_y A f} + \eta \frac{M_x}{\varphi_b W_{1x} f} \leqslant 1 \tag{8-58}$$

式中，φ_y 为弯矩作用平面外的轴压构件稳定系数，按附表40 确定；φ_b 为考虑弯矩变化和荷载位置影响的受弯构件整体稳定系数，按式（8-50）规定取值；M_x 为所计算构件段范围内的最大弯矩设计值；η 为截面影响系数，闭口截面 $\eta = 0.7$，其他截面 $\eta = 1.0$。

8.5.3.2 格构式压弯构件整体稳定性计算

A 格构式压弯构件弯矩绕虚轴作用

格构式压弯构件弯矩绕虚轴（x 轴）作用时，其弯矩作用平面内的整体稳定性应按下式计算：

$$\frac{N}{\varphi_x Af} + \frac{\beta_{mx} M_x}{W_{1x}\left(1 - \dfrac{N}{N'_{Ex}}\right)f} \leqslant 1 \qquad (8-59)$$

式中，$W_{1x} = I_x/y_0$，I_x 为对 x 轴的毛截面的惯性矩，y_0 为由 x 轴到压力较大分肢的轴线距离或者到压力较大分肢腹板外边缘的距离，二者取较大者；φ_x、N'_{Ex} 由换算长细比确定。

弯矩作用平面外的整体稳定性可不计算，但应计算分肢的稳定性，分肢的轴心力应按桁架的弦杆计算。对缀板柱的分肢尚应考虑由剪力引起的局部弯矩。

B 格构式压弯构件弯矩绕实轴作用

弯矩绕实轴作用的格构式压弯构件，其弯矩作用平面内和平面外的稳定性计算均与实腹式构件相同。但在计算弯矩作用平面外的整体稳定性时，长细比应取换算长细比，φ_b 应取 1.0。

8.5.3.3 局部稳定性计算

通过采用限制板件宽厚比的办法来保证压弯构件板件的局部稳定性。

A 翼缘

翼缘板自由外伸宽度与其厚度之比，应符合下式要求：

$$\frac{b}{t} \leqslant 13\sqrt{\frac{235}{f_y}} \qquad (8-60)$$

当强度和稳定计算中取 $\gamma_x = 1.0$ 时，b/t 可放宽至 $15\sqrt{235/f_y}$。

B 腹板

在工字形、箱形截面及 T 形截面的压弯构件中，腹板计算高度与其厚度之比应符合下列要求：

（1）工字形和箱形截面：

当 $0 \leqslant \alpha_0 \leqslant 1.5$ 时：

$$\frac{h_0}{t_w} \leqslant (18\alpha_0 + 42)\sqrt{\frac{235}{f_y}} \qquad (8-61a)$$

当 $1.5 < \alpha_0 \leqslant 2.0$ 时：

$$\frac{h_0}{t_w} \leqslant (48\alpha_0 - 3)\sqrt{\frac{235}{f_y}} \qquad (8-61b)$$

$$\alpha_0 = \frac{\sigma_{max} - \sigma_{min}}{\sigma_{max}} \qquad (8-62)$$

式中，σ_{max} 为腹板计算高度边缘的最大压应力，计算时不考虑构件的稳定系数和截面塑性发展系数；σ_{min} 为腹板计算高度另一边缘相应的应力，压应力取正值，拉应力取负值；α_0 为应力梯度系数。

（2）T 形截面：

$$\frac{h_0}{t_w} \leqslant 25\sqrt{\frac{235}{f_y}} \qquad (8-63)$$

【例 8 – 10】已知某屋架下弦承受静力荷载，计算简图如图 8 – 37a 所示，荷载设计值为轴向拉力 $N = 440\text{kN}$，弯矩 $M = 70\text{kN} \cdot \text{m}$。构件截面无削弱，材料为 Q235A·F。确定屋架下弦的截面（无需进行刚度验算）。

解： 试选截面形式如图 8 – 37b 所示，截面采用 2 ∟200 × 125 × 12，则截面几何尺寸为：

$A = 37.91 \times 2 = 75.82\text{cm}^2$

$W_{x\max} = 240.2 \times 2 = 480.4\text{cm}^3$

$W_{x\min} = 116.7 \times 2 = 233.4\text{cm}^3$

查附表 43 得：$\gamma_{x1} = 1.05$，$\gamma_{x2} = 1.20$

强度验算：

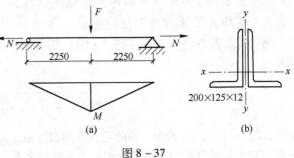

图 8 – 37

$$\sigma_{x1} = \frac{N}{A} + \frac{M}{\gamma_{x1} W_{x\max}} = \frac{440 \times 10^3}{7582} + \frac{70000 \times 10^3}{1.05 \times 480.4 \times 10^3} = 197\text{N}/\text{mm}^2 < f = 215\text{N}/\text{mm}^2$$

$$\sigma_{x2} = \frac{N}{A} - \frac{M}{\gamma_{x2} W_{x\min}} = \frac{440 \times 10^3}{7582} - \frac{70000 \times 10^3}{1.20 \times 233.4 \times 10^3} = -192\text{N}/\text{mm}^2 \text{（压应力）}$$

所以选定的此截面可用。

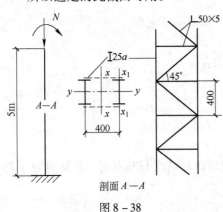

剖面 A—A

图 8 – 38

【例 8 – 11】图 8 – 38 表示一根上端自由，下端固定的压弯构件，长度为 5m，作用的轴向压力为 500kN，弯矩为 M_x。截面由两个 25a 的工字钢组成，缀条用 ∟50 × 5，在侧向构件的上端和下端均为铰接不动点，钢材为 Q235 钢。要求确定构件所能承受的弯矩 M_x 的设计值。

解： 1. 先对虚轴计算确定 M_x

截面特性：$A = 2 \times 48.5 = 97\text{cm}^2$，$I_{x1} = 280\text{cm}^4$，

$$I_x = 2 \times (280 + 48.5 \times 20^2) = 39360\text{cm}^4$$

$$i_x = \sqrt{39360/97} = 20.14\text{cm}$$

根据规范知此独立柱绕虚轴的计算长度系数 $\mu =$ 2.03。长细比 $\lambda_x = l_x/i_x = 2.03 \times 500/20.14 = 50.4$。缀条的截面积 $A_1 = 4.8\text{cm}$，换算长细比 $\lambda_{0x} =$ $\sqrt{\lambda_x^2 + 27A/(2A_1)} = \sqrt{50.4^2 + 27 \times 97/9.6} = 53.0$。

按 b 类截面查附表 40 – 2 得：$\varphi_x = 0.842$

$$W_{1x} = I_x/y_0 = 39360/20 = 1968\text{cm}^3$$

在弯矩作用平面内的稳定，悬臂柱的等效弯矩系数 $\beta_{mx} = 1.0$，欧拉力为：

$$N_{Ex} = \frac{\pi^2 EA}{\lambda_{0x}^2} = \frac{\pi^2 \times 206 \times 10^3 \times 97 \times 10^2}{53.0^2} = 7020.8\text{kN}$$

对虚轴的整体稳定：

$$\frac{N}{\varphi_x A f} + \frac{\beta_{mx} M_x}{W_{1x}\left(1 - \dfrac{N}{N'_{Ex}}\right) f} \leqslant 1$$

即：

$$\frac{500 \times 10^3}{0.842 \times 97 \times 10^2} + \frac{M_x \times 10^6}{1968 \times 10^3 \left(1 - \frac{500}{7020.8}\right)} = 215$$

解得：$M_x = 281.2\text{kN} \cdot \text{m}$。

2. 对单肢计算确定 M_x

右肢的轴线压力最大

$$N_1 = \frac{N}{2} + \frac{M_x}{a} = \frac{500}{2} + \frac{M_x \times 100}{40} = 250 + 2.5M_x$$

$$i_{x1} = 2.4\text{cm}, \quad l_{x1} = 40\text{cm}, \quad \lambda_{x1} = 40/2.4 = 16.7$$

$$i_y = 10.18\text{cm}, \quad l_{y1} = 500\text{cm}, \quad \lambda_{y1} = 500/10.18 = 49.1$$

按 a 类截面查附表 40-1 得：$\qquad \varphi_{y1} = 0.919$

单肢稳定计算 $\qquad\qquad \dfrac{N_1}{\varphi_{y1} \cdot A/2} = f$

即 $\qquad\qquad \dfrac{(250 + 2.5M_x) \times 10^3}{0.919 \times 48.5 \times 10^2} = 215$

解得：$M_x = 283.3\text{kN} \cdot \text{m}$。

经比较可知，此压弯构件所能承受的弯矩设计值为 281kN·m，而且整体稳定与分肢稳定的承载力基本一致。

8.6 钢结构的制作、运输和安装

结构运送单元的划分，除应考虑结构受力条件外，尚应注意经济合理，便于运输、堆放和易于拼装。

结构的安装连接应采用传力可靠、制作方便、连接简单、便于调整的构造形式。安装连接采用焊接时，应考虑定位措施将构件临时固定。

构件装卸时应合理布置吊点，防止发生过大变形或损坏，必要时尚应采取临时加固措施。平面外刚度较小的构件，应侧立竖放，并设侧向支撑以保稳定。

钢结构安装程序，必须确保结构和构件的稳定性并不发生永久性变形，必要时应采取加固措施。各类构件连接必须先临时固定，经检查合格后方可紧固和焊接。

8.7 钢结构的防腐蚀、隔热和防火措施

8.7.1 钢结构的防腐蚀

钢结构防腐蚀设计应遵循安全可靠、经济合理的原则，综合考虑环境中介质的腐蚀性、环境条件、施工和维修条件等因素，因地制宜。环境中介质对钢结构长期作用下的腐蚀性等级可划分为：很低（C1）、低（C2）、中等（C3）、高（C4）、很高（C5）5 个等级。钢结构防腐蚀设计寿命划分为 2～5 年、5～10 年、10～15 年和大于 15 年 4 种情况。防腐蚀设计应考虑环保节能的要求，应考虑钢结构全寿命期内的检查、维护和大修。

钢结构除必须采取防腐蚀措施（除锈后涂以油漆或金属镀层等）外，尚应在构造上尽量

避免出现难于检查、涂刷油漆之处以及能积留湿气和大量灰尘的死角或凹槽。当采用型钢组合的杆件时，型钢间的空隙宽度宜满足防护层施工、检查和维修的要求。闭口截面构件应沿全长和端部焊接封闭。对危及人身安全和维修困难的部位，以及重要的承重结构和构件应加强防护。当某些次要构件的设计使用年限不能与主体结构的设计使用年限相同时，应设计成便于更换的构件。

除有特殊需要外，设计中一般不应因考虑锈蚀而加大钢材截面或厚度。

钢结构的防腐蚀方法基本上有四种：一是改变金属结构的组成，在钢材冶炼过程中增加铜、铬和镍等合金元素以提高钢材的抗锈能力（耐候钢）；二是在钢材表面用金属镀层保护，如电镀或热浸镀锌等方法；三是对水下或地下钢结构采用阴极保护；四是在钢材表明涂以非金属保护层，即用涂料将钢材表面保护起来使之不受大气中有害介质的侵蚀。目前，在房屋钢结构中采用非金属涂料防锈是最普遍、最常用的方法。但非金属涂料的耐久性较差，经过一定时期需要进行维修，这是非金属涂料的很大缺点。

8.7.2 钢结构的防火和隔热

钢结构防火保护措施及其构造应根据工程实际，考虑结构类型、耐火极限要求、工作环境等，按照安全可靠、经济合理的原则确定，建筑钢结构应符合现行国家标准《建筑钢结构防火技术规范》的规定。

处于高温工作环境中的钢结构，应考虑高温作用对结构的影响。高温工作环境的设计状况为持久状况，高温作用为可变荷载，设计时应按承载力极限状态和正常使用极限状态设计。钢结构的温度超过100℃时，进行钢结构的承载力和变形验算时，应该考虑长期高温作用对钢材和钢结构连接性能的影响。当高温环境下钢结构的承载力不满足要求时，应采取增大构件截面、采用耐火钢和采取有效的隔热降温措施（如加隔热层、热辐射屏蔽或水套等）。

无保护层的钢梁、钢柱、钢屋架等钢构件耐火性能很差，其耐火极限只有0.25h。钢材本是不燃材料，但是它的力学性能，如屈服点、抗拉强度以及弹性模量等会受到温度影响而发生变化。钢结构通常在450~650℃时，就会失去承载能力，产生很大的变形，导致钢柱屈曲，钢梁弯曲，结果由于产生过大的变形而不能继续工作。国内外钢结构建筑物的火灾案例都证明，发生火灾后20min以内就能把建筑物烧垮。

当钢构件的耐火时间不能达到规定的设计耐火极限要求时，应进行防火保护设计。结构构件的防火保护层应根据建筑物的防火等级对各不同的构件所要求的耐火极限进行设计。

受高温作用的结构，应根据不同情况采取下列防护措施：

（1）当结构可能受到炽热熔化金属的侵害时，应采用砖或耐热材料做成的隔热层加以保护；

（2）当结构的表面长期受辐射热达150℃以上或在短时间内可能受到火焰作用时，宜采取有效的防护措施。

钢结构的隔热保护措施在相应的工作环境下应具有耐久性，并与钢结构的防腐蚀、防火保护措施相容。

8.8 建筑钢结构的布置、构件选型和主要构造

钢结构的应用范围很广，组成形式多种多样，比较有代表性的有：单层工业厂房、屋盖结

构和高层房屋。

钢结构单层工业厂房的结构布置和第5章所述单层厂房的布置相同，在此不再赘述。钢结构屋盖由于自重轻、可建造跨度较大，在单层工业厂房中的应用较普遍。

钢结构体系应按下列原则选用：

（1）应综合考虑结构合理性、建筑及工艺需求、环境条件（包括地质条件及其他）、节约投资和资源、材料供应、制作安装便利性等因素；

（2）宜选用成熟的结构体系，当采用新型结构体系时，设计计算和论证应充分，必要时应进行试验。

8.8.1　大跨度钢结构

8.8.1.1　大跨度钢结构体系的分类

大跨度钢结构体系的分类见表8-8。

表8-8　大跨度钢结构体系的分类

体系分类	常见形式
以整体受弯为主的结构	平面桁架、立体桁架、空腹桁架、网架、组合网架以及与钢索组合形成的各种预应力钢结构
以整体受压为主的结构	实腹钢拱、平面或立体桁架形式的拱形结构、网壳、组合网壳以及与钢索组合形成的各种预应力钢结构
以整体受拉为主的结构	悬索结构、索桁架结构、索穹顶等

大跨度钢结构的设计应结合工程的平面形状、体型、跨度、支承情况、荷载大小、建筑功能综合分析确定，结构布置和支承形式应保证结构具有合理的传力途径和整体稳定性。平面结构应设置平面外的支撑体系。

8.8.1.2　常用大跨度钢结构的适用范围

各类常用大跨度钢结构，其适用范围为：

（1）单层球面网壳的跨度不宜大于80m。

（2）两端边支承的单层圆柱面网壳（图8-39），其跨度 L 不宜大于35m；沿两纵向边支承的单层圆柱面网壳，其跨度 B 不宜大于30m。

（3）单层双曲抛物面网壳的跨度不宜大于60m。

（4）单层椭圆抛物面网壳的跨度不宜大于50m。

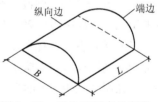

图8-39　圆柱面网壳的宽度、跨度与支承边示意图

8.8.1.3　基本设计要求

（1）桁架、拱架与张弦拱架设计的基本规定：

1）桁架的高度可取跨度的1/16~1/12。

2）拱架厚度可取跨度的1/30~1/20，矢高可取跨度的1/6~1/3。

3）张弦拱架的桁架厚度可取跨度的1/50~1/30，结构矢高可取跨度的1/10~1/7，其中桁架矢高可取跨度的1/18~1/14，张弦的垂度可取跨度的1/30~1/12。

4）对平面结构体系应设置平面外的稳定支撑体系。

（2）网架的网格高度与网格尺寸应根据跨度大小、荷载条件、柱网尺寸、支承情况、网格形式以及构造要求和建筑功能等因素确定，网架的高跨比可取 1/18～1/10。网架在短向跨度的网格数不宜小于 5。确定网格尺寸时宜使相邻杆件间的夹角大于 45°，且不宜小于 30°。

（3）索、网的基本规定：

1）球面网壳的矢跨比不宜小于 1/7，双层球面网壳的厚度可取跨度（平面直径）的 1/60～1/30，单层球面网壳的跨度（平面直径）不宜大于 80m。

2）两端边支承的圆柱面网壳，其宽度 B 与跨度 L 之比宜小于 1.0，壳体的矢高可取宽度 B 的 1/6～1/3；沿两纵向边支承或四边支承的圆柱面网壳，壳体的矢高可取跨度（宽度 B）的 1/5～1/2。双层圆柱面网壳的厚度可取宽度 B 的 1/50～1/20。两端边支承的单层圆柱面网壳，其跨度 L 不宜大于 35m。沿两纵向边支承的单层圆柱面网壳，其跨度（此时为宽度 B）不宜大于 30m。

3）双曲抛物面网壳底面对角线长度之比不宜大于 2，单块双曲抛物面壳体的矢高可取跨度的 1/4～1/2（跨度为两个对角支承点之间的距离）。四块组合双曲抛物面壳体每个方向的矢高可取相应跨度的 1/8～1/4。双层双曲抛物面网壳的厚度可取短向跨度的 1/50～1/20。单层双曲抛物面网壳的跨度不宜大于 60m。

4）椭圆抛物面网壳底边边长比不宜大于 1.5，壳体每个方向的矢高可取短向跨度的 1/9～1/6。双层椭圆抛物面网壳的厚度可取短向跨度的 1/50～1/20。单层椭圆抛物面网壳的跨度不宜大于 50m。

8.8.2　高层建筑钢结构

高层建筑钢结构所承受的风荷载和地震作用随着房屋高度的增大而变得越来越重要。因此，对高层建筑结构来说，如何有效地承受水平力是考虑结构组成的一个重要问题。高层建筑钢结构的组成有以下体系：

（1）以梁和柱组成多层多跨框架来承受水平荷载（图 8-40a），它在水平荷载作用下既有如同悬臂梁似的整体侧向位移，又有层间剪力引起的位移，所以变形较大。因而适用于不超过 20～30 层的房屋，梁柱间应做成刚性连接。

（2）在两列柱之间设置斜撑，形成竖向悬臂桁架（图 8-40b），它承受水平荷载的能力比框架结构高，故适用于 20～45 层的房屋。

（3）为增强抵抗侧向变形的能力，可采用如图 8-40c 所示的在一两个层的层间布满支撑，这样两边列柱也参与支撑体系一起抵抗水平力，结构的适用范围可提高到 60 层。柱列间的支撑应该在两个互相垂直的竖直平面内设置，钢的支撑杆件也可以有效地用钢筋混凝土剪力墙或钢剪力墙代替。梁、柱间可以做成柔性连接、半刚性连接或刚性连接。

（4）60 层以上的房屋采用筒式结构比较经济（图 8-40d），房屋周围的四个面形成刚度很大的空间桁架体系。筒式结构也可以不设斜撑，而把周围四个面的柱子排列较密，形成空间框架式筒体。内部可利用电梯井做成内筒，和外筒共同承受水平力，内、外筒间的柱子则只承受竖向荷载。

（5）图 8-40e 为采用高强钢材的悬挂结构，它利用房屋中心的钢筋混凝土或型钢-钢筋混凝土的内筒承受全部竖向和水平荷载。内筒顶部有悬伸的钢桁架，各层楼板都分别支承在内筒和悬吊在桁架下面的高强钢拉杆上。内筒采用滑模施工，内筒完工后可用来吊装钢结构构件和楼盖。

（6）在钢框架中通过布置混凝土剪力墙，同样可以起到大大提高框架结构抗侧力刚度的作用，而构成钢框架－混凝土剪力墙结构（图8－40f）。很多情况下，将混凝土剪力墙做成闭合的混凝土筒体，与建筑电梯井功能配合，布置在建筑平面中心部位，构成钢框架－混凝土芯筒结构（图8－40g）。

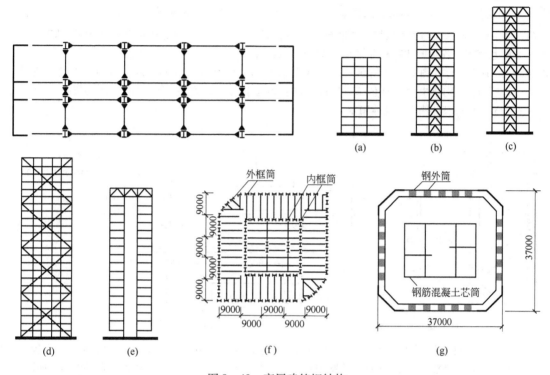

图8－40　高层建筑钢结构

复习思考题

8－1　钢结构有哪些优点和缺点，设计中如何克服缺点？

8－2　钢材能否在沿厚度方向（垂直于板面方向）受拉？

8－3　钢材的选用应考虑哪些问题，应如何选择才能做到经济合理、安全适用？

8－4　对接焊缝和角焊缝分别适用于钢结构哪些连接部位？

8－5　钢构件焊接的设计步骤是什么，需注意哪些问题？

8－6　螺栓应怎样合理排列？

8－7　如何保证受动力荷载作用的普通螺栓在使用中不会松动？

8－8　为什么要控制高强度螺栓的预拉力，其设计值是怎样确定的？

8－9　钢构件能否采用高强度螺栓和焊缝混合连接？

8－10　轴心受压构件的稳定承载能力与哪些因素有关？

8－11　怎样快速合理地确定工字形截面轴心受压柱的截面尺寸？

8－12　梁的整体稳定性受哪些因素的影响，应如何针对这些因素来提高梁的承载能力？

8－13 压弯构件的设计步骤是什么？请说明构件整体稳定分析和局部稳定分析的概念。

8－14 如何选择桁架构件截面，为什么从假定结构长细比着手？

8－15 钢结构工程的质量保证资料主要有哪些？

8－16 已知轴向压力设计值 $N = 1400\text{kN}$；$l_{0x} = 11\text{m}$，$l_{0y} = 5.5\text{m}$；材料 Q235 钢和 E43 型焊条。试设计轴心受压双肢缀条柱，如图 8－41 所示。（答案：构件分肢可采用 2〔280a 槽钢，缀条柱的截面宽度（即分肢间距）取 500mm；选择单角钢 ∟45×5 的缀条，缀条节点间距取 800mm。）

8－17 某平台结构次梁与主梁铰接，跨度 6m，采用热轧工字钢 I28a。承受均布荷载设计值 23kN/m，钢材为 Q235，次梁整体稳定有保证，试验算其强度和挠度。

8－18 某一压弯构件如图 8－42 所示，采用 H 型钢 HM600×300×12×17，承受轴向压力设计值 $N = 1000\text{kN}$，横向集中力设计值 $F = 80\text{kN}$。构件两端铰接，并在中间设有两道侧向支撑，钢材为 Q235。试验算此构件的整体稳定。

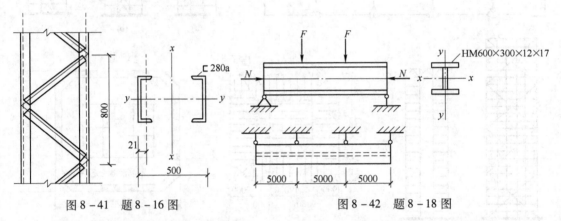

图 8－41　题 8－16 图　　　　　　　图 8－42　题 8－18 图

8－19 试设计一截面为 －300×16 的钢板拼接连接，采用两块拼接板 $t = 9\text{mm}$ 与 C 级螺栓 M22 连接，其中，钢板和螺栓均用 Q235 钢，孔壁按 Ⅱ 类孔制作、钢板承受轴心拉力设计值 $N = 560\text{kN}$，如图 8－43 所示。

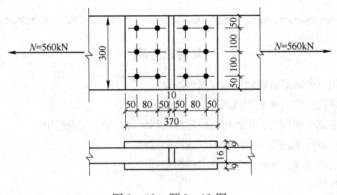

图 8－43　题 8－19 图

8－20 如图 8－44 所示角焊缝连接，承受静载 $N = 500\text{kN}$，钢材为 Q235B，$h_\text{f} = 8\text{mm}$，采用 E43 系列焊条，手工焊，试验算该焊缝承载力。

8－21 焊接工字形等截面简支梁（图 8－45），跨度 15m，在距支座 5m 处各有一次梁，次梁传来的集中荷载（设计值）$F = 200\text{kN}$，钢材为 Q235。试验算其整体稳定性。（答案：次梁可作为主梁的侧向支承，故梁受压翼缘的自由长度为 5m。梁跨中最大弯矩为 1068kN·m；$W_x = 6378\text{cm}^3$。计算梁的

整体稳定性:

$$\frac{M}{\varphi'_b W_x} = \frac{1068 \times 100}{0.819 \times 6378} = 20.45\text{kN/cm}^2 = 204.5\text{N/mm}^2 < f = 215\text{N/mm}^2$$

因此梁的整体稳定性能保证。)

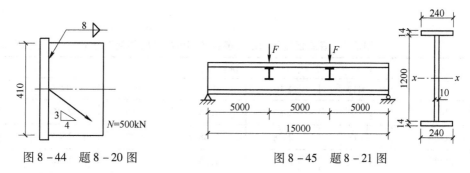

图 8-44 题 8-20 图   图 8-45 题 8-21 图

附　　录

附表 1　烧结普通砖和烧结多孔砖砌体的抗压强度设计值　（N/mm²）

砖强度等级	砂浆强度等级					砂浆强度
	M15	M10	M7.5	M5	M2.5	
MU30	3.94	3.27	2.93	2.59	2.26	1.15
MU25	3.60	2.98	2.68	2.37	2.06	1.05
MU20	3.22	2.67	2.39	2.12	1.84	0.94
MU15	2.79	2.31	2.07	1.83	1.60	0.82
MU10	—	1.89	1.69	1.50	1.30	0.67

注：当烧结多孔砖的孔洞率大于30%时，表中数值应乘以0.9。

附表 2　混凝土普通砖和混凝土多孔砖砌体的抗压强度设计值　（N/mm²）

砖强度等级	砂浆强度等级					砂浆强度
	Mb20	Mb15	Mb10	Mb7.5	Mb5	
MU30	4.61	3.94	3.27	2.93	2.59	1.15
MU25	4.21	3.60	2.98	2.68	2.37	1.05
MU20	3.77	3.22	2.67	2.39	2.12	0.94
MU15	—	2.79	2.31	2.07	1.83	0.82

附表 3　蒸压灰砂普通砖和蒸压粉煤灰普通砖砌体的抗压强度设计值　（N/mm²）

砖强度等级	砂浆强度等级				砂浆强度
	M15	M10	M7.5	M5	
MU25	3.60	2.98	2.68	2.37	1.05
MU20	3.22	2.67	2.39	2.12	0.94
MU15	2.79	2.31	2.07	1.83	0.82

注：当采用专用砂浆砌筑时，其抗压强度设计值按表中数值采用。

附表 4　单排孔混凝土砌块和轻集料混凝土砌块对孔砌筑砌体的抗压强度设计值　（N/mm²）

砌块强度等级	砂浆强度等级					砂浆强度
	Mb20	Mb15	Mb10	Mb7.5	Mb5	
MU20	6.30	5.68	4.95	4.44	3.94	2.33
MU15	—	4.61	4.02	3.61	3.20	1.89

砌块强度等级	砂浆强度等级					砂浆强度
	Mb20	Mb15	Mb10	Mb7.5	Mb5	
MU10	—	—	2.79	2.50	2.22	1.31
MU7.5	—	—	—	1.93	1.71	1.01
MU5	—	—	—	—	1.19	0.70

注：对独立柱或厚度为双排组砌的砌块砌体，应按表中数值乘以 0.7；对 T 形截面墙体、柱，应按表中数值乘以 0.85。

附表 5　双排孔或多排孔轻集料混凝土砌块砌体的抗压强度设计值　　　　（N/mm²）

砌块强度等级	砂浆强度等级			砂浆强度
	Mb10	Mb7.5	Mb5	
MU10	3.08	2.76	2.45	1.44
MU7.5	—	2.13	1.88	1.12
MU5	—	—	1.31	0.78
MU3.5	—	—	0.95	0.56

附表 6　毛料石砌体的抗压强度设计值　　　　（N/mm²）

毛料石强度等级	砂浆强度等级			砂浆强度
	M7.5	M5	M2.5	
MU100	5.42	4.80	4.18	2.13
MU80	4.85	4.29	3.73	1.91
MU60	4.20	3.71	3.23	1.65
MU50	3.83	3.39	2.95	1.51
MU40	3.43	3.04	2.64	1.35
MU30	2.97	2.63	2.29	1.17
MU20	2.42	2.15	1.87	0.95

注：对细料石砌体、粗料石砌体和干砌勾缝石砌体，表中数值应分别乘以调整系数 1.4、1.2 和 0.8。

附表 7　毛石砌体的抗压强度设计值　　　　（N/mm²）

毛石强度等级	砂浆强度等级			砂浆强度
	M7.5	M5	M2.5	
MU100	1.27	1.12	0.98	0.34
MU80	1.13	1.00	0.87	0.30
MU60	0.98	0.87	0.76	0.26
MU50	0.90	0.80	0.69	0.23
MU40	0.80	0.71	0.62	0.21
MU30	0.69	0.61	0.53	0.18
MU20	0.56	0.51	0.44	0.15

附表8　沿砌体灰缝截面破坏时砌体的轴心抗压强度设计值、弯曲抗拉强度设计值和抗剪强度设计值

（N/mm²）

强度类别	破坏特征及砌体种类		砂浆强度等级			
			≥M10	M7.5	M5	M2.5
轴心抗拉	沿齿缝	烧结普通砖、烧结多孔砖	0.19	0.16	0.13	0.09
		混凝土普通砖、混凝土多孔砖	0.19	0.16	0.13	—
		蒸压灰砂普通砖、蒸压粉煤灰普通砖	0.12	0.10	0.08	—
		混凝土和轻集料混凝土砌块	0.09	0.08	0.07	—
		毛石	—	0.07	0.06	0.04
弯曲抗拉	沿齿缝	烧结普通砖、烧结多孔砖	0.33	0.29	0.23	0.17
		混凝土普通砖、混凝土多孔砖	0.33	0.29	0.23	—
		蒸压灰砂普通砖、蒸压粉煤灰普通砖	0.24	0.20	0.16	—
		混凝土和轻集料混凝土砌块	0.11	0.09	0.08	—
		毛石	—	0.11	0.09	0.07
	沿通缝	烧结普通砖、烧结多孔砖	0.17	0.14	0.11	0.08
		混凝土普通砖、混凝土多孔砖	0.17	0.14	0.11	—
		蒸压灰砂普通砖、蒸压粉煤灰普通砖	0.12	0.10	0.08	—
		混凝土和轻集料混凝土砌块	0.08	0.06	0.05	—
抗剪		烧结普通砖、烧结多孔砖	0.17	0.14	0.11	0.08
		混凝土普通砖、混凝土多孔砖	0.17	0.14	0.11	—
		蒸压灰砂普通砖、蒸压粉煤灰普通砖	0.12	0.10	0.08	—
		混凝土和轻集料混凝土砌块	0.09	0.08	0.06	—
		毛石	—	0.19	0.16	0.11

附表9　普通钢筋强度标准值　　（N/mm²）

牌号	符号	公称直径 d/mm	屈服强度标准值 f_{yk}	极限强度标准值 f_{stk}
HPB300	φ	6~22	300	420
HRB335 HRBF335	φ φ^F	6~50	335	455
HRB400 HRBF400 RRB400	φ φ^F φ^R	6~50	400	540
HRB500 HRBF500	φ φ^F	6~50	500	630

附表10　预应力钢筋强度标准值　　（N/mm²）

种　类		符号	公称直径 d/mm	屈服强度标准值 f_{pyk}	极限强度标准值 f_{ptk}
中强度预应力 钢丝	光面 螺旋肋	φ^PM φ^HM	5、7、9	620	800
				780	970
				980	1270

种　类		符号	公称直径 d/mm	屈服强度标准值 f_{pyk}	极限强度标准值 f_{ptk}
预应力螺纹钢筋	螺纹	ϕ^T	18、25、32、40、50	785	980
				930	1080
				1080	1230
消除应力钢丝	光面 螺旋肋	ϕ^P ϕ^H	5	—	1570
				—	1860
			7	—	1570
			9	—	1470
				—	1570
钢绞线	1×3（三股）	ϕ^S	8.6、10.8、12.9	—	1570
				—	1860
				—	1960
	1×7（七股）		9.5、12.7、 15.2、17.8	—	1720
				—	1860
				—	1960
			21.6	—	1860

注：极限强度标准值为 1960N/mm² 的钢绞线作后张预应力配筋时，应有可靠的工程经验。

附表 11　普通钢筋强度设计值　　　　　　　　　　　（N/mm²）

牌　号	抗拉强度 设计值 f_y	抗压强度 设计值 f'_y	牌　号	抗拉强度 设计值 f_y	抗压强度 设计值 f'_y
HPB300	270	270	HRB400、HRBF400、RRB400	360	360
HRB335、HRBF335	300	300	HRB500、HRBF500	435	410

附表 12　预应力钢筋强度设计值　　　　　　　　　　（N/mm²）

种　类	极限强度标准值 f_{ptk}	抗拉强度设计值 f_{py}	抗压强度设计值 f'_{py}
中强度预应力钢丝	800	510	410
	970	650	
	1270	810	
消除应力钢丝	1470	1040	410
	1570	1110	
	1860	1320	
钢绞线	1570	1110	390
	1720	1220	
	1860	1320	
	1960	1390	
预应力螺纹钢筋	980	650	410
	1080	770	
	1230	900	

附表 13　普通钢筋疲劳应力幅限值　　　　　　　　　（N/mm²）

疲劳应力比值 ρ_s^f	疲劳应力幅限值 Δf_y^f	
	HRB335	HRB400
0	175	175
0.1	162	162
0.2	154	156
0.3	144	149
0.4	131	137
0.5	115	123
0.6	97	106
0.7	77	85
0.8	54	60
0.9	28	31

注：当纵向受拉钢筋采用闪光接触对焊连接时，其接头处的钢筋疲劳应力幅限值应按表中数值乘以 0.8 取用。

附表 14　混凝土轴心抗压强度标准值　　　　　　　　　（N/mm²）

强度	混凝土强度等级													
	C15	C20	C25	C30	C35	C40	C45	C50	C55	C60	C65	C70	C75	C80
f_{ck}	10.0	13.4	16.7	20.1	23.4	26.8	29.6	32.4	35.5	38.5	41.5	44.5	47.4	50.2

附表 15　混凝土轴心抗拉强度标准值　　　　　　　　　（N/mm²）

强度	混凝土强度等级													
	C15	C20	C25	C30	C35	C40	C45	C50	C55	C60	C65	C70	C75	C80
f_{tk}	1.27	1.54	1.78	2.01	2.20	2.39	2.51	2.64	2.74	2.85	2.93	2.99	3.05	3.11

附表 16　混凝土轴心抗压强度设计值　　　　　　　　　（N/mm²）

强度	混凝土强度等级													
	C15	C20	C25	C30	C35	C40	C45	C50	C55	C60	C65	C70	C75	C80
f_c	7.2	9.6	11.9	14.3	16.7	19.1	21.1	23.1	25.3	27.5	29.7	31.8	33.8	35.9

附表 17　混凝土轴心抗拉强度设计值　　　　　　　　　（N/mm²）

强度	混凝土强度等级													
	C15	C20	C25	C30	C35	C40	C45	C50	C55	C60	C65	C70	C75	C80
f_t	0.91	1.10	1.27	1.43	1.57	1.71	1.80	1.89	1.96	2.04	2.09	2.14	2.18	2.22

附表 18　混凝土受压疲劳强度修正系数

ρ_c^f	$0 \leqslant \rho_c^f < 0.1$	$0.1 \leqslant \rho_c^f < 0.2$	$0.2 \leqslant \rho_c^f < 0.3$	$0.3 \leqslant \rho_c^f < 0.4$	$0.4 \leqslant \rho_c^f < 0.5$	$\rho_c^f \geqslant 0.5$
γ_ρ	0.68	0.74	0.80	0.86	0.93	1.00

附表19　混凝土受拉疲劳强度修正系数

ρ_c^f	$0 < \rho_c^f < 0.1$	$0.1 \leqslant \rho_c^f < 0.2$	$0.2 \leqslant \rho_c^f < 0.3$	$0.3 \leqslant \rho_c^f < 0.4$	$0.4 \leqslant \rho_c^f < 0.5$
γ_ρ	0.63	0.66	0.69	0.72	0.74
ρ_c^f	$0.5 \leqslant \rho_c^f < 0.6$	$0.6 \leqslant \rho_c^f < 0.7$	$0.7 \leqslant \rho_c^f < 0.8$	$\rho_c^f \geqslant 0.8$	
γ_ρ	0.76	0.80	0.90	1.00	

注：直接承受疲劳荷载的混凝土构件，当采用蒸汽养护时，养护温度不宜高于60℃。

附表20　钢材的强度设计值　　　　　　　　（N/mm²）

牌号	厚度或直径 /mm	抗拉、抗压和抗弯 f	抗剪 f_v	端面承压（刨平顶紧）f_{ce}	钢材名义屈服强度 f_y	极限抗拉强度最小值 f_u
Q235	≤16	215	125	325	235	370
	>16~40	205	120		225	370
	>40~60	200	115		215	370
	>60~100	200	115		205	370
Q345	≤16	300	175	400	345	470
	>16~40	295	170		335	470
	>40~63	290	165		325	470
	>63~80	280	160		315	470
	>80~100	270	155		305	470
Q390	≤16	345	200	415	390	490
	>16~40	330	190		370	490
	>40~63	310	180		350	490
	>63~80	295	170		330	490
	>80~100	295	170		330	490
Q420	≤16	375	215	440	420	520
	>16~40	355	205		400	520
	>40~63	320	185		380	520
	>63~80	305	175		360	520
	>80~100	305	175		360	520
Q460	≤16	410	235	470	460	550
	>16~40	390	225		440	550
	>40~63	355	205		420	550
	>63~80	340	195		400	550
	>80~100	340	195		400	550
Q345GJ	>16~35	310	180	415	345	490
	>35~50	290	170		335	490
	>50~100	285	165		325	490

注：1. GJ钢的名义屈服强度取上屈服强度，其他均取下屈服强度；
　　2. 表中厚度系指计算点的钢材厚度，对轴心受拉和轴心受压构件系指截面中较厚板件的厚度。

附表 21　焊缝的强度设计值　　　　　　　　　　　　（N/mm²）

焊接方法和焊条型号	钢材牌号规格和标准号		对接焊缝				角焊缝
	牌号	厚度或直径 /mm	抗压 f_c^w	焊缝质量为下列等级时，抗拉 f_t^w		抗剪 f_v^w	抗拉、抗压和抗剪 f_f^w
				一级、二级	三级		
自动焊、半自动焊和 E43 型焊条手工焊	Q235	≤16	215	215	185	125	160
		>16~40	205	205	175	120	
		>40~60	200	200	170	115	
		>60~100	200	200	170	115	
自动焊、半自动焊和 E50、E55 型焊条 手工焊	Q345	≤16	305	305	260	175	200
		>16~40	295	295	250	170	
		>40~63	290	290	245	165	
		>63~80	280	280	240	160	
		>80~100	270	270	230	155	
自动焊、半自动焊和 E50、E55 型焊条 手工焊	Q390	≤16	345	345	295	200	200（E50） 220（E55）
		>16~40	330	330	280	190	
		>40~63	310	310	265	180	
		>63~80	295	295	250	170	
		>80~100	295	295	250	170	
自动焊、半自动焊和 E55、E60 型焊条 手工焊	Q420	≤16	375	375	320	215	220（E55） 240（E60）
		>16~40	355	355	300	205	
		>40~63	320	320	270	185	
		>63~80	305	305	260	175	
		>80~100	305	305	260	175	
自动焊、半自动焊和 E55、E60 型焊条 手工焊	Q460	≤16	410	410	350	235	220（E55） 240（E60）
		>16~40	390	390	330	225	
		>40~63	355	355	300	205	
		>63~80	340	340	290	195	
		>80~100	340	340	290	195	
自动焊、半自动焊和 E50、E55 型焊条 手工焊	Q345GJ	>16~35	310	310	265	180	200
		>35~50	290	290	245	170	
		>50~100	285	285	240	165	

注：1. 手工焊用焊条、自动焊和半自动焊所采用的焊丝和焊剂，应保证其熔敷金属的力学性能不低于母材的性能；

2. 焊缝质量等级应符合现行国家标准《钢结构焊接规范》GB 50661 的规定，其检验方法应符合现行国家标准《钢结构工程施工质量验收规范》GB 50205 的规定。其中厚度小于 8mm 钢材的对接焊缝，不应采用超声波探伤确定焊缝质量等级；

3. 对接焊缝在受压区的抗弯强度设计值取 f_c^w，在受拉区的抗弯强度设计值取 f_t^w；

4. 表中厚度系指计算点的钢材厚度，对轴心受拉和轴心受压构件系指截面中较厚板件的厚度；

5. 进行无垫板的单面施焊对接焊缝的连接计算时，上表规定的强度设计值应乘折减系数 0.85。

附表22　螺栓连接的强度设计值　　　　　　　　　　　　　　（N/mm²）

螺栓的性能等级、锚栓和构件钢材的牌号		普通螺栓						锚栓	承压型或网架用高强度螺栓		
		C级螺栓			A级、B级螺栓						
		抗拉 f_t^b	抗剪 f_v^b	承压 f_c^b	抗拉 f_t^b	抗剪 f_v^b	承压 f_c^b	抗拉 f_t^a	抗拉 f_t^b	抗剪 f_v^b	承压 f_c^b
普通螺栓	4.6级、4.8级	170	140	—	—	—	—	—	—	—	—
	5.6级	—	—	—	210	190	—	—	—	—	—
	8.8级	—	—	—	400	320	—	—	—	—	—
锚栓	Q235	—	—	—	—	—	—	140	—	—	—
	Q345	—	—	—	—	—	—	180	—	—	—
	Q390	—	—	—	—	—	—	185	—	—	—
承压型连接高强度螺栓	8.8级	—	—	—	—	—	—	—	400	250	—
	10.9级	—	—	—	—	—	—	—	500	310	—
螺栓球网架用高强度螺栓	9.8级	—	—	—	—	—	—	—	385		
	10.9级	—	—	—	—	—	—	—	430		
构件	Q235	—	—	305	—	—	405	—	—	—	470
	Q345	—	—	385	—	—	510	—	—	—	590
	Q390	—	—	400	—	—	530	—	—	—	615
	Q420	—	—	425	—	—	560	—	—	—	655
	Q460	—	—	450	—	—	595	—	—	—	695
	Q345GJ	—	—	400	—	—	530	—	—	—	615

注：1. A级螺栓用于 $d \leqslant 24mm$ 和 $L \leqslant 10d$ 或 $L \leqslant 150mm$（按较小值）的螺栓；B级螺栓用于 $d > 24mm$ 和 $L > 10d$ 或 $L > 150mm$（按较小值）的螺栓；d 为公称直径，L 为螺栓公称长度；

2. A、B级螺栓孔的精度和孔壁表面粗糙度，C级螺栓孔的允许偏差和孔壁表面粗糙度，均应符合现行国家标准《钢结构工程施工质量验收规范》GB 50205的要求；

3. 用于螺栓球节点网架的高强度螺栓，M12～M36为10.9级，M39～M64为9.8级。

附表23　混凝土保护层的最小厚度 c　　　　　　　　　　（mm）

环境类别	板、墙、壳	梁、柱、杆	环境类别	板、墙、壳	梁、柱、杆
一	15	20	三a	30	40
二a	20	25	三b	40	50
二b	25	35			

注：1. 混凝土强度等级不大于C25时，表中保护层厚度数值应增加5mm；

2. 钢筋混凝土基础宜设置混凝土垫层，基础中钢筋的混凝土保护层厚度应从垫层顶面算起，且不应小于40mm。

附表24　纵向受力钢筋的最小配筋百分率 ρ_{min}　　　　（%）

受力类型			最小配筋百分率
受压构件	全部纵向钢筋	强度等级500MPa	0.50
		强度等级400MPa	0.55
		强度等级300MPa、335MPa	0.60
	一侧纵向钢筋		0.20

受 力 类 型	最小配筋百分率
受弯构件、偏心受拉、轴心受拉构件一侧的受拉钢筋	0.20 和 $45f_t/f_y$ 中的较大值

注：1. 受压构件全部纵向钢筋最小配筋百分率，当采用 C60 以上强度等级的混凝土时，应按表中规定增加 0.10；

2. 板类受弯构件（不包括悬臂板）的受拉钢筋，当采用强度等级 400MPa、500MPa 的钢筋时，其最小配筋百分率应允许采用 0.15 和 $45f_t/f_y$ 中的较大值；

3. 偏心受拉构件中的受压钢筋，应按受压构件一侧纵向钢筋考虑；

4. 受压构件的全部纵向钢筋和一侧纵向钢筋的配筋率以及轴心受拉构件和小偏心受拉构件一侧受拉钢筋的配筋率均应按构件的全截面面积计算；

5. 受弯构件、大偏心受拉构件一侧受拉钢筋的配筋率应按全截面面积扣除受压翼缘面积 $(b'_f - b) h'_f$ 后的截面面积计算；

6. 当钢筋沿构件截面周边布置时，"一侧纵向钢筋"系指沿受力方向两个对边中一边布置的纵向钢筋。

附表 25　钢筋混凝土矩形截面受弯构件正截面受弯承载力计算系数表

ξ	γ_s	α_s	ξ	γ_s	α_s	ξ	γ_s	α_s
0.01	0.995	0.010	0.22	0.890	0.196	0.43	0.785	0.337
0.02	0.990	0.020	0.23	0.885	0.203	0.44	0.780	0.343
0.03	0.985	0.030	0.24	0.880	0.211	0.45	0.775	0.349
0.04	0.980	0.039	0.25	0.875	0.219	0.46	0.770	0.354
0.05	0.975	0.048	0.26	0.870	0.226	0.47	0.765	0.359
0.06	0.970	0.058	0.27	0.865	0.234	0.48	0.760	0.365
0.07	0.965	0.067	0.28	0.860	0.241	0.49	0.755	0.370
0.08	0.960	0.077	0.29	0.855	0.248	0.50	0.750	0.375
0.09	0.955	0.085	0.30	0.850	0.255	0.51	0.745	0.380
0.10	0.950	0.095	0.31	0.845	0.262	0.52	0.740	0.385
0.11	0.945	0.104	0.32	0.840	0.269	0.53	0.735	0.390
0.12	0.940	0.113	0.33	0.835	0.275	0.54	0.730	0.394
0.13	0.935	0.121	0.34	0.830	0.282	0.55	0.725	0.400
0.14	0.930	0.130	0.35	0.825	0.289	0.56	0.720	0.403
0.15	0.925	0.139	0.36	0.820	0.295	0.57	0.715	0.408
0.16	0.920	0.147	0.37	0.815	0.301	0.58	0.710	0.412
0.17	0.915	0.155	0.38	0.810	0.309	0.59	0.705	0.416
0.18	0.910	0.164	0.39	0.805	0.314	0.60	0.700	0.420
0.19	0.905	0.172	0.40	0.800	0.320	0.61	0.695	0.424
0.20	0.900	0.180	0.41	0.795	0.326	0.614	0.693	0.426
0.21	0.895	0.188	0.42	0.790	0.332			

注：1. 当混凝土强度等级为 C50 及以下时，表中系数 $\xi = \xi_b = 0.614$、0.550、0.520 系分别指 HPB235、HRB335、HRB400 和 RRB400 级钢筋的界限相对受压区高度；当混凝土强度等级为 C80 时，表中系数 $\xi = \xi_b = 0.500$、0.460 系分别指 HRB335、HRB400 和 RRB400 钢筋的界限相对受压区高度；

2. 当混凝土强度等级大于 C50 又小于 C80 时，对 HRB335、HRB400 和 RRB400 钢筋的界限相对受压区高度取值，应按线性插入法确定；

3. 无屈服点普通钢筋（指细直径带肋钢筋，有时会出现）的 ξ_b 值，按《规范》规定确定。

附表 26　钢筋的公称直径、公称截面面积及理论重量

公称直径 /mm	不同根数钢筋的公称截面面积/mm²									单根钢筋理论 重量/kg·m⁻¹
	1	2	3	4	5	6	7	8	9	
6	28.3	57	85	113	142	170	198	226	255	0.222
8	50.3	101	151	201	252	302	352	402	453	0.395
10	78.5	157	236	314	393	471	550	628	707	0.617
12	113.1	226	339	452	565	678	791	904	1017	0.888
14	153.9	308	461	615	769	923	1077	1231	1385	1.21
16	201.1	402	603	804	1005	1206	1407	1608	1809	1.58
18	254.5	509	763	1017	1272	1527	1781	2036	2290	2.00 (2.11)
20	314.2	628	942	1256	1570	1881	2199	2513	2827	2.47
22	380.1	760	1140	1520	1900	2281	2661	3041	3421	2.98
25	490.9	982	1473	1964	2454	2945	3436	3927	4418	3.85 (4.10)
28	615.8	1232	1847	2463	3079	3695	4310	4926	5542	4.83
32	804.2	1609	2413	3217	4021	4826	5630	6434	7238	6.31 (6.65)
36	1017.9	2036	3054	4072	5089	6107	7125	8143	9161	7.99
40	1256.6	2513	3770	5027	6283	7540	8796	10053	11310	9.87 (10.34)
50	1963.5	3928	5892	7856	9820	11784	13748	15712	17676	15.42 (16.28)

注：括号内为预应力螺纹钢筋的数值。

附表 27　均布荷载和集中荷载作用下的等跨连续梁的内力系数

（1）在均布及三角形荷载作用下：

$$M = 表中系数 \times ql^2;$$
$$V = 表中系数 \times ql;$$

（2）在集中荷载作用下：

$$M = 表中系数 \times Pl;$$
$$V = 表中系数 \times P;$$

（3）内力正负号规定：

M——使截面上部受压、下部受拉为正；

V——对邻近截面所产生的力矩沿顺时针方向者为正。

附表 27－1　两跨梁

荷载图	跨内最大弯矩		支座弯矩	剪力		
	M_1	M_2	M_B	V_A	V_{Bx} V_{By}	V_C
	0.070	0.0703	−0.125	0.375	−0.625 0.625	−0.375
	0.096	—	−0.063	0.437	−0.563 0.063	0.063
	0.048	0.048	−0.078	0.172	−0.328 0.328	−0.172
	0.064	—	−0.039	0.211	−0.289 0.039	0.039

续附表 27 - 1

荷载图	跨内最大弯矩		支座弯矩	剪　力		
	M_1	M_2	M_B	V_A	V_{Bx} V_{By}	V_C
	0.156	0.156	-0.188	0.312	-0.688 0.688	-0.312
	0.203	—	-0.094	0.406	-0.594 0.094	0.094
	0.222	0.22	-0.333	0.667	-1.333 1.333	-0.667
	0.278	—	-0.167	0.833	-1.167 0.167	0.167

附表 27 - 2　三跨梁

荷载图	跨内最大弯矩		支座弯矩		剪　力			
	M_1	M_2	M_B	M_C	V_A	V_{Bx} V_{By}	V_{Cx} V_{Cy}	V_D
	0.080	0.025	-0.100	-0.100	0.400	-0.600 0.500	-0.500 0.600	-0.400
	0.101	—	-0.050	-0.050	0.450	-0.550 0	0 0.550	-0.450
	—	0.075	-0.050	-0.050	0.050	-0.050 0.500	-0.500 0.050	0.050
	0.073	0.054	-0.117	-0.033	0.383	-0.617 0.583	-0.417 0.033	0.033
	0.094	—	-0.067	0.017	0.433	-0.567 0.083	0.083 -0.017	-0.017
	0.054	0.021	-0.063	-0.063	0.183	-0.313 0.250	-0.250 0.313	-0.188
	0.068	—	-0.031	-0.031	0.219	-0.281 0	0 0.281	-0.219
	—	0.052	-0.031	-0.031	0.031	-0.031 0.250	-0.250 0.031	0.031
	0.050	0.033	-0.073	-0.021	0.177	-0.323 0.302	-0.198 0.021	0.021
	0.063	—	-0.042	0.010	0.208	-0.292 0.052	0.052 -0.010	-0.010
	0.175	0.100	-0.150	-0.150	0.350	-0.650 0.500	-0.500 0.650	-0.350

荷载图	跨内最大弯矩		支座弯矩		剪　力			
	M_1	M_2	M_B	M_C	V_A	V_{Bx} / V_{By}	V_{Cx} / V_{Cy}	V_D
	0.213	—	−0.075	0.075	0.425	−0.575 / 0	0 / 0.575	−0.425
	—	0.175	−0.075	−0.075	−0.075	−0.075 / 0.500	−0.500 / 0.075	0.075
	0.162	0.137	−0.175	−0.050	0.325	−0.675 / 0.625	−0.375 / 0.050	0.050
	0.200	—	−0.100	0.025	0.400	−0.600 / 0.125	0.125 / −0.025	−0.025
	0.244	0.067	−0.267	0.267	0.733	−1.267 / 1.000	−1.000 / 1.267	−0.733
	0.289	—	0.133	−0.133	0.866	−1.134 / 0	0 / 1.134	−0.866
	—	0.200	−0.133	0.133	−0.133	−0.133 / 1.000	−1.000 / 0.133	0.133
	0.229	0.170	−0.311	−0.089	0.689	−1.311 / 1.222	−0.778 / 0.089	0.089
	0.274	—	−0.178	0.044	0.822	−1.178 / 0.222	0.222 / −0.044	−0.044

附表 27－3　四跨梁

荷载图	跨内最大弯矩				支座弯矩			剪　力				
	M_1	M_2	M_3	M_4	M_B	M_C	M_D	V_A	V_{Bx} / V_{By}	V_{Cx} / V_{Cy}	V_{Dx} / V_{Dy}	V_E
	0.077	0.036	0.036	0.077	−0.107	−0.071	−0.107	0.393	−0.607 / 0.536	−0.464 / 0.464	−0.536 / 0.607	−0.393
	0.100	—	0.081	—	−0.054	−0.036	−0.054	0.446	−0.554 / 0.018	0.018 / 0.482	−0.518 / 0.054	0.054
	0.072	0.061	—	0.098	−0.121	−0.018	−0.058	0.380	−0.620 / 0.603	−0.397 / −0.040	−0.040 / 0.558	−0.442
	—	0.056	0.056	—	−0.036	−0.107	−0.036	−0.036	−0.036 / 0.429	−0.571 / 0.571	−0.429 / 0.036	0.036
	0.094	—	—	—	−0.067	0.018	−0.004	0.433	−0.567 / 0.085	0.085 / −0.022	0.022 / 0.004	0.004
	—	0.071	—	—	−0.049	−0.054	0.013	−0.049	−0.049 / 0.496	−0.504 / 0.067	0.067 / −0.013	−0.013

荷载图	跨内最大弯矩 M_1	M_2	M_3	M_4	支座弯矩 M_B	M_C	M_D	剪力 V_A	V_{Bx} / V_{By}	V_{Cx} / V_{Cy}	V_{Dx} / V_{Dy}	V_E
	0.052	0.028	0.028	0.052	-0.067	-0.045	-0.067	0.183	-0.317 / 0.272	-0.228 / 0.228	-0.272 / 0.317	-0.183
	0.067	—	0.055	—	-0.034	-0.022	-0.034	0.217	-0.284 / 0.011	0.011 / 0.239	-0.261 / 0.034	0.034
	0.049	0.042	—	0.066	-0.075	-0.011	-0.036	0.175	-0.325 / 0.314	-0.186 / -0.025	-0.025 / 0.286	-0.214
	—	0.040	0.040	—	-0.022	-0.067	-0.022	-0.022	-0.022 / 0.205	0.295 / 0.295	-0.205 / 0.022	0.022
	0.063	—	—	—	-0.042	0.011	-0.003	0.208	-0.292 / 0.053	0.053 / -0.014	-0.014 / 0.003	0.003
	—	0.051	—	—	-0.031	-0.034	0.008	-0.031	-0.031 / 0.247	-0.253 / 0.042	0.042 / -0.008	-0.008
	0.169	0.116	0.116	0.169	-0.161	-0.107	-0.161	0.339	-0.661 / 0.554	-0.446 / 0.446	-0.554 / 0.661	-0.339
	0.210	—	0.183	—	-0.080	-0.054	-0.080	0.420	-0.580 / 0.027	0.027 / 0.473	-0.527 / 0.080	0.080
	0.159	0.146	—	0.206	-0.181	-0.027	-0.087	0.319	-0.681 / 0.654	-0.346 / -0.060	-0.060 / 0.587	-0.413
	—	0.142	0.142	—	-0.054	-0.161	-0.054	0.054	-0.054 / 0.393	-0.607 / 0.607	-0.393 / 0.054	0.054
	0.200	—	—	—	-0.100	0.027	-0.007	0.400	-0.600 / 0.127	0.127 / -0.033	-0.033 / 0.007	0.007
	—	0.173	—	—	-0.074	-0.080	0.020	-0.074	-0.074 / 0.493	-0.507 / 0.100	0.100 / -0.020	-0.020
	0.238	0.111	0.111	0.238	-0.286	-0.191	-0.286	0.714	1.286 / 1.095	-0.905 / 0.905	-1.095 / 1.286	-0.714
	0.286	—	0.222	—	-0.143	-0.095	-0.143	0.857	-1.143 / 0.048	0.048 / 0.952	-1.046 / 0.143	0.143
	0.226	0.194	—	0.282	-0.321	-0.048	-0.155	0.679	-1.321 / 1.274	-0.726 / -0.107	-0.107 / 1.155	-0.845
	—	0.175	0.175	—	-0.095	-0.286	-0.095	-0.095	0.095 / 0.810	-1.190 / 1.190	-0.810 / 0.095	0.095
	0.274	—	—	—	-0.178	0.048	-0.012	0.822	-1.178 / 0.226	0.226 / -0.060	-0.060 / 0.012	0.012
	—	0.198	—	—	-0.131	-0.143	0.036	-0.131	-0.131 / 0.988	-0.012 / 0.178	0.178 / -0.036	-0.036

附表 27 -4　五跨梁

荷载图	跨内最大弯矩			支座弯矩				剪　力					
	M_1	M_2	M_3	M_B	M_C	M_D	M_E	V_A	V_{Bx} / V_{By}	V_{Cx} / V_{Cy}	V_{Dx} / V_{Dy}	V_{Ex} / V_{Ey}	V_F
	0.078	0.033	0.046	−0.105	−0.079	−0.079	−0.105	0.394	−0.606 / 0.526	−0.474 / 0.500	−0.500 / 0.474	−0.526 / 0.606	−0.394
	0.100	—	0.085	−0.053	−0.040	−0.040	−0.053	0.447	−0.553 / 0.013	0.013 / 0.500	−0.500 / −0.013	−0.013 / 0.553	−0.447
	—	0.079	—	−0.053	−0.040	−0.040	−0.053	−0.053	−0.053 / 0.513	−0.487 / 0	0 / 0.487	−0.513 / 0.053	0.053
	0.073	0.059[2] / 0.078	—	−0.119	−0.022	0.044	−0.051	0.380	−0.620 / 0.598	−0.402 / −0.023	−0.023 / 0.493	−0.507 / 0.052	0.052
	—[1] / 0.098	0.055	0.064	−0.035	−0.111	−0.020	−0.057	0.035	0.035 / 0.424	0.576 / 0.591	−0.409 / −0.037	−0.037 / 0.557	−0.443
	0.094	—	—	−0.067	0.018	−0.005	0.001	0.433	0.567 / 0.085	0.085 / 0.023	0.023 / 0.006	0.006 / −0.001	0.001
	—	0.074	—	−0.049	−0.054	0.014	−0.004	0.019	−0.049 / 0.495	−0.505 / 0.068	0.068 / −0.018	−0.018 / 0.004	0.004
	—	—	0.072	0.013	0.053	0.053	0.013	0.013	0.013 / −0.066	−0.066 / 0.500	−0.500 / 0.066	0.066 / −0.013	0.013
	0.053	0.026	0.034	−0.066	−0.049	−0.049	−0.066	0.184	−0.316 / 0.266	−0.234 / 0.250	−0.250 / 0.234	−0.266 / 0.316	0.184
	0.067	—	0.059	−0.033	−0.025	−0.025	−0.033	0.217	0.283 / 0.008	0.008 / 0.250	−0.250 / −0.008	−0.008 / 0.283	0.217
	—	0.055	—	−0.033	−0.025	−0.025	−0.033	0.033	−0.033 / 0.258	−0.242 / 0	0 / 0.242	−0.258 / 0.033	0.033
	0.049	0.041[2] / 0.053	—	−0.075	−0.014	−0.028	−0.032	0.175	0.325 / 0.311	−0.189 / −0.014	−0.014 / 0.246	−0.255 / 0.032	0.032
	—[1] / 0.066	0.039	0.044	−0.022	−0.070	−0.013	−0.036	−0.022	−0.022 / 0.202	−0.298 / 0.307	−0.193 / −0.023	−0.023 / 0.286	−0.214
	0.063	—	—	−0.042	0.011	−0.003	0.001	0.208	−0.292 / 0.053	0.053 / −0.014	−0.014 / 0.004	0.004 / −0.001	−0.001
	—	0.051	—	−0.031	−0.034	0.009	−0.002	−0.031	−0.031 / 0.247	−0.253 / 0.043	0.043 / −0.011	−0.011 / 0.002	0.002
	—	—	0.050	0.008	−0.033	−0.033	0.008	0.008	0.008 / −0.041	−0.041 / 0.250	−0.250 / 0.041	0.041 / −0.008	−0.008
	0.171	0.112	0.132	−0.158	−0.118	−0.118	−0.158	0.342	−0.658 / 0.540	−0.460 / 0.500	−0.500 / 0.460	−0.540 / 0.658	−0.342
	0.211	—	0.191	−0.079	−0.059	−0.059	−0.079	0.421	−0.579 / 0.020	0.020 / 0.500	−0.500 / −0.020	−0.020 / 0.579	−0.421

荷载图	跨内最大弯矩			支座弯矩				剪　力					
	M_1	M_2	M_3	M_B	M_C	M_D	M_E	V_A	V_{Bx} / V_{By}	V_{Cx} / V_{Cy}	V_{Dx} / V_{Dy}	V_{Ex} / V_{Ey}	V_F
两点对称荷载 P P	—	0.181	—	-0.079	-0.059	-0.059	-0.079	-0.079	-0.079 / 0.520	-0.480 / 0	0 / 0.480	-0.520 / 0.079	0.079
三点荷载 P P P	0.160	$\dfrac{0.144②}{0.178}$	—	-0.179	-0.032	-0.066	-0.077	0.321	-0.679 / 0.647	-0.353 / -0.034	-0.034 / 0.489	-0.511 / 0.077	0.077
三点荷载 P P P	$\dfrac{—①}{0.207}$	0.140	0.151	-0.052	-0.167	-0.031	-0.086	0.052	-0.052 / 0.385	-0.615 / 0.637	-0.363 / -0.056	-0.056 / 0.586	-0.414
单点荷载 P	0.200	—	—	-0.100	0.027	-0.007	0.002	0.400	-0.600 / 0.127	0.127 / -0.031	-0.034 / 0.009	0.009 / -0.002	-0.002
单点荷载 P	—	0.173	—	-0.073	-0.081	0.022	-0.005	-0.073	-0.073 / 0.493	-0.507 / 0.102	0.102 / -0.027	-0.027 / 0.005	0.005
单点荷载 P	—	—	0.071	0.020	-0.079	-0.079	0.020	0.020	0.020 / -0.099	-0.099 / 0.500	-0.500 / 0.099	0.099 / -0.020	-0.020
满布均布荷载 P P P P P P P P	0.240	0.100	0.122	-0.281	-0.211	0.211	-0.281	0.719	-1.281 / 1.070	-0.930 / 1.000	-1.000 / 0.930	1.070 / 1.281	-0.719
P P　P P　P P	0.287	—	0.228	-0.140	-0.105	-0.105	-0.140	0.860	-1.140 / 0.035	0.035 / 1.000	1.000 / -0.035	-0.035 / 1.140	-0.860
P P　　P P	—	0.216	—	-0.140	-0.105	-0.105	-0.140	-0.140	-0.140 / 1.035	-0.965 / 0	0 / 0.965	-1.035 / 0.140	0.140
P P　P P　　P P	0.227	$\dfrac{0.189②}{0.209}$	—	-0.319	-0.057	-0.118	-0.137	0.681	-1.319 / 1.262	-0.738 / -0.061	-0.061 / 0.981	-1.019 / 0.137	0.137
P P　P P　　P P	$\dfrac{—①}{0.282}$	0.172	0.198	-0.093	-0.297	-0.054	-0.153	0.093	0.093 / 0.796	-1.204 / 1.243	-0.757 / -0.099	-0.099 / 1.153	-0.847
P P	0.274	—	—	-0.179	0.048	-0.013	0.003	0.821	-1.179 / 0.227	0.227 / -0.061	-0.061 / 0.016	0.016 / -0.003	-0.003
P P	—	0.198	—	-0.131	-0.144	0.038	-0.010	-0.131	-0.131 / 0.987	-1.013 / 0.182	0.182 / -0.048	-0.048 / 0.010	0.010
P P	—	—	0.193	0.035	-0.140	-0.140	0.035	0.035	0.035 / -0.175	-0.175 / 1.000	-1.000 / 0.175	0.175 / -0.035	-0.035

①分子及分母分别为 M_1 及 M_5 的弯矩系数；

②分子及分母分别为 M_2 及 M_4 的弯矩系数。

附表28　双向板内力计算系数表

符 号 说 明

B_c——刚度，$B_c = \dfrac{Eh^3}{12\left(1-\mu^2\right)}$刚度；

E——弹性模量；

h——板厚；

ν——泊松比；

f, f_{max}——分别为板中心点的挠度和最大挠度；

f_{0x}, f_{0y}——分别为平行于l_x和l_y方向自由边的中点挠度；

m_x, m_{xmax}——分别为平行于l_x方向板中心点单位板宽内的弯矩和板跨内最大弯矩；

m_y, m_{ymax}——分别为平行于l_y方向板中心点单位板宽内的弯矩和板跨内最大弯矩；

m_{0x}, m_{0y}——分别为平行于l_x和l_y方向自由边的中点单位板宽内的弯矩；

m'_x——固定边中点沿l_x方向单位板宽内的弯矩；

m'_y——固定边中点沿l_y方向单位板宽内的弯矩；

m'_{xz}——平行于l_x方向自由边上固定端单位板宽内的支座弯矩。

——　代表自由边；==== 代表简支边；……… 代表固定边。

正负号的规定：

弯矩——使板的受荷面受压者为正；

挠度——变位方向与荷载方向相同者为正。

① 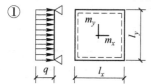　挠度 = 表中系数$\times\dfrac{ql^4}{B_c}$，

$\nu=0$，弯矩 = 表中系数$\times ql^2$，

式中，l取用l_x和l_y中之较小者。

l_x/l_y	f	m_x	m_y	l_x/l_y	f	m_x	m_y
0.50	0.01013	0.0965	0.0174	0.80	0.00603	0.0561	0.0334
0.55	0.00940	0.0892	0.0210	0.85	0.00547	0.0506	0.0348
0.60	0.00867	0.0820	0.0242	0.90	0.00496	0.0456	0.0358
0.65	0.00796	0.0750	0.0271	0.95	0.00449	0.0410	0.0364
0.70	0.00727	0.0683	0.0296	1.00	0.00406	0.0368	0.0368
0.75	0.00663	0.0620	0.0317				

② 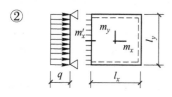　挠度 = 表中系数$\times\dfrac{ql^4}{B_c}$，

$\nu=0$，弯矩 = 表中系数$\times ql^2$，

式中，l取用l_x和l_y中之较小者。

l_x/l_y	l_y/l_x	f	f_{max}	m_x	m_{xmax}	m_y	m_{ymax}	m'_x
0.50		0.00488	0.00504	0.0583	0.0646	0.0060	0.0063	− 0.1212
0.55		0.00471	0.00492	0.0563	0.0618	0.0081	0.0087	− 0.1187
0.60		0.00453	0.00472	0.0539	0.0589	0.0104	0.0111	− 0.1153
0.65		0.00432	0.00448	0.0513	0.0559	0.0126	0.0133	− 0.1124
0.70		0.00410	0.00422	0.0485	0.0529	0.0148	0.0154	− 0.1087
0.75		0.00388	0.00399	0.0457	0.0496	0.0168	0.0174	− 0.1048

续表

l_x/l_y	l_y/l_x	f	f_{max}	m_x	m_{xmax}	m_y	m_{ymax}	m'_x
0.80		0.00365	0.00376	0.0428	0.0463	0.0187	0.0193	-0.1007
0.85		0.00343	0.00352	0.0400	0.0431	0.0204	0.0211	-0.0965
0.90		0.00321	0.00329	0.0372	0.0400	0.0219	0.0226	-0.0922
0.95		0.00299	0.00306	0.0345	0.0369	0.0232	0.0239	-0.0880
1.00	1.00	0.00279	0.00285	0.0319	0.0340	0.0243	0.0249	-0.0839
	0.95	0.00316	0.00324	0.0324	0.0345	0.0280	0.0287	-0.0882
	0.90	0.00360	0.00368	0.0328	0.0347	0.0322	0.0330	-0.0926
	0.85	0.00409	0.00417	0.0329	0.0347	0.0370	0.0378	-0.0970
	0.80	0.00464	0.00473	0.0326	0.0343	0.0424	0.0433	-0.1014
	0.75	0.00526	0.00536	0.0319	0.0335	0.0485	0.0494	-0.1056
	0.70	0.00595	0.00605	0.0308	0.0323	0.0553	0.0562	-0.1096
	0.65	0.00670	0.00680	0.0291	0.0306	0.0627	0.0637	-0.1133
	0.60	0.00752	0.00762	0.0268	0.0289	0.0707	0.0717	-0.1166
	0.55	0.00838	0.00848	0.0239	0.0271	0.0792	0.0801	-0.1193
	0.50	0.00927	0.00935	0.0205	0.0249	0.0880	0.0888	-0.1215

③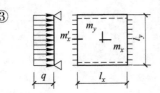

挠度 = 表中系数 $\times \dfrac{ql^4}{B_c}$,

$\nu = 0$ ，弯矩 = 表中系数 $\times ql^2$ ，

式中，l 取用 l_x 和 l_y 中之较小者。

l_x/l_y	l_y/l_x	f	m_x	m_y	m'_x
0.50		0.0061	0.0416	0.0017	-0.0843
0.55		0.00259	0.0410	0.0028	-0.0840
0.60		0.00255	0.0402	0.0042	-0.0834
0.65		0.00250	0.0392	0.0057	-0.0826
0.70		0.00243	0.0379	0.0072	-0.0814
0.75		0.00236	0.0366	0.0088	-0.0799
0.80		0.00228	0.0351	0.0103	-0.0782
0.85		0.00220	0.0335	0.0118	-0.0763
0.90		0.00211	0.0319	0.0133	-0.0743
0.95		0.00201	0.0302	0.0146	-0.0721
1.00	1.00	0.00192	0.0285	0.0158	-0.0698
	0.95	0.00223	0.0296	0.0189	-0.0746
	0.90	0.00260	0.0306	0.0224	-0.0797
	0.85	0.00303	0.0314	0.0266	-0.0850
	0.80	0.00354	0.0319	0.0316	-0.0904
	0.75	0.00413	0.0321	0.0374	-0.0959
	0.70	0.00482	0.0318	0.0441	-0.1013
	0.65	0.00560	0.0308	0.0518	-0.1066
	0.60	0.00647	0.0292	0.0604	-0.1114
	0.55	0.00743	0.0267	0.0698	-0.1156
	0.50	0.00844	0.0234	0.0798	-0.1191

④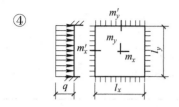

挠度 = 表中系数 $\times \dfrac{ql^4}{B_c}$，

$\nu = 0$，弯矩 = 表中系数 $\times ql^2$，

式中，l 取用 l_x 和 l_y 中之较小者。

l_x/l_y	f	m_x	m_y	m'_x	m'_y
0.50	0.00253	0.0400	0.0038	−0.0829	−0.0570
0.55	0.00246	0.0385	0.0056	−0.0814	−0.0571
0.60	0.00236	0.0367	0.0076	−0.0793	−0.0571
0.65	0.00224	0.0345	0.0095	−0.0766	−0.0571
0.70	0.00211	0.0321	0.0113	−0.0735	−0.0569
0.75	0.00197	0.0296	0.0130	−0.0701	−0.0565
0.80	0.00182	0.0271	0.0144	−0.0664	−0.0559
0.85	0.00168	0.0246	0.0156	−0.0626	−0.0551
0.90	0.00153	0.0221	0.0165	−0.0588	−0.0541
0.95	0.00140	0.0198	0.0172	−0.0550	−0.0528
1.00	0.00127	0.0176	0.0176	−0.0513	−0.0513

⑤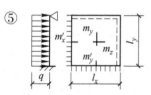

挠度 = 表中系数 $\times \dfrac{ql^4}{B_c}$，

$\nu = 0$，弯矩 = 表中系数 $\times ql^2$，

式中，l 取用 l_x 和 l_y 中之较小者。

l_x/l_y	f	f_{max}	m_x	m_{xmax}	m_y	m_{ymax}	m'_x	m'_y
0.50	0.00468	0.00471	0.0559	0.0562	0.0079	0.0135	−0.1179	−0.0786
0.55	0.00445	0.00454	0.0529	0.0530	0.0104	0.0153	−0.1140	−0.0785
0.60	0.00419	0.00429	0.0496	0.0498	0.0129	0.0169	−0.1095	−0.0782
0.65	0.00391	0.00399	0.0461	0.0465	0.0151	0.0183	−0.1045	−0.0777
0.70	0.00363	0.00368	0.0426	0.0432	0.0172	0.0195	−0.0992	−0.0770
0.75	0.00335	0.00340	0.0390	0.0396	0.0189	0.0206	−0.0938	−0.0760
0.80	0.00308	0.00313	0.0356	0.0361	0.0204	0.0218	−0.0883	−0.0748
0.85	0.00281	0.00286	0.0322	0.0328	0.0215	0.0229	−0.0829	−0.0783
0.90	0.00256	0.00261	0.0291	0.0297	0.0224	0.0238	−0.0776	−0.0716
0.95	0.00232	0.00237	0.0261	0.0267	0.0230	0.0244	−0.0726	−0.0698
1.00	0.00210	0.00215	0.0234	0.0240	0.0234	0.0249	−0.0677	−0.0677

⑥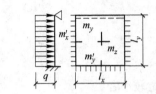

挠度 = 表中系数 $\times \dfrac{ql^4}{B_c}$,

$\nu = 0$, 弯矩 = 表中系数 $\times ql^2$,

式中, l 取用 l_x 和 l_y 中之较小者。

l_x/l_y	l_y/l_x	f	f_{max}	m_x	m_{xmax}	m_y	m_{ymax}	m_x'	m_y'
0.50		0.00257	0.00258	0.0408	0.0409	0.0028	0.0089	−0.0836	−0.0569
0.55		0.00252	0.00255	0.0398	0.0399	0.0042	0.0093	−0.0827	−0.0570
0.60		0.00245	0.00249	0.0384	0.0386	0.0059	0.0105	−0.0814	−0.0571
0.65		0.00237	0.00240	0.0368	0.0371	0.0076	0.0116	−0.0796	−0.0572
0.70		0.00227	0.00229	0.0350	0.0354	0.0093	0.0127	−0.0774	−0.0572
0.75		0.00216	0.00219	0.0331	0.0335	0.0109	0.0137	−0.0750	−0.0572
0.80		0.00205	0.00208	0.0310	0.0314	0.0124	0.0147	−0.0722	−0.0570
0.85		0.00193	0.00196	0.0289	0.0293	0.0138	0.0155	−0.0693	−0.0567
0.90		0.00181	0.00184	0.0268	0.0273	0.0159	0.0163	−0.0663	−0.0563
0.95		0.00169	0.00172	0.0247	0.0252	0.0160	0.0172	−0.0631	−0.0558
1.00	1.00	0.00157	0.00160	0.0227	0.0231	0.0168	0.0180	−0.0600	−0.0550
	0.95	0.00178	0.00182	0.0229	0.0234	0.0194	0.0207	−0.0629	−0.0599
	0.90	0.00201	0.00206	0.0228	0.0234	0.0223	0.0288	−0.0656	−0.0653
	0.85	0.00227	0.00233	0.0225	0.0231	0.0255	0.0273	−0.0683	−0.0711
	0.80	0.00256	0.00262	0.0219	0.0224	0.0290	0.0311	−0.0707	−0.0772
	0.75	0.00286	0.00294	0.0208	0.0214	0.0329	0.0354	−0.0729	−0.0837
	0.70	0.00319	0.00327	0.0194	0.0200	0.0370	0.0400	−0.0748	−0.0903
	0.65	0.00352	0.00365	0.0175	0.0182	0.0412	0.0446	−0.0762	−0.0970
	0.60	0.00386	0.00403	0.0153	0.0160	0.0454	0.0493	−0.0778	−0.1033
	0.55	0.00419	0.00437	0.0127	0.0133	0.0496	0.0541	−0.0780	−0.1093
	0.50	0.00449	0.00463	0.0099	0.0103	0.0534	0.0588	−0.0784	−0.1146

附表 29 结构构件的裂缝控制等级及最大裂缝宽度限值

环境类别	钢筋混凝土结构		预应力混凝土结构	
	裂缝控制等级	w_{lim}	裂缝控制等级	w_{lim}
一	三级	0.30（0.40）	三级	0.20
二 a				0.10
二 b		0.20	二级	—
三 a、三 b			一级	—

注：1. 对处于年平均相对湿度小于 60% 地区一类环境下的受弯构件，其最大裂缝宽度限值可采用括号内的数值；
　　2. 在一类环境下，对钢筋混凝土屋架、托架及需作疲劳验算的吊车梁，其最大裂缝宽度限值应取为 0.20mm；对钢筋混凝土屋面梁和托梁，其最大裂缝宽度限值应取为 0.30mm；
　　3. 在一类环境下，对预应力混凝土屋架、托架及双向板体系，应按二级裂缝控制等级进行验算；对一类环境下的预应力混凝土屋面梁、托梁、单向板，应按表中二 a 级环境的要求进行验算；在一类和二 a 类环境下需作疲劳验算的预应力混凝土吊车梁，应按裂缝控制等级不低于二级的构件进行验算；
　　4. 表中规定的预应力混凝土构件的裂缝控制等级和最大裂缝宽度限值仅适用于正截面的验算；预应力混凝土构件的斜截面裂缝控制验算应符合本规范第 7 章的有关规定；
　　5. 对于烟囱、筒仓和处于液体压力下的结构，其裂缝控制要求应符合专门标准的有关规定；
　　6. 对于处于四、五类环境下的结构构件，其裂缝控制要求应符合专门标准的有关规定；
　　7. 表中的最大裂缝宽度限值为用于验算荷载作用引起的最大裂缝宽度。

附表 30　受弯构件的挠度限值

构件类型		挠度限值
吊车梁	手动吊车	$l_0/500$
	电动吊车	$l_0/600$
屋盖、楼盖及楼梯构件	当 $l_0 < 7$m 时	$l_0/200$（$l_0/250$）
	当 7m $\leqslant l_0 \leqslant 9$m 时	$l_0/250$（$l_0/300$）
	当 $l_0 > 9$m 时	$l_0/300$（$l_0/400$）

注：1. 表中 l_0 为构件的计算跨度；计算悬臂构件的挠度限值时，其计算跨度 l_0 按实际悬臂长度的 2 倍取用；
　　2. 表中括号内的数值适用于使用上对挠度有较高要求的构件；
　　3. 如果构件制作时预先起拱，且使用上也允许，则在验算挠度时，可将计算所得的挠度值减去起拱值；对预应力混凝土构件，尚可减去预加力所产生的反拱值；
　　4. 构件制作时的起拱值和预加力所产生的反拱值，不宜超过构件在相应荷载组合作用下的计算挠度值。

附表 31　影响系数 φ（砂浆强度等级 $\geqslant$ M5）

β	$\dfrac{e}{h}$ 或 $\dfrac{e}{h_T}$												
	0	0.025	0.05	0.075	0.1	0.125	0.15	0.175	0.2	0.225	0.25	0.275	0.3
$\leqslant 3$	1	0.99	0.97	0.94	0.89	0.84	0.79	0.73	0.68	0.62	0.57	0.52	0.48
4	0.98	0.95	0.90	0.85	0.80	0.74	0.69	0.64	0.58	0.53	0.49	0.45	0.41
6	0.95	0.91	0.86	0.81	0.75	0.69	0.64	0.59	0.54	0.49	0.45	0.42	0.38
8	0.91	0.86	0.81	0.76	0.70	0.64	0.59	0.54	0.50	0.46	0.42	0.39	0.36
10	0.87	0.82	0.76	0.71	0.65	0.60	0.55	0.50	0.46	0.42	0.39	0.36	0.33
12	0.82	0.77	0.71	0.66	0.60	0.55	0.51	0.47	0.43	0.39	0.36	0.33	0.31
14	0.77	0.72	0.66	0.61	0.56	0.51	0.47	0.43	0.40	0.36	0.34	0.31	0.29
16	0.72	0.67	0.61	0.56	0.52	0.47	0.44	0.40	0.37	0.34	0.31	0.29	0.27
18	0.67	0.62	0.57	0.52	0.48	0.44	0.40	0.37	0.34	0.31	0.29	0.27	0.25
20	0.62	0.57	0.53	0.48	0.44	0.40	0.37	0.34	0.32	0.29	0.27	0.25	0.23
22	0.58	0.53	0.49	0.45	0.41	0.38	0.35	0.32	0.30	0.27	0.25	0.24	0.22
24	0.54	0.49	0.45	0.41	0.38	0.35	0.32	0.30	0.28	0.26	0.24	0.22	0.21
26	0.50	0.46	0.42	0.38	0.35	0.33	0.30	0.28	0.26	0.24	0.22	0.21	0.19
28	0.46	0.42	0.39	0.36	0.33	0.30	0.28	0.26	0.24	0.22	0.21	0.19	0.18
30	0.42	0.39	0.36	0.33	0.31	0.28	0.26	0.24	0.22	0.21	0.20	0.18	0.17

附表 32　影响系数 φ（砂浆强度等级 $\geqslant$ M2.5）

β	$\dfrac{e}{h}$ 或 $\dfrac{e}{h_T}$												
	0	0.025	0.05	0.075	0.1	0.125	0.15	0.175	0.2	0.225	0.25	0.275	0.3
$\leqslant 3$	1	0.99	0.97	0.94	0.89	0.84	0.79	0.73	0.68	0.62	0.57	0.52	0.48
4	0.97	0.94	0.89	0.84	0.78	0.73	0.67	0.62	0.57	0.52	0.48	0.44	0.40
6	0.93	0.89	0.84	0.78	0.73	0.67	0.62	0.57	0.52	0.48	0.44	0.40	0.37
8	0.89	0.84	0.78	0.72	0.67	0.62	0.57	0.52	0.48	0.44	0.40	0.37	0.34
10	0.83	0.78	0.72	0.67	0.61	0.56	0.52	0.47	0.43	0.40	0.38	0.34	0.31
12	0.78	0.72	0.67	0.61	0.56	0.56	0.47	0.43	0.40	0.37	0.34	0.31	0.29
14	0.72	0.66	0.61	0.56	0.51	0.47	0.43	0.40	0.36	0.34	0.31	0.29	0.27
16	0.66	0.61	0.56	0.51	0.47	0.43	0.40	0.36	0.34	0.31	0.29	0.26	0.25
18	0.61	0.56	0.51	0.47	0.43	0.40	0.36	0.33	0.31	0.29	0.26	0.24	0.23
20	0.56	0.51	0.47	0.43	0.39	0.36	0.33	0.31	0.28	0.26	0.24	0.23	0.21

续附表 32

β	$\dfrac{e}{h}$ 或 $\dfrac{e}{h_T}$												
	0	0.025	0.05	0.075	0.1	0.125	0.15	0.175	0.2	0.225	0.25	0.275	0.3
22	0.51	0.47	0.43	0.39	0.36	0.33	0.31	0.28	0.26	0.24	0.23	0.21	0.20
24	0.46	0.43	0.39	0.36	0.33	0.31	0.28	0.26	0.24	0.23	0.21	0.20	0.18
26	0.42	0.39	0.36	0.33	0.31	0.28	0.26	0.24	0.22	0.21	0.20	0.18	0.17
28	0.39	0.36	0.33	0.30	0.28	0.26	0.24	0.22	0.21	0.20	0.18	0.17	0.16
30	0.36	0.33	0.30	0.28	0.26	0.24	0.22	0.21	0.20	0.18	0.17	0.16	0.15

附表 33　影响系数 φ（砂浆强度等级 $\geqslant 0$）

β	$\dfrac{e}{h}$ 或 $\dfrac{e}{h_T}$												
	0	0.025	0.05	0.075	0.1	0.125	0.15	0.175	0.2	0.225	0.25	0.275	0.3
$\leqslant 3$	1	0.99	0.97	0.94	0.89	0.84	0.79	0.73	0.68	0.62	0.57	0.52	0.48
4	0.87	0.82	0.77	0.71	0.66	0.60	0.55	0.51	0.46	0.43	0.39	0.36	0.33
6	0.76	0.70	0.65	0.59	0.54	0.50	0.46	0.42	0.39	0.36	0.33	0.30	0.28
8	0.63	0.58	0.54	0.49	0.45	0.41	0.38	0.35	0.32	0.30	0.28	0.25	0.24
10	0.53	0.48	0.44	0.41	0.37	0.34	0.32	0.29	0.27	0.25	0.23	0.22	0.20
12	0.44	0.40	0.37	0.34	0.31	0.29	0.27	0.25	0.23	0.21	0.20	0.19	0.17
14	0.36	0.33	0.31	0.28	0.26	0.24	0.23	0.21	0.20	0.18	0.17	0.16	0.15
16	0.30	0.28	0.26	0.24	0.22	0.21	0.19	0.18	0.17	0.16	0.15	0.14	0.13
18	0.26	0.24	0.22	0.21	0.19	0.18	0.17	0.16	0.15	0.14	0.13	0.12	0.12
20	0.22	0.20	0.19	0.18	0.17	0.16	0.15	0.14	0.13	0.12	0.12	0.11	0.10
22	0.19	0.18	0.16	0.15	0.14	0.14	0.13	0.12	0.12	0.11	0.10	0.10	0.09
24	0.16	0.15	0.14	0.13	0.13	0.12	0.11	0.11	0.10	0.10	0.09	0.09	0.08
26	0.14	0.13	0.13	0.12	0.11	0.11	0.10	0.10	0.09	0.09	0.08	0.08	0.07
28	0.12	0.12	0.12	0.11	0.10	0.10	0.09	0.09	0.08	0.08	0.08	0.07	0.07
30	0.11	0.10	0.10	0.09	0.09	0.09	0.08	0.08	0.07	0.07	0.07	0.07	0.06

附表 34　钢材摩擦面的抗滑移系数 μ

连接处构件接触面的处理方法		构件的钢号				
		Q235	Q345	Q390	Q420	Q460
普通钢结构	喷硬质石英砂或铸钢棱角砂	0.45	0.45		0.45	
	抛丸（喷砂）	0.35	0.40		0.40	
	抛丸（喷砂）后生赤锈	0.45	0.45		0.45	
	钢丝刷清除浮锈或未经处理的干净轧制面	0.30	0.35		0.40	
冷弯薄壁型钢结构	抛丸（喷砂）	0.35	0.40	—	—	
	热轧钢材轧制面清除浮锈	0.30	0.35	—	—	
	冷轧钢材轧制面清除浮锈	0.25	—	—	—	

注：1. 钢丝刷除锈方向应与受力方向垂直；

　　2. 当连接构件采用不同钢号时，μ 按相应较低的取值；

　　3. 采用其他方法处理时，其处理工艺及抗滑移系数值均需要试验确定。

附表 35　涂层连接面的抗滑移系数

表面处理要求	涂装方法及涂层厚度/μm	涂层类别	抗滑系数 μ
抛丸除锈，达到 Sa2$\frac{1}{2}$级	喷涂或手工涂刷，50~75	醇酸铁红	0.15
		聚氨酯富锌	
		环氧富锌	
	喷涂或手工涂刷，50~75	无机富锌	0.35
		水性无机富锌	
	喷涂，30~60	锌加（Z1NA）	0.45
	喷涂，80~120	防滑防锈硅酸锌漆（HES-2）	

注：当设计要求使用其他涂层（热喷铝、镀锌等）时，其钢材表面处理要求、涂层厚度及抗滑移系数均需由试验确定。

附表 36　轴心受压构件的截面分类（板厚 $t < 40$mm）

截　面　形　式			对 x 轴	对 y 轴
轧制			a 类	b 类
轧制		$b/h \leqslant 0.8$	a 类	b 类
		$b/h > 0.8$	ba 类	cb 类
轧制等边角钢			ba 类	ba 类
焊接、翼缘为焰切边		焊接	b 类	b 类
轧制				
轧制，焊接（板件宽厚比 >20）	轧制或焊接			
焊接	轧制截面和翼缘为焰切边的焊接截面			
格构式	焊接，板件边缘焰切			

续附表 36

截　面　形　式		对 x 轴	对 y 轴
	焊接，翼缘为轧制或剪切边	b 类	c 类
焊接，板件边缘轧制或剪切	焊接，板件宽厚比≤20	c 类	c 类

注：ba 类含义为 Q235 钢取 b 类，Q345、Q390、Q420 和 Q460 钢取 a 类；cb 类含义为 Q235 钢取 c 类，Q345、Q390、Q420 和 Q460 钢取 b 类。

附表 37　轴心受压构件的截面分类（板厚 $t \geqslant 40mm$）

截　面　形　式		对 x 轴	对 y 轴
轧制工字形或 H 形截面	$t < 80mm$	b 类	c 类
	$t \geqslant 80mm$	c 类	d 类
焊接工字形截面	翼缘为焰切边	b 类	c 类
	翼缘为轧制或剪切边	c 类	d 类
焊接箱形截面	板件宽厚比 > 20	b 类	b 类
	板件宽厚比 ≤ 20	c 类	c 类

附表 38　受压构件的容许长细比

构　件　名　称	容许长细比
轴压柱、桁架和天窗架中的压杆	150
柱的缀条、吊车梁或吊车桁架以下的柱间支撑	150
支撑（吊车梁或吊车桁架以下的柱间支撑除外）	200
用以减小受压构件计算长度的杆件	200

注：1. 桁架（包括空间桁架）的受压腹杆，当其内力等于或小于承载能力的 50% 时，容许长细比值可取 200；
　　2. 计算单角钢受压构件的长细比时，应采用角钢的最小回转半径，但计算在交叉点相互连接的交叉杆件平面外的长细比时，可采用与角钢肢边平行轴的回转半径；跨度等于或大于 60m 的桁架，其受压弦杆和端压杆的容许长细比值宜取 100，其他受压腹杆可取 150（承受静力荷载或间接承受动力荷载）或 120（直接承受动力荷载）；由容许长细比控制截面的杆件，在计算其长细比时，可不考虑扭转效应。

附表 39　受拉构件的容许长细比

构　件　名　称	承受静力荷载或间接动力荷载的结构			直接承受动力荷载的结构
	一般建筑结构	对腹杆提供面外支点的弦杆	有重级工作制起重机的厂房	
桁架构件	350	250	250	250
吊车梁或吊车桁架以下柱间支撑	300	200	200	

续附表 39

构件名称	承受静力荷载或间接动力荷载的结构			直接承受动力荷载的结构
	一般建筑结构	对腹杆提供面外支点的弦杆	有重级工作制起重机的厂房	
其他拉杆、支撑、系杆等（张紧的圆钢除外）	400	—	350	—

注：1. 除对腹杆提供面外支点的弦杆外，承受静力荷载的结构受拉构件，可仅计算竖向平面内的长细比；
　　2. 在直接或间接承受动力荷载的结构中，单角钢受拉构件长细比的计算方法与附表 38 注 2 相同；
　　3. 中、重级工作制吊车桁架下弦杆的长细比不宜超过 200；
　　4. 在设有夹钳或刚性料耙等硬钩起重机的厂房中，支撑的长细比不宜超过 300；
　　5. 受拉构件在永久荷载与风荷载组合作用下受压时，其长细比不宜超过 250；
　　6. 跨度等于或大于 60m 的桁架，其受拉弦杆和腹杆的长细比不宜超过 300（承受静力荷载或间接承受动力荷载）或 250（直接承受动力荷载）；
　　7. 吊车梁及吊车桁架下的支撑按拉杆设计时，柱子的轴力应按无支撑时考虑。

附表 40　轴心受压构件的稳定系数

附表 40-1　a 类截面轴心受压构件的稳定系数 φ

$\lambda\sqrt{\dfrac{f_{yk}}{235}}$	0	1	2	3	4	5	6	7	8	9
0	1.000	1.000	1.000	1.000	0.999	0.999	0.998	0.998	0.997	0.996
10	0.995	0.994	0.993	0.992	0.991	0.989	0.988	0.986	0.985	0.983
20	0.981	0.979	0.977	0.976	0.974	0.972	0.970	0.968	0.966	0.964
30	0.963	0.961	0.959	0.957	0.954	0.952	0.950	0.948	0.946	0.944
40	0.941	0.939	0.937	0.934	0.932	0.929	0.927	0.924	0.921	0.918
50	0.916	0.913	0.910	0.907	0.903	0.900	0.897	0.893	0.890	0.886
60	0.883	0.879	0.875	0.871	0.867	0.862	0.858	0.854	0.849	0.844
70	0.839	0.834	0.829	0.824	0.818	0.813	0.807	0.801	0.795	0.789
80	0.783	0.776	0.770	0.763	0.756	0.749	0.742	0.735	0.728	0.721
90	0.713	0.706	0.698	0.691	0.683	0.676	0.668	0.660	0.653	0.645
100	0.637	0.630	0.622	0.614	0.607	0.599	0.592	0.584	0.577	0.569
110	0.562	0.555	0.548	0.541	0.534	0.527	0.520	0.513	0.507	0.500
120	0.494	0.487	0.481	0.475	0.469	0.463	0.457	0.451	0.445	0.439
130	0.434	0.428	0.423	0.417	0.412	0.407	0.402	0.397	0.392	0.387
140	0.382	0.378	0.373	0.368	0.364	0.360	0.355	0.351	0.347	0.343
150	0.339	0.335	0.331	0.327	0.323	0.319	0.316	0.312	0.308	0.305
160	0.302	0.298	0.295	0.292	0.288	0.285	0.282	0.279	0.276	0.273
170	0.270	0.267	0.264	0.261	0.259	0.256	0.253	0.250	0.248	0.245
180	0.243	0.240	0.238	0.235	0.233	0.231	0.228	0.226	0.224	0.222
190	0.219	0.217	0.215	0.213	0.211	0.209	0.207	0.205	0.203	0.201
200	0.199	0.197	0.196	0.194	0.192	0.190	0.188	0.187	0.185	0.183
210	0.182	0.180	0.178	0.177	0.175	0.174	0.172	0.171	0.169	0.168
220	0.166	0.165	0.163	0.162	0.161	0.159	0.158	0.157	0.155	0.154
230	0.153	0.151	0.150	0.149	0.148	0.147	0.145	0.144	0.143	0.142
240	0.141	0.140	0.139	0.137	0.136	0.135	0.134	0.133	0.132	0.131
250	0.130	—	—	—	—	—	—	—	—	—

注：见附表 40-4 注。

附表 40 – 2　　b 类截面轴心受压构件的稳定系数 φ

$\lambda\sqrt{\dfrac{f_{yk}}{235}}$	0	1	2	3	4	5	6	7	8	9
0	1.000	1.000	1.000	0.999	0.999	0.998	0.997	0.996	0.995	0.994
10	0.992	0.991	0.989	0.987	0.985	0.983	0.981	0.978	0.976	0.973
20	0.970	0.967	0.963	0.960	0.957	0.953	0.950	0.946	0.943	0.939
30	0.936	0.932	0.929	0.925	0.921	0.918	0.914	0.910	0.906	0.903
40	0.899	0.895	0.891	0.886	0.882	0.878	0.874	0.870	0.865	0.861
50	0.856	0.852	0.847	0.842	0.837	0.833	0.828	0.823	0.818	0.812
60	0.807	0.802	0.796	0.791	0.785	0.780	0.774	0.768	0.762	0.757
70	0.751	0.745	0.738	0.732	0.726	0.720	0.713	0.707	0.701	0.694
80	0.687	0.681	0.674	0.668	0.661	0.654	0.648	0.641	0.634	0.628
90	0.621	0.614	0.607	0.601	0.594	0.587	0.581	0.574	0.568	0.561
100	0.555	0.548	0.542	0.535	0.529	0.523	0.517	0.511	0.504	0.498
110	0.492	0.487	0.481	0.475	0.469	0.464	0.458	0.453	0.447	0.442
120	0.436	0.431	0.426	0.421	0.416	0.411	0.406	0.401	0.396	0.392
130	0.387	0.383	0.378	0.374	0.369	0.365	0.361	0.357	0.352	0.348
140	0.344	0.340	0.337	0.333	0.329	0.325	0.322	0.318	0.314	0.311
150	0.308	0.304	0.301	0.297	0.294	0.291	0.288	0.285	0.282	0.279
160	0.276	0.273	0.270	0.267	0.264	0.262	0.259	0.256	0.253	0.251
170	0.248	0.246	0.243	0.241	0.238	0.236	0.234	0.231	0.229	0.227
180	0.225	0.222	0.220	0.218	0.216	0.214	0.212	0.210	0.208	0.206
190	0.204	0.202	0.200	0.198	0.196	0.195	0.193	0.191	0.189	0.188
200	0.186	0.184	0.183	0.181	0.179	0.178	0.176	0.175	0.173	0.172
210	0.170	0.169	0.167	0.166	0.164	0.163	0.162	0.160	0.159	0.158
220	0.156	0.155	0.154	0.152	0.151	0.150	0.149	0.147	0.146	0.145
230	0.144	0.143	0.142	0.141	0.139	0.138	0.137	0.136	0.135	0.134
240	0.133	0.132	0.131	0.130	0.129	0.128	0.127	0.126	0.125	0.124
250	0.123	—	—	—	—	—	—	—	—	—

注：见附表 40 – 4 注。

附表 40 – 3　　c 类截面轴心受压构件的稳定系数 φ

$\lambda\sqrt{\dfrac{f_{yk}}{235}}$	0	1	2	3	4	5	6	7	8	9
0	1.000	1.000	1.000	0.999	0.999	0.998	0.997	0.996	0.995	0.993
10	0.992	0.990	0.988	0.986	0.983	0.981	0.978	0.976	0.973	0.970
20	0.966	0.959	0.953	0.947	0.940	0.934	0.928	0.921	0.915	0.909
30	0.902	0.896	0.890	0.883	0.877	0.871	0.865	0.858	0.852	0.845
40	0.839	0.833	0.826	0.820	0.813	0.807	0.800	0.794	0.787	0.781
50	0.774	0.768	0.761	0.755	0.748	0.742	0.735	0.728	0.722	0.715

$\lambda\sqrt{\dfrac{f_{yk}}{235}}$	0	1	2	3	4	5	6	7	8	9
60	0.709	0.702	0.695	0.689	0.682	0.675	0.669	0.662	0.656	0.649
70	0.642	0.636	0.629	0.623	0.616	0.610	0.603	0.597	0.591	0.584
80	0.578	0.572	0.565	0.559	0.553	0.547	0.541	0.535	0.529	0.523
90	0.517	0.511	0.505	0.499	0.494	0.488	0.483	0.477	0.471	0.467
100	0.462	0.458	0.453	0.449	0.445	0.440	0.436	0.432	0.427	0.423
110	0.419	0.415	0.411	0.407	0.402	0.398	0.394	0.390	0.386	0.383
120	0.379	0.375	0.371	0.367	0.363	0.360	0.356	0.352	0.349	0.345
130	0.342	0.338	0.335	0.332	0.328	0.325	0.322	0.318	0.315	0.312
140	0.309	0.306	0.303	0.300	0.297	0.294	0.291	0.288	0.285	0.282
150	0.279	0.277	0.274	0.271	0.269	0.266	0.263	0.261	0.258	0.256
160	0.253	0.251	0.248	0.246	0.244	0.241	0.239	0.237	0.235	0.232
170	0.230	0.228	0.226	0.224	0.222	0.220	0.218	0.216	0.214	0.212
180	0.210	0.208	0.206	0.204	0.203	0.201	0.199	0.197	0.195	0.194
190	0.192	0.190	0.189	0.187	0.185	0.184	0.182	0.181	0.179	0.178
200	0.176	0.175	0.173	0.172	0.170	0.169	0.167	0.166	0.165	0.163
210	0.162	0.161	0.159	0.158	0.157	0.155	0.154	0.153	0.152	0.151
220	0.149	0.148	0.147	0.146	0.145	0.144	0.142	0.141	0.140	0.139
230	0.138	0.137	0.136	0.135	0.134	0.133	0.132	0.131	0.130	0.129
240	0.128	0.127	0.126	0.125	0.124	0.123	0.123	0.122	0.121	0.120
250	0.119	—	—	—	—	—	—	—	—	—

注：见附表 40 - 4 注。

附表 40 - 4　d 类截面轴心受压构件的稳定系数 φ

$\lambda\sqrt{\dfrac{f_{yk}}{235}}$	0	1	2	3	4	5	6	7	8	9
0	1.000	1.000	0.999	0.999	0.998	0.996	0.994	0.992	0.990	0.987
10	0.984	0.981	0.978	0.974	0.969	0.965	0.960	0.955	0.949	0.944
20	0.937	0.927	0.918	0.909	0.900	0.891	0.883	0.874	0.865	0.857
30	0.848	0.840	0.831	0.823	0.815	0.807	0.798	0.790	0.782	0.774
40	0.766	0.758	0.751	0.743	0.735	0.727	0.720	0.712	0.705	0.697
50	0.690	0.682	0.675	0.668	0.660	0.653	0.646	0.639	0.632	0.625
60	0.618	0.611	0.605	0.598	0.591	0.585	0.578	0.571	0.565	0.559
70	0.552	0.546	0.540	0.534	0.528	0.521	0.516	0.510	0.504	0.498
80	0.492	0.487	0.481	0.476	0.470	0.465	0.459	0.454	0.449	0.444
90	0.439	0.434	0.429	0.424	0.419	0.414	0.409	0.405	0.401	0.397
100	0.393	0.390	0.386	0.383	0.380	0.376	0.373	0.369	0.366	0.363

$\lambda\sqrt{\dfrac{f_{yk}}{235}}$	0	1	2	3	4	5	6	7	8	9
110	0.359	0.356	0.353	0.350	0.346	0.343	0.340	0.337	0.334	0.331
120	0.328	0.325	0.322	0.319	0.316	0.313	0.310	0.307	0.304	0.301
130	0.298	0.296	0.293	0.290	0.288	0.285	0.282	0.280	0.277	0.275
140	0.272	0.270	0.267	0.265	0.262	0.260	0.257	0.255	0.253	0.250
150	0.248	0.246	0.244	0.242	0.239	0.237	0.235	0.233	0.231	0.229
160	0.227	0.225	0.223	0.221	0.219	0.217	0.215	0.213	0.211	0.210
170	0.208	0.206	0.204	0.202	0.201	0.199	0.197	0.196	0.194	0.192
180	0.191	0.189	0.187	0.186	0.184	0.183	0.181	0.180	0.178	0.177
190	0.175	0.174	0.173	0.171	0.170	0.168	0.167	0.166	0.164	0.163
200	0.162	—	—	—	—	—	—	—	—	—

注：1. 附表 40 - 1 ～ 附表 40 - 4 中的 φ 值按下列公式算得：

当 $\lambda_n = \dfrac{\lambda}{\pi}\sqrt{f_{yk}/E} \leqslant 0.215$ 时：$\varphi = 1 - \alpha_1 \lambda_n^2$

当 $\lambda_n > 0.215$ 时：$\varphi = \dfrac{1}{2\lambda_n^2}\left[(\alpha_2 + \alpha_3\lambda_n + \lambda_n^2) - \sqrt{(\alpha_2 + \alpha_3\lambda_n + \lambda_n^2)^2 - 4\lambda_n^2}\right]$

2. 当构件的 $\lambda\sqrt{f_{yk}/235}$ 值超出附表 40 - 1 ～ 附表 40 - 4 的范围时，则 φ 值按注 1 所列的公式计算。

附表 40 - 5　系数 α_1、α_2、α_3

截面类别		α_1	α_2	α_3
a 类		0.41	0.986	0.152
b 类		0.65	0.965	0.3
c 类	$\lambda_n \leqslant 1.05$	0.73	0.906	0.595
	$\lambda_n > 1.05$		1.216	0.302
d 类	$\lambda_n \leqslant 1.05$	1.35	0.868	0.915
	$\lambda_n > 1.05$		1.375	0.432

附表 41　弯构件的挠度容许值

项次	构 件 类 别	挠度容许值	
		$[v_T]$	$[v_Q]$
1	吊车梁和吊车桁架（按自重和起重量最大的一台吊车计算挠度） 手动吊车和单梁吊车（含悬挂吊车） 轻级工作制桥式吊车 中级工作制桥式吊车 重级工作制桥式吊车	$l/500$ $l/800$ $l/1000$ $l/1200$	—
2	手动或电动葫芦的轨道梁	$l/400$	—
3	有重轨（重量等于或大于 38kg/m）轨道的工作平台梁 有轻轨（重量等于或小于 24kg/m）轨道的工作平台梁	$l/600$ $l/400$	—

续附表41

项次	构 件 类 别	挠度容许值	
		$[v_T]$	$[v_Q]$
4	楼（屋）盖梁或桁架、工作平台梁（第3项除外）和平台板		
	主梁或桁架（包括设有悬挂起重设备的梁和桁架）	$l/400$	$l/500$
	仅支承压型金属板屋面和冷弯型钢檩条	$l/180$	
	除支承压型金属板屋面和冷弯型钢檩条外，尚有吊顶	$l/240$	
	抹灰顶棚的次梁	$l/250$	$l/350$
	除（1）、（2）款外的其他梁（包括楼梯梁）	$l/250$	$l/300$
	屋盖檩条		
	支承压型金属板、无积灰的瓦楞铁和石棉瓦屋面者	$l/150$	—
	支承有积灰的瓦楞铁和石棉瓦等屋面者	$l/200$	—
	支承其他屋面材料者	$l/200$	—
	有吊顶	$l/240$	—
	平台板	$l/150$	
5	墙架构件（风荷载不考虑阵风系数）		
	支柱	—	$l/400$
	抗风桁架（作为连续支柱的支承时）	—	$l/1000$
	砌体墙的横梁（水平方向）	—	$l/300$
	支承压型金属板的横梁（水平方向）	—	$l/100$
	支承瓦楞铁和石棉瓦墙面的横梁（水平方向）	—	$l/200$
	带有玻璃窗的横梁（竖直和水平方向）	$l/200$	$l/200$

注：1. l 为受弯构件的跨度（对悬臂梁和伸臂梁为悬臂长度的2倍）；
　　2. $[v_T]$ 为永久和可变荷载标准值产生的挠度（如有起拱应减去拱度）的容许值；$[v_Q]$ 为可变荷载标准值产生的挠度的容许值。

附表42　各种截面回转半径的近似值

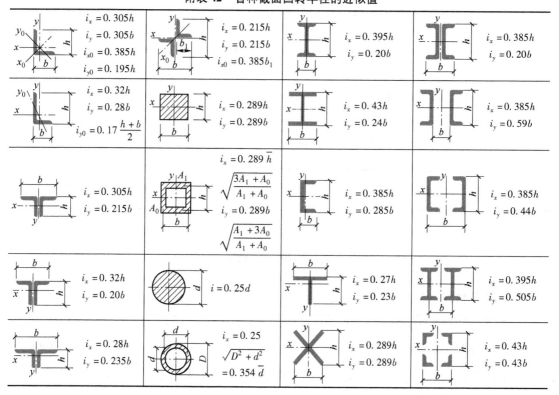

附表43　截面塑性发展系数 γ_x、γ_y

项次	截面形式	γ_x	γ_y
1	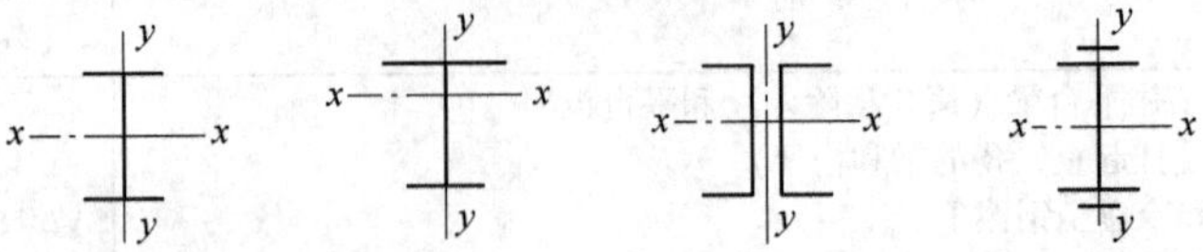	1.05	1.2
2	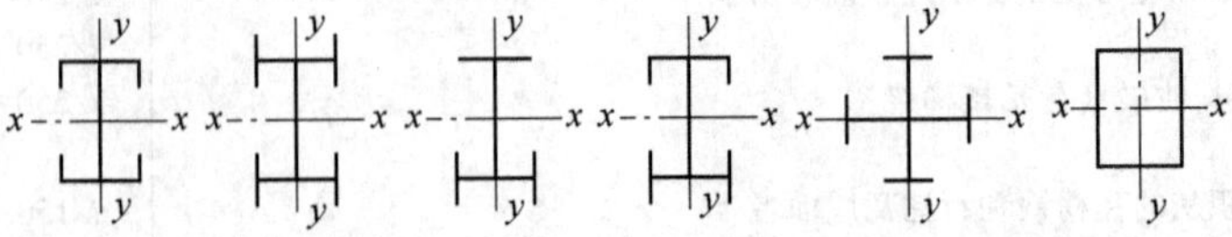		1.05
3	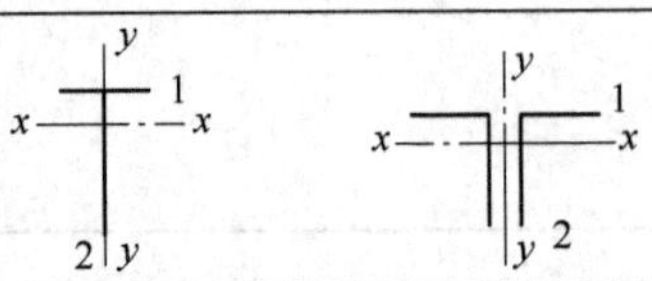	$\gamma_{x1}=1.05$ $\gamma_{x2}=1.2$	1.2
4	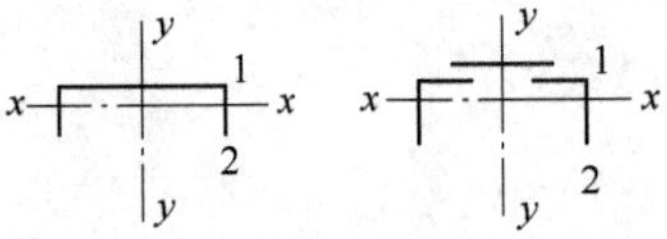		1.05
5	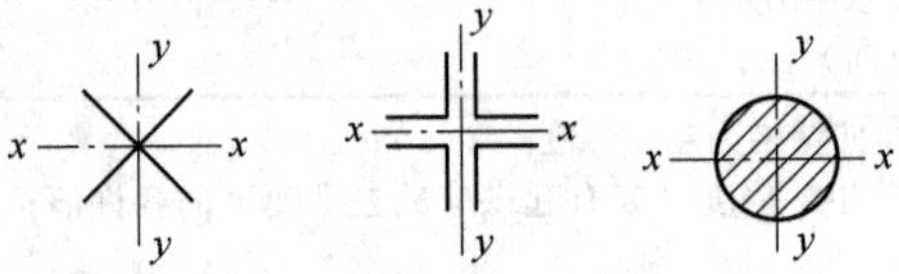	1.2	1.2
6	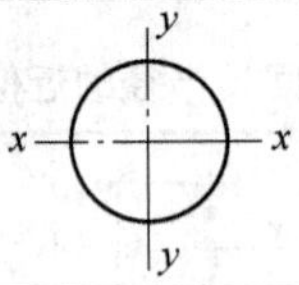	1.15	1.15
7	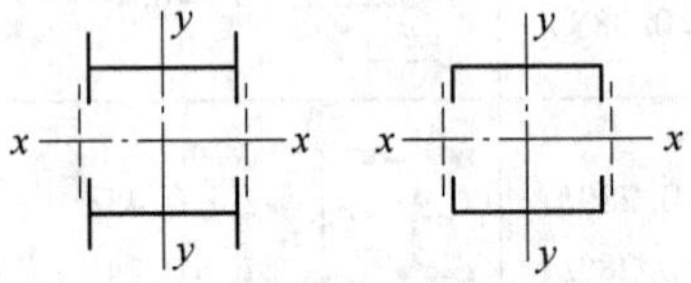	1.0	1.05
8	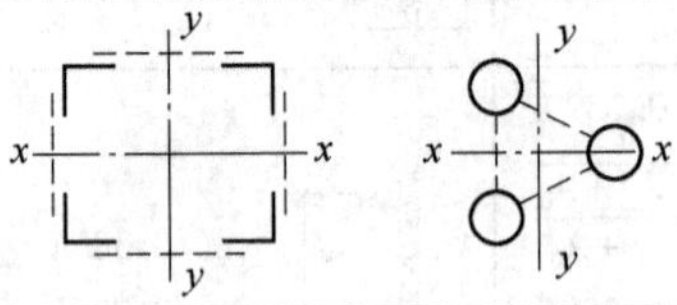		1.0

β_m 的取值依据

β_m 的取值依据如下：

（1）无侧移框架柱和两端支承的构件：

①无横向荷载作用时，取 $\beta_{mx}=0.6+0.4\dfrac{M_2}{M_1}$，$M_1$ 和 M_2 为端弯矩，使构件产生同向曲率（无反弯点）时取同号；使构件产生反向曲率（有反弯点）时取异号，$|M_1|\geqslant|M_2|$；

②无端弯矩但有横向荷载作用时：

跨中单个集中荷载　　　　　　$\beta_{mqx} = 1 - 0.36 N/N_{cr}$

全跨均布荷载　　　　　　　　$\beta_{mqx} = 1 - 0.18 N/N_{cr}$

式中，N_{cr}为弹性临界力，$N_{cr} = \dfrac{\pi^2 EI}{(\mu l)^2}$，$\mu$ 为构件的计算长度系数。

③有端弯矩和横向荷载同时作用时，$\beta_{mx} M_x$ 取为 $\beta_{mqx} M_{qx} + \beta_{m1x} M_1$，即工况①和工况②等效弯矩的代数和。$M_{qx}$ 为横向荷载产生的弯矩最大值。

（2）有侧移框架柱和悬臂构件：

①除本款②项规定之外的框架柱，$\beta_m = 1 - 0.36 N/N_{cr}$；

②有横向荷载的柱脚铰接的单层框架柱和多层框架的底层柱，$\beta_m = 1.0$；

③自由端作用有弯矩的悬臂柱，$\beta_m = 1 - 0.36(1 - m) N/N_{cr}$，式中 m 为自由端弯矩与固定端弯矩之比，当弯矩图无反弯点时取正号，有反弯点时取负号。

当框架内力采用二阶分析时，柱弯矩由无侧移弯矩和放大的侧移弯矩组成。此时可对两部分弯矩分别乘以无侧移柱和有侧移柱的等效弯矩系数。

参 考 文 献

［1］ 中华人民共和国住房和城乡建设部．GB 50009—2012 建筑结构荷载规范［S］．北京：中国建筑工业出版社，2012.

［2］ 中华人民共和国住房和城乡建设部．GB 50010—2010 混凝土结构设计规范［S］．北京：中国建筑工业出版社，2010.

［3］ 中华人民共和国住房和城乡建设部．GB 50011—2010 建筑抗震设计规范［S］．北京：中国建筑工业出版社，2010.

［4］ 中华人民共和国住房和城乡建设部．GB 50017—2003 钢结构设计规范［S］．北京：中国建筑工业出版社，2010.

［5］ 中华人民共和国住房和城乡建设部．GB 50068—2001 建筑结构可靠度设计统一标准［S］．北京：中国建筑工业出版社，2001.

［6］ 中华人民共和国住房和城乡建设部．GB 50003—2011 砌体结构设计规范［S］．北京：中国建筑工业出版社，2011.

［7］ 顾祥林．混凝土结构基本原理［M］．上海：同济大学出版社，2010.

［8］ 王心田，高向玲，蔡惠菊，等．建筑结构概念与设计［M］．天津：天津大学出版社，2004.

［9］ 高向玲，蔡惠菊，刘威．砌体结构［M］．北京：中国建筑工业出版社，2013.

［10］ 易方民，高小旺，苏经宇．建筑抗震设计规范理解与应用版［M］．2 版．北京：中国建筑工业出版社，2011.

［11］ 沈蒲生．混凝土结构设计新规范（GB 50010—2010）解读［M］．北京：机械工业出版社，2011.

［12］ 徐有邻，等．混凝土结构设计规范理解与应用［M］．北京：中国建筑工业出版社，2002.

［13］ 王心田．建筑结构体系与选型［M］．上海：同济大学出版社，2003.

［14］ 罗福午．建筑结构概念体系与估算［M］．北京：清华大学出版社，1991.

［15］ 王铁成，等．混凝土结构基本构件设计原理［M］．北京：中国建材工业出版社，2002.

［16］ 王振东．混凝土及砌体结构［M］．北京：中国建筑工业出版社，2003.

［17］ 范家骥，高莲娣，喻永言．钢筋混凝土结构［M］．北京：中国建筑工业出版社，1991.

［18］ 赵西安．现代高层建筑结构设计（上）、（下）［M］．北京：科学出版社，2000.

［19］ 苏小卒．砌体结构设计［M］．上海：同济大学出版社，2013.

［20］ 沈祖炎，陈扬骥，陈以一．钢结构基本原理［M］．2 版．北京：中国建筑工业出版社，2005.

［21］ 刘声扬．钢结构疑难释义——附解题指导［M］．武汉：武汉工业大学出版社，1990.

［22］ 陈眼云，谢兆鉴．建筑结构选型［M］．广州：华南理工大学出版社，1996.

［23］ 赫亚民，建筑结构型式概论［M］．北京：清华大学出版社，1982.

［24］ 丁大钧，蒋永生．土木工程概论［M］．北京：中国建筑工业出版社，2003.

［25］ 陈永祁，曹铁柱，马良喆．液体黏滞阻尼器在超高层结构上的抗震抗风效果和经济分析［J］．土木工程学报，2012，45（3）.

［26］ Douglas P. Taylor. Mega brace seismic dampers for the Torre Mayor project at Mexico City. www. taylordevices. eu.

冶金工业出版社部分图书推荐

书 名	作 者	定价（元）
冶金建设工程	李慧民 主编	35.00
建筑工程经济与项目管理	李慧民 主编	28.00
土木工程安全管理教程（本科教材）	李慧民 主编	33.00
建筑施工技术（第2版）（国规教材）	王士川 主编	42.00
现代建筑设备工程（第2版）（本科教材）	郑庆红 等编	59.00
土木工程材料（本科教材）	廖国胜 主编	40.00
混凝土及砌体结构（本科教材）	王社良 主编	41.00
岩土工程测试技术（本科教材）	沈 扬 主编	33.00
工程地质学（本科教材）	张 荫 主编	32.00
工程造价管理（本科教材）	虞晓芬 主编	39.00
土力学地基基础（本科教材）	韩晓雷 主编	36.00
建筑安装工程造价（本科教材）	肖作义 主编	45.00
高层建筑结构设计（第2版）（本科教材）	谭文辉 主编	39.00
土木工程施工组织（本科教材）	蒋红妍 主编	26.00
施工企业会计（第2版）（国规教材）	朱宾梅 主编	46.00
工程荷载与可靠度设计原理（本科教材）	郝圣旺 主编	28.00
流体力学及输配管网（本科教材）	马庆元 主编	49.00
土木工程概论（第2版）（本科教材）	胡长明 主编	32.00
土力学与基础工程（本科教材）	冯志焱 主编	28.00
建筑装饰工程概预算（本科教材）	卢成江 主编	32.00
建筑施工实训指南（本科教材）	韩玉文 主编	28.00
支挡结构设计（本科教材）	汪班桥 主编	30.00
建筑概论（本科教材）	张 亮 主编	35.00
Soil Mechanics（土力学）（本科教材）	缪林昌 主编	25.00
SAP2000结构工程案例分析	陈昌宏 主编	25.00
理论力学（本科教材）	刘俊卿 主编	35.00
岩石力学（高职高专教材）	杨建中 主编	26.00
建筑设备（高职高专教材）	郑敏丽 主编	25.00
岩土材料的环境效应	陈四利 等编著	26.00
混凝土断裂与损伤	沈新普 等著	15.00
建设工程台阶爆破	郑炳旭 等编	29.00
计算机辅助建筑设计	刘声远 编著	25.00
建筑施工企业安全评价操作实务	张 超 主编	56.00
现行冶金工程施工标准汇编（上册）		248.00
现行冶金工程施工标准汇编（下册）		248.00